51 单片机仿真设计 72 例

——基于 Proteus 的汇编＋C“双语”开发

周润景　杜文阔　李　波　编著

扫码下载“源代码工程文件”

北京航空航天大学出版社

内容简介

本书以 Proteus 嵌入式虚拟开发系统为基础，结合第三方专业编译软件 Keil 5，选用 Atmel 公司的 AT89C52 芯片进行 72 个范例的开发，在汇编语言的基础上加入 C 语言开发，详尽地讲解嵌入式系统的开发过程，从原理图设计、源代码编程到软硬件调试，涉及系统设计的所有内容，帮助读者快速学会嵌入式开发。另外，读者也可以选用其他编译软件进行学习，只需要对本书中代码进行简单改编调试即可。

本书既可以作为从事嵌入式系统设计的工程技术人员的自学参考用书，也可以作为高等院校相关专业的教材或职业培训用书。

图书在版编目(CIP)数据

51 单片机仿真设计 72 例 ：基于 Proteus 的汇编＋C“双语”开发 / 周润景，杜文阔，李波编著. -- 北京 ：北京航空航天大学出版社，2021.3

ISBN 978-7-5124-3486-8

Ⅰ. ①5… Ⅱ. ①周… ②杜… ③李… Ⅲ. ①单片微型计算机－系统设计 Ⅳ. ①TP368.1

中国版本图书馆 CIP 数据核字(2021)第 052564 号

51 单片机仿真设计 72 例——基于 Proteus 的汇编＋C“双语”开发

周润景 杜文阔 李 波 编著

策划编辑 冯 颖 责任编辑 冯 颖

*

北京航空航天大学出版社出版发行

北京市海淀区学院路 37 号(邮编 100191) http://www.buaapress.com.cn

发行部电话：(010)82317024 传真：(010)82328026

读者信箱：goodtextbook@126.com 邮购电话：(010)82316936

涿州市新华印刷有限公司印装 各地书店经销

*

开本：787×1 092 1/16 印张：23.5 字数：602 千字

2021 年 6 月第 1 版 2021 年 6 月第 1 次印刷 印数：1 500 册

ISBN 978-7-5124-3486-8 定价：79.00 元

前　言

单片机又称为单片微处理器或控制器，与 ARM 相比，是一种功能相对低一些的嵌入式系统，属于集成电路芯片，主要包括 CPU、只读存储器 ROM、随机存储器 RAM 及外围 I/O 通信接口等数字单元。加上多样化的数据采集系统，单片机即可完成各项复杂的运算，包括对数字与符号进行运算、对外围器件下达控制系统指令等。由此可见，单片机凭借其强大的数据处理技术和计算功能在智能电子设备中被广泛应用。随着集成电路技术的发展，将中央处理单元及外围元件集成到一个芯片中，成为片上系统，集成度更高。同时随着科技的进步与发展，单片机技术逐渐成熟，已被应用到众多领域，因此学习掌握单片机技术非常必要。

Labcenter 公司是世界上先进的 EDA 工具开发商之一，其开发的 Proteus 软件可对嵌入式系统进行软/硬件协同设计与仿真，集强大的功能与简易的操作于一体，近年来逐渐成为嵌入式系统技术领域的主流开发工具。该软件在国内外有着非常广大的用户群体，用户迫切需要这一工具来实现更多的实际应用。作者在多年开发经验的基础上，梳理了基于 Proteus 软件的 51 单片机仿真设计 72 例，每一例程序都采用汇编和 C 两种语言进行开发。72 个实例由易到难，从简单入门到搭建小型系统，适合更多人群学习探讨。建议读者在对 51 单片机的学习有一定基础后，再学习 32 位嵌入式系统会轻松许多。

通常的单片机课程的学习先学习 51 指令，再学习系统硬件结构，最后讲几个例子。这样学习无论对系统硬件结构还是软件指令都是脱节的、不深入的，而 Proteus 软件既能深入软件指令内部看到执行过程，又能结合硬件看到执行结果，对学习单片机知识帮助极大，本书正是基于这个原因而写。

在开始本书的学习之前读者应具有一定的 Proteus、C 语言及 51 单片机基础，如有需要请参阅相关书籍。

本书为了方便读者学习提供源代码工程文件，读者可到北京航空航天大学出版社网站“下载专区”下载，也可扫描扉页二维码下载。

本书的出版得到了 Labcenter 公司的 Proteus 软件中国代理商广州风标数码公司的支持，在此表示感谢！

本书共 10 章，其中第 8 章由杜文阔编写，第 7、9、10 章由李波编写，其余部分由周润景编写。全书由周润景统稿、定稿。

嵌入式系统涉及的内容非常广泛，限于作者水平，书中不妥之处还望读者批评指正。

作　者

2021 年 1 月

前　言

目　　录

第 1 章　Proteus 与单片机简述

Proteus 软件是由英国 Labcenter Electronics 公司开发的包括单片机、嵌入式系统在内的 EDA 工具软件，由 Schematic Capture 和 PCB Layout 两款软件构成。其中，Schematic Capture 是一款便捷的电子系统仿真平台软件；PCB Layout 是一款高级的布线编辑软件，集成了高级原理布图、混合模式 SPICE 电路仿真、PCB 设计以及自动布线等功能来实现一个完整的电子设计。

1.1　Schematic Capture 与 PCB Layout 概述

1. Schematic Capture 概述

通过 Proteus Schematic Capture 软件的 VSM（虚拟仿真技术），用户可以对模拟电路、数字电路、模/数混合电路以及基于微控制器的系统连同所有外围接口电子器件一起仿真。

Proteus VSM 有两种截然不同的仿真方式：交互式仿真和基于图表的仿真。其中交互式仿真可实时观测电路的输出，因此可用于检验设计的电路能否正常工作；而基于图表的仿真能够在仿真过程中放大一些特别的部分，并进行细节分析，因此基于图表的仿真可用于研究电路的工作状态和细节的测量。

Proteus 软件的模拟仿真直接兼容厂商的 SPICE（模型仿真）模型，采用扩充了的 SPICE 3F5 电路仿真模型，能够记录基于图表的频率特性、直流电的传输特性、参数的扫描、噪声的分析、傅里叶分析等，具有超过 8 000 种电路仿真模型。

Proteus 软件的数字仿真支持 JDEC 文件的物理器件仿真，有全系列的 TTL 和 CMOS 数字电路仿真模型，同时一致性分析易于系统进行自动测试。Proteus 软件支持许多通用的微控制器，如 PIC、AVR、HC11 及 8051；包含强大的调试工具，可对寄存器、存储器实时监测；具有断点调试功能及单步调试功能；可对显示器、按钮、键盘等外设进行交互可视化仿真。此外，Proteus 可对 IAR C－SPY、Keil μVision3 等开发工具的源程序进行调试，可与 Keil、IAR 实现联调。

2. PCB Layout 概述

Proteus PCB Layout 软件采用了原 32 位数据库的高性能 PCB 设计系统，以及高性能的自动布局和自动布线算法；支持多达 16 个布线层、2 个丝网印刷层、4 个机械层，加上线路板边界层、布线禁止层、阻焊层，可以在任意角度放置元件和焊盘连线；支持光绘文件的生成；具有自动的门交换功能；集成了高度智能的布线算法；有超过 1 000 个标准的元件引脚封装；支持输出各种 Windows 设备；可以导出其他线路板设计工具的文件格式；能自动插入最近打开的文档；元件可以自动放置。

1.2 Proteus 支持的处理器类型

Proteus 支持市场上大多数的处理器类型，包括 8051、HC11、PIC10/12/16/18/24/30/DSPIC33、AVR、ARM、8086 和 MSP430 等，2010 年又增加了 Cortex 和 DSP 系列处理器，并持续增加其他系列处理器模型，例如在 Proteus 8.9 中新增加 Cortex 内核的 STM32F103 和 STM32F401 系列处理器。在编译方面，它也支持 IAR、Keil 和 MATLAB 等多种编译器。下面主要介绍 51 单片机系列产品处理器。

1. 51 单片机概述

51 单片机已成为单片机领域一个广义的名词。自从 Intel 公司 20 世纪 80 年代初推出 MCS-51 系列单片机以后，世界上许多著名的半导体厂商也相继推出了与该系列兼容的单片机，使其产品型号不断增加、品种不断丰富、功能不断加强。从系统结构上看，所有的 51 系列单片机都是以 Intel 公司最早的典型产品 8051 为核心，增加了一定的功能部件后构成的。单片机的编程语言一般采用汇编语言或者 C 语言，其中采用 C 语言的比较多。51 单片机的 C 语言也称为 C51。C51 是在标准 C 语言基础上的扩展。

Proteus 自从有了单片机也就有了开发系统，随着单片机的发展，开发系统也在不断发展。Keil 是一种先进的单片机集成开发系统，代表着汇编语言单片机开发系统的最新发展，首创多项便利技术，将开发的编程/仿真/调试/写入/加密等所有过程一气呵成，中间无须进行任何编译或汇编。

2. 主要类别

如今市场上的几款主流单片机的生产公司分别是 Intel(英特尔)、Atmel(爱特梅尔)、STC(国产宏晶)、Philips(飞利浦)、华邦、Dallas(达拉斯)、Siemens(西门子)等。

主流单片机如下：

- Intel(英特尔)系列：80C31、80C51、87C51、80C32、80C52、87C52 等；
- Atmel(爱特梅尔)系列：89C51、89C52、89C2051、89S51(RC)、89S52(RC)等；
- STC(国产宏晶)系列：89C51、89C52、89C516、90C516 等；
- Philips(飞利浦)、华邦、Dallas(达拉斯)、Siemens(西门子)等公司的系列产品。

各家公司的产品大多在兼容了上一代产品的指令和引脚的同时又扩展了新的功能。下面简单介绍几款单片机的特点。

(1) 8031

8031 片内不带程序存储器 ROM，使用时用户需要外接程序存储器和一片逻辑电路 373，外接的程序存储器多为 EPROM 的 2764 系列。用户若想对写入 EPROM 中的程序进行修改，必须先用一种特殊的紫外线灯将其照射擦除，之后可再写入。写入外接程序存储器的程序代码没有什么保密性可言。

(2) 8051

8051 片内有 4 KB ROM，无须外接程序存储器和逻辑电路 373，更能体现其“单片”的特点。用户编写的程序无法自行烧写到其 ROM 中，只能将程序交芯片厂代为烧写，并且是一次性的，用户和芯片厂都不能改写其内容。

(3) 8751

8751 与 8051 基本一样，但 8751 片内有 4 KB 的 EPROM，用户可以将程序写入单片机的 EPROM 中进行现场实验与应用。EPROM 的改写同样需要用紫外线灯照射一定时间擦除后再烧写。

(4) AT89C51、AT89S51

在众多的 51 系列单片机中，Atmel 公司的 AT89C51、AT89S51 实用性更强，其指令和引脚与 8051 完全兼容，片内的 4 KB 程序存储器采用的是 Flash 工艺，这种工艺的存储器可以用电的方式瞬间擦除、改写，一般专为 Atmel AT89xx 制作的编程器均带有这些功能。显而易见，这种单片机对开发设备的要求很低，可大大缩短用户的开发时间。

(5) STC89C51、AT89C51

STC89C51 是宏晶公司生产的。它在 AT89C51 的基础上加入了数/模转换，集成程度更高，具有 ISP 功能，可以在线编程，具有 6T 模式，运算速度更快，具有 3 个 16 位定时器。更是集成了 512 字节或 1 280 字节的 RAM，扩大了内存，具有 16 位定时器，用户的程序存储空间(ROM)从 4 KB 到 64 KB 不等。

AT89C51 是 Atmel 公司生产的老式 255 位单片机，AT89C51 必须通过编程器编程，AT89C51 是 12T 模式，速度较慢。关于定时器，AT89C51 只有两个定时器(AT89C52 有三个)，其用户程序存储空间是 4 KB。

3. 功能介绍

51 系列单片机的种类有很多。不同种类的单片机都是在基础结构上发展而来的。51 单片机主要集成了 CPU、RAM、ROM、定时/计数器和多种 I/O 功能部件。

(1) 微处理器(CPU)

微处理器包括运算器和控制器两大部分。它是单片机的核心，用于完成运算和控制功能。运算器是单片机的运算部件，用于实现算术运算和逻辑运算；控制器是单片机的指挥和控制部件，用于保证单片机各部分自动而协调地工作。

(2) 片内数据存储器(RAM)

片内数据存储器共有 256 个 RAM 空间，其中后 128 个单元被寄存器(SFR)占用。数据存储器用于存储程序运行期间的变量、中间结果、暂存和缓冲的数据。

(3) 片内程序存储器(ROM/EPROM)

8031 片内没有程序存储器，8051 内部有 4 KB 的掩膜 ROM，而 8751 内部有 4 KB 的 EPROM。程序存储器用于存放程序和原始数据或表格。

(4) 定时/计数器

51 单片机内部有两个定时/计数器，以实现定时或计数功能，其核心部件计数器是“加法计数器”。

(5) 并行 I/O 接口

51 单片机内部有 4 个并行 I/O 接口(P0、P1、P2、P3)，以实现数据的并行输入/输出及总线扩展。

(6) 串行口

51 单片机内部有一个全双工的串行通信口，以实现单片机和其他设备之间的串行数据传输，该串行通信口功能较强，既可作为全双工异步通信收发器使用，也可作为同步移位寄存器使用。

(7) 中断系统

51 单片机有 5 个中断源(2 个外部中断、2 个定时/计数器溢出中断、1 个串行口中断)。中断优先级分为高、低两级。

(8) 位处理器

位处理器也称布尔处理器，对可位寻址进行反复复位、置位、取反等位操作。位处理器是单片机的重要组成部分，也是单片机实现控制功能的保证。

上述部件通过片内总线连接在一起构成一个完整的单片机。单片机的地址信号、数据信号和控制信号都是通过总线传送的。总线结构减少了单片机的连接和引脚，提高了集成度和可靠性。

1.3 Proteus 的单片机仿真

Proteus 有单片机的开发系统，给广大的单片机开发者提供了十分友好的开发工具。近年来，Proteus 所包含的单片机芯片种类也在随着单片机的发展而更新。Proteus 也具有与 Keil 联调的功能。

其功能特性如下：

① 可以仿真 63 KB 程序空间、接近 64 KB 的 16 位地址空间、64 KB 数据空间以及全部 64 KB 的 16 位地址空间。

② 可以真实仿真全部 32 条 I/O 脚。

③ 完全兼容 Keil C51 调试环境，可以进行单步、断点、全速等操作。

④ 可以使用 C51 语言或者 ASM 汇编语言进行调试。

⑤ 可以非常方便地进行所有变量观察，包括鼠标取值观察，即鼠标放在某变量上就会立即显示出此处的值。

⑥ 可以使用用户晶振，支持 0～40 MHz 晶振频率。

⑦ 可以仿真双 DPTR 指针。

⑧ 可以仿真去除 ALE 信号输出。

⑨ 自适应 300～38 400 bps 的所有波特率通信。

⑩ 体积非常小，可非常方便地插入用户板中。插入时紧贴用户板，没有连接电缆，这样可以有效减少运行中的干扰，避免仿真时出现莫名其妙的故障。

⑪ 仿真插针采用优质镀金插针，可以有效防止日久生锈，选择优质圆脚 IC 插座，保护仿真插针，同时不会损坏目标板上的插座。

⑫ 仿真时监控与用户代码分离，不会产生不能仿真的软故障。

⑬ 包括多种类的串行通信转换接口，通信电路设计稳定可靠。

总之，单片机爱好者想要学习并熟练掌握单片机，可以从结合单片机与 Proteus 仿真开始学习，把单片机的功能在 Proteus 中进行实际操练，更易于对单片机各个功能进行了解，反过来对单片机了解的同时也可以熟练掌握 Proteus，这对后续的单片机开发学习可以起到事半功倍的效果。

第2章　Proteus 8.9 软件入门设计

2.1　Schematic Capture 智能原理图输入系统

Schematic Capture 是 Proteus 系统的中心，远不止是一个图表库。它具有控制原理图画图的超强设计环境。

Schematic Capture 具有以下特性：

(1) 符合出版质量要求的原理图

Schematic Capture 提供给用户图形外观，包括线宽、填充类型、字符等的全部控制，使用户能够生成如杂志上看到的精美原理图，画完图即可输出图形文件，外观由风格模板定义。

(2) 良好的用户界面

Schematic Capture 有一个无连线方式，用户只须单击元件的引脚或者先前布好的线，就能实现布线。此外，摆放、编辑、移动和删除操作能够直接用鼠标实现，无须单击菜单或图标。

(3) 自动走线

只要依次单击要连接的两个引脚，就能简单地实现走线。在特殊的位置需要布线时，只须在中间的位置单击。自动走线也能在元件移动时操作，自动解决相应连线，能够自动布置和移除，既节约了时间，又避免了其他可能出现的错误。

(4) 层次设计

Schematic Capture 支持层次设计，特殊的元件能够定义为通过电路图表示的模块，能够任意设定层次，模块可画成标准元件，在使用中可放置或删除端口的子电路模块。

(5) 总线支持

Schematic Capture 提供的不仅是一根总线，还能用总线引脚定义元件和子电路。因此，一条连在处理器和存储器之间的 32 位处理器总线可以用单一的线表示，节省绘图的时间和空间。

(6) 元件库

Schematic Capture 的元件库包含 8 000 个元件，有标准符号、三极管、二极管、热离子管、TI CMOs、ECL、微处理器以及存储器元件、PLD、模拟 C 和运算放大器等。

(7) 可视封装工具

原理图和 PCB 库元件的匹配是由封装工具简化的。在原理图部分的引脚旁边将 PCB 的封装，并允许每个引脚名对应文本和图形的引脚编号。

(8) 复合元件

Schematic Capture 的元件库表达方式有很多种，无论是单个元件、同态复合元件、异态复合元件还是连接器，都可以在原理图上以独立引脚来表示，不用所有线都连到一个独立元件上。

(9) 元件特性

设计中使用的每个元件都有一定数目的属性或特性，以实现软件的特定功能（如 PCB 封装或仿真）。用户也可以添加自定义特性。一旦库建立，就能提供默认值及特性定义。特性定义提供大量的特性描述，当修改元件时将显示在编辑区域内。

(10) 报　告

Schematic Capture 支持许多第三方网表格式，因此能被其他软件所使用。设置元件清单后可以添加用户所需的元件属性，也可以设置属性列以选择一定数目的属性。ERC 报告可列出可能的连线错误，如未连接的输入、矛盾的输出及未标注的网络标号。

2.2 Proteus VSN 虚拟系统模型

Proteus 是一个完整的嵌入式系统软/硬件设计仿真平台，包括原理图输入系统 Schematic Capture、带扩展的 ProSpice 混合模型仿真器、动态器件库、高级图形分析模块和处理器虚拟系统仿真模型 VSM。

Proteus VSM 的核心是 ProSpice，这是一个组合了 SPICE3FS 模拟仿真器核和基于快速事件驱动的数字仿真器的混合仿真系统。SPICE 内核使用众多制造商提供的 SPICE 模型。Proteus VSM 包含大量的虚拟仪器，如示波器、逻辑分析仪、函数发生器、数字信号图形发生器、时钟计数器、虚拟终端，以及简单的电压计、电流计。

Proteus VSM 最重要的特点是，它能把微处理器软件作用在处理器上，并和该处理器的任何模拟和数字器件协同仿真。仿真执行目标码就像在真正的单片机系统上运行，VSM CPU 模型能完整仿真 I/O 口、中断、定时器、通用外设口以及其他与 CPU 有关的外设，甚至能仿真多个处理器。

2.3 Proteus 电路设计快速入门

使用 Proteus 仿真的基础是要绘制准确的原理图并进行合理设置。绘制原理图使用 Schematic Capture 原理图输入系统。

下面通过一个实际的 ARM 仿真例子来介绍如何快速使用 Proteus 软件进行电路设计。

① 从“开始”菜单启动 Proteus 8.9，如图 2－1 所示。然后选择 File→New Project 命令，弹出 New Project Wizard：Start 对话框，对 New Project 命名并保存路径，如图 2－2 所示。

② 单击 Next 按钮，选择 Create a schematic from the selected template 选项创建原理图，并选择 Landscape A4 模板，如图 2－3 所示。

③ 单击 Next 按钮，选择 Do not create PCB Layout 选项。这里选择不创建印刷电路板布局，如图 2－4 所示。

④ 单击 Next 按钮，选择 No Firmware Project 选项，如图 2－5 所示。

⑤ 单击 Next 按钮，弹出 New Project Wizard：Summary 对话框，单击 Finish 按钮完成原理图的创建，如图 2－6 所示。

⑥ 在 Proteus 窗口的菜单栏中选择 library→Pick Parts 命令，弹出如图 2－7 所示对话框，然后选择需要摆放的器件。

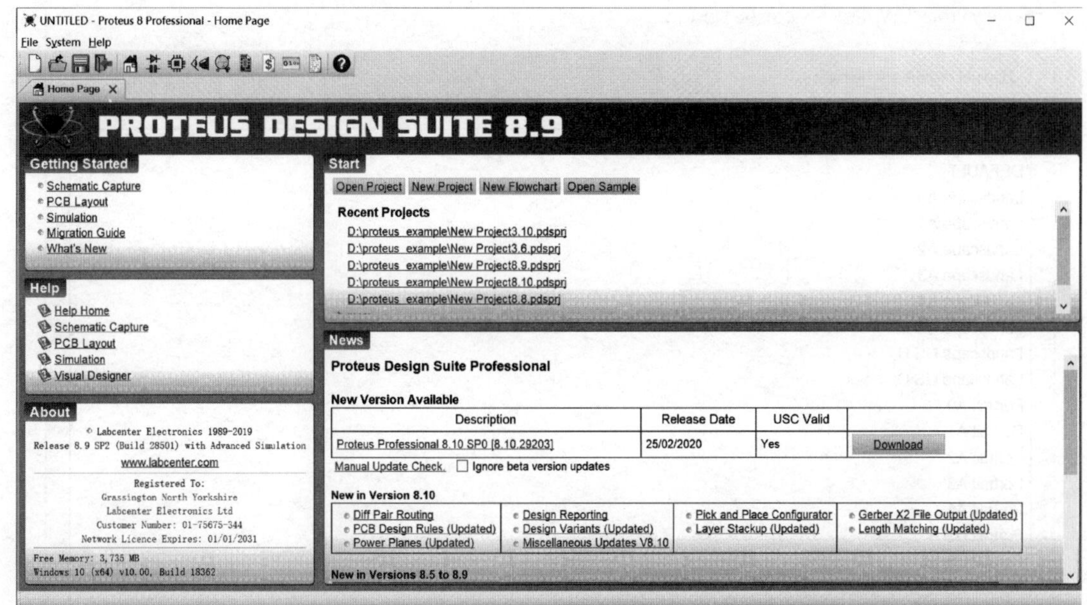

图 2-1 初始界面

图 2-2 新建工程

⑦ 根据电路选择需要摆放的元件，在 Keywords 输入栏搜索并选中，单击“确定”按钮，该元件将会出现在 DEVICE 列表中，然后选中该元件，比如 AT89C51，在绘制原理图区单击摆放元件。之后采用同样的方法摆放其他元件。如果需要调整元件的方向，单击鼠标右键就会显示左转 90°图标、右转图标 90°图标等。器件摆放如图 2-8 所示。

⑧ 元件摆放完需要添加电源终端和接地终端，在左侧工具栏中单击图标，单击“POWER”和“GROUND”，如图 2-9 所示。

⑨ 各个元件之间进行连线，依次单击两个引脚，两个引脚之间会自动进行布线。布线完成之后也可以进行手动调整，连接走线后电路如图 2-10 所示。

⑩ 在电源终端上单击鼠标右键，选择 Edit Properties 命令即弹出 Edit Terminal Label 对话框，然后输入对应的电压值，如图 2-11 所示。

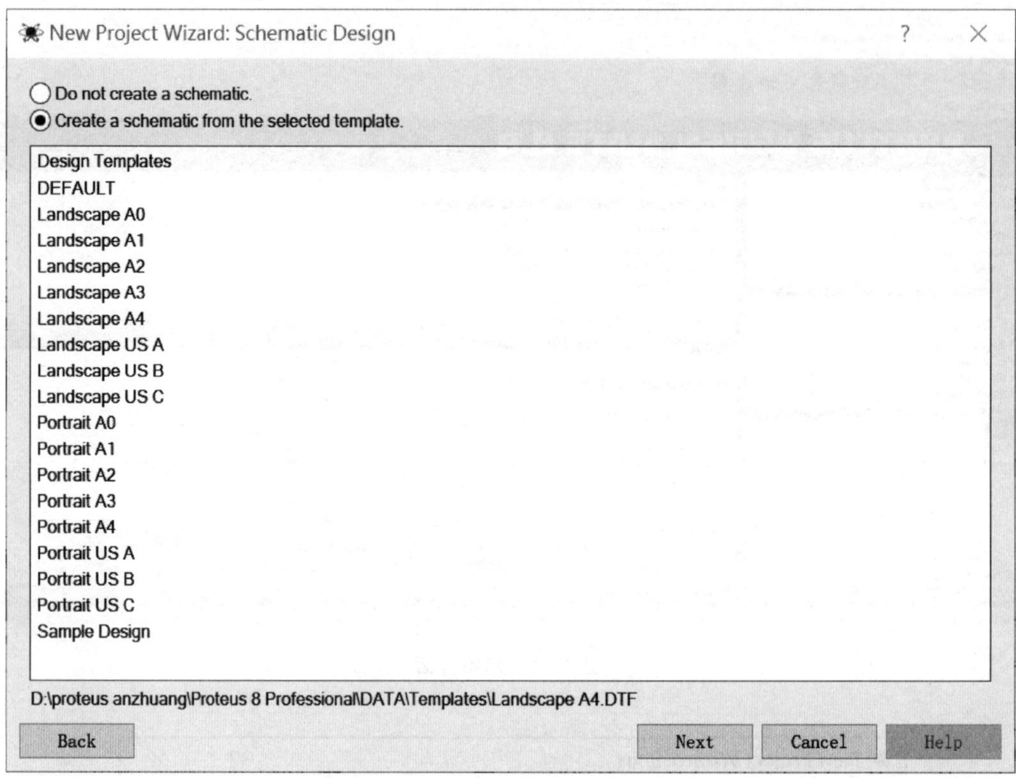

图 2-3　添加模板

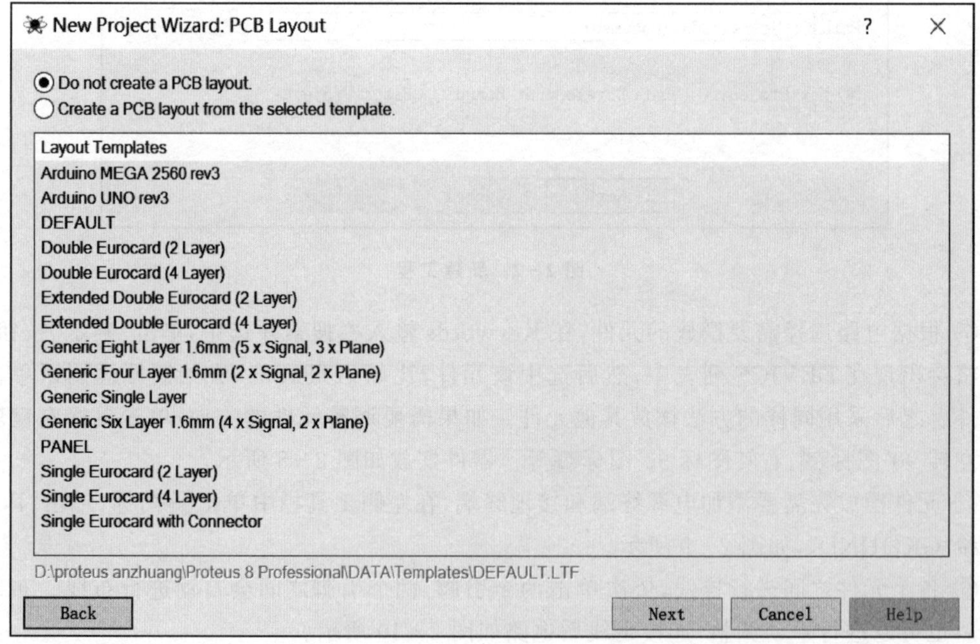

图 2-4　PCB Layout

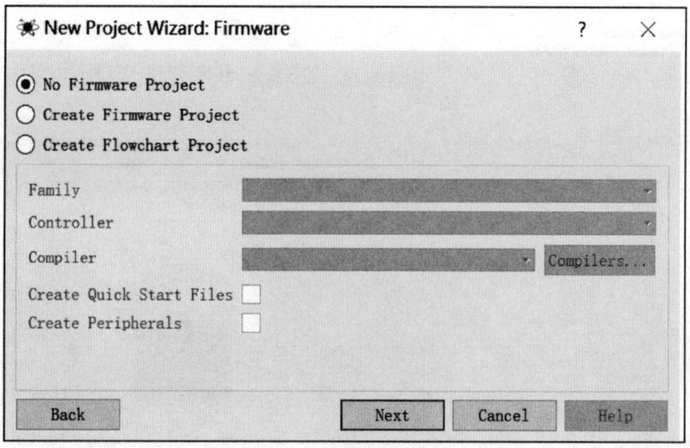

New Project Wizard: Firmware ? ×

No Firmware Project
Create Firmware Project
Create Flowchart Project
Family
Controller
Compiler　Compilers...
Create Quick Start Files
Create Peripherals
Back　Next　Cancel　Help

图 2-5　固件工程选择

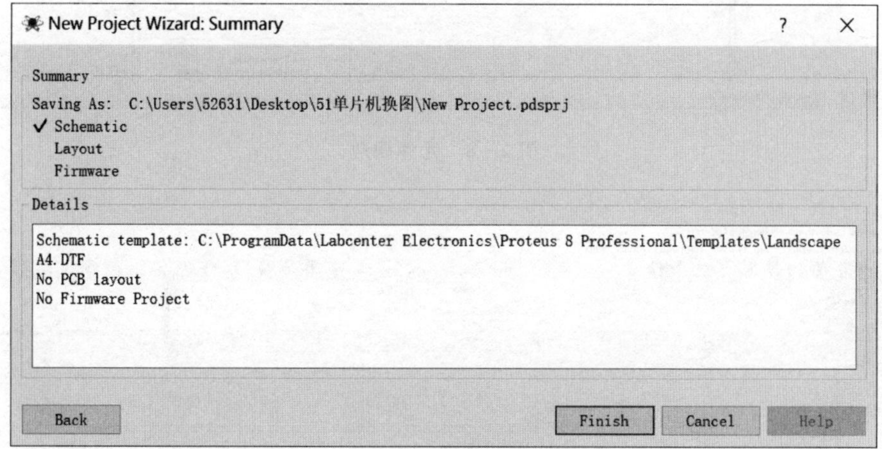

图 2-6　原理图模板

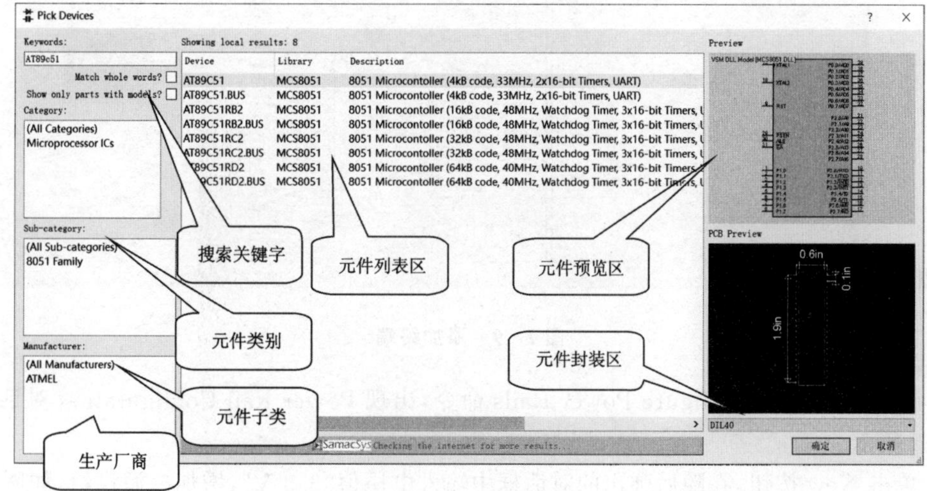

图 2-7　选取元件

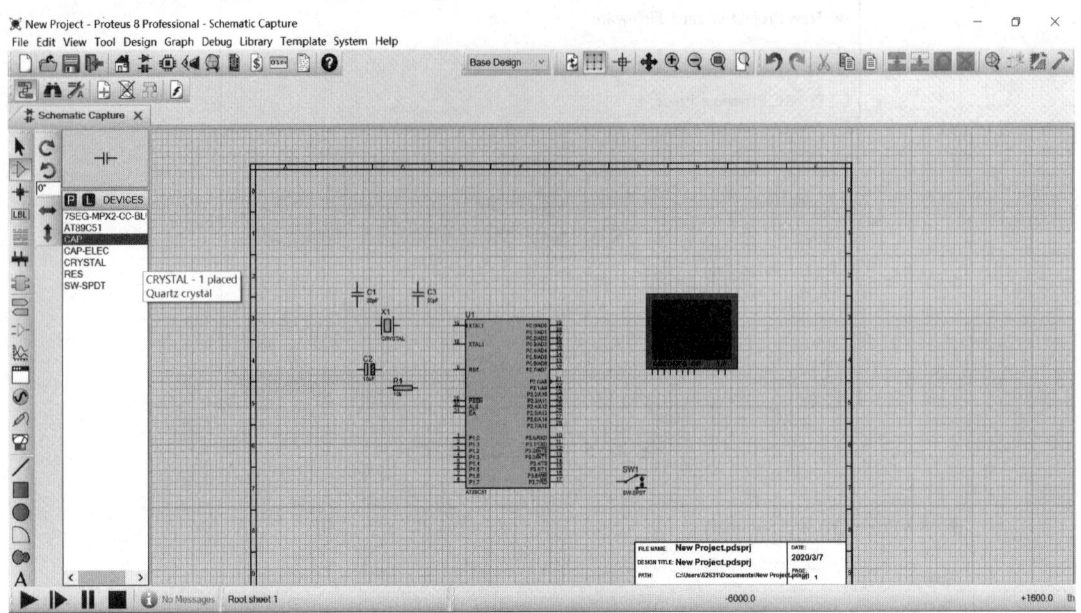

图 2－8　元件摆放

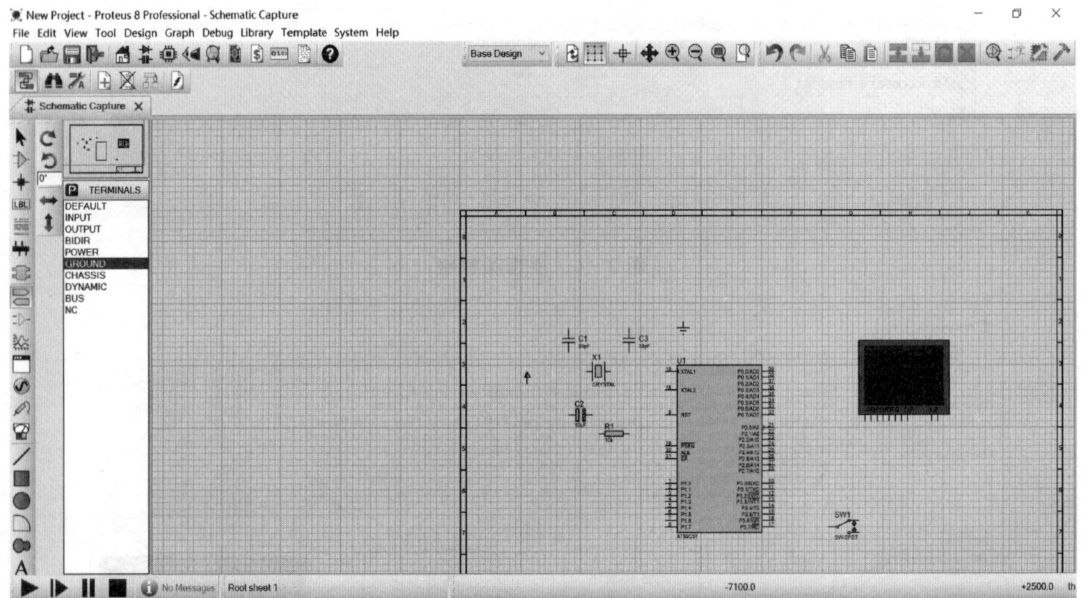

图 2－9　添加终端

⑪ 选择 Design→Configure Power Rails 命令，出现 Power Rail Configuration 对话框，如图 2－12 所示。

⑫ 单击 New 按钮，在随后弹出的对话框中输入电压值“3.3 V”，增加电源供给，如图 2－13 所示。

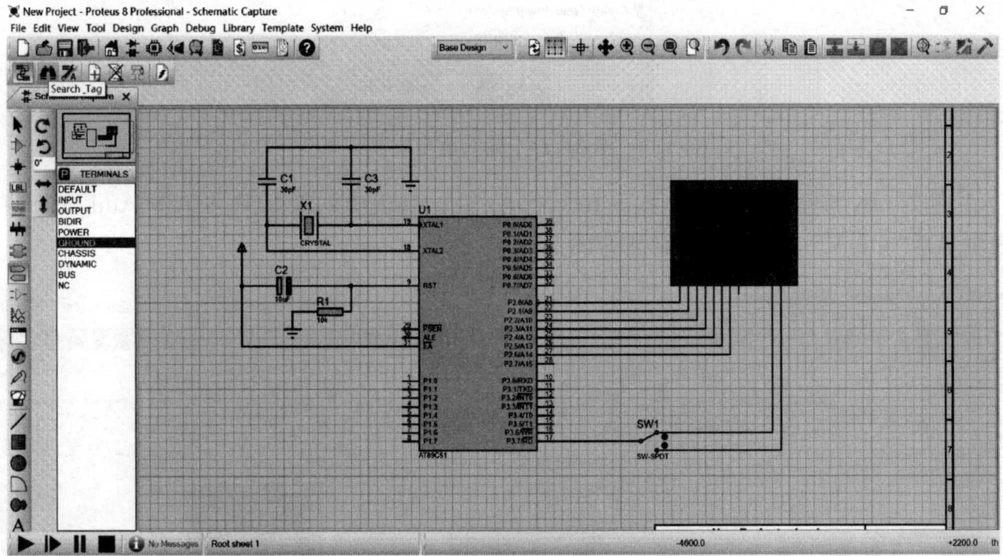

图 2-10　走线连接完成的电路图

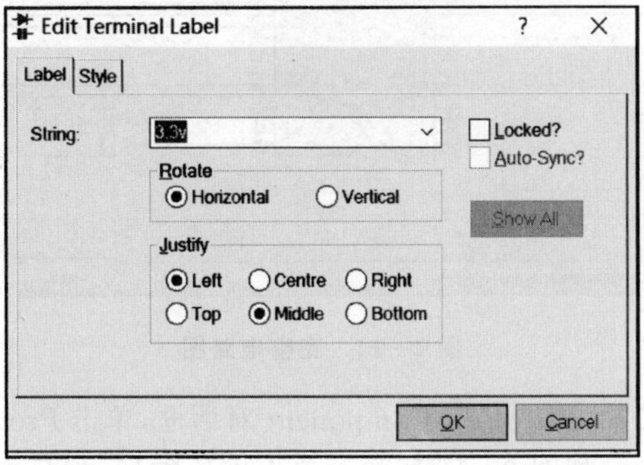

图 2-11　Edit Terminal Label 对话框

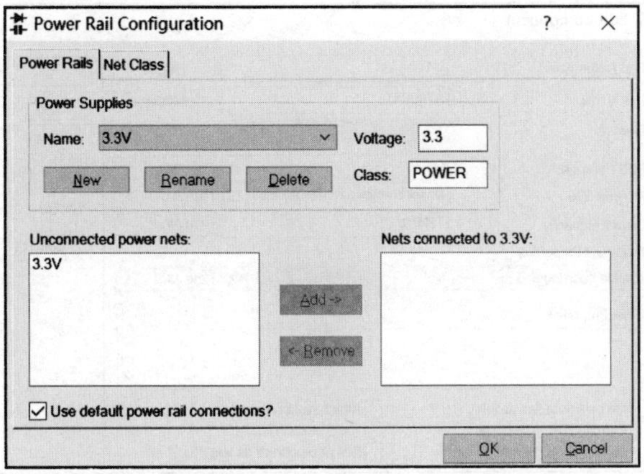

图 2-12　Power Rail Configuration 对话框

Create New Power Supply
Name:
3.3V
OK
Cancel

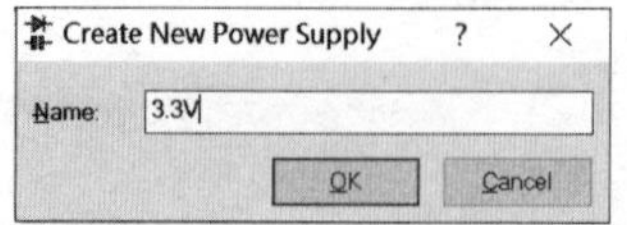

图 2－13　输入电压值

⑬ 单击 OK 按钮，选择 Unconnected power nets 列表中的 3.3 V 并单击 Add 按钮，右侧列表框显示“3.3 V”。完整的电路图如图 2－14 所示。

New Project - Proteus 8 Professional - Schematic Capture
File Edit View Tool Design Graph Debug Library Template System Help
Base Design
Schematic Capture
TERMINALS
DEFAULT
INPUT
OUTPUT
BIDIR
POWER
GROUND
CHASSIS
DYNAMIC
BUS
NC
C1
C3
X1
CRYSTAL
U1
C2
R1
3.3v
AT89C51
SW1
SW-SPDT

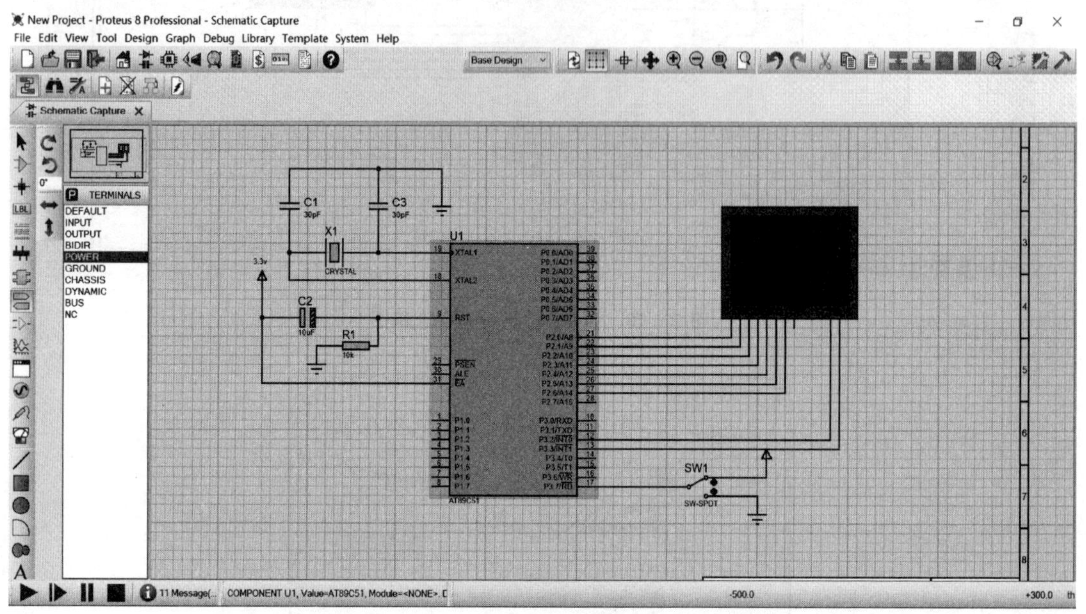

图 2－14　完整电路图

⑭ 双击 AT89C51 芯片，弹出 Edit Component 对话框，单击 Program File 项的浏览按钮，添加目标文件 counter.hex，如图 2－15 所示。单击 OK 按钮，然后在原理图环境下单击启动仿真按钮▶运行仿真，单击按钮开关，数码管会出现数字循环，如图 2－16 所示。

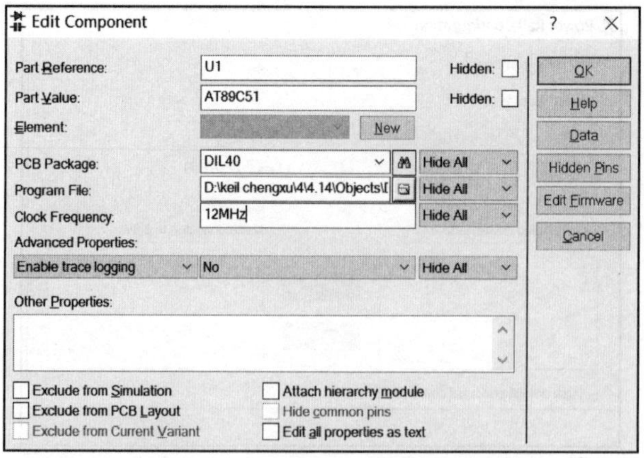

Edit Component
Part Reference:
U1
Hidden:
Part Value:
AT89C51
Hidden:
Element:
New
PCB Package:
DIL40
Hide All
Program File:
D:\keil chengxu\4\4.14\Objects\
Hide All
Clock Frequency:
12MHz
Hide All
Advanced Properties:
Enable trace logging
No
Hide All
Other Properties:
OK
Help
Data
Hidden Pins
Edit Firmware
Cancel
Exclude from Simulation
Exclude from PCB Layout
Exclude from Current Variant
Attach hierarchy module
Hide common pins
Edit all properties as text

图 2－15　Edit Component 对话框

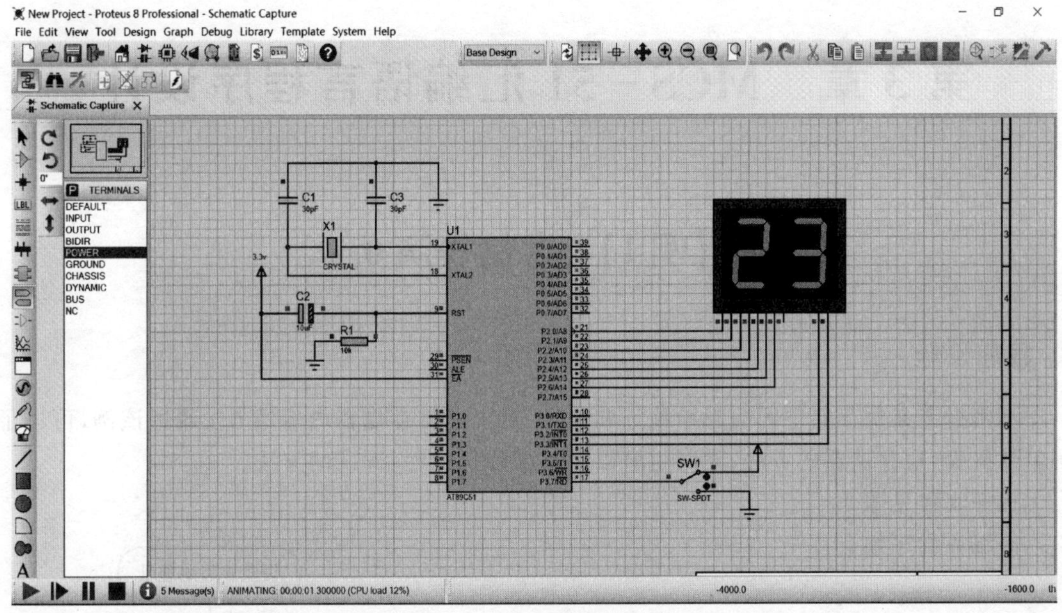

图 2-16 仿真结果

⑮ 这 4 个按钮的功能分别为启动仿真、单步运行、暂停仿真和停止仿真。单步仿真可查看运行情况。

⑯ 单击停止仿真按钮，停止运行。

第 3 章　MCS－51 汇编语言程序设计

【例 1】 存储块清 0

1. 程序设计

本例指定某块存储空间的起始地址和长度，要求能将存储器内容清 0。通过该例，可以了解单片机读/写存储器的方法，同时也可以了解单片机编程、调试的方法。

程序流程见图 3－1。

汇编源程序如下：

```
        ORG     00H
START   EQU     30H
        MOV     R1,#START       ;起始地址
        MOV     R0,#32          ;设置 32 字节计数值
        MOV     A,#0FFH
LOOP:   MOV     @R1,A
        INC     R1              ;指向下一个地址
        DJNZ    R0,LOOP         ;计数值减 1
        SJMP    $
        END
```

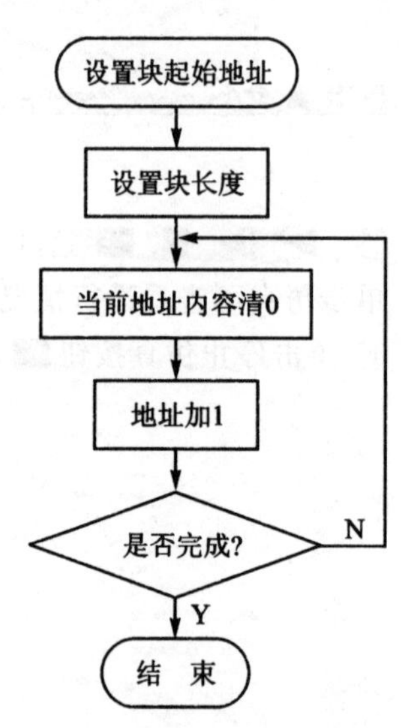

图 3－1　存储块清 0 的程序流程图

C 语言程序如下：

```
#include <reg52.h>
#define  uint  unsigned int
#define uchar  unsigned char
void main(void)
{
    uchar *p,i;                  //定义指针变量
     p = 0x30;                   //指针变量赋值
        for(i = 0;i < 32;i++)
        {
            *p = 0xff;
           p++;
        }
        while(1);
}
```

2. 程序调试

(1) 在 Keil 中调试程序

打开 Keil μVision5，在菜单栏中选择 Project→New Project 命令，弹出 Create New Project 对话框，选择目标路径，在“文件名”栏中键入项目名，如图 3－2 所示。

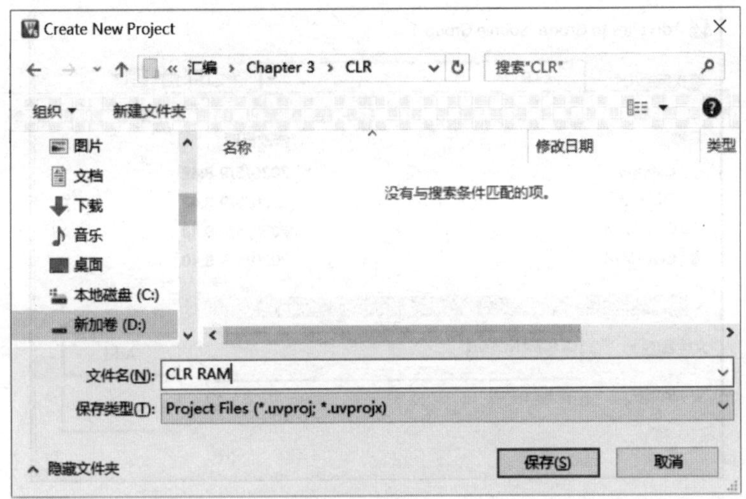

图 3－2　新建项目

单击"保存"按钮即可弹出 Select Device for Target 对话框，在 Data base 栏中单击"Atmel"前面的"＋"号，在其子类中选择 AT89C51 芯片，确定 CPU 类型，如图 3－3 所示。

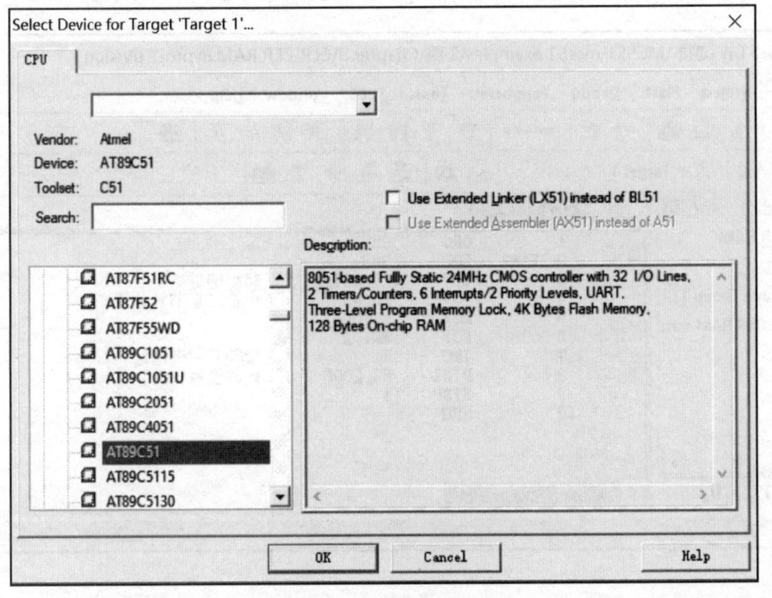

图 3－3　选择 CPU

在 Keil μVision5 的菜单栏中选择 File→New 命令，新建文档，然后在菜单栏中选择 File→Save 命令保存此文档，这时会弹出 Save As 对话框，在"文件名"一栏中为此文本命名（注意：要填写扩展名".asm"），如图 3－4 所示。

单击"保存"按钮，这样在编写汇编代码时，Keil 会自动识别汇编语言的关键字，并以不同的颜色显示，以减少在输入代码时出现的语法错误。

程序编写完后，再次保存。在 Keil 的 Project Workspace 子窗口中，单击"Target 1"前的"＋"号展开此目录。在 Source Group 1 文件夹上单击鼠标右键，在随后弹出的快捷菜单中选

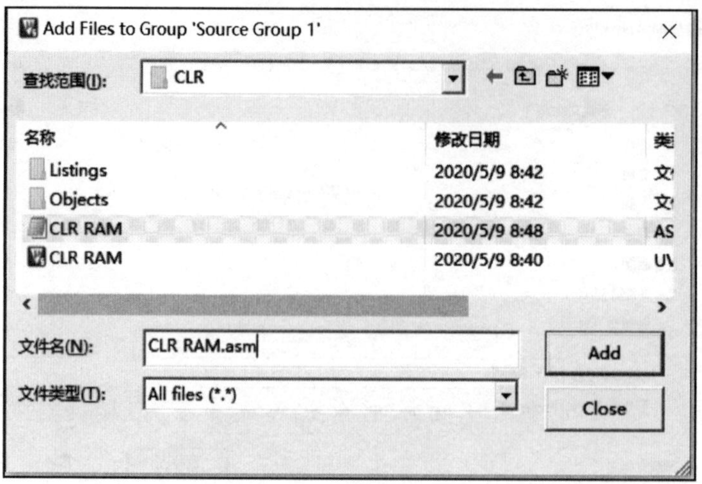

图 3-4 保存文本

择 Add File to Group ‘Group Source 1’命令，然后弹出 Add File to Group 对话框，在“文件类型”下拉列表中选择 Asm Source File 项，并找到刚才编写的.asm 文件，双击此文件，将其添加到 Source Group 中。此时的 Project Workspace 子窗口如图 3-5 所示。

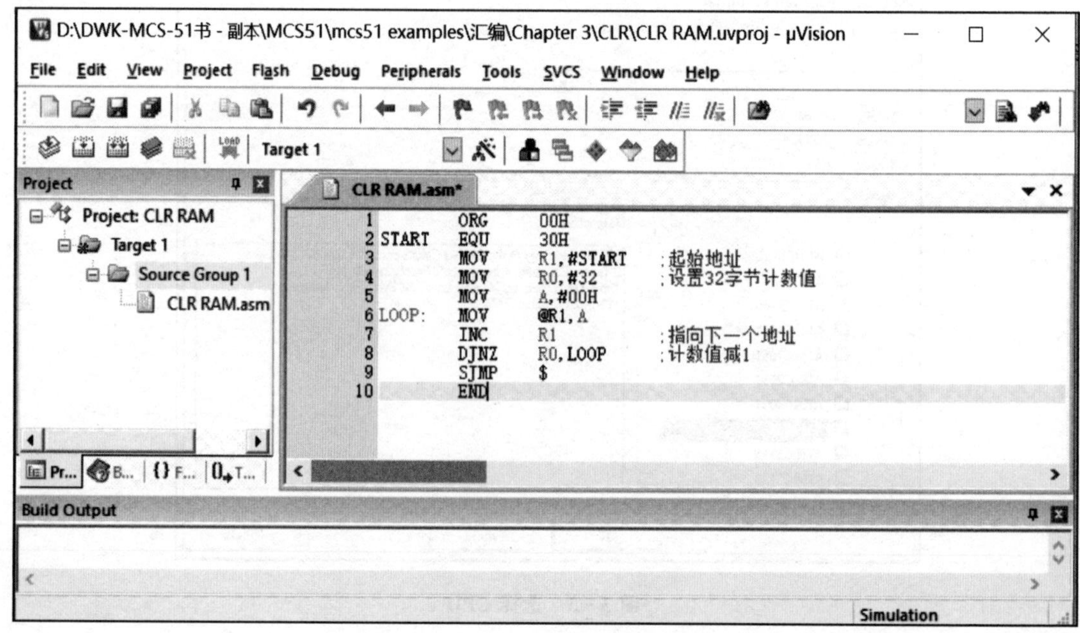

图 3-5 添加源程序

在 Project Workspace 窗口中的“Target 1”文件夹上单击鼠标右键，在弹出的快捷菜单中选择 Option for Target 选项，这时会弹出 Option for Target ‘Target 1’窗口，打开 Output 选项卡，选中 Create HEX File 选项，如图 3-6 所示。

在 Keil 的菜单栏中选择 Project→Build Target 命令，编译汇编源文件，如果编译成功，则在 Keil 的 Build Output 子窗口中会显示如图 3-7 所示的信息；如果编译不成功，双击 Build

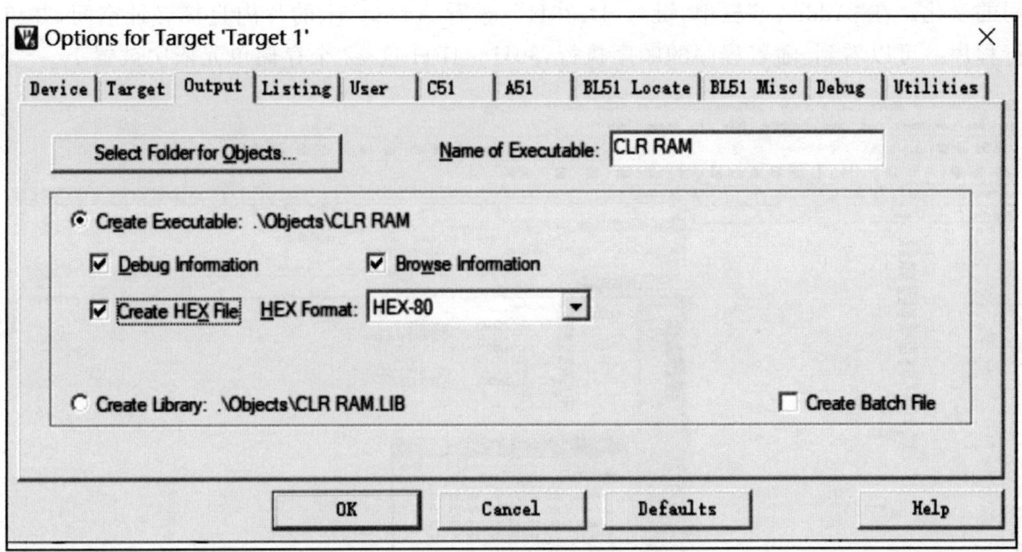

图 3－6　Options for Target 对话框

Output 子窗口中的错误信息，则会在编辑窗口中提示存在错误的语句。

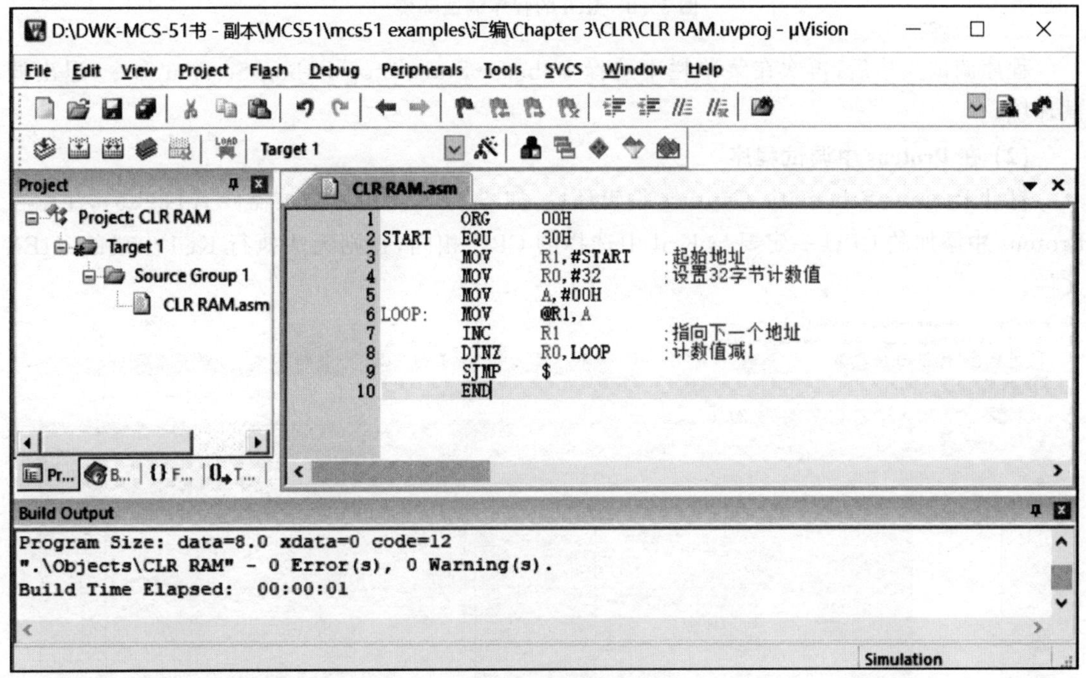

图 3－7　编译源文件

注：为了查看程序运行的结果，在这里我们把源程序中第 5 行的语句改写为“MOV　A，＃0FFH”，即把存储空间清 0 的操作改为置 1 操作，原理相同。

在 Keil 的菜单栏中，选择 Debug→Start/Stop Debug Session 命令，进入程序调试环境，如图 3－8 所示。按 F11 键，单步运行程序。在 Project Workspace 窗口中，可以查看累加器、通用寄存器以及特殊功能寄存器的变化；在 Memory 窗口中，可以看到每执行一条语句后存储空间的变化。在“Address”栏中，键入“D:30H”，查看 AT89C51 的片内直接寻址空间，并单步运行程序。可以看到，随着程序的顺序执行，30H～4FH 这 32 个存储单元依次被置 1。

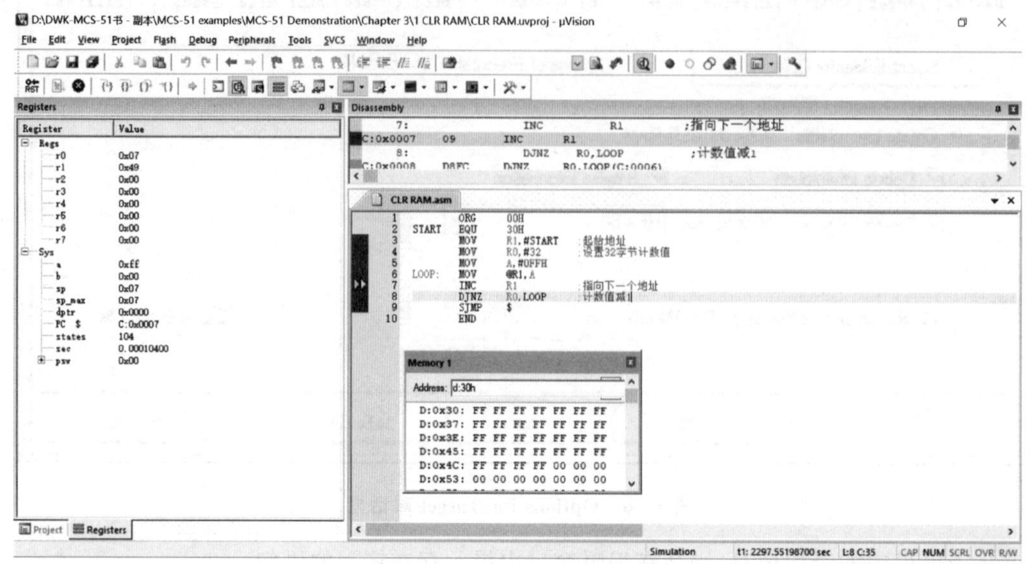

图 3-8　Keil 的程序调试环境

程序调试完毕后，再次在菜单栏中选择 Debug→Start/Stop Debug Session 命令，退出调试环境。

(2) 在 Proteus 中调试程序

打开 Proteus Schematic Capture 编辑环境，如图 3-9 所示。添加器件 AT89C51，注意在 Proteus 中添加的 CPU 一定要与 Keil 中选择的 CPU 相同，否则无法执行 Keil 生成的.HEX 文件。

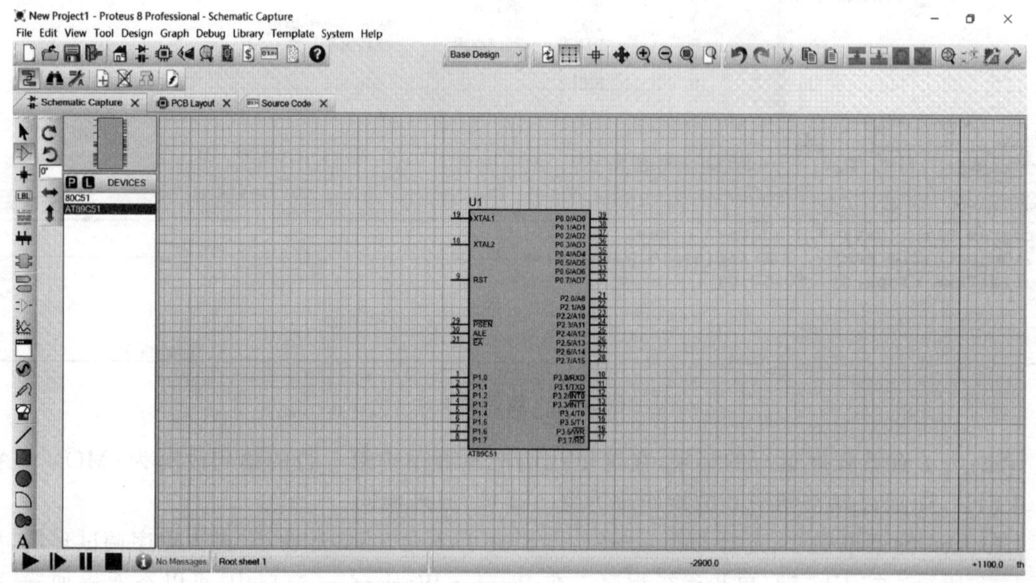

图 3-9　Proteus Schematic Capture 编辑环境

按照图 3-10 连接晶振和复位电路，晶振频率为 12 MHz。元件清单如表 3-1 所列。

表 3-1 元件清单

元件名称	所属类	所属子类
AT89C51	Microprocessor ICs	8051 Family
CAP	Capacitors	Generic
CAP-ELEC	Capacitors	Generic
CRYSTAL	Miscellaneous	—
RES	Resistors	Generic

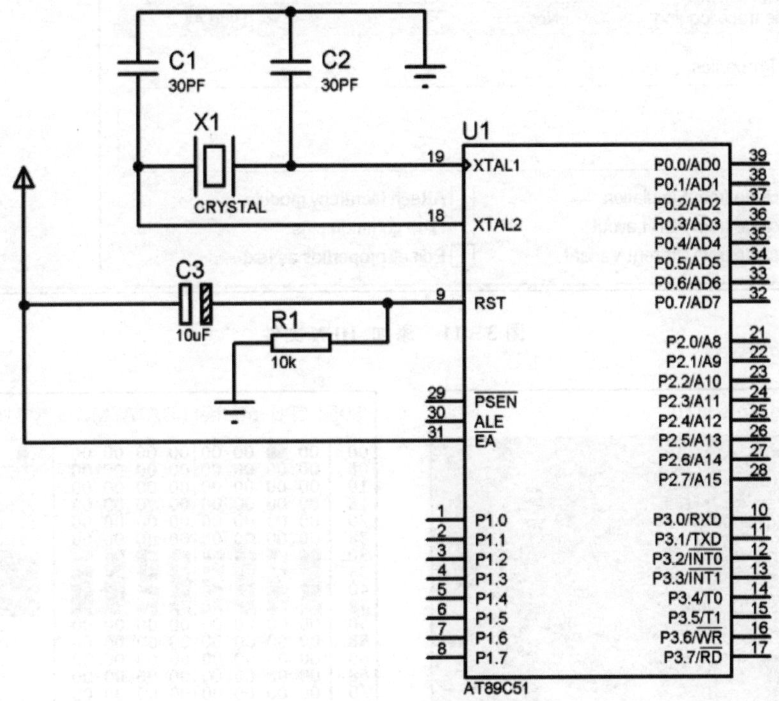

图 3-10 单片机晶振和复位电路

选中 AT89C51 并单击，弹出 Edit Component 对话窗口，在 Program File 栏中选择先前用 Keil 生成的. HEX 文件，如图 3-11 所示。

在 Proteus Schematic Capture 的菜单栏中选择 File→Save Project 命令，保存工程。在保存设计文件时，最好将与一个设计相关的文件(如 Keil 项目文件、源程序、Proteus 设计文件)都存放在一个目录下，以便查找。

单击 Proteus Schematic Capture 界面左下角的 ▮▮ 按钮，进入程序调试状态，并在 Debug 菜单中打开 8051 CPU Registers、8051 CPU Internal (IDATA) Memory 及 8051 CPU SFR Memory 三个观测窗口，按 F11 键，单步运行程序。在程序运行过程中，可以在这三个观测窗口中看到各寄存器及存储单元的动态变化。程序运行结束后，8051 CPU Registers 和 8051 CPU Internal (IDATA) Memory 窗口的状态如图 3-12 所示。

程序调试成功后，将汇编源程序的第 5 行语句改为“MOV A,＃00H”,C 语言程序中第

图 3－11　添加.HEX 文件

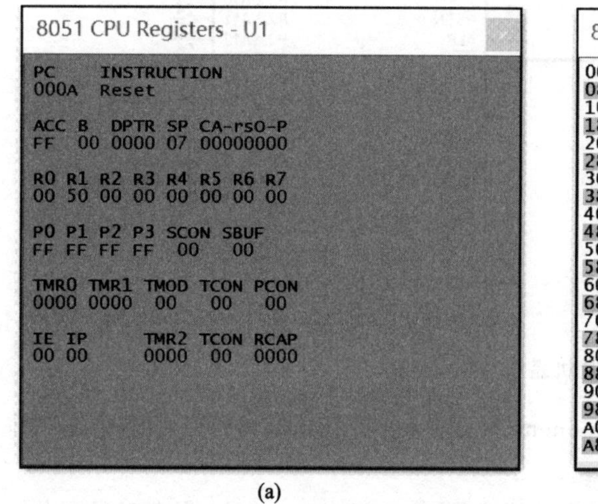

(a)

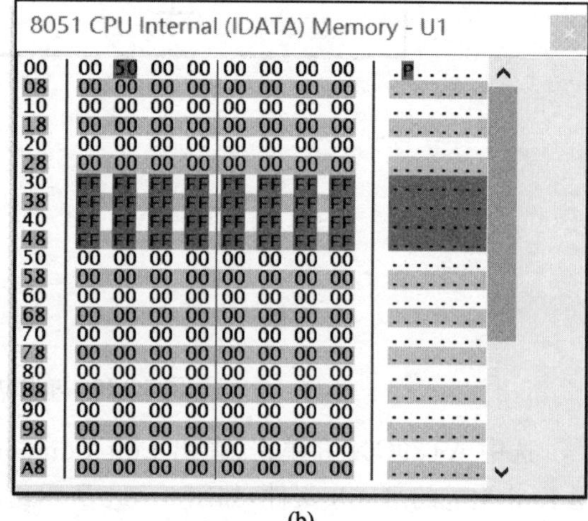

(b)

图 3－12　程序运行结果

10 行语句改为“：* p＝0x00；”，编译后重新运行，即可实现存储块清 0 的功能。

【例 2】　二进制 BCD 码转换

1．程序设计

单片机中的数值有多种表达方式。掌握各种数制之间的转换是一种基本功。我们将给定的一个字节二进制数(0～255之间)转换成十进制(BCD)码。将累加器A的值拆为三个BCD码,并存入RESULT开始的三个单元,示例程序中A赋值#123。

程序流程见图3-13。

汇编源程序如下:

```
RESULT     EQU     30H
           ORG     00H
           LJMP    START
START:     MOV     SP,#40H
           MOV     A,#123
           LCALL   BINTOBAC
           SJMP    $
BINTOBAC:  MOV     B,#100
           DIV     AB              ;除以 100 得百位数
           MOV     RESULT,A
           MOV     A,B
           MOV     B,#10
           DIV     AB              ;余数除以 10 得十位数
           MOV     RESULT+1,A
           MOV     RESULT+2,B      ;余数为个位数
           RET
           END
```

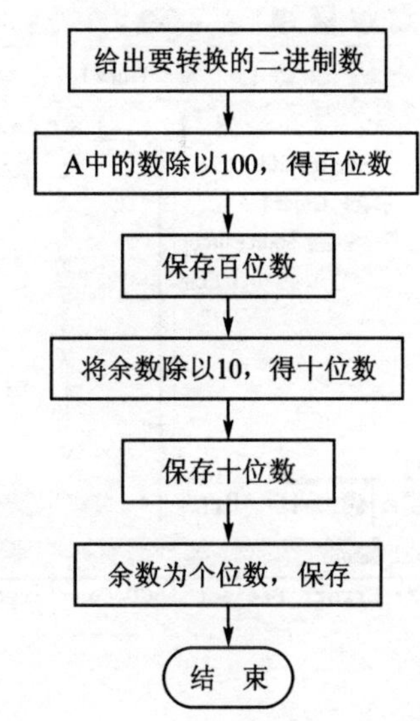

图3-13　二进制BCD码转换的程序流程图

C语言程序如下:

```
#include <reg52.h>
#define uint unsigned int
#define uchar unsigned char
uchar baiwei _at_ 0x30;          //百位地址
uchar shiwei _at_ 0x31;          //十位地址
uchar gewei _at_ 0x32;           //个位地址
void main(void)
{
  uchar i = 123;
    baiwei = i/100;
    shiwei = i % 100/10;
    gewei = i % 10;
    while(1);
}
```

2. 程序调试

(1) 在Keil中调试程序

① 打开Keil μVision5,新建Keil项目。

② 选择CPU类型,此例中选择Atmel公司的AT89C51单片机。

③ 新建汇编源文件(.ASM)或C语言源文件(.C),编写程序,并保存。

④ 在Project Workspace窗口中,将新建的.ASM文件或.C文件添加到Source Group 1中,如图3-14所示。

⑤ 在Project Workspace窗口中的Target 1文件夹上单击鼠标右键,在弹出的右键菜单中选择Option for Target 'Target 1'选项,弹出Options for Target窗口,打开Output选项

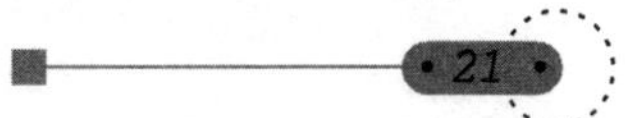

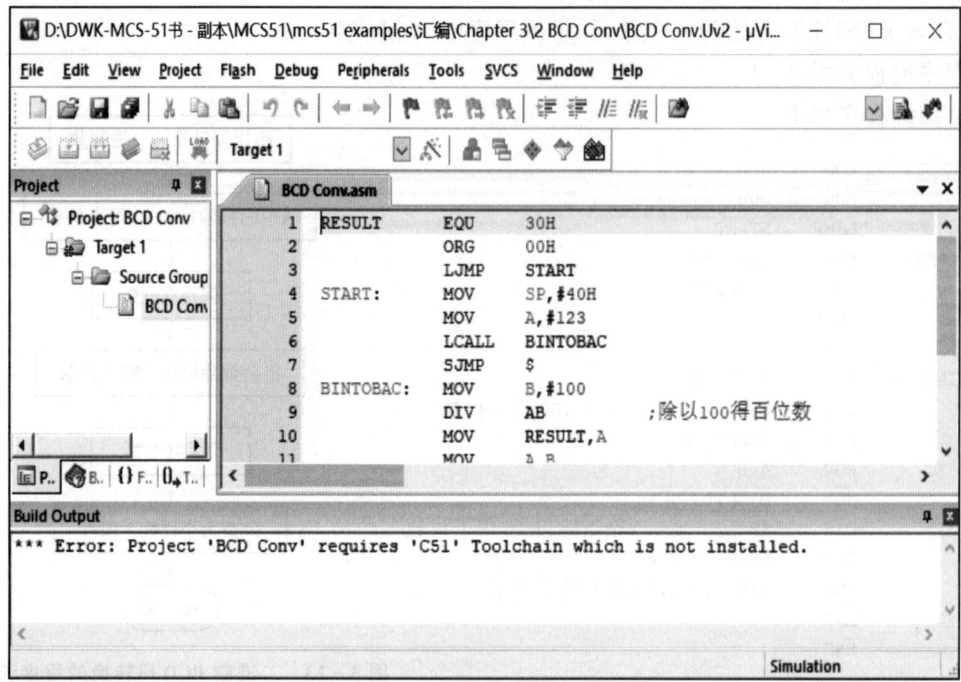

图 3-14 添加.ASM 文件

卡,选中 Create HEX File 选项,如图 3-15 所示。

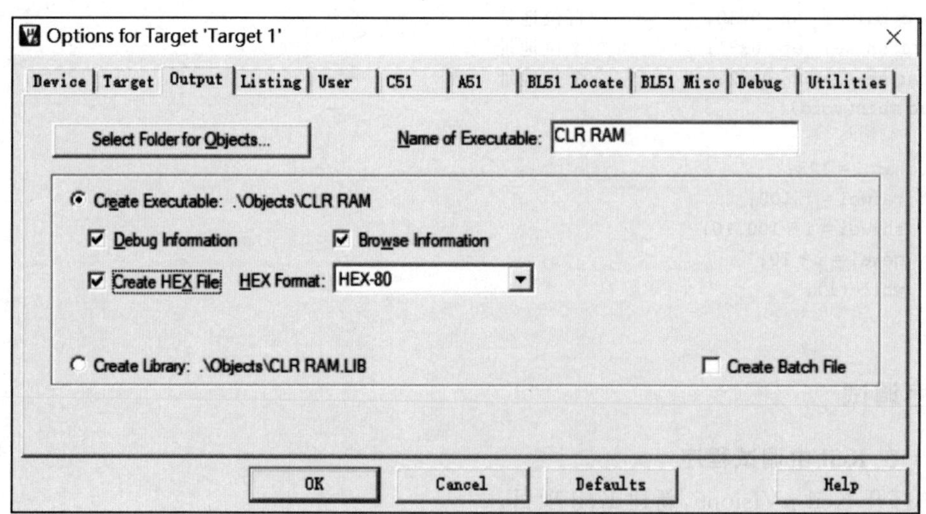

图 3-15 Options for Target 窗口

⑥ 在 Keil 的菜单栏中选择 Project→Build Target 命令,或者直接单击工具栏中的 Build Target 图标,编译汇编源程序或 C 语言程序。如果程序中有错误,则修改后重新编译。

⑦ 在 Keil 的菜单栏中选择 Debug→Start/Stop Debug Session 命令,或者直接单击工具栏中的 Start/Stop Debug Session 图标,进入程序调试环境。

⑧ 在菜单栏中选择 View→Memory Window 命令，打开 Memory 对话框，在 Address 栏中键入“D:30H”，查看片内数据存储空间的数据，如图 3-16 所示。

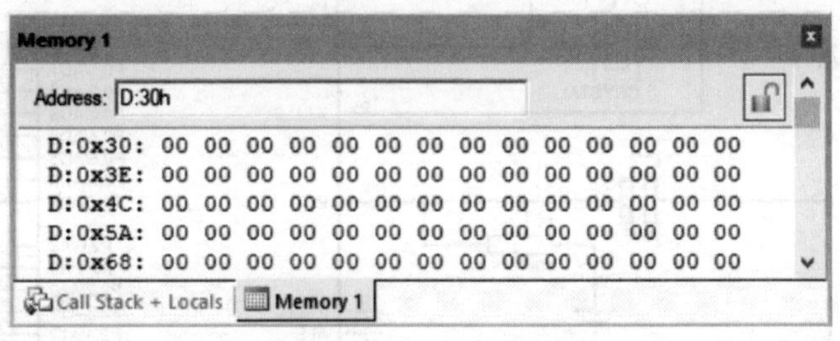

图 3-16　Memory 对话框

⑨ 按 F11 键，单步运行程序，观察片内数据存储器中 30H、31H 和 32H 这 3 个字节数据的变化，同时观察 Project Workspace 窗口中各寄存器的值的变化。程序运行完毕后，30H、31H 和 32H 这 3 个字节中的数据分别为 01、02 和 03，如图 3-17 所示。

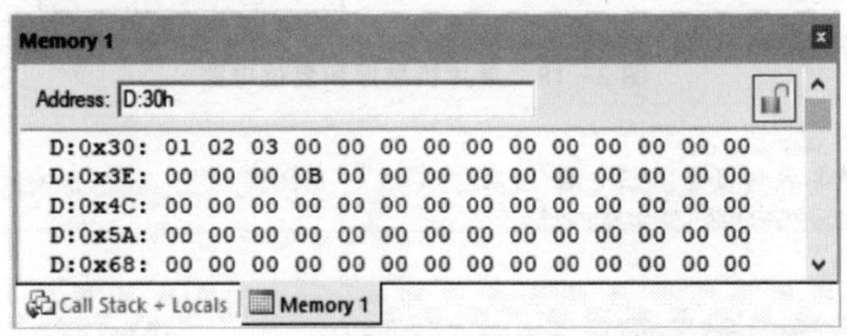

图 3-17　程序运行结果

(2) 在 Proteus 中调试程序

① 打开 Proteus Schematic Capture 编辑环境，添加器件 AT89C51，再次强调：如果要在 Proteus 中使用由 Keil 生成的.HEX 文件，则在 Proteus 中添加的 CPU 一定要与 Keil 中选择的 CPU 相同，否则程序将无法运行。

② 按照图 3-18 所示连接晶振和复位电路，晶振频率为 12 MHz。元件清单与表 3-1 中相同。

③ 选中 AT89C51 并单击，打开 Edit Component 对话框，在 Program File 栏中选择先前用 Keil 生成的.HEX 文件。在 Proteus Schematic Capture 的菜单栏中选择 File→Save Design 命令，保存设计。

在保存设计文件时，最好将与一个设计相关的文件(如 Keil 项目文件、源程序、Proteus 设计文件)都存放在一个目录下，以便查找。

④ 单击 Proteus Schematic Capture 界面左下角的 II 按钮，进入程序调试状态，并在 Debug 菜单中打开 8051 CPU Registers、8051 CPU Internal (IDATA) Memory 及 8051 CPU SFR Memory 三个观测窗口，如图 3-19 所示。

⑤ 按 F11 键，单步运行程序。在程序运行过程中，可以在这三个观测窗口中看到各寄存器及存储单元的动态变化。程序运行结束后，8051 CPU Registers 和 8051 CPU Internal (IDATA) Memory 观测窗口的状态如图 3-20 所示。

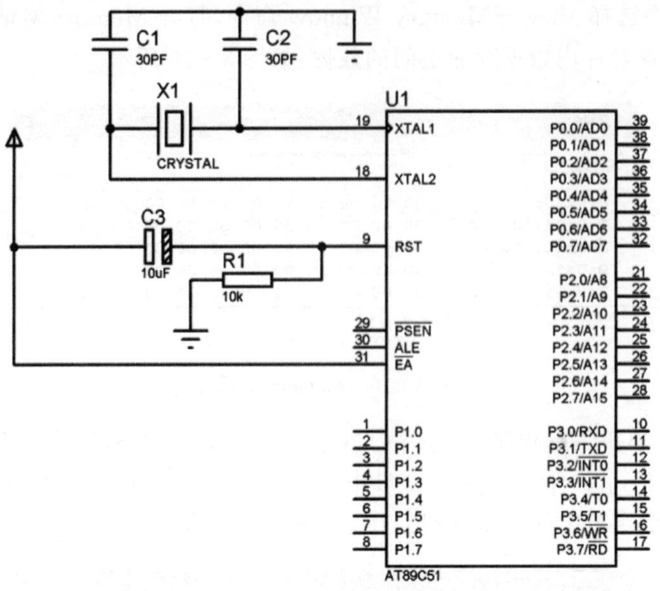

图 3-18　单片机晶振和复位电路

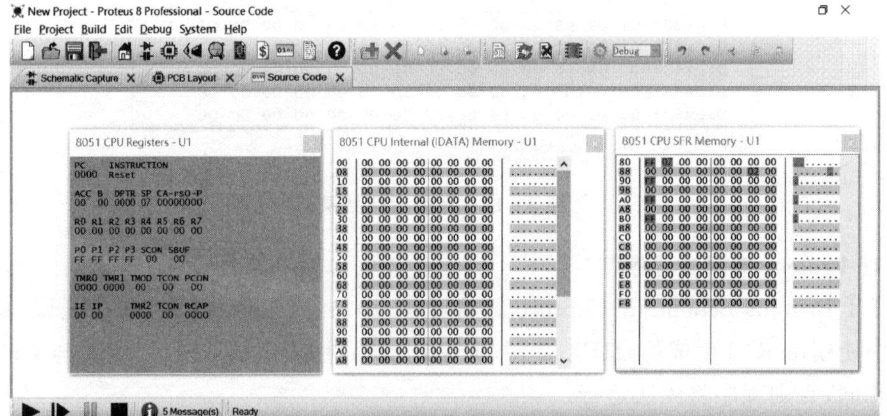

图 3-19　观测窗口

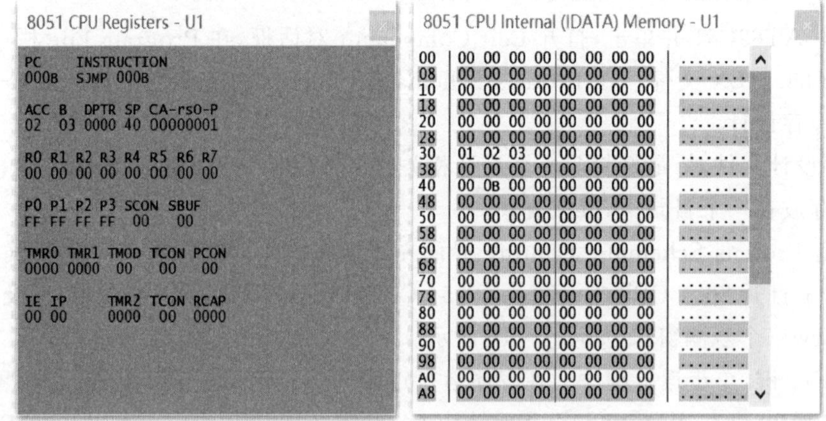

图 3-20　程序运行结果

【例 3】 二进制 ASCII 码转换

1. 程序设计

将给定的一个字节二进制数转换成 ASCII 码。此例中将累加器 A 的值拆为两个 ASCII 码，并存入 RESULT 开始的两个单元，可了解数值的 BCD 码和 ASCII 码的区别。示例程序中 A 赋值＃1AH。

程序流程如图 3－21 所示。

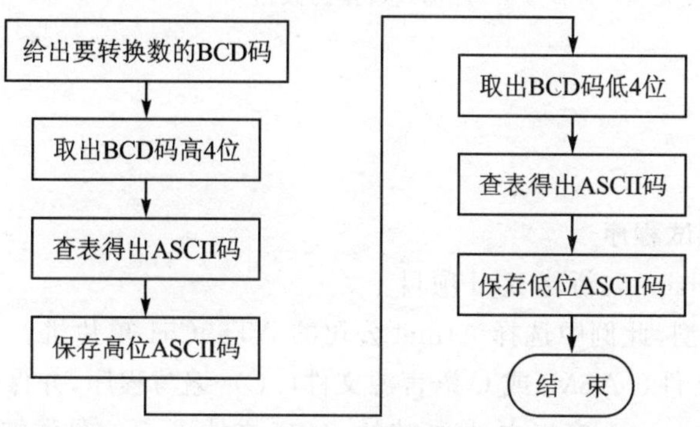

图 3－21 二进制 ASCII 码转换的程序流程图

汇编源程序如下：

```
RESULT      EQU     30H
            ORG     00H
START:      MOV     A,＃1AH
            CALL    BINTOHEX
            LJMP    $
BINTOHEX:   MOV     DPTR,＃ASCIITAB
            MOV     B,A                     ;暂存 A
            SWAP    A
            ANL     A,＃0FH                 ;取高 4 位
            MOVC    A,@A + DPTR             ;查 ASCII 表
            MOV     RESULT, A
            MOV     A,B                     ;恢复 A
            ANL     A,＃0FH                 ;取低 4 位
            MOVC    A,@A + DPTR             ;查 ASCII 表
            MOV     RESULT + 1,A
            RET
ASCIITAB:   DB      '0123456789ABCDEF'      ;定义数字对应的 ASCII 表
            END
```

C 语言程序如下：

```
#include <reg52.h>
#define uint unsigned int
#define uchar unsigned char
uchar BCDtoASC[] = {'0','1','2','3','4','5','6','7','8','9',
                    'A','B','C','D','E','F'}      ;
```

```
uchar ASC_h _at_ 0x30;              //存放高 4 位的 ASC 码地址
uchar ASC_l _at_ 0x31;              //存放低 4 位的 ASC 码地址
void BCDtoasc(uchar bcd)            //BCD 转换高位 ASC 码
    {
      uchar high,low;
        high = bcd >> 4;            //取 BCD 的高 4 位
        low = bcd&0x0f;             //取 BCD 的低 4 位
        ASC_h = BCDtoASC[high];
        ASC_l = BCDtoASC[low];
    }
void main(void)
{
   BCDtoasc(0x1a);                  //输入转换的数据
    while(1);
}
```

2. 程序调试

(1) 在 Keil 中调试程序

① 打开 Keil μVision5，新建 Keil 项目。

② 选择 CPU 类型，此例中选择 Atmel 公司的 AT89C51 单片机。

③ 新建汇编源文件(.ASM)或 C 语言源文件(.C)，编写程序，并保存。

④ 在 Project Workspace 窗口中，将新建的.ASM 文件或.C 文件添加到 Source Group 1 中。

⑤ 在 Project Workspace 窗口中的 Target 1 文件夹上单击鼠标右键，在随后弹出的快捷菜单中选择 Option for Target ‘Target 1’命令，在弹出的 Options for Target 窗口中打开 Output 选项卡，选中 Create HEX File 选项。

⑥ 在 Keil 的菜单栏中选择 Project→Build Target 命令，或者直接单击工具栏中的 Build Target 图标，编译汇编源程序或 C 语言程序。如果程序中有错误，则修改后重新编译。

⑦ 在 Keil 的菜单栏中选择 Debug→Start/Stop Debug Session 命令，或者直接单击工具栏中的 Start/Stop Debug Session 图标，进入程序调试环境。

⑧ 在菜单栏中选择 View→Memory Window 命令，打开 Memory 对话框，在 Address 栏中键入“D:30H”，查看片内数据存储空间的数据。

⑨ 按 F11 键，单步运行程序，观察片内数据存储器中 30H、31H 这两个字节数据的变化，同时观察 Project Workspace 窗口中各寄存器的值的变化。程序运行完毕后，30H、31H 这两个字节中的数据分别为 31 和 41，如图 3-22 所示。其中，31 为字符 1 对应的 ASCII 码，41 为字符 A 对应的 ASCII 码。

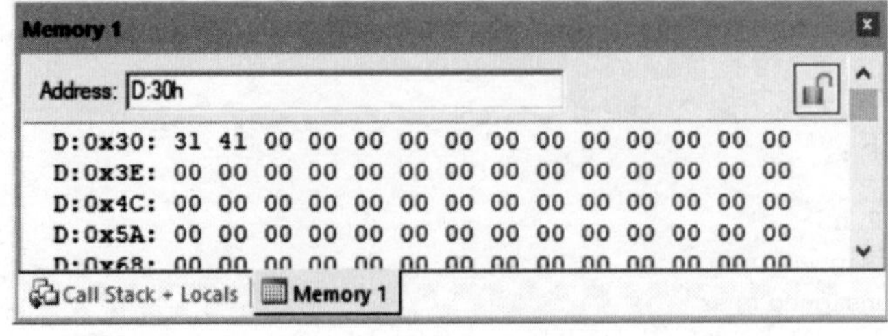

图 3-22　程序运行结果

(2) 在 Proteus 中调试程序

① 打开 Proteus Schematic Capture 编辑环境，添加器件 AT89C51。

② 连接晶振和复位电路，晶振频率为 12 MHz。元件清单与表 3-1 中相同。

③ 选中 AT89C51 并单击，打开 Edit Component 对话框，在 Program File 栏中选择先前用 Keil 生成的. HEX 文件。在 Proteus Schematic Capture 的菜单栏中选择 File→Save Design 命令，保存设计。

④ 单击 Proteus Schematic Capture 界面左下角的 ▮▮ 按钮，进入程序调试状态，并在 Debug 菜单中打开 8051 CPU Registers、8051 CPU Internal (IDATA) Memory 及 8051 CPU SFR Memory 三个观测窗口，如图 3-23 所示。

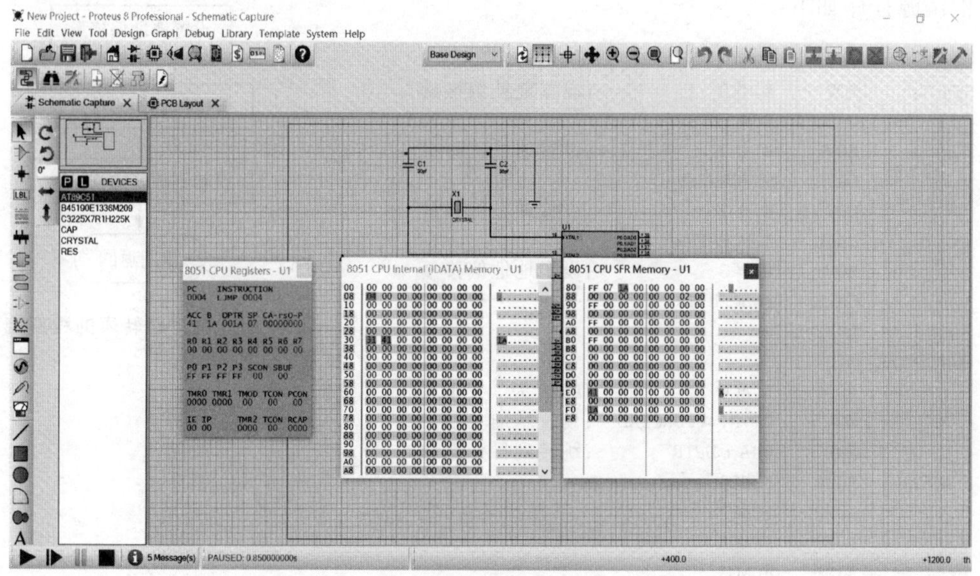

图 3-23 观测窗口

⑤ 按 F11 键，单步运行程序。在程序运行过程中，可以在这三个观测窗口中看到各寄存器及存储单元的动态变化。程序运行结束后，8051 CPU Registers 和 8051 CPU Internal (IDATA) Memory 观测窗口的状态如图 3-24 所示。

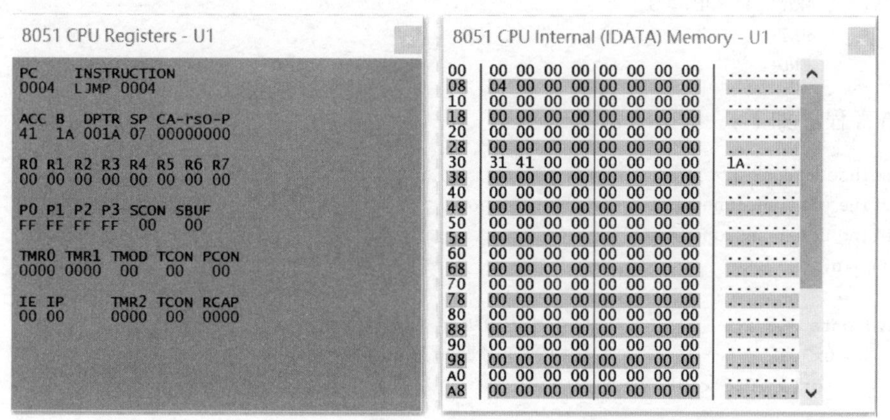

图 3-24 程序运行结果

【例 4】 程序跳转表

1. 程序设计

多分支结构是程序中常见的结构。在多分支结构的程序中，能够按地址偏移量执行相应的功能，完成指定操作。若给出地址偏移量来调用子程序，则一般用查表方法，查到子程序的地址，转到相应子程序。

程序流程见图 3-25。

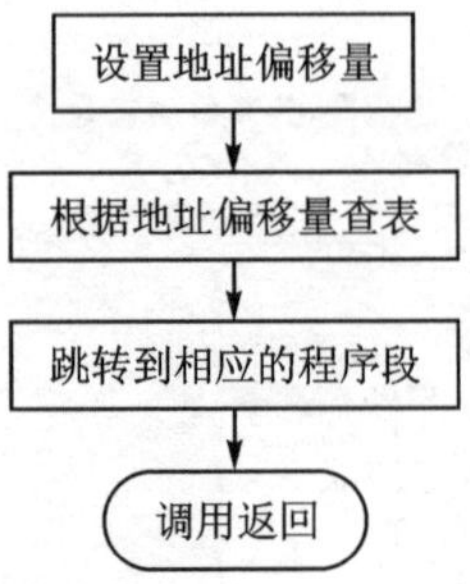

汇编源程序如下：

```
          ORG     00H
START:    MOV     A,#0            ;设置地址偏移量
          CALL    FUNCENTER
          MOV     A,#1            ;设置地址偏移量
          CALL    FUNCENTER
          MOV     A,#2            ;设置地址偏移量
          CALL    FUNCENTER
          MOV     A,#3            ;设置地址偏移量
          CALL    FUNCENTER
          LJMP    $
FUNCENTER:
          ADD     A,ACC           ;AJMP 为 2 字节指令,地址偏移量 * 2
          MOV     DPTR,#FUNCTAB   ;设置基址
          JMP     @A+DPTR         ;跳转到目标地址
FUNCTAB:  AJMP    FUNC0
          AJMP    FUNC1
          AJMP    FUNC2
          AJMP    FUNC3
FUNC0:    MOV     30H,#0
          RET
FUNC1:    MOV     31H,#1
          RET
FUNC2:    MOV     32H,#2
          RET
FUNC3:    MOV     33H,#3
          RET
          END
```

设置地址偏移量 → 根据地址偏移量查表 → 跳转到相应的程序段 → 调用返回

图 3-25 程序跳转表的程序流程图

C 语言程序如下：

```
#include <reg52.h>
#define uint unsigned int
#define uchar unsigned char
void main()
{
 uchar data *p,i;                //在片内 RAM 定义指针变量
     p = 0x30;                   //指针变量赋地址
        for(i = 0;i < 4;i++)
        {
            *p = i;
```

```
        p++;
    }
    while(1);
}
```

2. 程序调试

(1) 在 Keil 中调试程序

① 打开 Keil μVision5，新建 Keil 项目。

② 选择 CPU 类型，此例中选择 Atmel 公司的 AT89C51 单片机。

③ 新建汇编源文件(.ASM)或 C 语言源文件(.C)，编写程序，并保存。

④ 在 Project Workspace 窗口中，将新建的.ASM 文件或.C 文件添加到 Source Group 1 中。

⑤ 在 Project Workspace 窗口中的 Target 1 文件夹上单击鼠标右键，在随后弹出的快捷菜单中选择 Option for Target 'Target 1'命令，在弹出的 Options for Target 窗口中打开 Output 选项卡，选中 Create HEX File 选项。

⑥ 在 Keil 的菜单栏中选择 Project→Build Target 命令，或者直接单击工具栏中的 Build Target 图标，编译汇编源程序或 C 语言程序。如果程序中有错误，则修改后重新编译。

⑦ 在 Keil 的菜单栏中选择 Debug→Start/Stop Debug Session 命令，或者直接单击工具栏中的 Start/Stop Debug Session 图标，进入程序调试环境。

⑧ 在菜单栏中选择 View→Memory Window 命令，打开 Memory 对话框，在 Address 栏中键入"D:30H"，查看片内数据存储空间的数据。

⑨ 按 F11 键，单步运行程序，观察片内数据存储器中 30H、31H、32H 和 33H 这 4 个字节数据的变化，同时观察 Project Workspace 窗口中各寄存器的值的变化。程序运行完毕后，30H、31H、32H 和 33H 这 4 个字节中的数据分别为 00、01、02 和 03，如图 3－26 所示。

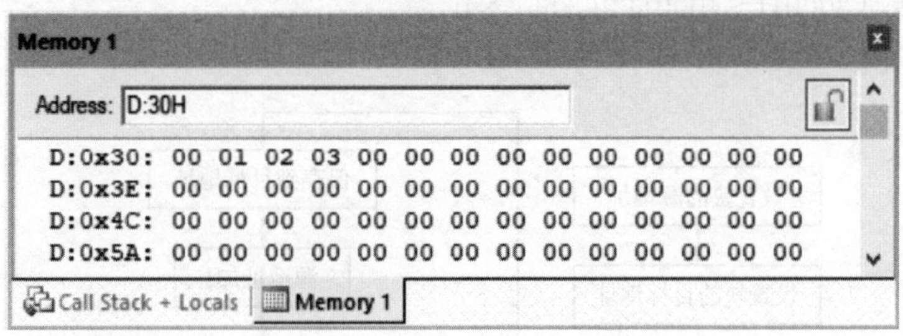

图 3－26　程序运行结果

(2) 在 Proteus 中调试程序

① 打开 Proteus Schematic Capture 编辑环境，添加器件 AT89C51。

② 连接晶振和复位电路，晶振频率为 12 MHz。元件清单与表 3－1 中相同。

③ 选中 AT89C51 并单击，打开 Edit Component 对话框，在 Program File 栏中选择先前用 Keil 生成的.HEX 文件。在 Proteus Schematic Capture 的菜单栏中选择 File→Save Design 命令，保存设计。

④ 单击 Proteus Schematic Capture 界面左下角的 按钮，进入程序调试状态，并在 Debug 菜单中打开 8051 CPU Registers、8051 CPU Internal (IDATA) Memory 及 8051 CPU

SFR Memory 三个观测窗口。

⑤ 按 F11 键，单步运行程序。在程序运行过程中，可以在这三个观测窗口中看到各寄存器及存储单元的动态变化。程序运行结束后，8051 CPU Registers 和 8051 CPU Internal (IDATA) Memory 观测窗口的状态如图 3－27 所示。

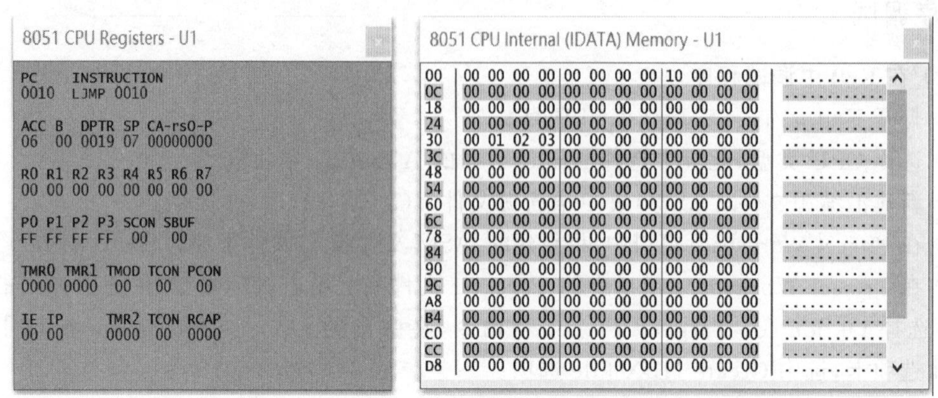

图 3－27 程序运行结果

【例 5】 内存块移动

1. 程序设计

块移动是单片机的常用操作之一，多用于大量的数据复制和图像操作。本程序是给出起始地址，用地址加 1 方法移动块，将指定源地址和长度的存储块移到指定目标地址为起始地址的单元中去。移动 3000H～4000H 共 256 字节。

程序流程如图 3－28 所示。

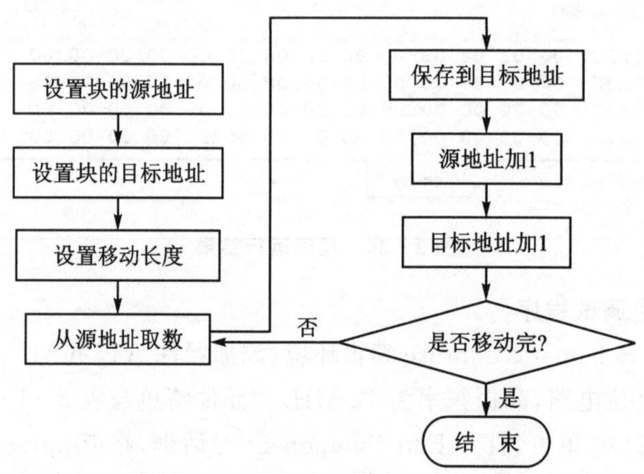

图 3－28 内存块移动的程序流程图

汇编源程序如下：

```
        ORG     00H
```

```
START:  MOV     R0, #30H
        MOV     R1, #00H        ;设置源地址
        MOV     R2, #40H
        MOV     R3, #00H        ;设置目标地址
        MOV     R7, #0          ;设置计数值
LOOP:   MOV     DPH, R0
        MOV     DPL, R1         ;将源地址(3000H)赋 DPTR
        MOVX    A, @DPTR        ;取源地址中的数据
        MOV     DPH, R2
        MOV     DPL, R3         ;将目标地址(4000H)赋 DPTR
        MOVX    @DPTR, A        ;将源地址中的数据送到目标地址
        INC     R1              ;源地址加 1
        INC     R3              ;目标地址加 1
        DJNZ    R7, LOOP
        LJMP    $
        END
```

C语言程序如下：

```
#include <reg51.h>
#define uint unsigned int
#define uchar unsigned char
uchar tab[8] = {0xff,0xff,0xff,0xff,0xff,0xff,0xff,0xff};
void main()
{
  uchar xdata *p,*q,i;                  //定义指针
    p = 0x3000;q = 0x4000;              //定义初始地址和目标地址
     for(i = 0;i < 8;i++)
    {
       *p = tab[i];                     //将初始地址赋值
        *q = *p;                        //将初始地址数据送入目标地址
        *p = 0;
       p++;q++;                         //移动指针
    }
    while(1);
}
```

2. 程序调试

(1) 在Keil中调试程序

① 打开Keil μVision5，新建Keil项目。

② 选择CPU类型，此例中选择Atmel公司的AT89C51单片机。

③ 新建汇编源文件(.ASM)或C语言源文件(.C)，编写程序，并保存。

④ 在Project Workspace窗口中，将新建的.ASM文件或.C文件添加到Source Group 1中。

⑤ 在Project Workspace窗口中的Target 1文件夹上单击鼠标右键，在弹出的快捷菜单中选择Option for Target 'Target 1'命令，在随后弹出的Options for Target窗口中打开Output选项卡，选中Create HEX File选项。

⑥ 在Keil的菜单栏中选择Project→Build Target命令，或者直接单击工具栏中的Build Target图标，编译汇编源程序或C语言程序。如果程序中有错误，则修改后重新编译。

⑦ 在Keil的菜单栏中选择Debug→Start/Stop Debug Session命令，或者直接单击工具

栏中的 Start/Stop Debug Session 图标,进入程序调试环境。

⑧ 在菜单栏中选择 View→Memory Window 命令,打开 Memory 对话框,在 Address 栏中键入“X:3000H”,查看片外数据存储空间的数据。

⑨ 双击 Memory 窗口中任意一个存储单元,可以修改这个存储单元中数据,如图 3-29 所示。为了便于观察,将片外 RAM 中 3000H 和 30FFH 这两个字节中的数据改为 FFH。

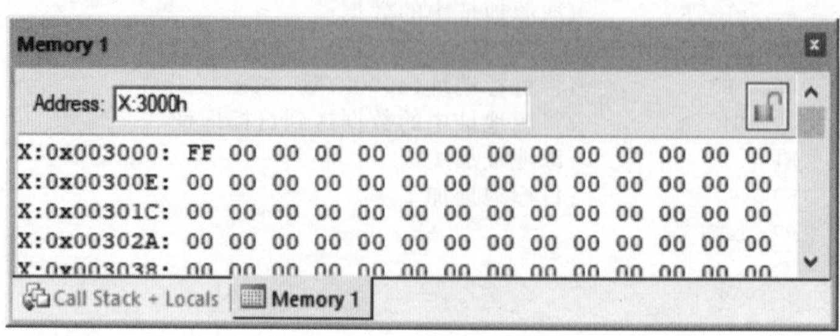

图 3-29 修改存储单元中的数据

⑩ 在菜单栏中选择 Debug→Run 命令,或者按 F5 键,顺序运行程序。程序运行完毕后,在菜单栏中选择 Debug→Stop Running 命令,或者单击工具栏中的 Halt 图标,停止运行程序。观察片外 RAM 中 4000H、和 40FFH 这两个字节数据的变化,同时观察 Project Workspace 窗口中各寄存器的值的变化。程序运行完毕后,4000H 和 40FFH 这两个字节中的数据均为 FFH,如图 3-30 所示。由此可推断,4000H~40FFH 这 256 个字节中的数据都已被源地址中的数据替换。

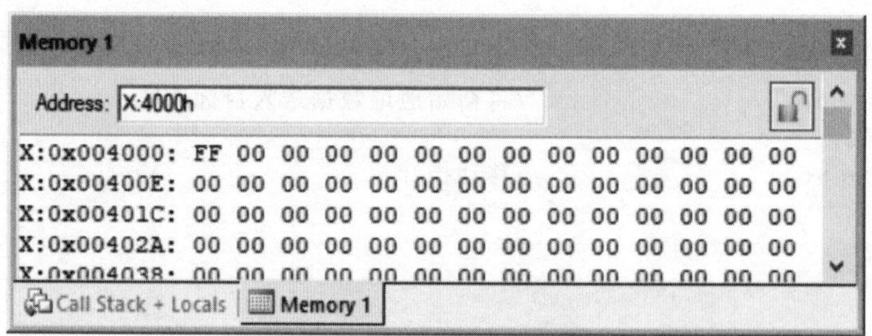

图 3-30 程序运行结果

(2) 在 Proteus 中调试程序

因为在 Proteus 中进行单片机软件仿真时,只能观测到片内 RAM 中数据的变化,而不能观测片外数据存储器,所以在 Proteus 中调试此程序时,需要对源程序进行适当修改。以下为修改后可用于 Proteus 仿真的汇编源程序。此程序的目的是,将片内 RAM 中 30H~34H 这 5 个存储单元中的数据移动到以 40H 开始的连续 5 个存储单元中。为了便于观察,在程序中将 30H 和 34H 这两个字节中的数据设置为 0FFH。

```
        ORG     00H
START:  MOV     30H,#0FFH
        MOV     34H,#0FFH
        MOV     R0,#30H         ;设置源地址
        MOV     R1,#40H         ;设置目标地址
        MOV     R7,#5           ;设置计数值
```

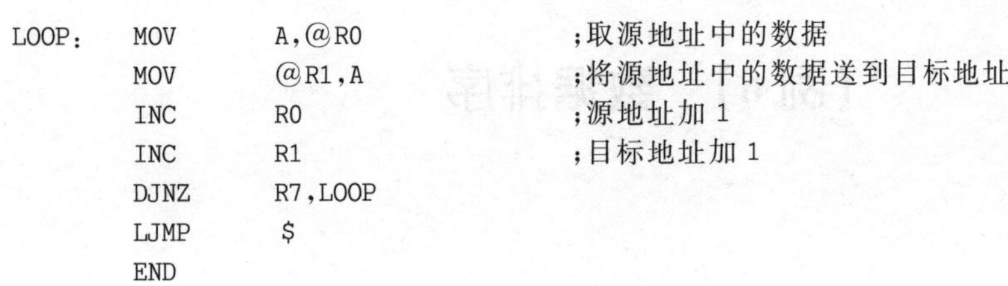

```
LOOP:   MOV     A,@R0       ;取源地址中的数据
        MOV     @R1,A       ;将源地址中的数据送到目标地址
        INC     R0          ;源地址加1
        INC     R1          ;目标地址加1
        DJNZ    R7,LOOP
        LJMP    $
        END
```

① 打开 Proteus Schematic Capture 编辑环境，添加器件 AT89C51。

② 连接晶振和复位电路，晶振频率为 12 MHz。元件清单与表 3-1 中相同。

③ 选中 AT89C51 并单击，打开 Edit Component 窗口，在 Program File 栏中选择先前用 Keil 生成的.HEX 文件。在 Proteus Schematic Capture 的菜单栏中选择 File→Save Design 命令，保存设计。

④ 单击 Proteus Schematic Capture 界面左下角的 ‖ 按钮，进入程序调试状态，并在 Debug 菜单中打开 Watch Window 和 8051 CPU Internal (IDATA) Memory 这两个观测窗口。

⑤ 在 8051 CPU Internal (IDATA) Memory 窗口中，选中 30H～34H 这 5 个连续的存储单元，并将其拖动到 Watch Window 窗口中，如图 3-31 所示。用同样的方法将 40H～44H 这 5 个存储单元也添加到 Watch Window 中。

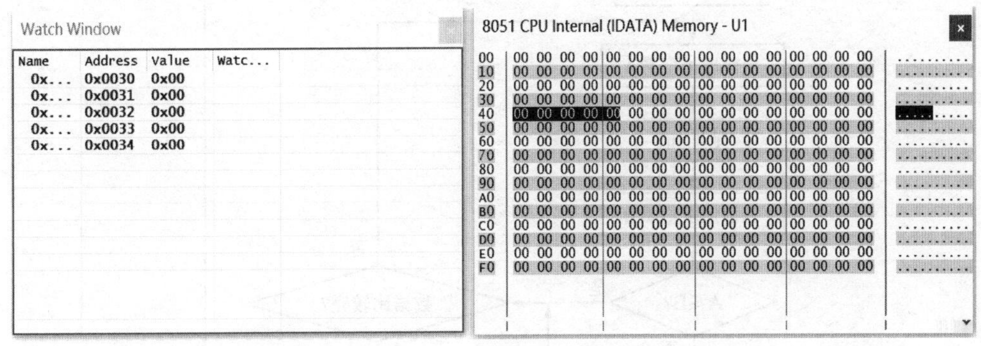

图 3-31 在 Watch Window 中添加观测内容

⑥ 单击 Proteus Schematic Capture 界面左下角的 ▶ 按钮，运行程序，可以在 Watch Window 窗口中看到这 10 个字节中数据的变化。程序运行结束后，在 Watch Window 窗口中可以看到，40H 和 44H 这两个存储单元中的数据被替换为 FFH，如图 3-32 所示。由此可推断，40H～44H 这 5 个字节中的数据都已被 30H～34H 中的数据替换。

图 3-32 程序运行结果

【例 6】 数据排序

1. 程序设计

有序的数列更有利于查找。本程序用的是“冒泡排序法”，给出一组随机数存储在所指定的单元里，将此组数据排列，使之成为有序数列。其算法是将一个数与后面的每个数相比较，如果比后面的数大，则交换，如此操作下去将所有的数都比较一遍后，最大的数就会在数列的最后面；然后，取第二个数，再进行下一轮比较，再找到第二大数据；如此循环下去，直到全部数据有序。

程序流程如图 3-33 所示。

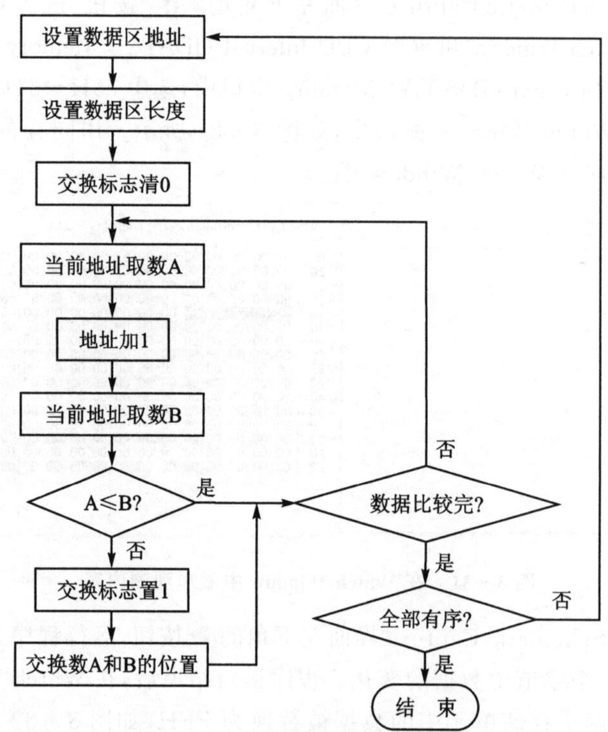

图 3-33 数据排序的程序流程图

汇编源程序如下：

```
        ORG     00H
        SIZE    EQU     10          ;数据个数
        ARRAY   EQU     50H         ;数据起始地址
        FLAG    BIT     00H         ;交换标志
SORT:   MOV     R0,#ARRAY           ;首地址输入到 R0
        MOV     R7,#SIZE-1          ;数据个数减 1 输入到 R7
        CLR     FLAG                ;交换标志置 0
COON:   MOV     A,@R0               ;将首地址中的内容读到 A
        MOV     R2,A                ;将数据写入到 R2 中
        INC     R0                  ;首地址加 1
        MOV     B,@R0               ;将首地址中的内容读到 B
```

```
        CJNE    A,B,NOTEQUAL          ;不相等则跳转
        SJMP    NEXT
NOTEQUAL:
        JC      NEXT                  ;前小后大,不交换
        SETB    FLAG                  ;前大后小,置交换标志
        XCH     A,@R0                 ;交换
        DEC     R0                    ;R0 减 1
        XCH     A,@R0
        INC     R0
NEXT:   DJNZ    R7,COON               ;R7 不等于 0 时转到 GOON(即没有交换完)
        JB      FLAG,SORT             ;FLAG = 1 时转到 SORT 使 FLAG 清 0
        SJMP    $
        END
```

C 语言程序如下：

```
#include <reg52.h>
#define uint unsigned char
#define uchar unsigned int
uchar data tab[5] _at_ 0x30;                //首地址为 0x30 的数组
void main()
{
    uchar i,j,k,temp;
    tab[0] = 1;                             //数组赋初值
    tab[1] = 3;
    tab[2] = 2;
    tab[3] = 6;
    tab[4] = 4;
       for(i = 4;i > 0;i-- )                //冒泡法比较相邻两个数的大小
         {
         for(j = 0;j < i;j++ )
             {
                 if(tab[j] > tab[j + 1])    //如果数值比后面数值大,交换顺序
                   {
                       temp = tab[j];
                       tab[j] = tab[j + 1];
                       tab[j + 1] = temp;
                   }
             }
         }
     while(1);
}
```

2. 程序调试

(1) 在 Keil 中调试程序

① 打开 Keil μVision5,新建 Keil 项目。

② 选择 CPU 类型,此例中选择 Atmel 公司的 AT89C51 单片机。

③ 新建汇编源文件(.ASM)或 C 语言源文件(.C),编写程序,并保存。

④ 在 Project Workspace 窗口中,将新建的.ASM 文件或.C 文件添加到 Source Group 1 中。

⑤ 在 Project Workspace 窗口中的 Target 1 文件夹上单击鼠标右键,在弹出的快捷菜单中选择 Option for Target 'Target 1'选项,在随后弹出的 Options for Target 窗口中打开

Output 选项卡，选中 Create HEX File 选项。

⑥ 在 Keil 的菜单栏中选择 Project→Build Target 命令，或者直接单击工具栏中的 Build Target 图标，编译汇编源程序或 C 语言程序。如果程序中有错误，则修改后重新编译。

⑦ 在 Keil 的菜单栏中选择 Debug→Start/Stop Debug Session 命令，或者直接单击工具栏中的 Start/Stop Debug Session 图标，进入程序调试环境。

⑧ 在菜单栏中选择 View→Memory Window 命令，打开 Memory 对话框，在 Address 栏中键入"D:50H"，查看片内数据存储空间的数据。

⑨ 按图 3-34 修改片内 RAM 中 50H～59H 这 10 个存储单元中的数据（数据可随意填写）。

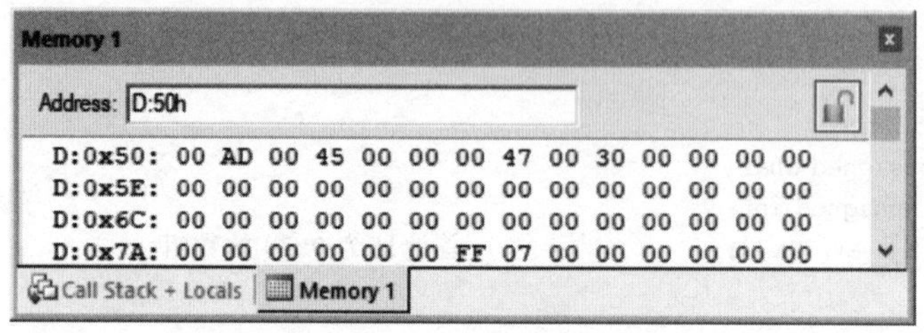

图 3-34 修改片内 RAM 中的数据

⑩ 按 F11 键，单步运行程序，观察片内数据存储器中从 50H～59H 这 10 个存储单元中数据的变化，同时观察 Project Workspace 窗口中各寄存器的值的变化。程序运行完毕后，这 10 个存储单元中的数据将从小到大顺序排列，如图 3-35 所示。

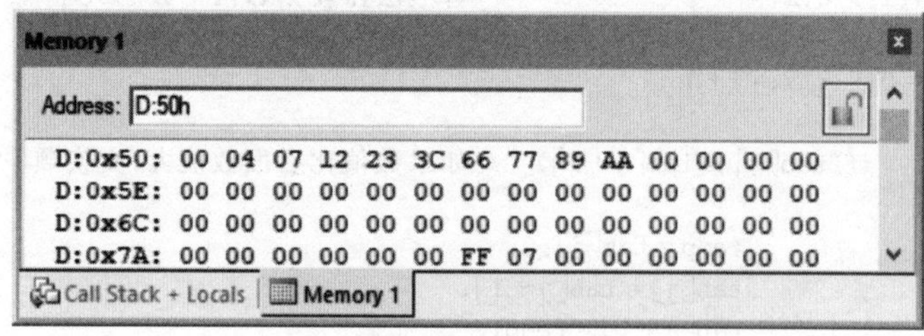

图 3-35 程序运行结果

(2) 在 Proteus 中调试程序

在 Proteus 中调试此程序时，需要先在程序中设置 50H～59H 这 10 个存储单元中的数值，即在程序开始处添加以下几条语句：

```
         MOV    50H,#04H
         MOV    51H,#0AAH
                ...
SORT:    MOV    R0,#ARRAY
                ...
```

① 打开 Proteus Schematic Capture 编辑环境，添加器件 AT89C51。

② 连接晶振和复位电路，晶振频率为 12 MHz。元件清单与表 3-1 中相同。

③ 选中 AT89C51 并单击，打开 Edit Component 对话框，在 Program File 栏中选择先前用 Keil 生成的.HEX 文件。在 Proteus Schematic Capture 的菜单栏中选择 File→Save Design 命令，保存设计。

④ 单击 Proteus Schematic Capture 界面左下角的 ▮▮ 按钮，进入程序调试状态，并在 Debug 菜单中打开 8051 CPU Registers、8051 CPU Internal（IDATA）Memory 这两个观测窗口。

⑤ 按 F11 键，单步运行程序。在程序运行过程中，可以在这两个观测窗口中看到各寄存器及存储单元的动态变化。程序运行结束后，8051 CPU Registers 和 8051 CPU Internal（IDATA）Memory 观测窗口的状态如图 3－36 所示。

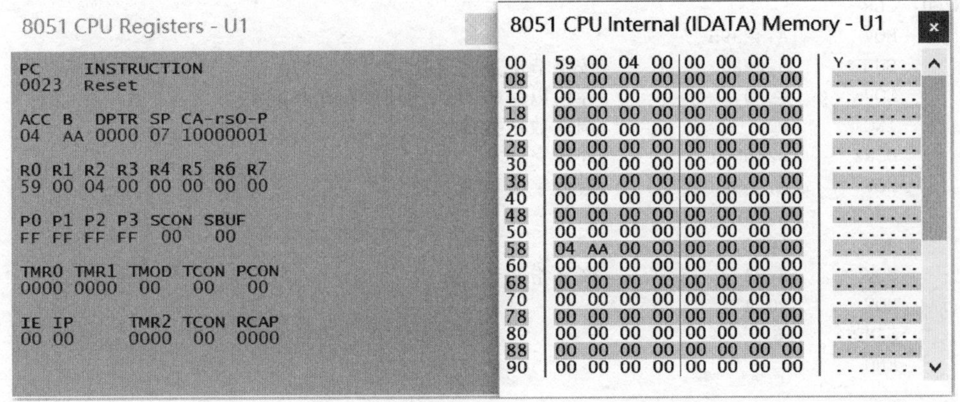

图 3－36　Proteus 中程序运行结果

【例 7】　多字节 BCD 码取补

1. 程序设计

入口条件：操作数的字节数存放在 R7 中，操作数存放在以@R0 开始的连续存储单元中；

出口信息：结果仍存放在以@R0 开始的连续存储单元中；

影响资源：PSW、A、R2、R3。

程序流程如图 3－37 所示。

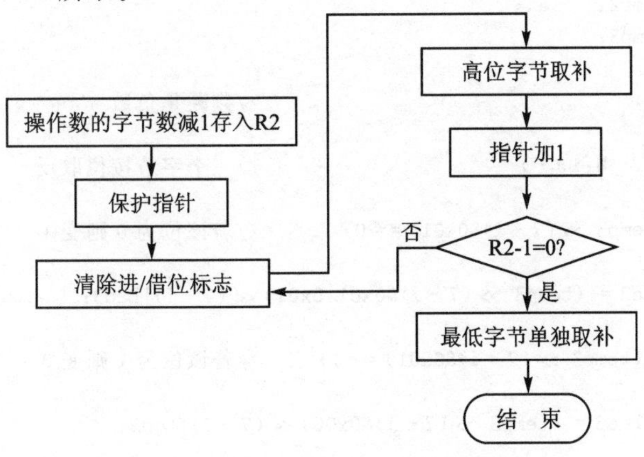

图 3－37　多字节 BCD 码取补的程序流程图

汇编源程序如下：

```
        ORG     00H
        MOV     R7,#03H         ;设置操作数的字节数
        MOV     R0,#30H         ;设置指针
NEG:    MOV     A,R7            ;取(字节数-1)至 R2 中
        DEC     A
        MOV     R2,A
        MOV     A,R0            ;保护指针
        MOV     R3,A
NEG0:   CLR
        MOV     A,#99H
        SUBB    A,@R0           ;按字节十进制取补
        MOV     @R0,A           ;存回以@R0 开始的连续存储单元中
        INC     R0              ;调整数据指针
        DJNZ    R2,NEG0         ;处理完(R2)字节
        MOV     A,#9AH          ;最低字节单独取补
        SUBB    A,@R0
        MOV     @R0,A
        MOV     A,R3            ;恢复指针
        MOV     R0,A
        SJMP    $
        END
```

C 语言程序如下：

```
#include <reg52.h>
#define schar signed char
#define uchar unsigned char
#define uint unsigned int
 schar bcd1 _at_ 0x30;                                  //第一个 BCD 码地址
 schar bcd2 _at_ 0x31;                                  //第二个 BCD 码地址
 schar bcd3 _at_ 0x32;                                  //第三个 BCD 码地址
void BCDdisprot(schar temp1 ,uchar temp2,uchar temp3)
{
   uchar i;
     if(temp1 > 0)                                      //判断最高符号位正负,大于 0 表示整数
     {
       bcd1 = temp1;
         bcd2 = temp2;
         bcd3 = temp3;
     }
     if(temp1 < 0)                                      //判断是负数
     {
       for(i = 0;i < 8;i++)                             //三个字节按位取反
         {
             if((temp3 >> (7 - i)&0x01) == 0)           //若该位为 0 则变 1
               {
                 bcd3 = (temp3 >> (7 - i)&0x01|0x01) << (7 - i)|bcd3;
               }
               if((temp3 >> (7 - i)&0x01) == 1)         //若该位为 1 则变 0
               {
                   bcd3 = (temp3 >> (7 - i)&0x00) << (7 - i)|bcd3;
               }
         }
```

```
    for(i=0;i < 8;i++)                    //按位取反
    {
        if((temp2 >> (7-i)&0x01) == 0)
        {
            bcd2 = (temp2 >> (7-i)&0x01|0x01) << (7-i)|bcd2;
        }
        if((temp2 >> (7-i)&0x01) == 1)
        {
            bcd2 = (temp2 >> (7-i)&0x00) << (7-i)|bcd2;
        }
    }
    for(i=0;i < 7;i++)
    {
        if((temp1 >> (6-i)&0x81) == 0x80)
        {
            bcd1 = (temp3 >> (6-i)&0x01|0x01) << (6-i)|bcd1|0x80;
        }
        if((temp1 >> (6-i)&0x01) == 0x81)
        {
            bcd1 = (temp3 >> (6-i)&0x00) << (6-i)|bcd1|0x80;
        }
    }
  bcd3 = bcd3 + 1;                        //按位取反之后最低位加1,判断是否有进位
    if(CY == 1)
    {
        bcd2 = bcd2 + 1;
        if(CY == 1)
        bcd1 = bcd1 + 1;
    }
  }
}
//把三个字节看成一个整体,bcd1的最高位是符号位
void main()
{
  BCDdisprot(0x89,0x10,0x20);
  while(1);
}
```

2. 程序调试

(1) 在Keil中调试程序

① 打开Keil μVision5,新建Keil项目。

② 选择CPU类型,此例中选择Atmel公司的AT89C51单片机。

③ 新建汇编源文件(.ASM)或C语言源文件(.C),编写程序,并保存。

④ 在Project Workspace窗口中,将新建的.ASM文件或.C文件添加到Source Group 1中。

⑤ 在Project Workspace窗口中的Target 1文件夹上单击鼠标右键,在弹出的快捷菜单中选择Option for Target 'Target 1'命令,在随后弹出的Options for Target窗口中打开Output选项卡,选中Create HEX File选项。

⑥ 在Keil的菜单栏中选择Project→Build Target命令,或者直接单击工具栏中的Build Target图标,编译汇编源程序或C语言程序。如果程序中有错误,则修改后重新编译。

⑦ 在 Keil 的菜单栏中选择 Debug→Start/Stop Debug Session 命令，或者直接单击工具栏中的 Start/Stop Debug Session 图标，进入程序调试环境。

⑧ 在菜单栏中选择 View→Memory Window 命令，打开 Memory 对话框，在 Address 栏中键入“D:30H”，查看片内数据存储空间的数据。

⑨ 按图 3－38 所示修改片内 RAM 中 30H～32H 这 3 个存储单元中的数据(数据可随意填写，但要求是 BCD 数)。

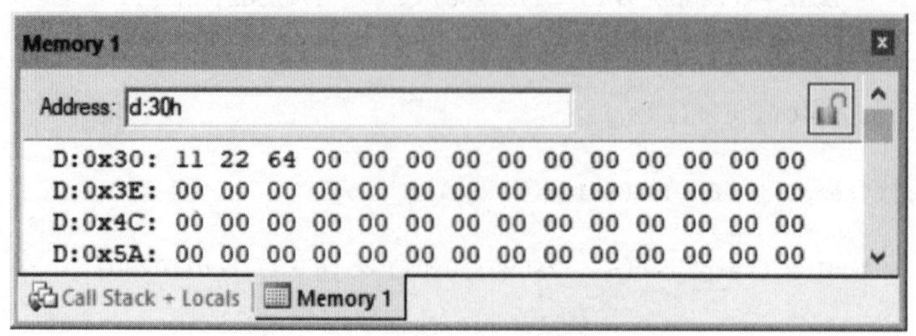

图 3－38　修改片内 RAM 中的数据

⑩ 按 F11 键，单步运行程序，观察片内数据存储器中 30H～32H 这 3 个存储单元中数据的变化，同时观察 Project Workspace 窗口中各寄存器的值的变化。程序运行完毕后，这 3 个字节的 BCD 数将以原数据的补码形式显示，如图 3－39 所示。

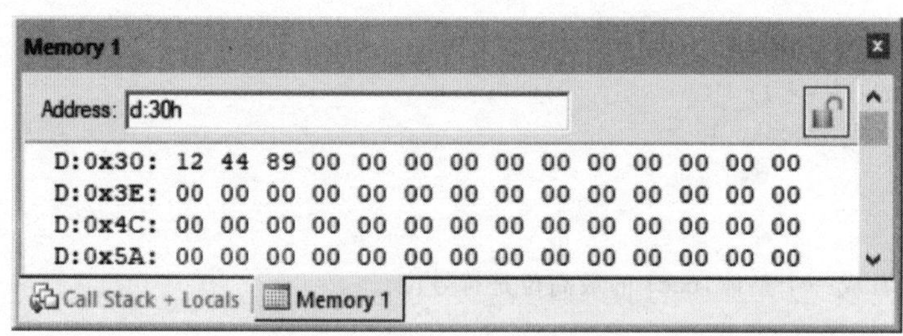

图 3－39　程序运行结果

(2) 在 Proteus 中调试程序

在 Proteus 中调试此程序时，需要先在程序中设置 30H～32H 这 3 个存储单元中的数值，即在程序开始处添加几条语句：

```
            ORG     00H
            MOV     30H,#12H
            MOV     31H,#44H
            MOV     32H,#89H
    NEG:    MOV     A,R7
                    …
```

① 打开 Proteus Schematic Capture 编辑环境，添加器件 AT89C51。

② 连接晶振和复位电路，晶振频率为 12 MHz。元件清单与表 3－1 中相同。

③ 选中 AT89C51 并单击左键，打开 Edit Component 对话框，在 Program File 栏中选择先前用 Keil 生成的.HEX 文件。在 Proteus Schematic Capture 的菜单栏中选择 File→Save Design 命令，保存设计。

④ 单击 Proteus Schematic Capture 界面左下角的 ▮▮ 按钮，进入程序调试状态，并在 Debug 菜单中打开 8051 CPU Registers 和 8051 CPU Internal（IDATA）Memory 这两个观测窗口。

⑤ 按 F11 键，单步运行程序。在程序运行过程中，可以在这两个观测窗口中看到各寄存器及存储单元的动态变化。程序运行时，8051 CPU Internal（IDATA）Memory 窗口中所显示的原操作数如图 3－40 所示，对原操作数取补后的结果如图 3－41 所示。

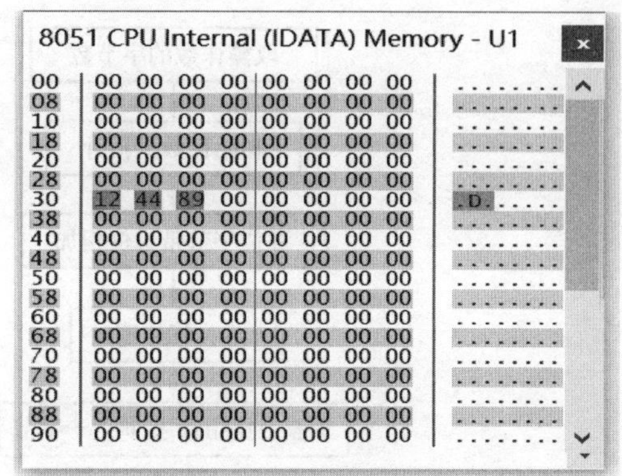

图 3－40　原操作数

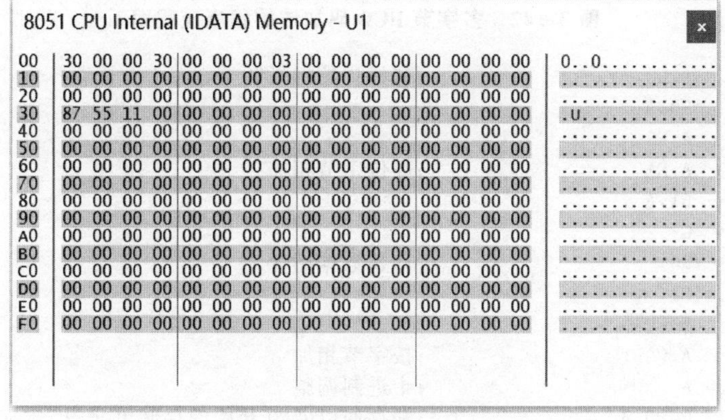

图 3－41　取补后的操作数

【例 8】　多字节 BCD 码加法

1. 程序设计

入口条件：操作数的字节数存放在 R7 中，被加数存放在以@R0 开始的连续存储单元中，加数存放在以@R1 开始的连续存储单元中；

出口信息：和仍存放在以@R0 开始的连续存储单元中，最高位进位在 CY 中；

影响资源：PSW、A、R2；

堆栈需求：2 字节。

程序流程如图 3－42 所示。

汇编源程序如下：

```
        ORG     00H
        MOV     R7,#03H
        MOV     R0,#30H
        MOV     R1,#34H
BCDA:   MOV     A,R7                    ;取字节数至 R2 中
        MOV     R2,A
```

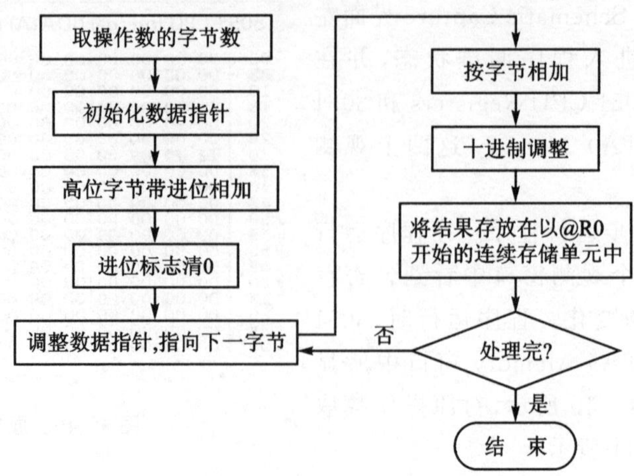

图 3－42 多字节 BCD 码加法的程序流程图

```
        ADD     A,R0                    ;初始化数据指针
        MOV     R0,A
        MOV     A,R2
        ADD     A,R1                    ;高位字节相加
        MOV     R1,A
        CLR     C
BCD1:   DEC     R0                      ;调整数据指针
        DEC     R1
        MOV     A,@R0
        ADDC    A,@R1                   ;按字节相加
        DA      A                       ;十进制调整
        MOV     @R0,A                   ;和存回以@R0 开始的存储单元中
        DJNZ    R2,BCD1                 ;处理完所有字节?
        SJMP    $
        END
```

C 语言程序如下：

```
 #include <reg52.h>
 #define uchar unsigned char
 #define uint unsigned int
uchar data ch1 _at_ 0x30;               //第一个多字节 BCD 码的第一个 BCD 码
uchar data ch2 _at_ 0x31;               //第一个多字节 BCD 码的第二个 BCD 码
uchar data ch3 _at_ 0x32;               //第一个多字节 BCD 码的第三个 BCD 码
uchar data ch4 _at_ 0x34;               //第二个多字节 BCD 码的第一个 BCD 码
uchar data ch5 _at_ 0x35;               //第二个多字节 BCD 码的第二个 BCD 码
uchar data ch6 _at_ 0x36;               //第二个多字节 BCD 码的第三个 BCD 码
/*实现多字节的十六进制加法*/
void add(uchar t1,uchar t2,uchar t3,uchar t4,uchar t5,uchar t6)
{   ch1 = t1;                           //获取 BCD 码
    ch2 = t2;
    ch3 = t3;
    ch4 = t4;
    ch5 = t5;
    ch6 = t6;
    ch3 = ch3 + ch6;                    //最低位相加
    if(CY == 0)                         //低字节最高位无进位
    {
```

```
        ch2 = ch2 + ch5;                    //第二个字节相加
          if(CY == 1)                       //判断有无进位
            ch1 = ch1 + ch4 + 1;            //有进位加 1
          if(CY == 0)
           ch1 = ch1 + ch4;
      }
          if(CY == 1)                       //最高位有进位
      {
        ch2 = ch2 + ch5;
          if(CY == 1)
            ch1 = ch1 + ch4 + 1;
          if(CY == 0)
           ch1 = ch1 + ch4;
      }
  }
  void main()
  {
   add(0x68,0x55,0x98,0x55,0x12,0x64);  //输入两个多字节相加
   while(1);
  }
```

2. 程序调试

(1) 在 Keil 中调试程序

① 打开 Keil μVision5,新建 Keil 项目。

② 选择 CPU 类型,此例中选择 Atmel 公司的 AT89C51 单片机。

③ 新建汇编源文件(.ASM)或 C 语言源文件(.C),编写程序,并保存。

④ 在 Project Workspace 窗口中,将新建的.ASM 文件或.C 文件添加到 Source Group 1 中。

⑤ 在 Project Workspace 窗口中的 Target 1 文件夹上单击鼠标右键,在弹出的快捷菜单中选择 Option for Target 'Target 1'命令,在弹出的 Options for Target 窗口中打开 Output 选项卡,选中 Create HEX File 选项。

⑥ 在 Keil 的菜单栏中选择 Project→Build Target 命令,或者直接单击工具栏中的 Build Target 图标,编译汇编源程序或 C 语言程序。如果程序中有错误,则修改后重新编译。

⑦ 在 Keil 的菜单栏中选择 Debug→Start/Stop Debug Session 命令,或者直接单击工具栏中的 Start/Stop Debug Session 图标,进入程序调试环境。

⑧ 在菜单栏中选择 View→Memory Window 命令,打开 Memory 对话窗口,在 Address 栏中键入"D:30H",查看片内数据存储空间的数据。

⑨ 按图 3-43 所示修改片内 RAM 中 30H～32H 这三个存储单元中的数据(数据可随意填写,但要求是 BCD 数),作为被加数;修改 34H～36H 这 3 个存储单元中的数据,作为加数。

⑩ 按 F11 键,单步运行程序,观察片内数据存储器中 30H～32H 这 3 个存储单元中数据的变化,同时观察 Project Workspace 窗口中各寄存器值的变化。程序运行完毕后,30H～32H 这 3 个字节将显示 685 598+551 264 的结果 237 962,并且 Project Workspace 窗口中的 CY 将被置 1,如图 3-44 所示。

(2) 在 Proteus 中调试程序

在 Proteus 中调试此程序时,需要先在程序中设置 30H～32H 和 34H～36H 这 6 个存储单元中的数值,即在程序开始处添加以下几条语句:

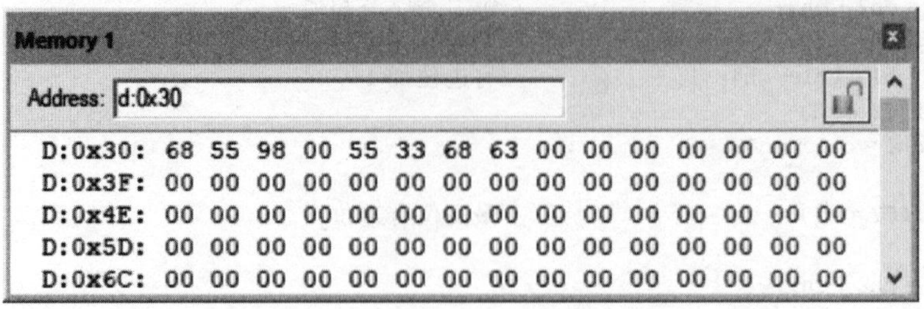

图 3－43　修改片内 RAM 中的数据

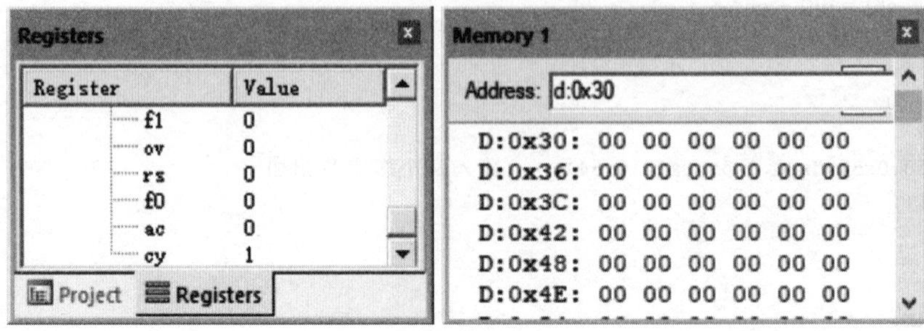

图 3－44　程序运行结果

```
        ORG     00H
        MOV     30H,＃68H
        MOV     31H,＃55H
        MOV     32H,＃98H
        MOV     34H,＃55H
        MOV     35H,＃23H
        MOV     36H,＃64H
BCDA：  MOV     A,R7
                …
```

① 打开 Proteus Schematic Capture 编辑环境，添加器件 AT89C51。

② 连接晶振和复位电路，晶振频率为 12 MHz。元件清单与表 3－1 中相同。

③ 选中 AT89C51 并单击左键，打开 Edit Component 对话框，在 Program File 栏中选择先前用 Keil 生成的.HEX 文件。在 Proteus Schematic Capture 的菜单栏中选择 File→Save Design 命令，保存设计。

④ 单击 Proteus Schematic Capture 界面左下角的 ❚❚ 按钮，进入程序调试状态，并在 Debug 菜单中打开 8051 CPU Registers、8051 CPU Internal（IDATA）Memory 及 8051 CPU SFR Memory 三个观测窗口。

⑤ 按 F11 键，单步运行程序。在程序运行过程中，可以在这三个观测窗口中看到各寄存器及存储单元的动态变化。程序运行时，8051 CPU Internal（IDATA）Memory 窗口中所显示的被加数和加数如图 3－45 所示，相

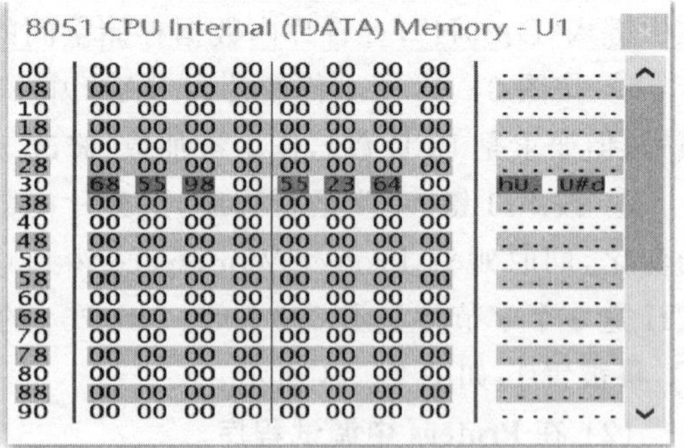

图 3－45　被加数与加数

加后的结果如图 3－46 所示。

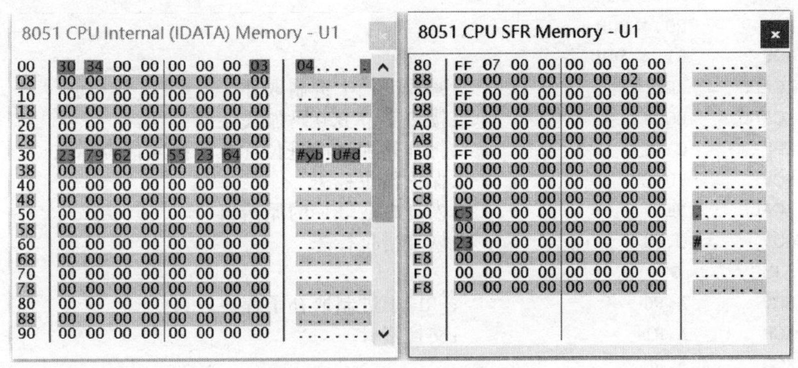

图 3－46　程序运行结果

注意：程序运行结束后，8051 CPU SFR Memory－U1 窗口中的 D0H 这个地址中的数值为 C5H，而进位标志位 CY 位于这个字节的最高位，可知此时的 CY＝1，即计算结果为 685 598＋552 364＝1 237 962，结果正确。

【例 9】　多字节 BCD 码减法

1．程序设计

入口条件：操作数的字节数存放在 R7 中，被减数存放在以@R0 开始的连续存储单元中，减数存放在以@R1 开始的连续存储单元中；

出口信息：差仍存放在以@R0 开始的连续存储单元中，最高位借位在 CY 中；

影响资源：PSW、A、R2、R3；

堆栈需求：6 字节。

程序流程如图 3－47 所示。

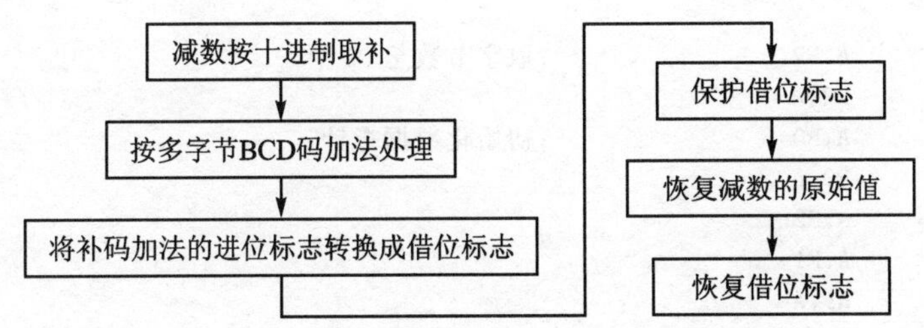

图 3－47　多字节 BCD 码减法的程序流程图

汇编源程序如下：

```
ORG     00H
MOV     30H,＃57H
MOV     31H,＃82H
MOV     32H,＃64H          ;设置被减数为 578 264
MOV     34H,＃38H
MOV     35H,＃65H
```

```
        MOV     36H,#29H            ;设置减数为 386 529
        MOV     R7,#03H
        MOV     R0,#30H
        MOV     R1,#34H
BCDB:   LCALL   NEG1                ;减数[R1]十进制取补
        LCALL   BCDA                ;按多字节 BCD 码加法处理
        CPL     C                   ;将补码加法的进位标志转换成借位标志
        MOV     F0,C                ;保护借位标志
        LCALL   NEG1                ;恢复减数[R1]的原始值
        MOV     C,F0                ;恢复借位标志
        SJMP    $
NEG1:   MOV     A,R0                ;[R1]十进制取补子程序入口
        XCH     A,R1                ;交换指针
        XCH     A,R0
        LCALL   NEG                 ;通过[R0]实现[R1]取补
        MOV     A,R0
        XCH     A,R1                ;换回指针
        XCH     A,R0
        RET
NEG:    MOV     A,R7                ;取(字节数减 1)至 R2 中
        DEC     A
        MOV     R2,A
        MOV     A,R0                ;保护指针
        MOV     R3,A
NEG0:   CLR     C
        MOV     A,#99H
        SUBB    A,@R0               ;按字节十进制取补
        MOV     @R0,A               ;存回[R0]中
        INC     R0                  ;调整数据指针
        DJNZ    R2,NEG0             ;处理完(R2)字节
        MOV     A,#9AH              ;最低字节单独取补
        SUBB    A,@R0
        MOV     @R0,A
        MOV     A,R3                ;恢复指针
        MOV     R0,A
        RET
BCDA:   MOV     A,R7                ;取字节数至 R2 中
        MOV     R2,A
        ADD     A,R0                ;初始化数据指针
        MOV     R0,A
        MOV     A,R2
        ADD     A,R1
        MOV     R1,A
        CLR     C
BCD1:   DEC     R0                  ;调整数据指针
        DEC     R1
        MOV     A,@R0
        ADDC    A,@R1               ;按字节相加
        DA      A                   ;十进制调整
        MOV     @R0,A               ;和存回[R0]中
        DJNZ    R2,BCD1             ;处理完所有字节
        RET
        END
```

C语言程序如下：

```
#include <reg52.h>
#define uchar unsigned char
#define uint unsigned int
uchar data ch1 _at_ 0x30;                //第一个多字节 BCD 码的第一个 BCD 码
uchar data ch2 _at_ 0x31;                //第一个多字节 BCD 码的第二个 BCD 码
uchar data ch3 _at_ 0x32;                //第一个多字节 BCD 码的第三个 BCD 码
uchar data ch4 _at_ 0x34;                //第二个多字节 BCD 码的第一个 BCD 码
uchar data ch5 _at_ 0x35;                //第二个多字节 BCD 码的第二个 BCD 码
uchar data ch6 _at_ 0x36;                //第二个多字节 BCD 码的第三个 BCD 码
/*实现多字节的 BCD 码十六进制减法,前 3 个字节为被减数,后 3 个字节为减数*/
void add(uchar t1,uchar t2,uchar t3,uchar t4,uchar t5,uchar t6)
{ ch1 = t1;
    ch2 = t2;
    ch3 = t3;
    ch4 = t4;
    ch5 = t5;
    ch6 = t6;
    ch3 = ch3 - ch6;
    if(CY == 0)                          //低字节最高位无借位
    {
      ch2 = ch2 - ch5;                   //第二字节相减
        if(CY == 1)                      //第二字节有借位
          ch1 = ch1 - ch4 - 1;           //高字节相减
        if(CY == 0)                      //第二字节无借位
         ch1 = ch1 - ch4;
    }
        if(CY == 1)                      //低字节有借位
    {
      ch2 = ch2 - ch5;
        if(CY == 1)
          ch1 = ch1 - ch4 - 1;
        if(CY == 0)
         ch1 = ch1 + ch4;
    }
}
void main()
{
 add(0x68,0x55,0x98,0x55,0x12,0x64);     //输入两个三字节
 while(1);
}
```

2. 程序调试

(1) 在 Keil 中调试程序

① 打开 Keil μVision5，新建 Keil 项目。

② 选择 CPU 类型，此例中选择 Atmel 公司的 AT89C51 单片机。

③ 新建汇编源文件(.ASM)或 C 语言源文件(.C)，编写程序，并保存。

④ 在 Project Workspace 窗口中，将新建的.ASM 文件或.C 文件添加到 Source Group 1 中。

⑤ 在 Project Workspace 窗口中的 Target 1 文件夹上单击鼠标右键，在弹出的快捷菜单

中选择 Option for Target ‘Target 1’命令，在随后弹出的 Options for Target 窗口中打开 Output 选项卡，选中 Create HEX File 选项。

⑥ 在 Keil 的菜单栏中选择 Project→Build Target 命令，或者直接单击工具栏中的 Build Target 图标，编译汇编源程序或 C 语言程序。如果程序中有错误，则修改后重新编译。

⑦ 在 Keil 的菜单栏中选择 Debug→Start/Stop Debug Session 命令，或者直接单击工具栏中的 Start/Stop Debug Session 图标，进入程序调试环境。

⑧ 在菜单栏中选择 View→Memory Window 命令，打开 Memory 对话框，在 Address 栏中键入“D:30H”，查看片内数据存储空间的数据。

⑨ 按 F11 键，单步运行程序，观察片内数据存储器中 30H～32H、34H～36H 这 6 个存储单元中数据的变化，同时观察 Project Workspace 窗口中各寄存器的值的变化。

⑩ 程序运行时，30H～32H 这 3 个字节将显示被减数 578 264，34H～36H 这 3 个字节将显示减数 386 529，如图 3-48 所示。

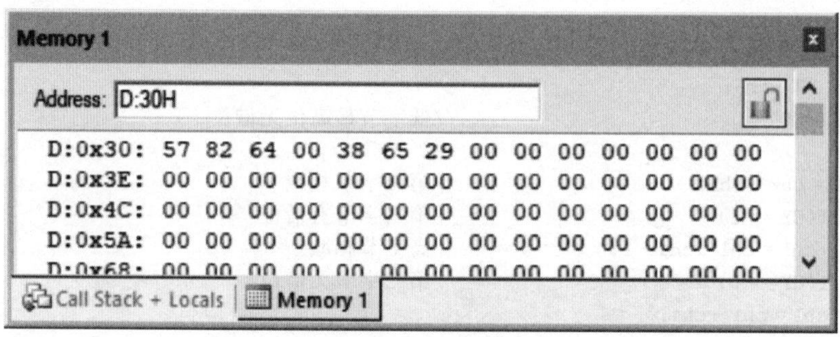

图 3-48　减数与被减数

⑪ 将减数按十进制取补后，34H～36H 这 3 个字节的减数将变为 613 471，如图 3-49 所示。

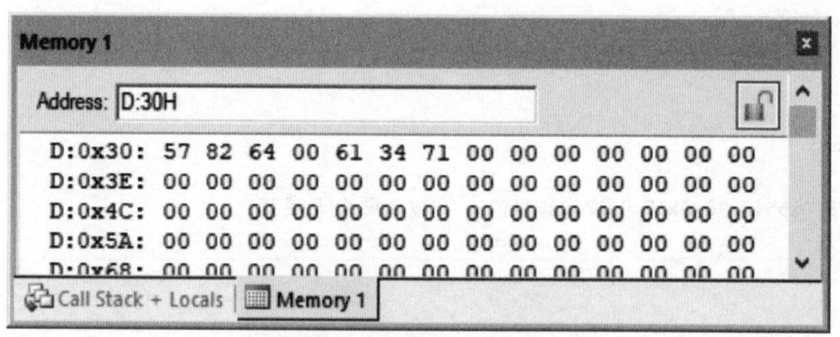

图 3-49　将减数按十进制取补

⑫ 程序运行结束后，将在 30H～32H 这 3 个字节中存放运算结果，如图 3-50 所示，经验证，结果正确。

(2) 在 Proteus 中调试程序

① 打开 Proteus Schematic Capture 编辑环境，添加器件 AT89C51。

② 连接晶振和复位电路，晶振频率为 12 MHz。元件清单与表 3-1 中相同。

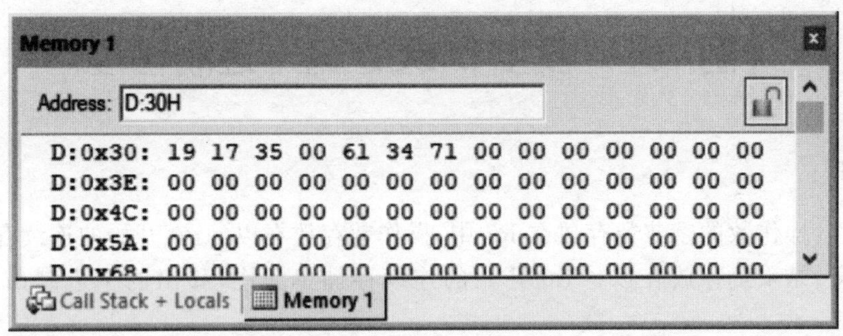

图 3-50　运算结果

③ 选中 AT89C51 并单击，打开 Edit Component 对话框，在 Program File 栏中选择先前用 Keil 生成的. HEX 文件。在 Proteus Schematic Capture 的菜单栏中选择 File→Save Design 命令，保存设计。

④ 单击 Proteus Schematic Capture 界面左下角的 ▮▮ 按钮，进入程序调试状态，并在 Debug 菜单中打开 8051 CPU Registers、8051 CPU Internal（IDATA）Memory 及 8051 CPU SFR Memory 三个观测窗口。

⑤ 按 F11 键，单步运行程序。在程序运行过程中，可以在这三个观测窗口中看到各寄存器及存储单元的动态变化。程序运行时，8051 CPU Internal（IDATA）Memory 窗口中所显示的被减数和减数如图 3-51 所示，相减后的结果如图 3-52 所示。

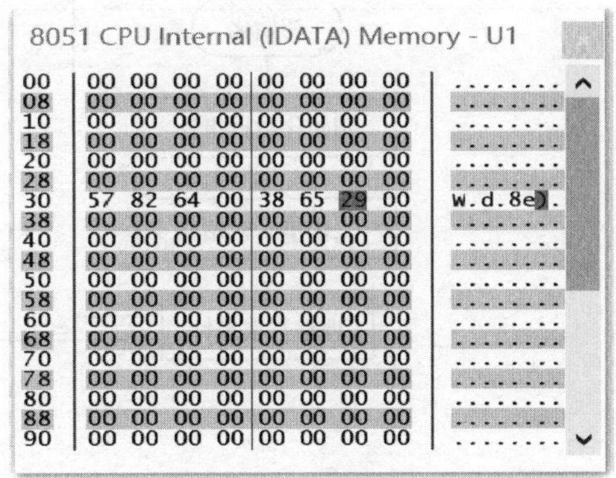

图 3-51　被减数与减数

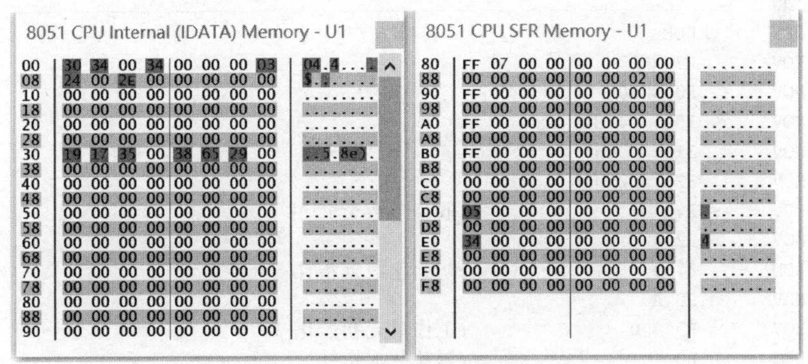

图 3-52　程序运行结果

注意：8051 CPU SFR Memory-U1 窗口中的 D0H 这个地址中的数据在程序运行结束后，其数值为 05H，而进位标志位 CY 位于这个字节的最高位，可知此时的 CY=0，即计算结果为 578 264－386 529=191 735，结果正确。

【例 10】 多字节 BCD 码十进制移位

1. 程序设计

入口条件:操作数的字节数存放在 R7 中,操作数存放在以@R0 开始的连续存储单元中;

出口信息:结果仍存放在以@R0 开始的连续存储单元中,移出的十进制最高位存放在 R3 中;

影响资源:PSW、A、R2、R3;

堆栈需求:2 字节。

程序流程如图 3-53 所示。

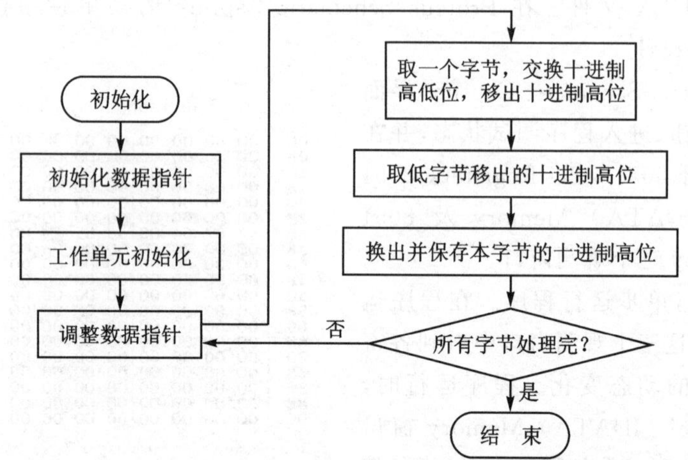

图 3-53 多字节 BCD 码十进制移位的程序流程图

汇编源程序如下:

```
        ORG     00H
        MOV     R7,#03H
        MOV     R0,#30H
        MOV     30H,#47H
        MOV     31H,#36H
        MOV     32H,#21H
BRLN:   MOV     A,R7            ;取字节数至 R2 中
        MOV     R2,A
        ADD     A,R0            ;初始化数据指针
        MOV     R0,A
        MOV     R3,#0           ;工作单元初始化
BRL1:   DEC     R0              ;调整数据指针
        MOV     A,@R0           ;取 1 字节
        SWAP    A               ;交换十进制高低位
        MOV     @R0,A           ;存回
        MOV     A,R3            ;取低字节移出的十进制高位
        XCHD    A,@R0           ;换出本字节的十进制高位
        MOV     R3,A            ;保存本字节的十进制高位
        DJNZ    R2,BRL1         ;处理完所有字节
        END
```

C语言程序如下：

```
#define uint unsigned char
#define uchar unsigned int
#define r3 DBYTE[0x03]
uchar bcd[6] _at_ 0x30;                //定义数组
void main()
{
    uchar i, tab[6] = {47,36,21};       //将三个字节数看作一个十进制数
      bcd[0] = tab[0]/10;               //分别获取每一位
      bcd[1] = tab[0] % 10;
      bcd[2] = tab[1]/10;
      bcd[3] = tab[1] % 10;
      bcd[4] = tab[2]/10;
      bcd[5] = tab[2] % 10;
      r3 = bcd[0];                      //保存最高位
      bcd[0] =  bcd[1] << 4|bcd[2];     //左移一位得到73
      bcd[1] = bcd[3] << 4|bcd[4];      //左移一位得到62
      bcd[2] =  bcd[5] << 4;            //左移一位得到10
    while(1);
}
```

2. 程序调试

(1) 在Keil中调试程序

① 打开Keil μVision5，新建Keil项目。

② 选择CPU类型，此例中选择Atmel公司的AT89C51单片机。

③ 新建汇编源文件(.ASM)或C语言源文件(.C)，编写程序，并保存。

④ 在Project Workspace窗口中，将新建的.ASM文件或.C文件添加到Source Group 1中。

⑤ 在Project Workspace窗口中的Target 1文件夹上单击鼠标右键，在弹出的快捷菜单中选择Option for Target 'Target 1'命令，在随后弹出的Options for Target窗口中打开Output选项卡，选中Create HEX File选项。

⑥ 在Keil的菜单栏中选择Project→Build Target命令，或者直接单击工具栏中的Build Target图标，编译汇编源程序或C语言程序。如果程序中有错误，则修改后重新编译。

⑦ 在Keil的菜单栏中选择Debug→Start/Stop Debug Session命令，或者直接单击工具栏中的Start/Stop Debug Session图标，进入程序调试环境。

⑧ 在菜单栏中选择View→Memory Window命令，打开Memory对话框，在Address栏中键入"D:30H"，查看片内数据存储空间的数据。

⑨ 按F11键，单步运行程序，观察片内数据存储器中30H～32H这6个存储单元中数据的变化，同时观察Project Workspace窗口中各寄存器的值的变化，尤其注意R3中值的变化。

⑩ 程序运行时，30H～32H这3个字节的初值为473 621，如图3-54所示。

⑪ 程序运行结束后，30H～32H这3个字节的数值将变为736 210，而原BCD数的最高位被移入R3，如图3-55所示。

(2) 在Proteus中调试程序

① 打开Proteus Schematic Capture编辑环境，添加器件AT89C51。

② 连接晶振和复位电路，晶振频率为12 MHz。元件清单与表3-1中相同。

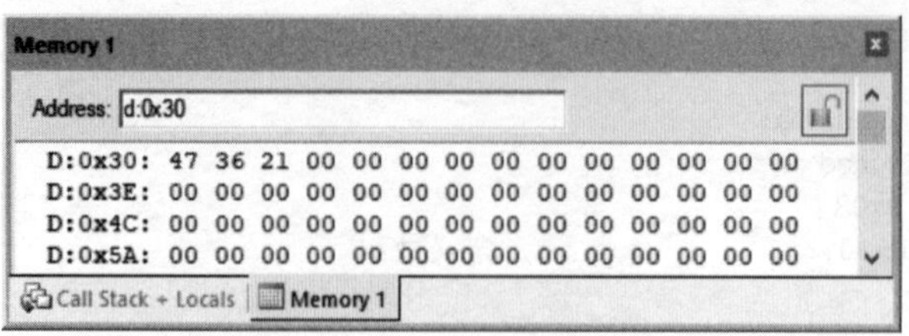

图 3-54 多字节 BCD 数初值

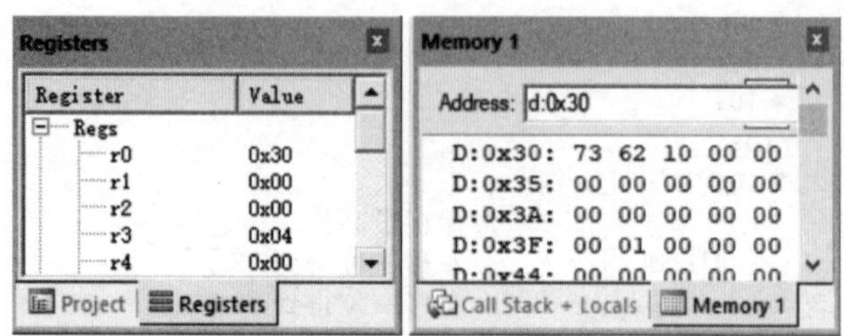

图 3-55 运算结果

③ 选中 AT89C51 并单击,打开 Edit Component 对话框,在 Program File 栏中选择先前用 Keil 生成的. HEX 文件。在 Proteus Schematic Capture 的菜单栏中选择 File→Save Design 命令,保存设计。

④ 单击 Proteus Schematic Capture 界面左下角的 ▮▮ 按钮,进入程序调试状态,并在 Debug 菜单中打开 8051 CPU Registers、8051 CPU Internal (IDATA) Memory 及 8051 CPU SFR Memory 三个观测窗口。

⑤ 按 F11 键,单步运行程序。在程序运行过程中,可以在这三个观测窗口中看到各寄存器及存储单元的动态变化。程序运行时,8051 CPU Internal (IDATA) Memory 窗口中所显示的原操作数如图 3-56 所示,移位后的结果如图 3-57 所示。

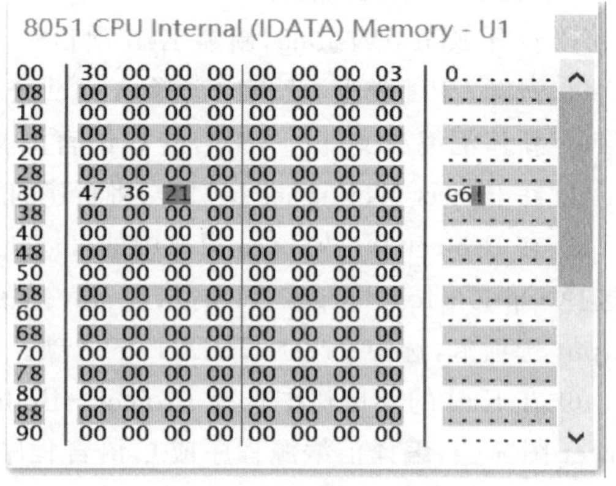

图 3-56 转换前的操作数

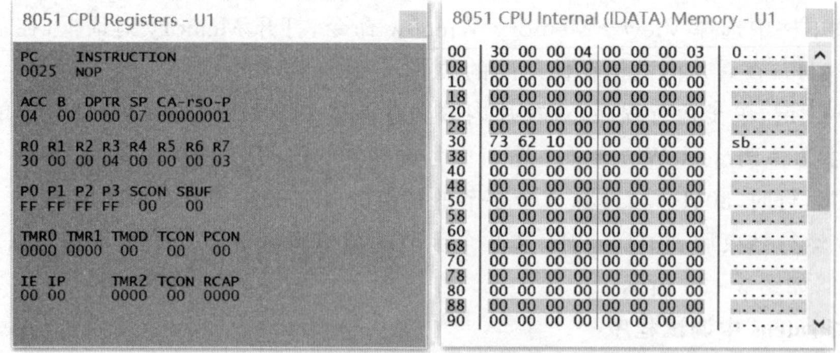

图 3-57 程序运行结果

第 4 章　MCS－51 通用 I/O 控制

【例 11】 P1 口 I/O 应用(一)

用 P1 口作输出口，接 8 位用作逻辑电平显示的发光二极管。设计程序，使发光二极管从右到左依次循环点亮。

1. 硬件设计

打开 Schematic Capture 编辑环境，按表 4－1 所列元件清单添加元件。

表 4－1　元件清单

元件名称	所属类	所属子类
AT89C51	Microprocessor ICs	8051 Family
CAP	Capacitors	Generic
CAP－POL	Capacitors	Generic
CRYSTAL	Miscellaneous	—
RES	Resistors	Generic
74LS373	TTL 74LS series	Flip－Flops & Latches
LED－Yellow	Optoelectronics	LEDs

元件全部添加后，在 Schematic Capture 的编辑区域中按图 4－1 所示电路原理图连接硬件电路。

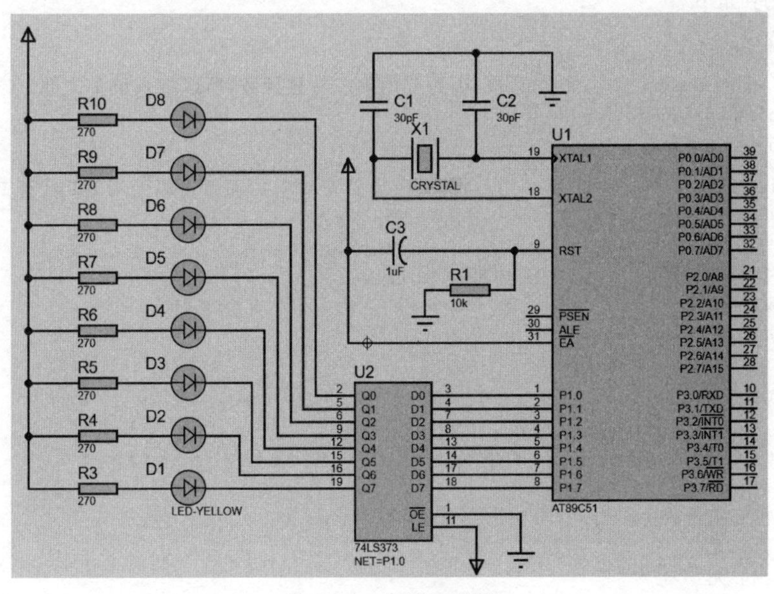

图 4－1　电路原理图

74LS373 是三态输出的 8D 锁存器。8D 锁存器包括 54S373 和 74LS373 两种线路。54S373 的输出端 Q0～Q7 可直接与总线相连。当锁存允许端 LE 为高电平时，Q 随数据 D 而变。

2. 程序设计

P1 口是准双向口，作为输出口时与一般的双向口使用方法相同。由准双向口结构可知当 P1 口用作输入口时，必须先对口的锁存器写 1，否则读入的数据是不正确的。

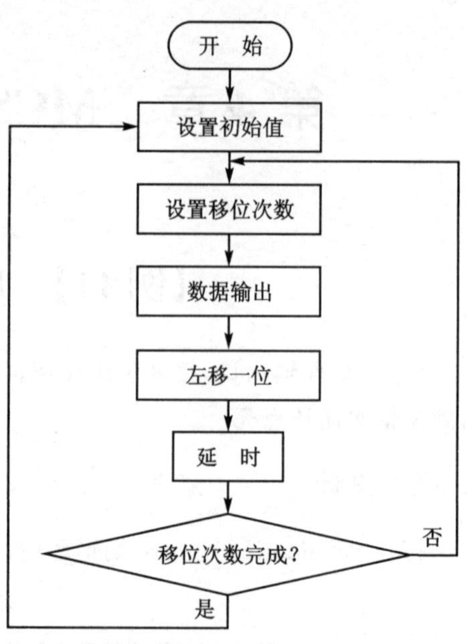

图 4-2 P1 口 I/O 应用(一)的程序流程图

程序流程如图 4-2 所示。

汇编源程序如下：

```
        ORG     00H
LOOP:   MOV     A, #0FEH        ;赋初值
        MOV     R2, #8          ;设计数值
OUTPUT: MOV     P1, A           ;送 P1 口输出
        RL      A               ;数据移位
        ACALL   DELAY
        DJNZ    R2, OUTPUT
        LJMP    LOOP
DELAY:  MOV     R6, #0          ;延时子程序
        MOV     R7, #0
DELAYLOOP:
        DJNZ    R6, DELAYLOOP
        DJNZ    R7, DELAYLOOP
        RET
        END
```

C 语言程序如下：

```
#include <reg52.h>
#include <intrins.h>                //因为要用到左右移函数，所以加入该头文件
#define uint unsigned  int
#define uchar unsigned char
#define led P1                      //将 P2 口定义为 LED，后面就可以使用 LED 代替 P2 口
/**************************************************
*  函 数 名：delay
*  函数功能：延时函数，i=1 时，大约延时 10 μs
**************************************************/
void delay(uint i)
{
    while(i--);
}
/**************************************************
*  函 数 名：main
*  函数功能：主函数
*  输    入：无
*  输    出：无
**************************************************/
```

```
void main()
{
    uchar i;
    led = 0xfe;
    delay(50000);                //大约延时 450 ms
    while(1)
    {
        for(i = 0;i < 7;i++)     //将 LED 左移一位
        {
            led = _crol_(led,1);
            delay(50000);        //大约延时 450 ms
            delay(50000);
        }
        for(i = 0;i < 7;i++)     //将 LED 右移一位
        {
            led = _cror_(led,1);
            delay(50000);        //大约延时 450 ms
            delay(50000);
        }
    }
}
```

3. 调试与仿真

① 安装 VDM Server,用于支持 Proteus 8.9 与 Keil 的联合调试。

② 打开 Keil μVision5,新建 Keil 项目。

③ 选择 CPU 类型。本例中选择 Atmel 公司的 AT89C51 单片机。

④ 新建汇编源文件(.ASM),或者 C 语言源文件(.C)写程序,并保存。

⑤ 在 Project Workspace 窗口中,将新建的.ASM 文件或.C 文件添加到 Source Group 1 中。

⑥ 在 Project Workspace 窗口中的 Target 1 文件夹上单击鼠标右键,在随后弹出的快捷菜单中选择 Option for Target ‘Target 1’命令,之后弹出 Options for Target 窗口,打开 Output 选项卡,选中 Create HEX File 选项。

⑦ 继续在 Option for Target 窗口中打开 Debug 选项卡,并选中 Use:Proteus VSM Simulator 选项,将 Proteus VSM Simulator 作为 Keil 的调试工具,如图 4-3 所示。

⑧ 在 Keil 菜单栏中选择 Project→Build Target 命令,或者直接单击工具栏中的 Build Target 图标,编译汇编源程序或 C 语言程序。如果程序中有错误,则修改后重新编译。

⑨ 在 Schematic Capture 中,选中 AT89C51 并单击,打开 Edit Component 对话窗口,设置单片机晶振频率为 12 MHz,并在 Program File 栏中选择先前用 Keil 生成的.HEX 文件。在 Schematic Capture 的菜单栏中选择 File→Save Design 命令,保存设计。

⑩ 在 Schematic Capture 的菜单栏中,打开 Debug 下拉菜单,选中 Enable Remote Debug Monitor 选项,以支持与 Keil 的联合调试,如图 4-4 所示。

⑪ 在 Keil 菜单栏中选择 Debug→Start/Stop Debug Session 命令,或者直接单击工具栏中的 Start/Stop Debug Session 图标,进入程序调试环境。这时,打开 Schematic Capture 窗口可以看到,此时的 Proteus 也已进入程序调试状态。在 Keil 中单步或者顺序运行程序,都可以在 Proteus 中看到相应的程序运行结果。

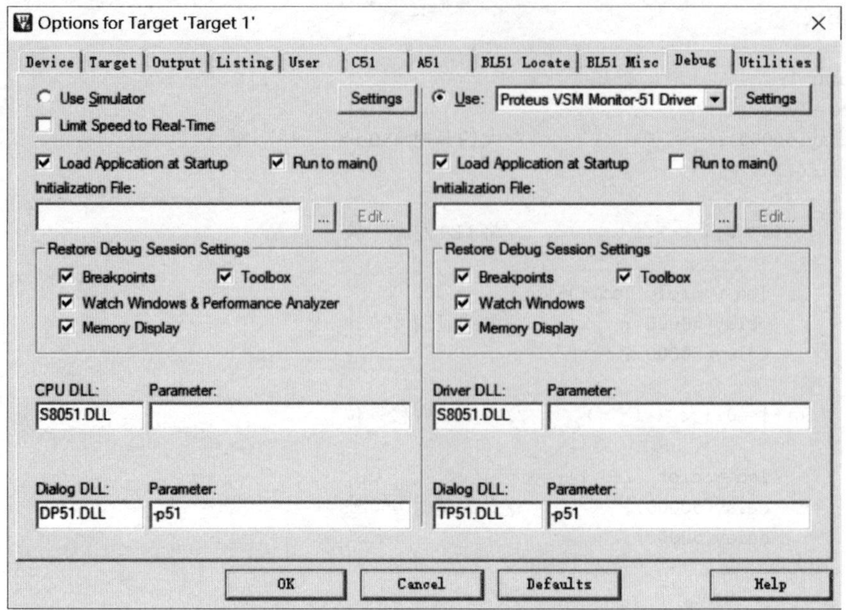

图 4－3　选择 Keil 的调试工具

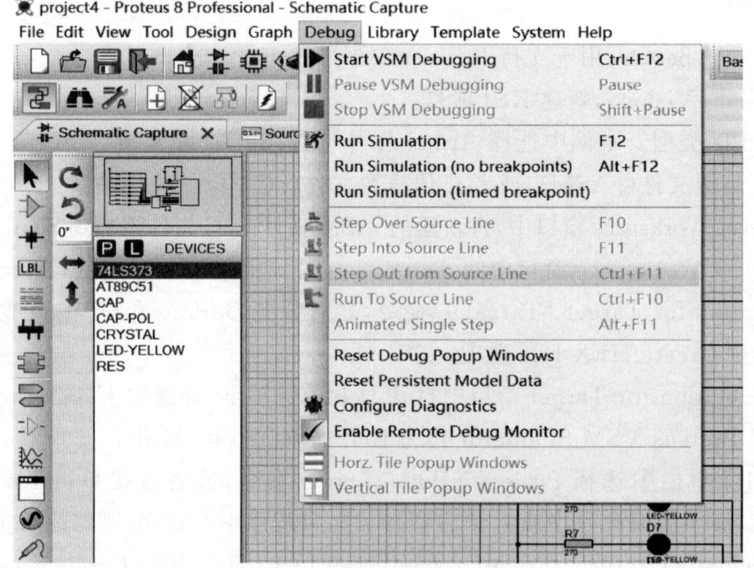

图 4－4　设置 Proteus 调试选项

⑫ 在 Keil 代码编辑窗口的任意一条语句的空白处双击，可添加一个断点，再次双击，可取消断点。在第 5 行语句“RL　A”处添加一个断点，如图 4－5 所示。

⑬ 在 Keil 中按 F5 键，顺序运行程序。当遇到断点时，程序自动暂停，这时调出 Schematic Capture 界面，可以看到程序运行到此断点处时的结果，如图 4－6 所示。

⑭ 返回 Keil 界面，按 F5 键，程序将从断点开始继续运行，再循环一次后，遇断点暂停，此时 Proteus 中显示结果如图 4－7 所示。

⑮ 取消断点，顺序运行程序，将在 Proteus 中看到预期的效果。

```
            ORG     00H
LOOP:       MOV     A,  #0FEH        ;赋初值
            MOV     R2, #8           ;设计数值
OUTPUT:     MOV     P1, A            ;送P1口输出
            RL      A                ;数据移位
            ACALL   DELAY
            DJNZ    R2, OUTPUT
            LJMP    LOOP
DELAY:      MOV     R6, #0           ;延时子程序
            MOV     R7, #0
DELAYLOOP:
            DJNZ    R6, DELAYLOOP
            DJNZ    R7, DELAYLOOP
            RET
            END
```

图 4－5　在源程序中设置断点

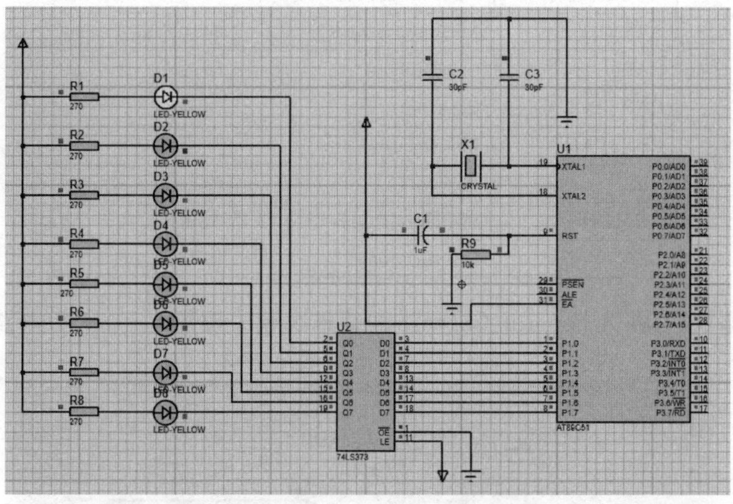

图 4－6　程序循环一次后的结果

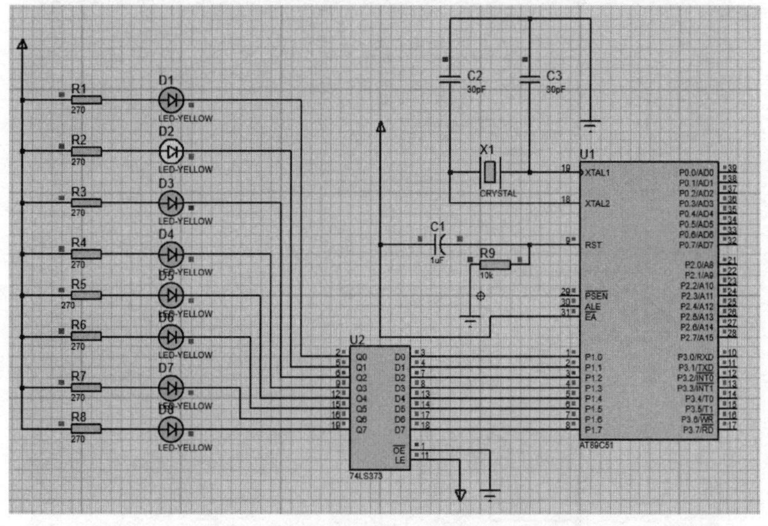

图 4－7　程序第二次循环的结果

【例 12】 P1 口 I/O 应用(二)

将 P1.0、P1.1 作输入接两个拨段开关，将 P1.2、P1.3 作输出接两个发光二极管。编写程序读取开关状态，并在发光二极管上显示出来。

1. 硬件设计

打开 Schematic Capture 编辑环境，按表 4－2 所列的元件清单添加元件。

表 4－2 元件清单

元件名称	所属类	所属子类
AT89C51	Microprocessor ICs	8051 Family
CAP	Capacitors	Generic
CAP－POL	Capacitors	Generic
CRYSTAL	Miscellaneous	—
RES	Resistors	Generic
SWITCH	Switch & Relays	Switches
LED－Yellow	Optoelectronics	LEDs

元件全部添加后，在 Schematic Capture 的编辑区域中按图 4－8 所示电路原理图连接硬件电路。

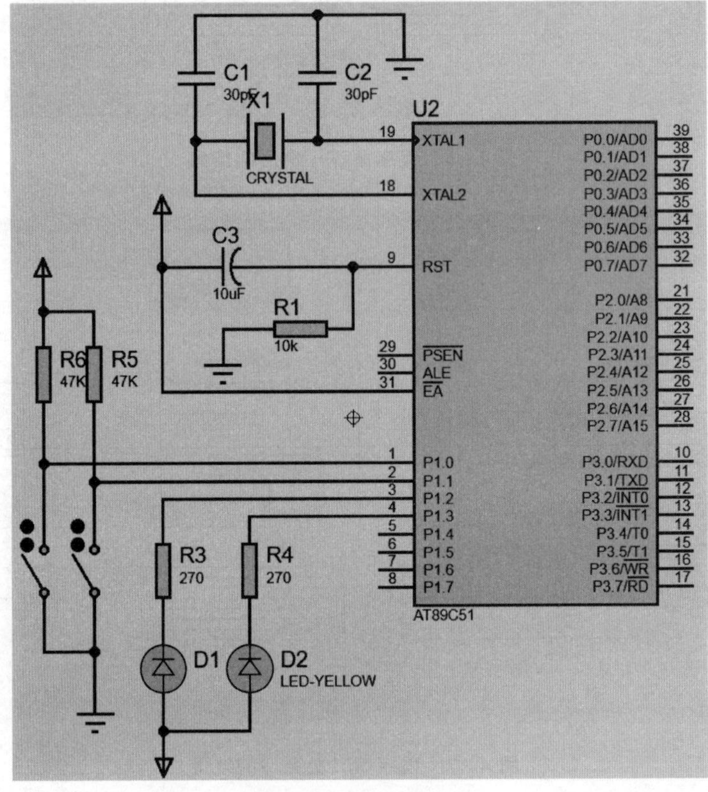

图 4－8 电路原理图

2. 程序设计

P1 口是准双向口,作为输出口时与一般的双向口使用方法相同。由准双向口结构可知当 P1 口用作输入口时,必须先对口的锁存器写 1,否则读入的数据是不正确的。

程序流程如图 4-9 所示。

汇编源程序如下:

```
KEYLEFT     BIT     P1.0
KEYRIGHT    BIT     P1.1
LEDLEFT     BIT     P1.2
LEDRIGHT    BIT     P1.3                ;位定义
            ORG     00H
            SETB    KEYLEFT
            SETB    KEYRIGHT            ;欲读数,先写 1
LOOP:       MOV     C,KEYLEFT
            MOV     LEDLEFT,C
            MOV     C,KEYRIGHT
            MOV     LEDRIGHT,C
            LJMP    LOOP
            END
```

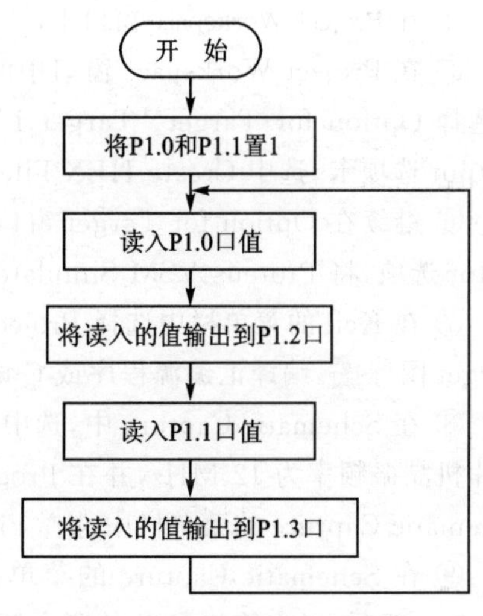

图 4-9 P1 口 I/O 应用(二)的程序流程图

C 语言程序如下:

```
#include <reg52.h>
#define uint unsigned  int
#define uchar unsigned char
sbit k1 = P1^0;                    //定义 P1.0 口为开关 1
sbit k2 = P1^1;
sbit led1 = P1^2;                  //定义 P1.2 口为 led1
sbit led2 = P1^3;
/**********************************************************
 * 函 数 名:main
 * 函数功能:主函数
 * 输    入:无
 * 输    出:无
**********************************************************
void main()
{
    while(1)
    {
            if(k1 == 0)            //检测 K1
               {
                   led1 = 0;
               }
            else
                   led1 = 1;
               if(k2 == 0)         //检测 K2
               {
                   led2 = 0;
               }
            else
                   led2 = 1;
    }
}
```

3. 调试与仿真

① 打开 Keil μVision5，新建 Keil 项目。

② 选择 CPU 类型。本例中选择 Atmel 公司的 AT89C51 单片机。

③ 新建汇编源文件(.ASM)或者 C 语言源文件(.C)，编写程序，并保存。

④ 在 Project Workspace 窗口中，将新建的.ASM 文件或者.C 文件添加到 Source Group 1 中。

⑤ 在 Project Workspace 窗口中的 Target 1 文件夹上单击鼠标右键，在弹出的快捷菜单中选择 Option for Target ‘Target 1’命令，在随后弹出的 Options for Target 窗口中打开 Output 选项卡，选中 Create HEX File 选项。

⑥ 继续在 Option for Target 窗口中打开 Debug 选项卡，并选中 Use:Proteus VSM Simulator 选项，将 Proteus VSM Simulator 作为 Keil 的调试工具。

⑦ 在 Keil 的菜单栏中选择 Project→Build Target 命令，或者直接单击工具栏中的 Build Target 图标，编译汇编源程序或 C 语言程序。如果程序中有错误，则修改后重新编译。

⑧ 在 Schematic Capture 中，选中 AT89C51 并单击，打开 Edit Component 对话框，设置单片机晶振频率为 12 MHz，并在 Program File 栏中选择先前用 Keil 生成的.HEX 文件。在 Schematic Capture 的菜单栏中选择 File→Save Design 命令，保存设计。

⑨ 在 Schematic Capture 的菜单栏中，打开 Debug 下拉菜单，选中 Use Remote Debug Monitor 选项，以支持与 Keil 的联合调试。

⑩ 在 Keil 菜单栏中选择 Debug→Start/Stop Debug Session 命令，或者直接单击工具栏中的 Start/Stop Debug Session 图标，进入程序调试环境。这时，打开 Schematic Capture 窗口，可以看到此时的 Proteus 也已进入程序调试状态。在 Keil 中单步或者顺序运行程序，都可以在 Proteus 中看到相应的程序运行结果。

⑪ 在 Keil 中按 F5 键，顺序运行程序。打开 Schematic Capture 界面，在程序运行过程中，按下电路中与 P1.0、P1.1 相连的开关，可以看到与之相对应的发光二极管被点亮，如图 4－10 所示。

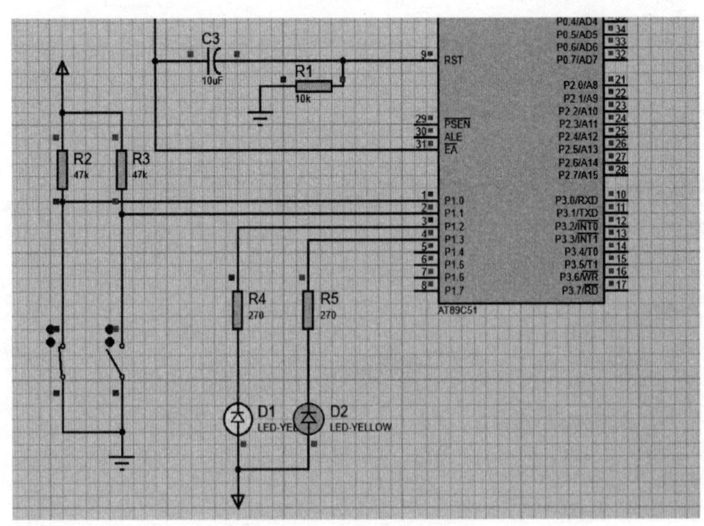

图 4－10　程序运行结果

【例13】 闪烁灯

在 P1.0 端口上接一个发光二极管 D2，使 D2 持续闪烁，一亮一灭的时间间隔为 0.2 s。

1. 硬件设计

打开 Schematic Capture 编辑环境，按表 4-3 所列的元件清单添加元件。

表 4-3 元件清单

元件名称	所属类	所属子类
AT89C51	Microprocessor ICs	8051 Family
CAP	Capacitors	Generic
CAP-ELEC	Capacitors	Generic
CRYSTAL	Miscellaneous	—
RES	Resistors	Generic
LED-Yellow	Optoelectronics	LEDs

元件全部添加后，在 Schematic Capture 的编辑区域中按图 4-11 所示电路原理图连接硬件电路。

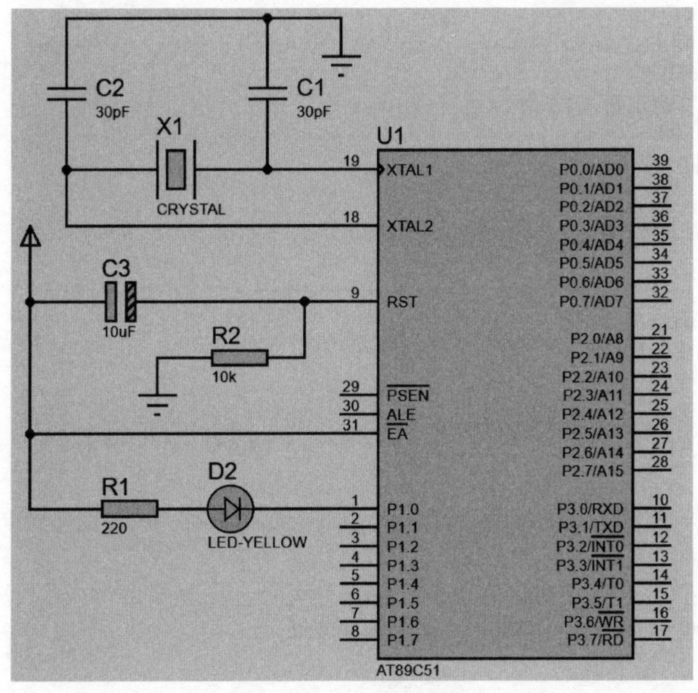

图 4-11 电路原理图

2. 程序设计

如图 4-11 所示，当 P1.0 端口输出高电平，即 P1.0=1 时，根据发光二极管的单向导电性可知，这时发光二极管 D2 熄灭；当 P1.0 端口输出低电平，即 P1.0=0 时，发光二极管 D2 亮。

程序流程如图 4-12 所示。

汇编源程序如下：

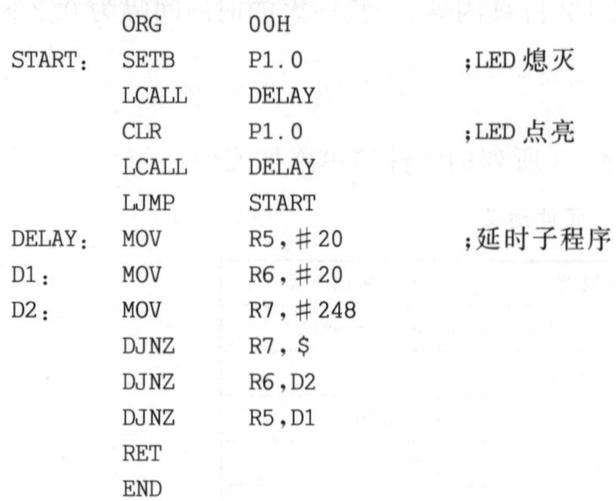

```
        ORG     00H
START:  SETB    P1.0            ;LED 熄灭
        LCALL   DELAY
        CLR     P1.0            ;LED 点亮
        LCALL   DELAY
        LJMP    START
DELAY:  MOV     R5,#20          ;延时子程序
D1:     MOV     R6,#20
D2:     MOV     R7,#248
        DJNZ    R7,$
        DJNZ    R6,D2
        DJNZ    R5,D1
        RET
        END
```

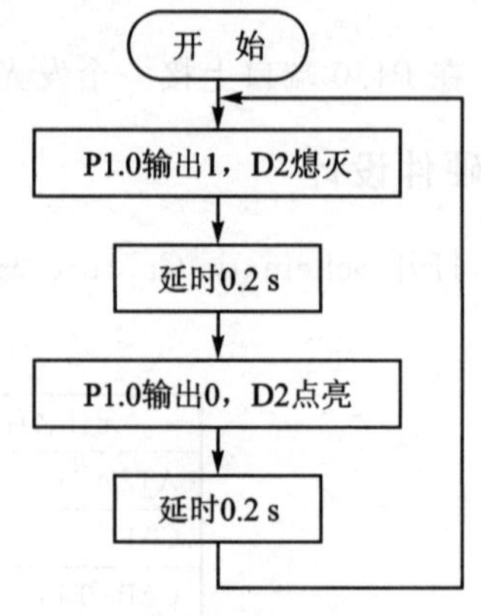

图 4-12　闪烁灯的程序流程图

C 语言程序如下：

```
#include <reg52.h>
#define uint unsigned  int
#define uchar unsigned char
sbit led1 = P1^0;
/************************************************************
 * 函 数 名：delay
 * 函数功能：延时函数，i = 1 时，大约延时 10 μs
************************************************************
void delay(uint i)
{
    while(i--);
}
/************************************************************
 * 函 数 名：main
 * 函数功能：主函数
 * 输    入：无
 * 输    出：无
************************************************************
void main()
{
    while(1)
    {
        led1 = 0;delay(20000);          //LED 熄灭
        led1 = 1;delay(20000);          //LED 点亮
    }
}
```

3. 调试与仿真

① 打开 Keil μVision5，新建 Keil 项目。

② 选择 CPU 类型。本例中选择 Atmel 公司的 AT89C51 单片机。

③ 新建汇编源文件(.ASM)或者 C 语言源文件(.C),编写程序,并保存。

④ 在 Project Workspace 窗口中,将新建的.ASM 文件或者.C 文件添加到 Source Group 1 中。

⑤ 在 Project Workspace 窗口中的 Target 1 文件夹上单击鼠标右键,在弹出的快捷菜单中选择 Option for Target ‘Target 1’命令,在随后弹出的 Options for Target 窗口中打开 Output 选项卡,选中 Create HEX File 选项。

⑥ 继续在 Option for Target 窗口中选择 Debug 选项卡,并选中 Use:Proteus VSM Simulator 选项,将 Proteus VSM Simulator 作为 Keil 的调试工具。

⑦ 在 Keil 的菜单栏中选择 Project→Build Target 命令,或者直接单击工具栏中的 Build Target 图标,编译汇编源程序或 C 语言程序。如果程序中有错误,则修改后重新编译。

⑧ 在 Schematic Capture 中,选中 AT89C51 并单击,打开 Edit Component 对话框,设置单片机晶振频率为 12 MHz,并在 Program File 栏中选择先前用 Keil 生成的.HEX 文件。在 Schematic Capture 的菜单栏中选择 File→Save Design 命令,保存设计。

⑨ 在 Schematic Capture 菜单栏中,打开 Debug 下拉菜单,选中 Use Remote Debug Monitor 选项,以支持与 Keil 的联合调试。

⑩ 在 Keil 菜单栏中选择 Debug→Start/Stop Debug Session 命令,或者直接单击工具栏中的 Start/Stop Debug Session 图标,进入程序调试环境。这时,打开 Schematic Capture 窗口,可以看到此时的 Proteus 也已进入程序调试状态。在 Keil 中单步或者顺序运行程序,都可以在 Proteus 中看到相应的程序运行结果。

⑪ 在 Keil 中按 F5 键,顺序运行程序。调出 Schematic Capture 界面,可以看到 LED 以 0.2 s 的间隔闪烁,如图 4-13 所示。

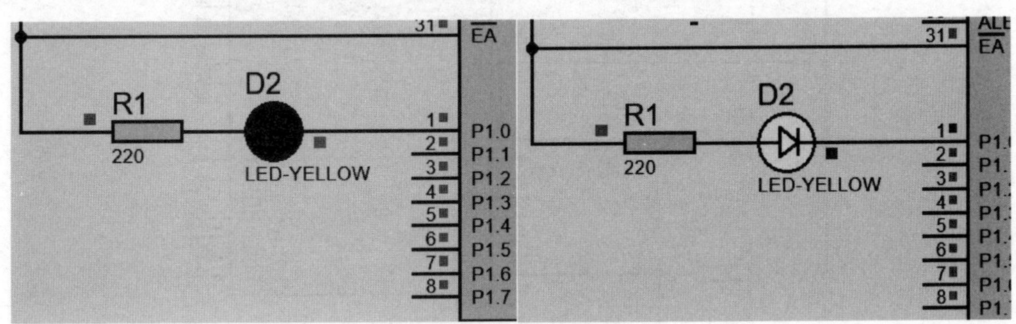

图 4-13　程序运行结果

【例 14】 模拟开关灯

监视开关 K1(接在 P1.7 端口上),用发光二极管 D1(接在单片机 P1.0 端口上)显示开关状态,如果开关合上,则 D1 亮;如果开关断开,则 D1 熄灭。

1. 硬件设计

打开 Schematic Capture 编辑环境,按表 4-4 所列元件清单添加元件。

表 4-4 元件清单

元件名称	所属类	所属子类
AT89C51	Microprocessor ICs	8051 Family
CAP	Capacitors	Generic
CAP-ELEC	Capacitors	Generic
CRYSTAL	Miscellaneous	—
RES	Resistors	Generic
LED-Yellow	Optoelectronics	LEDs
SWITCH	Switch & Relays	Switches

元件全部添加后，在 Schematic Capture 的编辑区域中按图 4-14 所示电路原理图连接硬件电路。

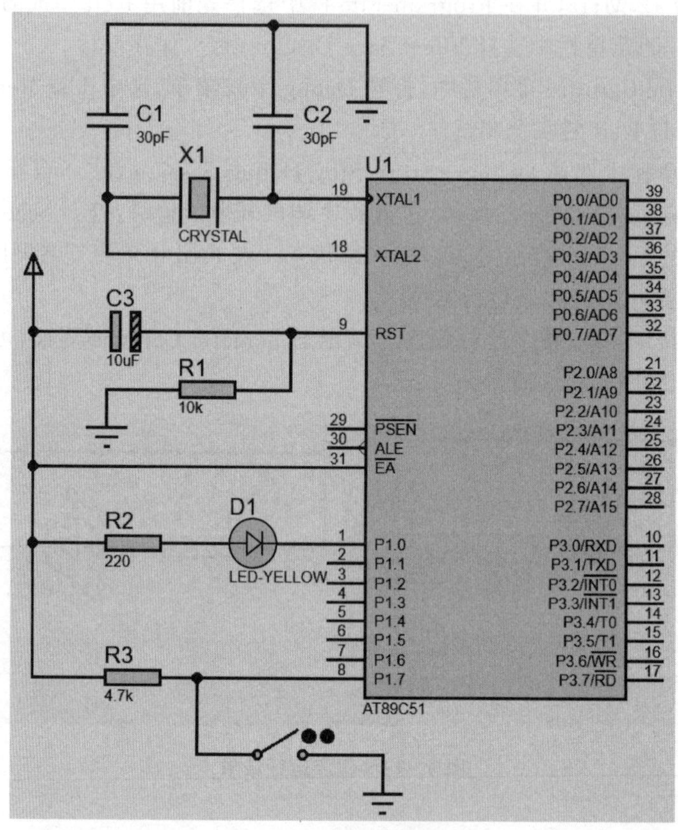

图 4-14 电路原理图

2. 程序设计

如图 4-14 所示，对于单片机来说，开关状态的检测过程就是检测 1.7 端口输入的信号，而输入的信号只有高电平和低电平两种。当开关 K1 拨上去时，即输入高电平，相当于开关断开；当开关拨下去时，即输入低电平，相当于开关闭合。

程序流程如图 4-15 所示。

汇编源程序如下：

```
        ORG     00H
START:JB        P1.7,LIG        ;如果开关闭合,则点亮 LED
        CLR     P1.0            ;否则熄灭 LED
        SJMP    START
LIG:    SETB    P1.0
        SJMP    START
        END
```

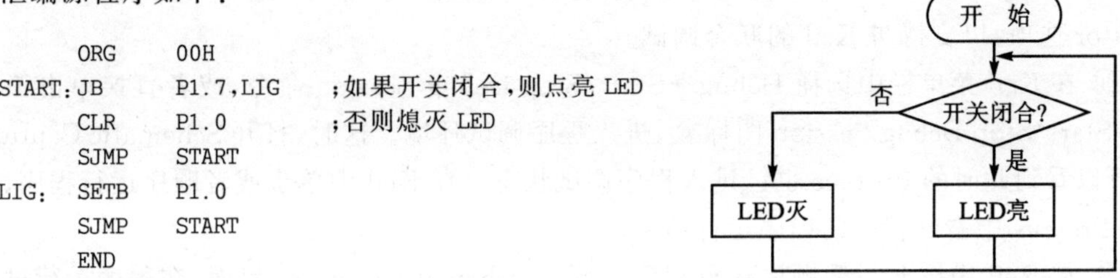

图4-15　模拟开关灯的程序流程图

C语言程序如下：

```
#define uint unsigned  int
#define uchar unsigned char
sbit k1 = P1^7;                         //定义 P1.0 口为开关
sbit led1 = P1^0;                       //定义 LED 灯引脚
/*************************************************************
*  函 数 名：main
*  函数功能：主函数
*  输    入：无
*  输    出：无
*************************************************************
void main()
{
    while(1)
    {
          if(k1 == 0)led1 = 0;          //开关闭合,LED 亮
          if(k1 == 1)led1 = 1;          //开关断开,LED 灭
    }
}
```

3. 调试与仿真

① 打开 Keil μVision5，新建 Keil 项目。

② 选择 CPU 类型。本例中选择 Atmel 公司的 AT89C51 单片机。

③ 新建汇编源文件(.ASM)或者 C 语言源文件(.C)，编写程序，并保存。

④ 在 Project Workspace 窗口中，将新建的.ASM 文件或者.C 文件添加到 Source Group 1 中。

⑤ 在 Project Workspace 窗口中的 Target 1 文件夹上单击鼠标右键，在弹出的快捷菜单中选择 Option for Target ‘Target 1’命令，在随后弹出的 Options for Target 窗口中打开 Output 选项卡，选中 Create HEX File 选项。

⑥ 继续在 Option for Target 窗口中选择 Debug 选项卡，并选中 Use：Proteus VSM Simulator 选项，将 Proteus VSM Simulator 作为 Keil 的调试工具。

⑦ 在 Keil 的菜单栏中选择 Project→Build Target 命令，或者直接单击工具栏中的 Build Target 图标，编译汇编源程序或 C 语言程序。如果程序中有错误，则修改后重新编译。

⑧ 在 Schematic Capture 中，选中 AT89C51 并单击，打开 Edit Component 对话框，设置单片机晶振频率为 12 MHz，并在 Program File 栏中选择先前用 Keil 生成的.HEX 文件。在 Schematic Capture 的菜单栏中选择 File→Save Design 命令，保存设计。

⑨ 在 Schematic Capture 的菜单栏中，打开 Debug 下拉菜单，选中 Use Remote Debug Monitor 选项，以支持与 Keil 的联合调试。

⑩ 在 Keil 菜单栏中选择 Debug→Start/Stop Debug Session 命令，或者直接单击工具栏中的 Start/Stop Debug Session 图标，进入程序调试环境。这时，打开 Schematic Capture 窗口，可以看到此时的 Proteus 也已进入程序调试状态。在 Keil 中单步或者顺序运行程序，都可以在 Proteus 中看到相应的程序运行结果。

⑪ 在 Keil 中按 F5 键，顺序运行程序。调出 Schematic Capture 界面，在程序运行过程中闭合或断开开关，观察 LED 的变化，如图 4-16 所示。

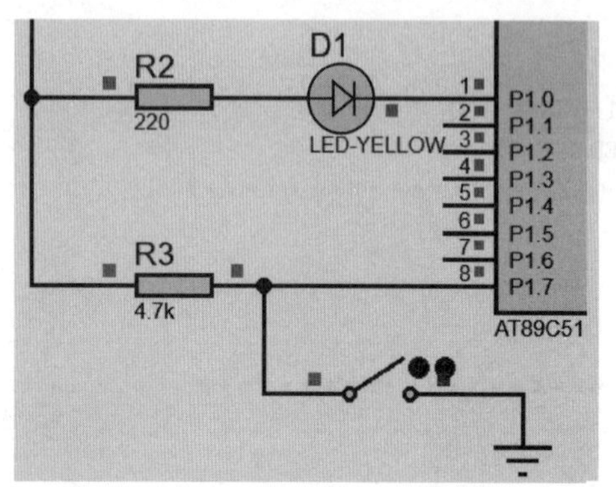

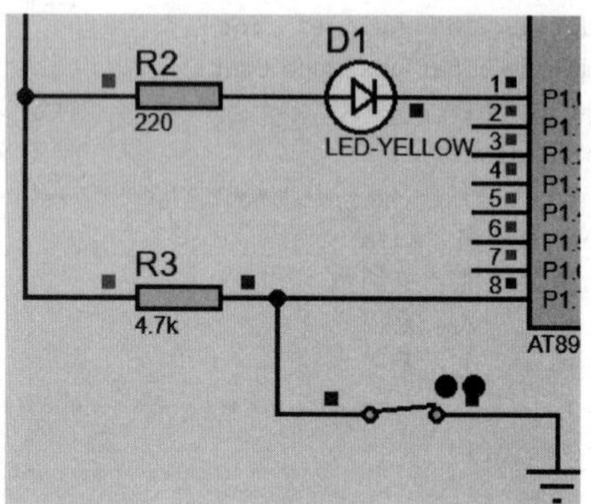

图 4-16 程序运行结果

【例 15】 广告灯左移、右移设计

做单一灯的左移与右移，8 个发光二极管 D1～D8 分别接在单片机的 P1.0～P1.7 接口上，输出“0”时，发光二极管亮，先按 P1.0→P1.1→P1.2→P1.3→……→P1.7 顺序依次点亮 LED，再按 P1.7→P1.6→……→P1.0 顺序依次点亮，重复循环。

1. 硬件设计

打开 Schematic Capture 编辑环境，按表 4-5 所列元件清单添加元件。

表 4-5 元件清单

元件名称	所属类	所属子类
AT89C51	Microprocessor ICs	8051 Family
CAP	Capacitors	Generic
CAP-ELEC	Capacitors	Generic
CRYSTAL	Miscellaneous	—
RES	Resistors	Generic
LED-Yellow	Optoelectronics	LEDs

元件全部添加后，在 Schematic Capture 的编辑区域中按图 4-17 所示电路原理图连接硬件电路。

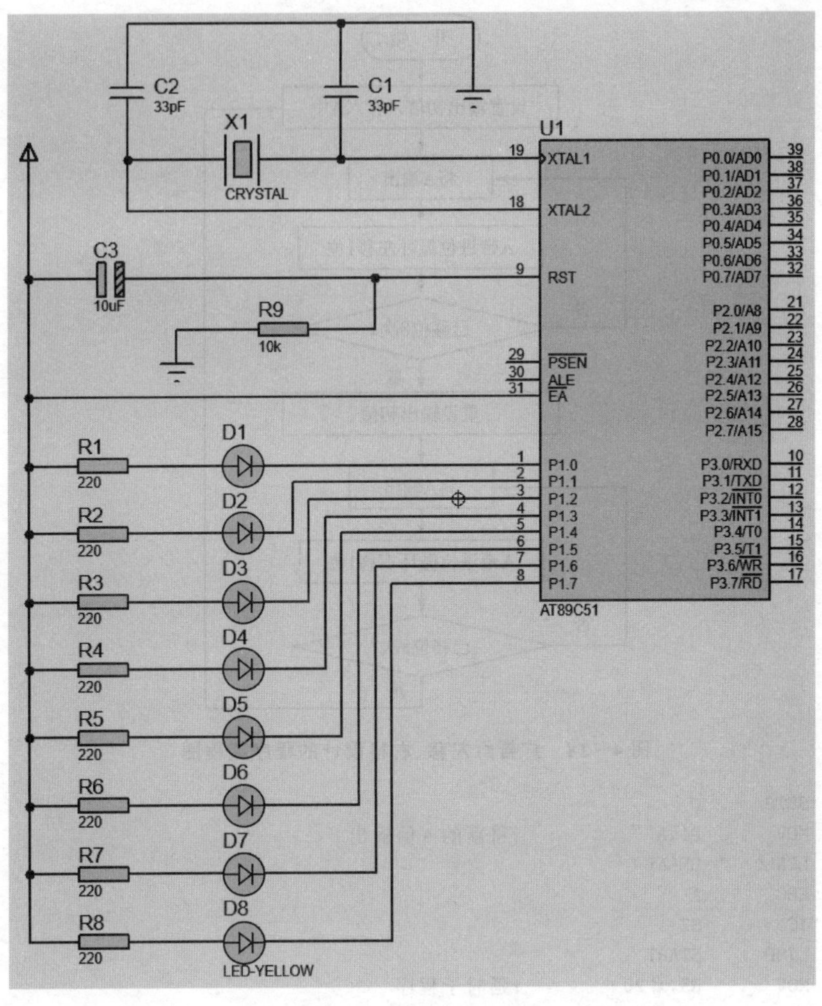

图 4－17　电路原理图

2. 程序设计

首先设置一个输出初值 0FEH，将其输出后，与 P1.0 相连的 LED 将被点亮，而其他 LED 熄灭；延时后，将输出初值带进位循环左移 1 位，再次输出。移位 8 次后，再反向移位并输出，依此循环。

程序流程如图 4－18 所示。

汇编源程序如下：

```
        ORG     00H
START:  MOV     A,#0FEH         ;设置输出初值
        SETB    C               ;进位标志置 1
S1:     MOV     P1,A            ;输出 A 值
        LCALL   DELAY
        RLC     A               ;A 带进位右移
        JC      S1              ;若移位次数达到 8 次,则重设输出初值
        MOV     A,#7FH
```

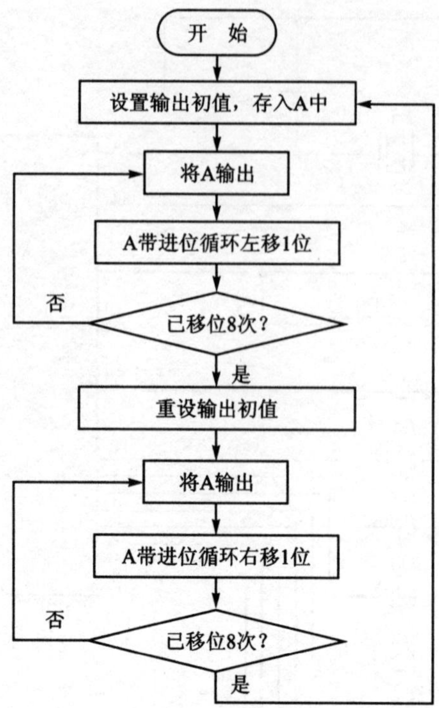

图 4-18 广告灯左移、右移设计的程序流程图

```
        SETB    C
S2:     MOV     P1,A            ;将新的 A 值输出
        LCALL   DELAY
        RRC     A
        JC      S2
        LJMP    START
DELAY:  MOV     R5,#20          ;延时子程序
D1:     MOV     R6,#20
D2:     MOV     R7,#248
        DJNZ    R7,$
        DJNZ    R6,D2
        DJNZ    R5,D1
        RET
        END
```

C 语言程序如下：

```
#include <reg52.h>
#include <intrins.h>
#define uint unsigned  int
#define uchar unsigned char
#define led P1                     //将 P2 口定义为 led,后面就可以使用 led 代替 P2 口
void delay(uint i)
{
    while(i--);
}
void main()
{
```

```
    uchar i;
    led = 0xfe;
    delay(50000);                    //大约延时 450 ms
    while(1)
    {

        for(i = 0;i < 7;i ++ )       //将 LED 左移一位
        {
            led = _crol_(led,1);
            delay(50000);            //大约延时 450 ms
            delay(50000);
        }
        for(i = 0;i < 7;i ++ )       //将 LED 右移一位
        {
            led = _cror_(led,1);
            delay(50000);            //大约延时 450 ms
            delay(50000);            //大约延时 450 ms
        }
    }
}
```

3. 调试与仿真

① 打开 Keil μVision5，新建 Keil 项目。

② 选择 CPU 类型。本例中选择 Atmel 公司的 AT89C51 单片机。

③ 新建汇编源文件(.ASM)或者 C 语言源文件(.C)，编写程序，并保存。

④ 在 Project Workspace 窗口中，将新建的.ASM 文件或者.C 文件添加到 Source Group 1 中。

⑤ 在 Project Workspace 窗口中的 Target 1 文件夹上单击鼠标右键，在弹出的快捷菜单中选择 Option for Target 'Target 1'命令，在随后弹出的 Options for Target 窗口中打开 Output 选项卡，选中 Create HEX File 选项。

⑥ 继续在 Option for Target 窗口中打开 Debug 选项卡，并选中 Use:Proteus VSM Simulator 选项，将 Proteus VSM Simulator 作为 Keil 的调试工具。

⑦ 在 Keil 的菜单栏中选择 Project→Build Target 命令，或者直接单击工具栏中的 Build Target 图标，编译汇编源程序或 C 语言程序。如果程序中有错误，则修改后重新编译。

⑧ 在 Schematic Capture 中，选中 AT89C51 并单击，打开 Edit Component 对话框，设置单片机晶振频率为 12 MHz，并在 Program File 栏中，选择先前用 Keil 生成的.HEX 文件。在 Schematic Capture 的菜单栏中选择 File→Save Design 命令，保存设计。

⑨ 在 Schematic Capture 的菜单栏中，打开 Debug 下拉菜单，选中 Use Remote Debug Monitor 选项，以支持与 Keil 的联合调试。

⑩ 在 Keil 菜单栏中选择 Debug→Start/Stop Debug Session 命令，或者直接单击工具栏中的 Start/Stop Debug Session 图标，进入程序调试环境。这时，打开 Schematic Capture 窗口，可以看到此时的 Proteus 也已进入程序调试状态。在 Keil 中单步或者顺序运行程序，都可以在 Proteus 中看到相应的程序运行结果。

⑪ 在 Keil 中按 F5 键，顺序运行程序。调出 Schematic Capture 界面，在程序运行过程中，

LED 将首先按 D1 到 D8 的顺序依次点亮，再按 D8 到 D1 的顺序依次点亮，反复循环，如图 4－19 所示。

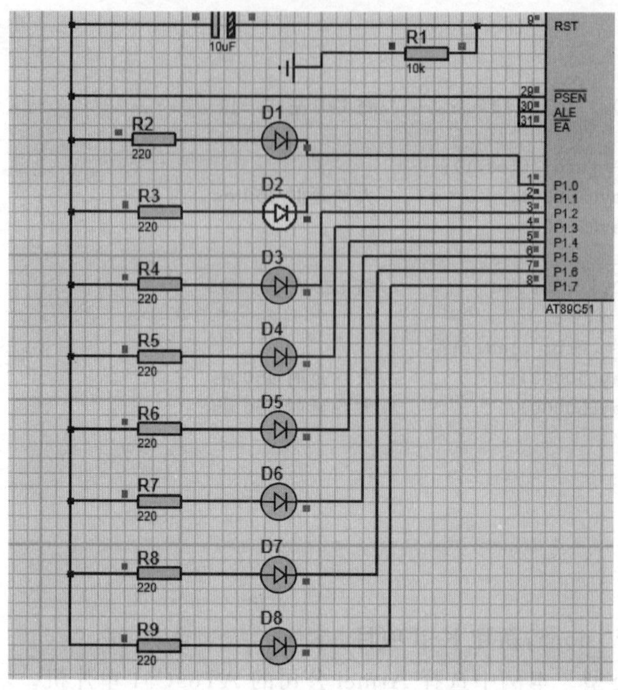

图 4－19　程序运行结果

【例 16】 广告灯设计(采用取表方法)

采用取表的方法，使端口 P1 做单一灯的变化：左移 2 次，右移 2 次，闪烁 2 次(延时的时间 0.2 s)。

1. 硬件设计

打开 Schematic Capture 编辑环境，按表 4－6 所列元件清单添加元件。

表 4－6　元件清单

元件名称	所属类	所属子类
AT89C51	Microprocessor ICs	8051 Family
CAP	Capacitors	Generic
CAP－ELEC	Capacitors	Generic
CRYSTAL	Miscellaneous	—
RES	Resistors	Generic
LED－Yellow	Optoelectronics	LEDs

元件全部添加后，在 Schematic Capture 的编辑区域中按图 4－20 所示电路原理图连接硬件电路。

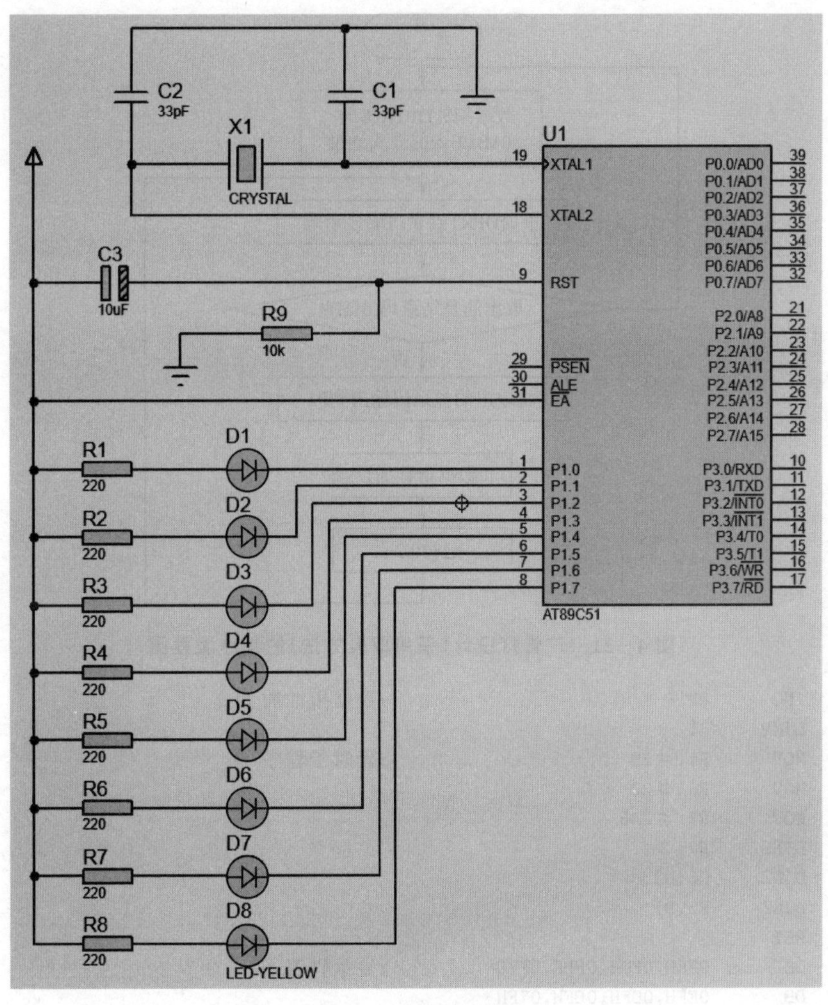

图 4-20　电路原理图

2. 程序设计

首先设置一个输出初值 0FEH，将其输出后，与 P1.0 相连的 LED 将被点亮，而其他 LED 熄灭；延时后，将输出初值带进位循环左移 1 位，再次输出。移位 8 次后，再反向移位并输出，依此循环。

程序流程如图 4-21 所示。

汇编源程序如下：

```
        ORG     00H
START:  MOV     DPTR,#TABLE          ;数据指针指向表头地址
S1:     MOV     A,#00H               ;设置地址偏移量
        MOVC    A,@A+DPTR            ;根据 DPRT 到表内取显示码
        CJNE    A,#01H,S2            ;判断是否为结束码
        LJMP    START
S2:     MOV     P1,A                 ;将取到的显示码送 P1 口显示
        LCALL   DELAY
```

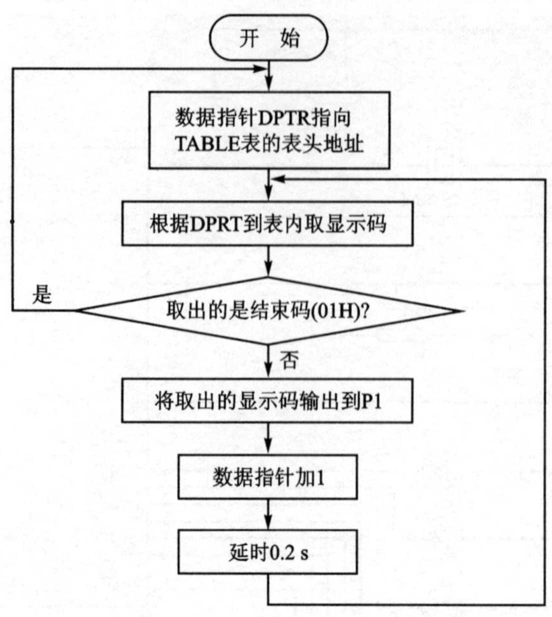

图 4-21 广告灯设计(采用取表方法)的程序流程图

```
        INC     DPTR                    ;数据指针加 1
        LJMP    S1
DELAY:  MOV     R5,#20                  ;延时子程序
D1:     MOV     R6,#20
D2:     MOV     R7,#248
        DJNZ    R7,$
        DJNZ    R6,D2
        DJNZ    R5,D1
        RET
TABLE:  DB      0FEH,0FDH,0FBH,0F7H     ;显示码表
        DB      0EFH,0DFH,0BFH,07FH
        DB      0FEH,0FDH,0FBH,0F7H
        DB      0EFH,0DFH,0BFH,07FH
        DB      07FH,0BFH,0DFH,0EFH
        DB      0F7H,0FBH,0FDH,0FEH
        DB      07FH,0BFH,0DFH,0EFH
        DB      0F7H,0FBH,0FDH,0FEH
        DB      00H, 0FFH,00H, 0FFH
        DB      01H
        END
```

C 语言程序如下：

```
#include <reg52.h>
#include <intrins.h>
#define uint unsigned  int
#define uchar unsigned char
#define led P1                   //将 P1 口定义为 LED,后面就可以使用 LED 代替 P1 口
/*****************************************************
*  函 数 名：delay
*  函数功能：延时函数,i=1 时,大约延时 10 μs
*****************************************************
```

```
void delay(uint i)
{
    while(i--);
}
void main()
{
    uchar i,j,k,l;
    led = 0xfe;
    delay(50000);                       //大约延时 450 ms
    while(1)
    {
        for(j = 0;j < 2;j ++)
            {
                    for(i = 0;i < 7;i ++)  //将 LED 左移一位
                {
                    led = _crol_(led,1);   //循环左移
                    delay(50000);          //大约延时 450 ms
                }
            }
        for(k = 0;k < 2;k ++)
        {
                for(i = 0;i < 7;i ++)      //将 LED 右移一位
            {
                led = _cror_(led,1);       //循环左移
                delay(50000);              //大约延时 450 ms
            }
        }
        for(l = 0;l < 2;l ++)
        {
            led = 0x00;delay(20000);       //LED 灯闪烁
            led = 0xff;delay(20000);
        }
    }
}
```

3. 调试与仿真

① 打开 Keil μVision5,新建 Keil 项目。

② 选择 CPU 类型。本例中选择 Atmel 公司的 AT89C51 单片机。

③ 新建汇编源文件(.ASM)或者 C 语言源文件(.C),编写程序,并保存。

④ 在 Project Workspace 窗口中,将新建的.ASM 文件或者.C 文件添加到 Source Group 1 中。

⑤ 在 Project Workspace 窗口中的 Target 1 文件夹上单击鼠标右键,在弹出的快捷菜单中选择 Option for Target 'Target 1'命令,在随后弹出的 Options for Target 窗口中打开 Output 选项卡,选中 Create HEX File 命令。

⑥ 继续在 Option for Target 窗口中打开 Debug 选项卡,并选中 Use:Proteus VSM Simulator 命令,将 Proteus VSM Simulator 作为 Keil 的调试工具。

⑦ 在 Keil 的菜单栏中选择 Project→Build Target 命令,或者直接单击工具栏中的 Build Target 图标,编译汇编源程序或 C 语言程序。如果程序中有错误,则修改后重新编译。

⑧ 在 Schematic Capture 中，选中 AT89C51 并单击，打开 Edit Component 对话框，设置单片机晶振频率为 12 MHz，并在 Program File 栏中，选择先前用 Keil 生成的.HEX 文件。在 Schematic Capture 的菜单栏中选择 File→Save Design 命令，保存设计。

⑨ 在 Schematic Capture 的菜单栏中，打开 Debug 下拉菜单，选中 Use Remote Debug Monitor 选项，以支持与 Keil 的联合调试。

⑩ 在 Keil 菜单栏中选择 Debug→Start/Stop Debug Session 命令，或者直接单击工具栏中的 Start/Stop Debug Session 图标，进入程序调试环境。按 F5 键，顺序运行程序。调出 Schematic Capture 界面，会看到在程序运行过程中，LED 将首先按 D1 到 D8 的顺序依次点亮，再按 D8 到 D1 的顺序依次点亮，最后闪烁两次，反复循环，如图 4－22 所示。

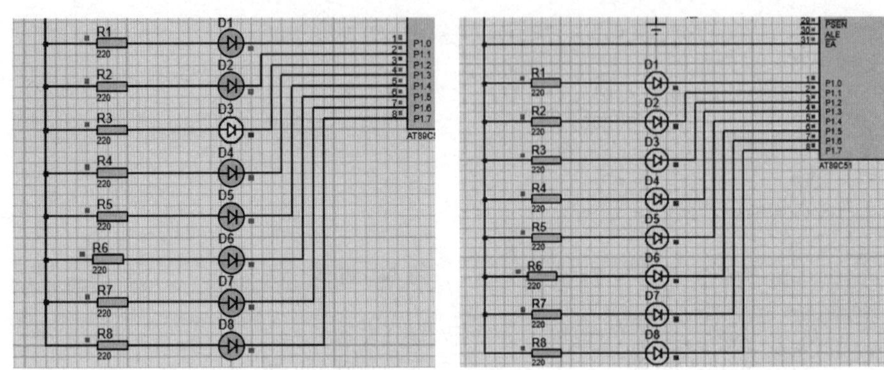

图 4－22　程序运行结果

【例 17】 多路开关状态指示

AT89C51 单片机的 P1.0～P1.3 接 4 个发光二极管 D1～D4，P1.4～P1.7 接 4 个开关 K1～K4，编程将开关的状态反映到发光二极管上（开关闭合，则对应的灯亮；开关断开，则对应的灯灭）。

1. 硬件设计

打开 Schematic Capture 编辑环境，按表 4－7 所列元件清单添加元件。

表 4－7　元件清单

元件名称	所属类	所属子类
AT89C51	Microprocessor ICs	8051 Family
CAP	Capacitors	Generic
CAP－ELEC	Capacitors	Generic
CRYSTAL	Miscellaneous	—
RES	Resistors	Generic
SWITCH	Switch & Relays	Switches
LED－Yellow	Optoelectronics	LEDs

元件全部添加后，在 Schematic Capture 的编辑区域中按图 4－23 所示电路原理图连接硬件电路。

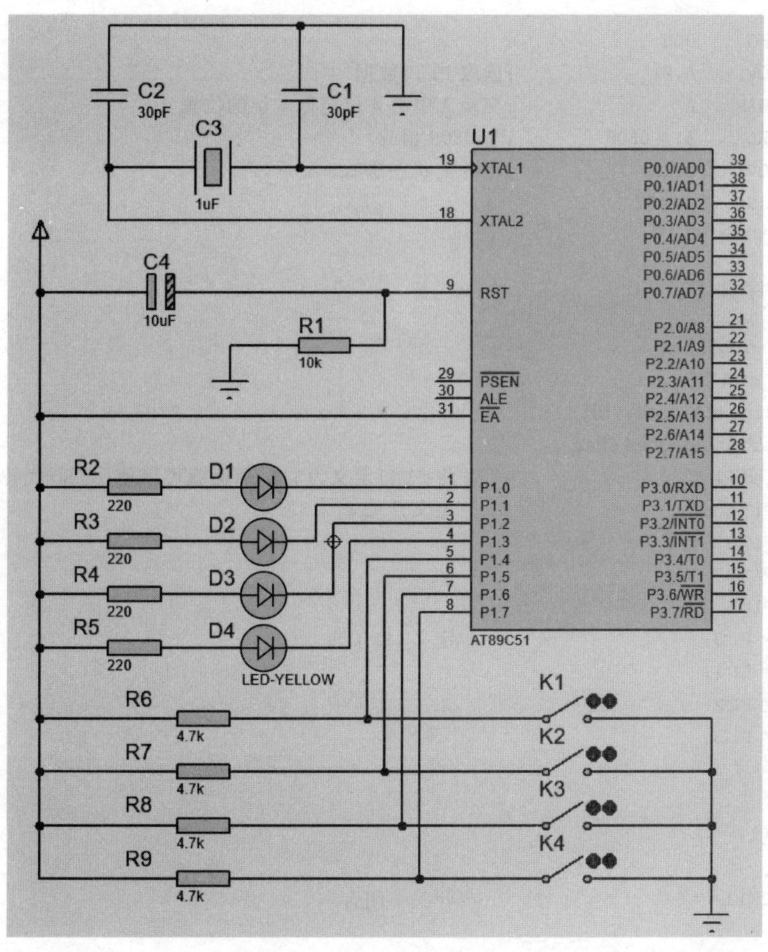

图 4－23 电路原理图

2. 程序设计

对单片机来说，开关状态检测是检测其 I/O 口的输入，可轮流检测每个开关状态，再根据每个开关的状态让相应的发光二极管指示，汇编语言中可以采用“JB P1. X,REL”或“JNB P1. X,REL”指令来完成；也可以一次性检测 4 路开关状态，然后让其指示，可以采用“MOV A, P1”指令把 P1 端口的状态一次全部读入，最后取高 4 位的状态来指示。

程序流程如图 4－24 所示。

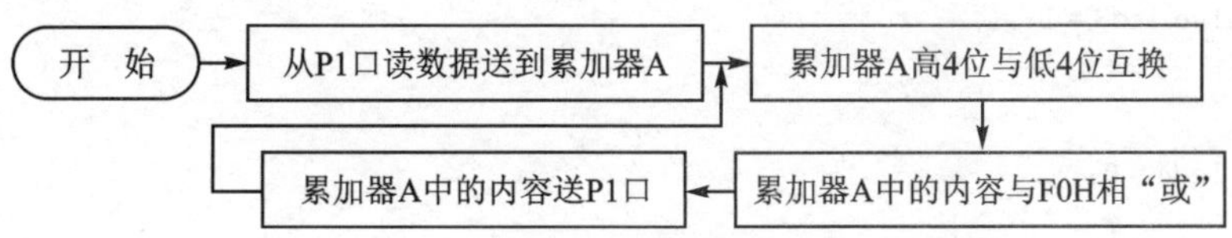

图 4－24 多路开关状态指示的程序流程图

汇编源程序如下：

```
        ORG     00H
START:  MOV     A,P1            ;读取 P1 口数据
        SWAP    A               ;交换 A 中高 4 位与低 4 位的位置
        ORL     A,#0F0H         ;与 0F0H 相或
        MOV     P1,A            ;将开关状态送 LED 显示
        SJMP    START
        END
```

C 语言程序如下：

```
#include <reg52.h>
#include <intrins.h>
#define uint unsigned  int
#define uchar unsigned char
#define led P1                          //将 P1 口定义为 LED,后面就可以使用 LED 代替 P1 口
sbit k1 = P1^4;                         //定义开关 1
sbit k2 = P1^5;
sbit k3 = P1^6;
sbit k4 = P1^7;
sbit led1 = P1^0;                       //定义 LED 灯 1
sbit led2 = P1^1;
sbit led3 = P1^2;
sbit led4 = P1^3;
void main()
{
    while(1)
    {
        if(k1 == 0)                     //开关 1 闭合
        {
         led1 = 0;                      //灯 1 亮
        }
        else led1 = 1;
        if(k2 == 0)
        {
         led2 = 0;
        }
        else led2 = 1;
        if(k3 == 0)
        {
         led3 = 0;
        }
        else led3 = 1;
        if(k4 == 0)
        {
         led4 = 0;
        }
        else led4 = 1;
    }
}
```

3. 调试与仿真

① 打开 Keil μVision5,新建 Keil 项目。

② 选择 CPU 类型。本例中选择 Atmel 公司的 AT89C51 单片机。

③ 新建汇编源文件(.ASM)或者 C 语言源文件(.C),编写程序,并保存。

④ 在 Project Workspace 窗口中,将新建的.ASM 文件或者.C 文件添加到 Source Group 1 中。

⑤ 在 Project Workspace 窗口中的 Target 1 文件夹上单击鼠标右键,在弹出的快捷菜单中选择 Option for Target 'Target 1'命令,在随后弹出的 Options for Target 窗口中打开 Output 选项卡,选中 Create HEX File 选项。

⑥ 继续在 Option for Target 窗口中打开 Debug 选项卡,并选择 Use:Proteus VSM Simulator 命令,将 Proteus VSM Simulator 作为 Keil 的调试工具。

⑦ 在 Keil 的菜单栏中选择 Project→Build Target 命令,或者直接单击工具栏中的 Build Target 图标,编译汇编源程序或 C 语言程序。如果程序中有错误,则修改后重新编译。

⑧ 在 Schematic Capture 中,选中 AT89C51 并单击,打开 Edit Component 对话框,设置单片机晶振频率为 12 MHz,并在 Program File 栏中选择先前用 Keil 生成的.HEX 文件。在 Schematic Capture 的菜单栏中选择 File→Save Design 命令,保存设计。

⑨ 在 Schematic Capture 的菜单栏中,打开 Debug 下拉菜单,选中 Use Remote Debug Monitor 选项,以支持与 Keil 的联合调试。

⑩ 在 Keil 菜单栏中选择 Debug→Start/Stop Debug Session 命令,或者直接单击工具栏中的 Start/Stop Debug Session 图标,进入程序调试环境。按 F5 键,顺序运行程序。调出 Schematic Capture 界面,在程序运行过程中按下 K1～K4 任意一个开关,可以看到与之对应的 LED 的变化,如图 4-25 所示。

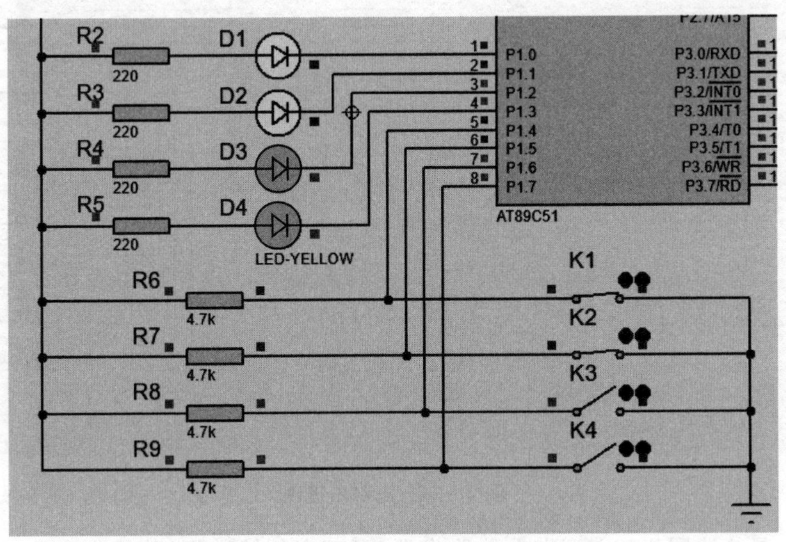

图 4-25 程序运行结果

【例 18】 使用 74LS245 读取数据

当 P0 口总线负载达到或超过 P0 最大负载能力 8 个 TTL 门时，必须接入总线驱动器。74LS245 即是双向数据总线驱动芯片，具有双向三态功能，既可以输出也可以输入数据，本实验中用作输入口。

1. 硬件设计

打开 Schematic Capture 编辑环境，按表 4－8 所列元件清单添加元件。

表 4－8 元件清单

元件名称	所属类	所属子类
AT89C51	Microprocessor ICs	8051 Family
CAP	Capacitors	Generic
CAP－ELEC	Capacitors	Generic
CRYSTAL	Miscellaneous	—
RES	Resistors	Generic
SW－SPDT	Switch & Relays	Switches
74LS245	TTL 74LS Series	Transceivers

元件全部添加后，在 Schematic Capture 的编辑区域中按图 4－26 所示电路原理图连接硬件电路。

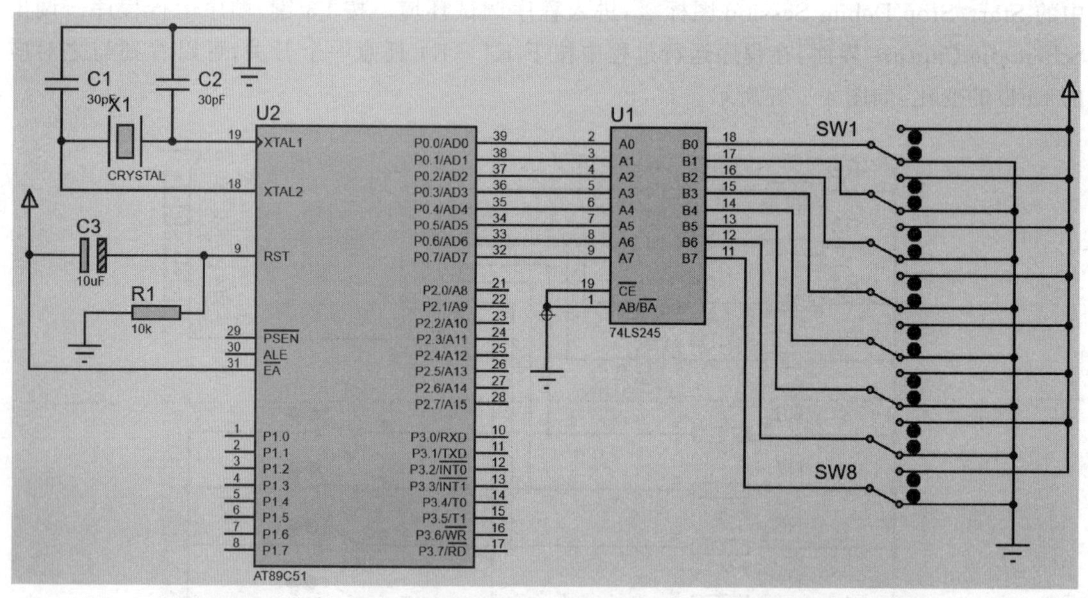

图 4－26 电路原理图

74LS245 是 8 路同相三态双向总线收发器，可双向传输数据，传输方向由 AB/$\overline{\text{BA}}$ 决定，当片选端 $\overline{\text{CE}}$ 低电平有效时，AB/$\overline{\text{BA}}$＝0，信号由 B 向 A 传输；AB/$\overline{\text{BA}}$＝1，信号由 A 向 B 传输；当 $\overline{\text{CE}}$ 为高电平时，A、B 均为高阻态。

2. 程序设计

程序流程如图 4 - 27 所示。

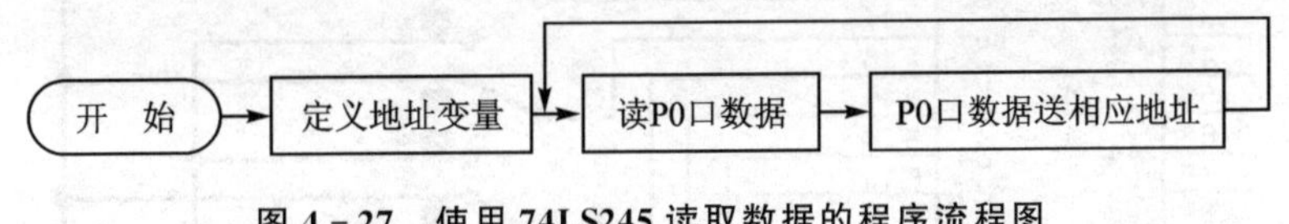

图 4 - 27　使用 74LS245 读取数据的程序流程图

汇编源程序如下：

```
VAL      EQU     30H
         ORG     00H
START:   MOV     A,P0                    ;读 P0 口数据
         MOV     VAL,A                   ;P0 口数据送 30H
         SJMP    START
         END
```

C 语言程序如下：

```
#include <reg52.h>
#define uint unsigned  int
#define uchar unsigned char
uchar value _at_ 0x30;                   //在地址 0x30 定义变量
void main()
{
    while(1)
    {
        value = P0;                      //获取 P0 口状态
    }
}
```

3. 调试与仿真

① 打开 Keil μVision5，新建 Keil 项目，选择 AT89C51 单片机作为 CPU，新建汇编源文件或 C 语言源文件，编写程序，并将其导入 Source Group 1 中。在 Options for Target 窗口中，选中 Output 选项卡中的 Create HEX File 选项和 Debug 选项卡中的 Use：Proteus VSM Simulator 选项。编译汇编源程序或 C 语言程序，改正程序中的错误。

② 在 Schematic Capture 中，选中 AT89C51 并单击，打开 Edit Component 对话框，设置单片机晶振频率为 12 MHz，并在 Program File 栏中选择先前用 Keil 生成的. HEX 文件。在 Schematic Capture 的菜单栏中选择 File→Save Design 命令，保存设计。在 Schematic Capture 的菜单栏中，打开 Debug 下拉菜单，选中 Use Remote Debug Monitor 选项，以支持与 Keil 的联合调试。

③ 在 Keil 菜单栏中选择 Debug→Start/Stop Debug Session 命令，或者直接单击工具栏中的 Start/Stop Debug Session 图标，进入程序调试环境。按 F5 键，顺序运行程序。调出 Schematic Capture 界面，在程序运行过程中按下 SW1～SW8 中任意一个开关，可以在 8051 CPU Internal（IDATA）Memory 窗口中看到与之对应地址 30H 中数据的变化，如图 4 - 28 和图 4 - 29 所示。

U1
2 A0
3 A1
4 A2
5 A3
6 A4
7 A5
8 A6
9 A7
19 CE
1 AB/BA
B0 18
B1 17
B2 16
B3 15
B4 14
B5 13
B6 12
B7 11
74LS245
SW1
SW8

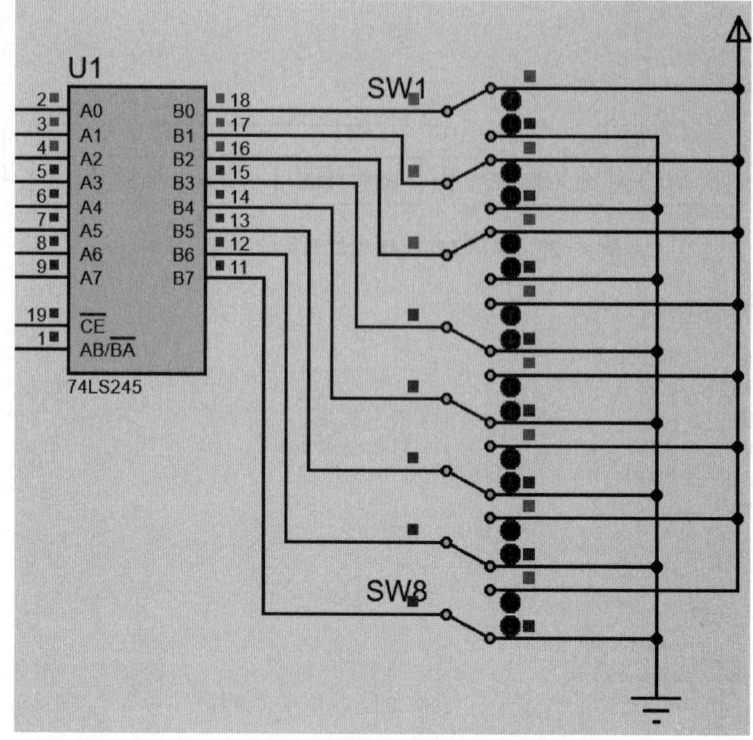

图 4-28　开关状态

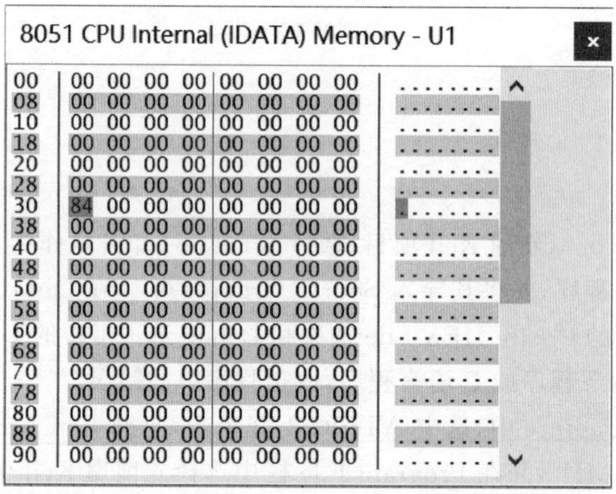

8051 CPU Internal (IDATA) Memory - U1
00 00 00 00 00 00 00 00 00
08 00 00 00 00 00 00 00 00
10 00 00 00 00 00 00 00 00
18 00 00 00 00 00 00 00 00
20 00 00 00 00 00 00 00 00
28 00 00 00 00 00 00 00 00
30 84 00 00 00 00 00 00 00
38 00 00 00 00 00 00 00 00
40 00 00 00 00 00 00 00 00
48 00 00 00 00 00 00 00 00
50 00 00 00 00 00 00 00 00
58 00 00 00 00 00 00 00 00
60 00 00 00 00 00 00 00 00
68 00 00 00 00 00 00 00 00
70 00 00 00 00 00 00 00 00
78 00 00 00 00 00 00 00 00
80 00 00 00 00 00 00 00 00
88 00 00 00 00 00 00 00 00
90 00 00 00 00 00 00 00 00

图 4-29　与开关状态对应的 30H 中的数据

【例 19】　使用 74LS273 输出数据

本例采用 74LS273 扩展 I/O 输出端口，通过片选信号和写信号将数据总线上的值锁存在 74LS273 中，同时在 74LS273 的端口输出数据。在数据总线上的值撤销以后，由于 74LS273 能锁存信号，故 74LS273 的输出端保持不变，直到有新的数据被锁存。

1. 硬件设计

打开 Schematic Capture 编辑环境，按表 4－9 所列元件清单添加元件。

表 4－9 元件清单

元件名称	所属类	所属子类
AT89C51	Microprocessor ICs	8051 Family
CAP	Capacitors	Generic
CAP－POL	Capacitors	Generic
CRYSTAL	Miscellaneous	—
RES	Resistors	Generic
74LS273	TTL 74LS Series	Flip－Flop & Latches
74LS32	TTL 74LS Series	Gates & Inverters
LED－Yellow	Optoelectronics	LEDs

用 8 个发光二极管显示单片机的输出数据，LED 灯高电平点亮。实验中用“或”门 74LS32 对 74LS273 进行地址译码，“或”门输入端分别接单片机的 P2.7 和 $\overline{\text{WR}}$ 口，输出接 CLK，决定 74LS273 的地址为 7FFFH。

元件全部添加后，在 Schematic Capture 的编辑区域中按图 4－30 所示电路原理图连接硬件电路。

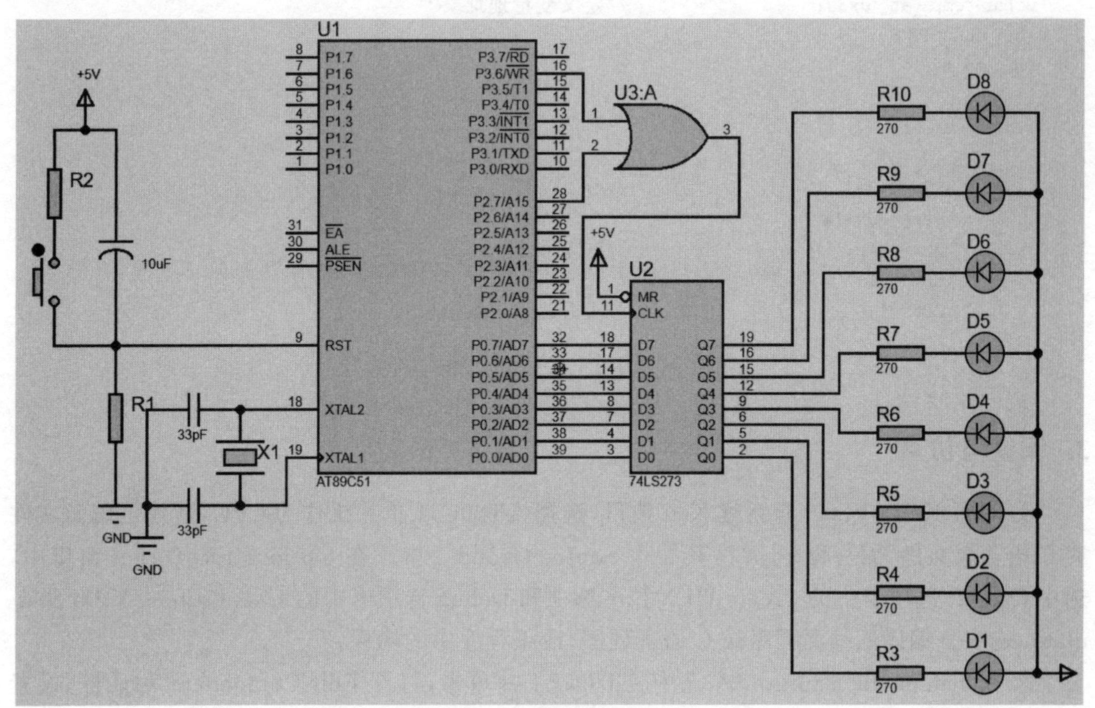

图 4－30 电路原理图

图 4－30 中，74LS273 的 D0～D7 为 8 位数据输入端，Q0～Q7 为 8 位数据输出端，CLK 为触发时钟输入端，上升沿时发送数据，MR 为数据清除使能端。

2. 程序设计

程序流程如图 4-31 所示。

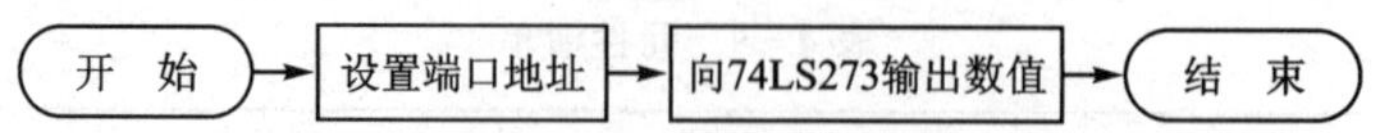

图 4-31 使用 74LS273 输出数据的程序流程图

汇编源程序如下：

```
CS273   EQU     7FFFH           ;置 74LS273 端口地址
        ORG     00H
START:  MOV     30H,#2BH
        MOV     DPTR,#CS273
        MOV     A,30H
        MOVX    @DPTR,A         ;输出数据
        SJMP    $
        END
```

C 语言程序如下：

```
#include <reg52.h>
#define uint unsigned  int
#define uchar unsigned char
uchar temp _at_ 0x30;              //定义变量地址
sbit CLK = P3^6;
void main()
{
    while(1)
    {
        P2 = 0x7f;                 //令 P27 口为 0
        temp = 0x11;
        P0 = temp;                 //P0 口赋值
        CLK = 0;
        CLK = 1;                   //上升沿发送数据
    }
}
```

3. 调试与仿真

① 打开 Keil μVision5，新建 Keil 项目，选择 AT89C51 单片机作为 CPU，新建汇编源文件或 C 语言源文件，编写程序，并将其导入 Source Group 1 中。在 Options for Target 窗口中，选中 Output 选项卡中的 Create HEX File 选项和 Debug 选项卡中的 Use：Proteus VSM Simulator 选项。编译汇编源程序或 C 语言程序，改正程序中的错误。

② 在 Schematic Capture 中，选中 AT89C51 并单击，打开 Edit Component 对话框，设置单片机晶振频率为 12 MHz，并在 Program File 栏中选择先前用 Keil 生成的. HEX 文件。在 Schematic Capture 的菜单栏中选择 File→Save Design 命令，保存设计。在 Schematic Capture 的菜单栏中，打开 Debug 下拉菜单，选中 Use Remote Debug Monitor 选项，以支持与 Keil 的联合调试。

③ 在 Keil 菜单栏中选择 Debug→Start/Stop Debug Session 命令，或者直接单击工具栏中的 Start/Stop Debug Session 图标，进入程序调试环境。按 F5 键，顺序运行程序。调出 Schematic Capture 界面，可以在 8051 CPU Internal (IDATA) Memory 窗口中看到与之对应地址 30H 中数据的变化以及 LED 的变化，如图 4－32 和图 4－33 所示。

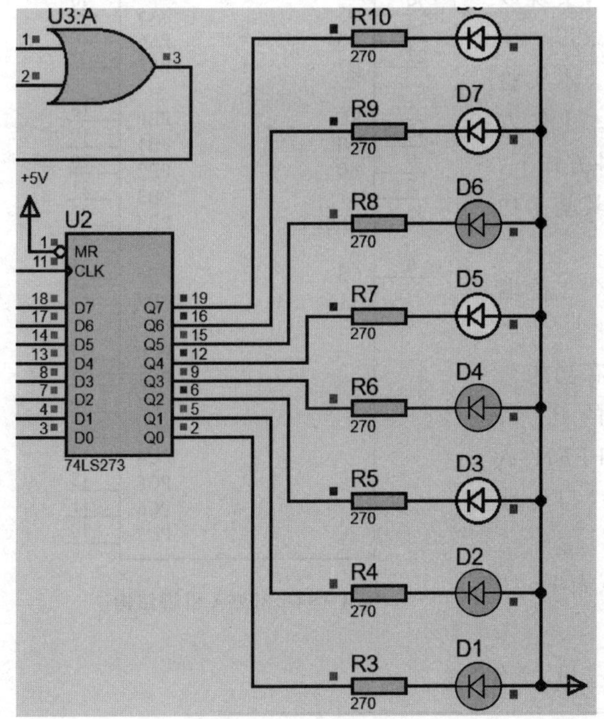

图 4－32　LED 状态

```
8051 CPU Internal (IDATA) Memory - U1
00  00 00 00 00 00 00 00 00  ........
08  00 00 00 00 00 00 00 00  ........
10  00 00 00 00 00 00 00 00  ........
18  00 00 00 00 00 00 00 00  ........
20  00 00 00 00 00 00 00 00  ........
28  00 00 00 00 00 00 00 00  ........
30  2B 00 00 00 00 00 00 00  +.......
38  00 00 00 00 00 00 00 00  ........
40  00 00 00 00 00 00 00 00  ........
48  00 00 00 00 00 00 00 00  ........
50  00 00 00 00 00 00 00 00  ........
58  00 00 00 00 00 00 00 00  ........
60  00 00 00 00 00 00 00 00  ........
68  00 00 00 00 00 00 00 00  ........
70  00 00 00 00 00 00 00 00  ........
78  00 00 00 00 00 00 00 00  ........
80  00 00 00 00 00 00 00 00  ........
88  00 00 00 00 00 00 00 00  ........
90  00 00 00 00 00 00 00 00  ........
98  00 00 00 00 00 00 00 00  ........
```

图 4－33　与 LED 状态对应的 30H 中的数据

【例 20】　8255 I/O 应用(一)

用 8255A 的 PA 口作为拓展输出口，接 8 位发光二极管，编写程序使发光二极管从右到左轮流循环点亮。

1. 硬件设计

8255 是可编程的并行 I/O 接口芯片，通用性强且灵活。8255 按功能可分为两部分，即总线接口电路和 I/O 口电路和控制逻辑电路。8255A 的引脚结构如图 4－34 所示。

① I/O 口电路：8255 共有 3 个 8 位口，其中 A 口和 B 口是单纯的数据口，供数据 I/O 口使用。

② 总线接口电路：用于实现 8255 和单片机芯片的信号连接。

$\overline{CS}$——片选信号。

$\overline{RD}$——读信号。

$\overline{WR}$——写信号。

A_0、A_1——端口选择信号。8255 共有 4 个可寻址的端口，用 2 位编码可实现。

③ 控制逻辑电路：为控制寄存器，用于存放各口的工作方式控制字。

本例是利用 8255 可编程并行口芯片，实现数据的输入、输出。可编程通用接口芯片 8255A 有 3 个 8 位的并行 I/O，它有 3 种工作方式。本实验采用的方式为 0：PA 口输出，PB 口输入。工作方式 0 是一种基本的输入/输出方式，在这种方式下，3 个端口都可由程序设置为输入或输出，其基本功能可概括如下：

- 可具有两个 8 位端口（A、B）和两个 4 位端口（C 口的上半部分和下半部分）。
- 数据输出时刻锁存，输入时没有锁存功能。

本例中，8255 的端口地址由单片机的 P2.0、P2.1 和 P2.7 决定。控制口的地址为 7FFFH；A 口地址为 7CFFH，B 口地址为 7DFFH，C 口地址为 7EFFH。

打开 Schematic Capture 编辑环境，按表 4-10 所列元件清单添加元件。

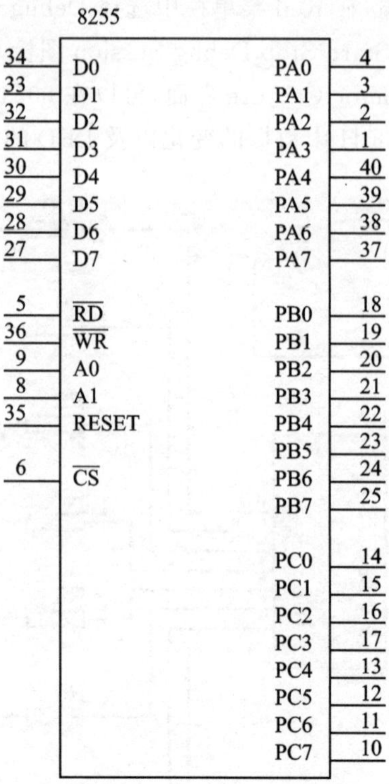

图 4-34　8255A 引脚结构

表 4-10　元件清单

元件名称	所属类	所属子类
AT89C51	Microprocessor ICs	8051 Family
CAP	Capacitors	Generic
CAP-ELEC	Capacitors	Generic
CRYSTAL	Miscellaneous	—
RES	Resistors	Generic
8255A	Microprocessor ICs	Peripherals
7407	TTL 74 Series	Buffers & Drivers
LED-Yellow	Optoelectronics	LEDs

元件全部添加后，在 Schematic Capture 的编辑区域中按图 4-35 所示电路原理图连接硬件电路。

2. 程序设计

程序流程如图 4-36 所示。

汇编源程序如下：

```
        ORG     00H
PORTA   EQU     7CFFH               ;8255A 口地址
PORTB   EQU     7DFFH               ;8255B 口地址
```

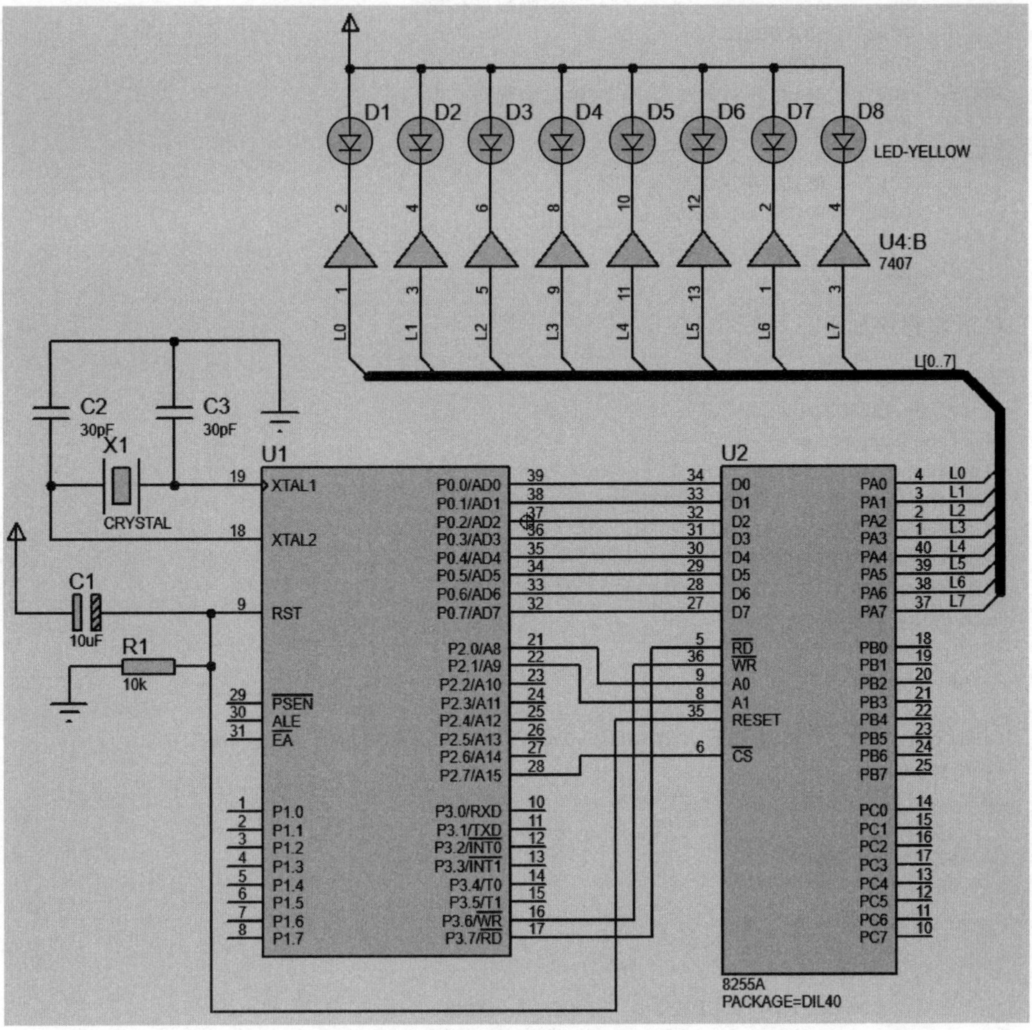

图4-35 电路原理图

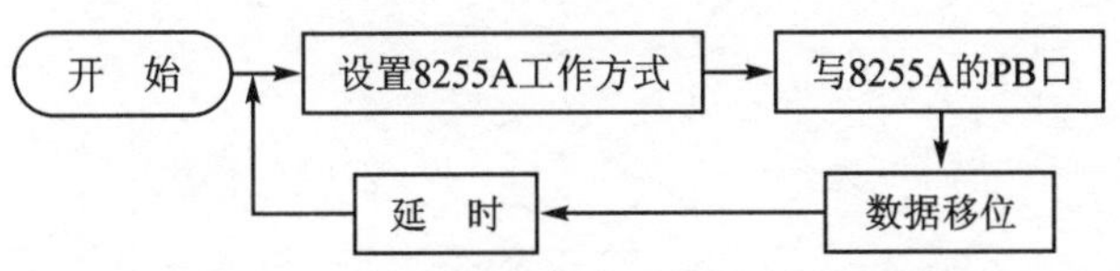

图4-36 8255 I/O应用(一)的程序流程图

```
PORTC   EQU     7EFFH               ;8255C 口地址
CADDR   EQU     7FFFH               ;8255 控制字地址
        MOV     A,#80H              ;方式 0
        MOV     DPTR,#CADDR
        MOVX    @DPTR,A             ;设置 8255 工作方式
LOOP:   MOV     A,#0FEH             ;设置显示码
        MOV     R2,#8               ;设置计数值
OUTPUT: MOV     DPTR,#PORTA
        MOVX    @DPTR,A             ;显示码送 PA 口显示
        CALL    DELAY
```

```
        RL      A                       ;显示码数据移位
        DJNZ    R2,OUTPUT
        LJMP    LOOP
DELAY:  MOV     R6,#0                   ;延时子程序
        MOV     R7,#0
DELAYLOOP:
        DJNZ    R6,DELAYLOOP
        DJNZ    R7,DELAYLOOP
        RET
        END
```

C 语言程序如下：

```
#include <reg52.h>
#include <ABSACC.H>
#define uint unsigned  int
#define uchar unsigned char
#define a8255_PA     XBYTE[0x7CFF]      /*PA 口地址*/
#define a8255_PB     XBYTE[0x7DFF]      /*PB 口地址*/
#define a8255_PC     XBYTE[0x7EFF]      /*PC 口地址*/
#define a8255_CON    XBYTE[0x7FFF]      /*控制字地址*/
void delay(uint i)
{
   while(i--);
}
uchar code tab[]={0xfe,0xfd,0xfb,0xf7,0xef,0xdf,0xbf,0x7f};    //显示码
void main()
{
    uchar i;
    a8255_CON=0x80;                   //方式 0 输出
    while(1)
    {
        for(i=0;i < 8;i++)
        {
            a8255_PA=tab[i];          //给 PA 口赋值
            delay(50000);             //延时 50 ms
        }
    }
}
```

3. 调试与仿真

① 打开 Keil μVision5，新建 Keil 项目，选择 AT89C51 单片机作为 CPU，新建汇编源文件或 C 语言源文件，编写程序，并将其导入 Source Group 1 中。在 Options for Target 窗口中，选中 Output 选项卡中的 Create HEX File 选项和 Debug 选项卡中的 Use：Proteus VSM Simulator 选项。编译汇编源程序或 C 语言程序，改正程序中的错误。

② 在 Schematic Capture 中，选中 AT89C51 并单击，打开 Edit Component 对话窗口，设置单片机晶振频率为 12 MHz，并在 Program File 栏中选择先前用 Keil 生成的. HEX 文件。在 Schematic Capture 的菜单栏中选择 File→Save Design 命令，保存设计。在 Schematic Capture 的菜单栏中，打开 Debug 下拉菜单，选中 Use Remote Debug Monitor 选项，以支持与 Keil 的联合调试。

③ 在Keil菜单栏中选择Debug→Start/Stop Debug Session命令，或者直接单击工具栏中的Start/Stop Debug Session图标，进入程序调试环境。按F5键，顺序运行程序。调出Schematic Capture界面，可以看到发光二极管D1～D8从右到左依次循环点亮，如图4-37所示。

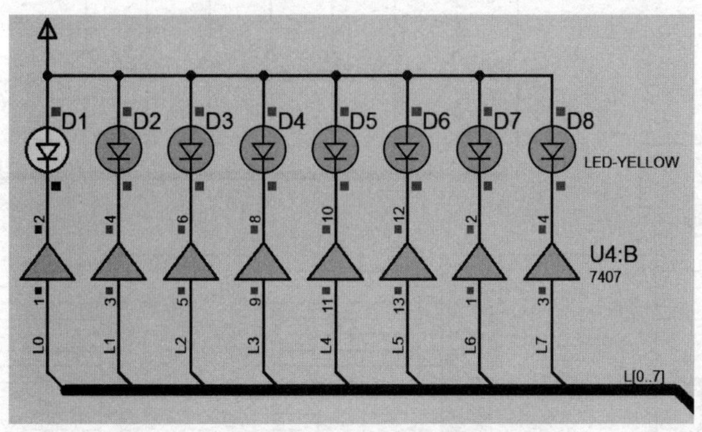

图4-37　程序运行结果

【例21】 8255 I/O应用(二)

用8255A的PA口作为输出口，PB口作为输入口，将PB口读入的按键信号送8位逻辑电平显示模块显示。

1. 硬件设计

打开Schematic Capture编辑环境，按表4-11所列元件清单添加元件。

表4-11　元件清单

元件名称	所属类	所属子类
AT89C51	Microprocessor ICs	8051 Family
CAP	Capacitors	Generic
CAP-ELEC	Capacitors	Generic
CRYSTAL	Miscellaneous	—
RES	Resistors	Generic
8255A	Microprocessor ICs	Peripherals
7407	TTL 74 Series	Buffers & Drivers
LED-Yellow	Optoelectronics	LEDs
SWITCH	Switch & Relays	Switches

元件全部添加后，在Schematic Capture的编辑区域中按图4-38所示电路原理图连接硬件电路。

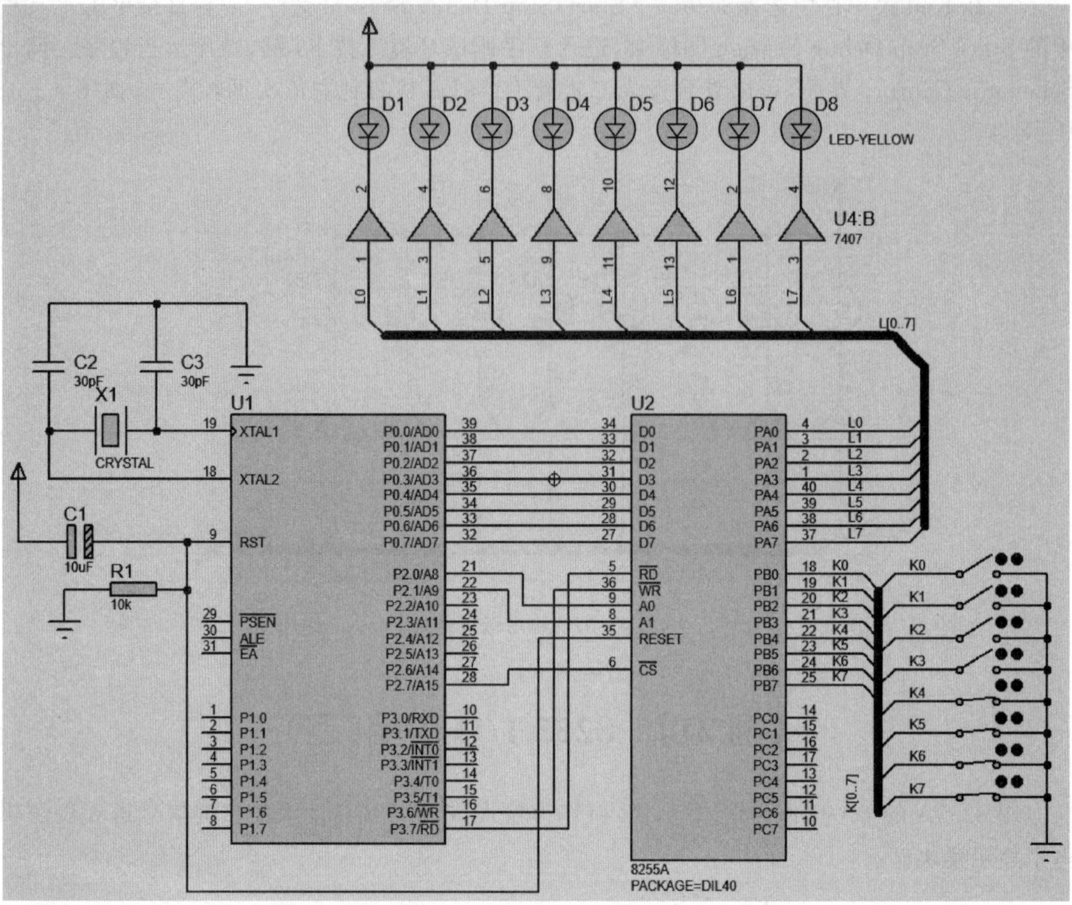

图 4－38　电路原理图

2. 程序设计

程序流程如图 4－39 所示。

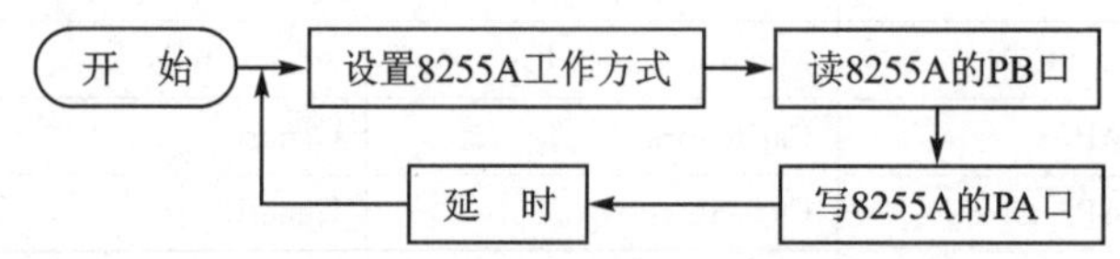

图 4－39　8255 I/O 应用(二)的程序流程图

汇编源程序如下：

```
        ORG     00H
PORTA   EQU     7CFFH           ;A 口
PORTB   EQU     7DFFH           ;B 口
PORTC   EQU     7EFFH           ;C 口
CADDR   EQU     7FFFH           ;控制字地址
        SJMP    START
        ORG     30H
START:  MOV     A,#82H          ;方式 0,PA 和 PC 输出,PB 输入
```

```
        MOV     DPTR,#CADDR
        MOVX    @DPTR,A
        MOV     DPTR,#PORTB
        MOVX    A,@DPTR             ;读入 B 口
        MOV     DPTR,#PORTA
        MOVX    @DPTR,A             ;输出到 A 口
        CALL    DELAY
        LJMP    START
DELAY:  MOV     R6,#0
        MOV     R7,#0
DELAYLOOP:
        DJNZ    R6,DELAYLOOP
        DJNZ    R7,DELAYLOOP
        RET
        END
```

C 语言程序如下：

```
#include <reg52.h>
#include <ABSACC.H>
#define uint unsigned  int
#define uchar unsigned char
#define a8255_PA    XBYTE[0x7CFF]    /*PA 口地址*/
#define a8255_PB    XBYTE[0x7DFF]    /*PB 口地址*/
#define a8255_PC    XBYTE[0x7EFF]    /*PC 口地址*/
#define a8255_CON   XBYTE[0x7FFF]    /*控制字地址*/
void main()
{
    uchar temp;
    a8255_CON = 0x82;                  //设置方式 0,PA 和 PC 输出,PB 输入
    while(1)
    {
      temp = a8255_PB;                 //获取 PB 的值
        a8255_PA = temp;               //PA 口输出
    }
}
```

3. 调试与仿真

① 打开 Keil μVision5，新建 Keil 项目，选择 AT89C51 单片机作为 CPU，新建汇编源文件或 C 语言源文件，编写程序，并将其导入 Source Group 1 中。在 Options for Target 窗口中，选中 Output 选项卡中的 Create HEX File 选项和 Debug 选项卡中的 Use:Proteus VSM Simulator 选项。编译汇编源程序或 C 语言程序，改正程序中的错误。

② 在 Schematic Capture 中，选中 AT89C51 并单击，打开 Edit Component 对话框，设置单片机晶振频率为 12 MHz，并在 Program File 栏中选择先前用 Keil 生成的.HEX 文件。在 Schematic Capture 的菜单栏中选择 File→Save Design 命令，保存设计。在 Schematic Capture 的菜单栏中，打开 Debug 下拉菜单，选中 Use Remote Debug Monitor 选项，以支持与 Keil 的联合调试。

③ 在 Keil 菜单栏中选择 Debug→Start/Stop Debug Session 命令，或者直接单击工具栏中的 Start/Stop Debug Session 图标，进入程序调试环境。按 F5 键，顺序运行程序。调出

Schematic Capture 界面，按下任意一个开关可以看到相应发光二极管的亮灭变化，如图 4－40 所示。

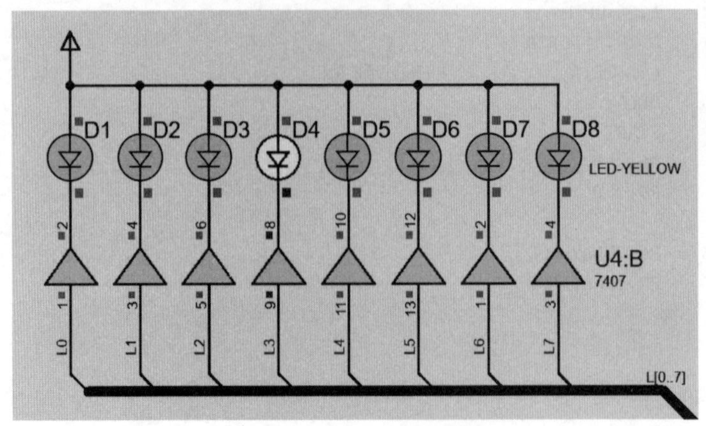

图 4－40　程序运行结果

【例 22】　并行口直接驱动 LED 显示

将 AT89C51 单片机 P0 口的 P0.0～P0.7 引脚连接到一个共阴数码管的 a～h 的笔段上，数码管的公共端接地。在数码管上循环显示 0～9 数字，时间间隔为 0.2 s。

1. 硬件设计

打开 Schematic Capture 编辑环境，按表 4－12 所列元件清单添加元件。

表 4－12　元件清单

元件名称	所属类	所属子类
AT89C51	Microprocessor ICs	8051 Family
CAP	Capacitors	Generic
CAP－ELEC	Capacitors	Generic
CRYSTAL	Miscellaneous	—
RES	Resistors	Generic
7SEG－COM－CAT－GRN	Optoelectronics	7－Segment Displays

元件全部添加后，在 Schematic Capture 的编辑区域中按图 4－41 所示电路原理图连接硬件电路。

2. 程序设计

LED 数码显示原理：七段 LED 显示器内部由七个条形发光二极管和一个小圆点发光二极管组成，根据各管的极管的接线形式，可分成共阴极型和共阳极型。

LED 数码管的 a～g 七个发光二极管加正电压发亮，加零电压不发亮，不同亮暗的组合就能形成不同的字形，这种组合称之为段码。下面给出共阴极的段码见表 4－13。

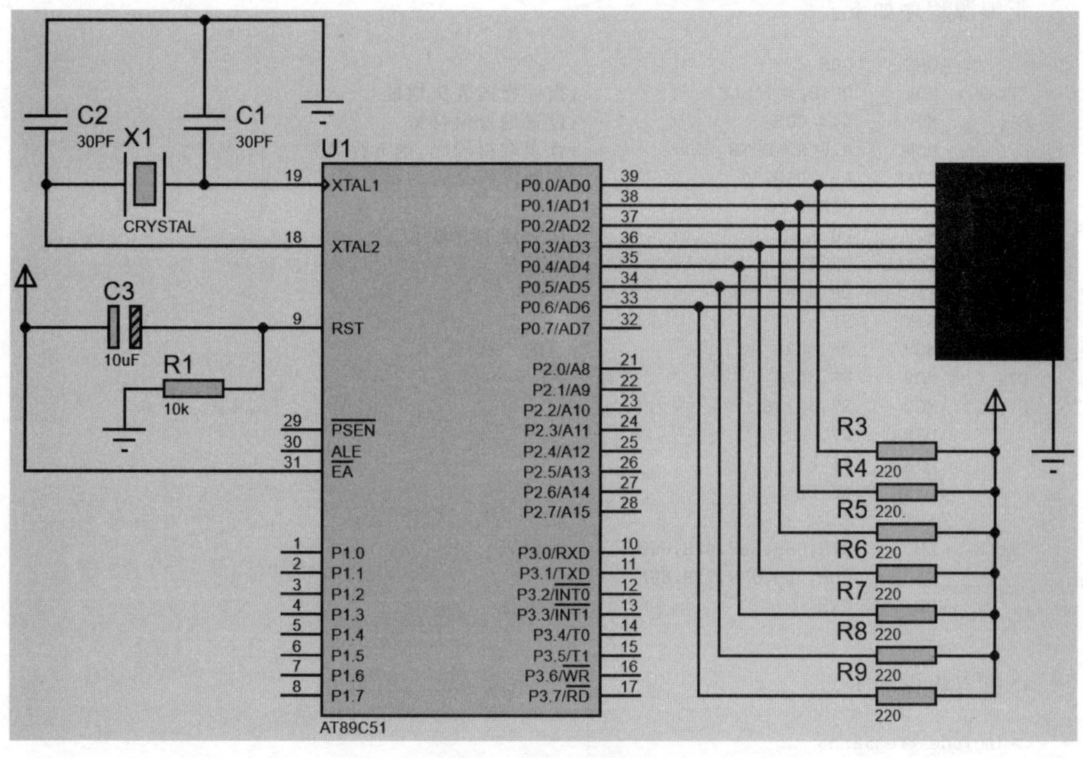

图 4-41　电路原理图

由于显示的数字 0～9 的段码没有规律可循，只能采用查表的方式来完成所需的操作了。按着数字 0～9 的顺序，把每个数字的笔段代码按顺序排好，在程序中建立段码表如下："TABLE　DB　3FH,06H,5BH,4FH,66H,6DH,7DH,07H,7FH,6FH"。

程序流程如图 4-42 所示。

表 4-13　共阴型七段数码管段码表

十进制数	十六进制数	十进制数	十六进制数
"0"	3FH	"8"	7FH
"1"	06H	"9"	6FH
"2"	5BH	"A"	77H
"3"	4FH	"b"	7CH
"4"	66H	"C"	39H
"5"	6DH	"d"	5EH
"6"	7DH	"E"	79H
"7"	07H	"F"	71H

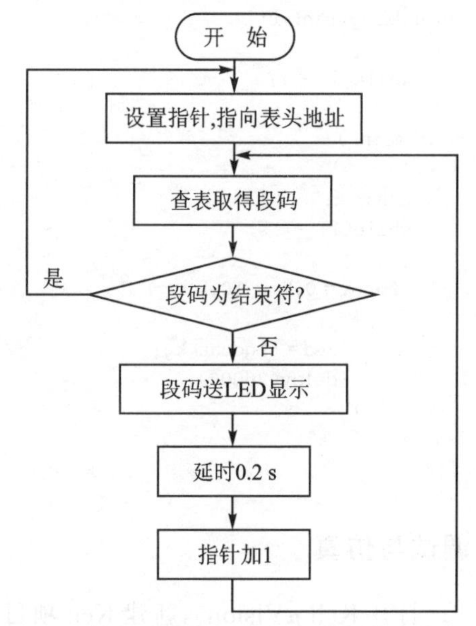

图 4-42　并行口直接驱动 LED 显示的程序流程图

汇编源程序如下：

```
        ORG     00H
START:  MOV     DPTR,#TABLE              ;指针指向表头地址
S1:     MOV     A,#00H                   ;设置地址偏移量
        MOVC    A,@A+DPTR                ;查表取得段码,送 A 存储
        CJNE    A,#01H,S2                ;判断段码是否为结束符
        LJMP    START
S2:     MOV     P0,A                     ;段码送 LED 显示
        LCALL   DELAY                    ;指针加 1
        INC     DPTR
        LJMP    S1
DELAY:  MOV     R5,#20                   ;延时子程序
D2:     MOV     R6,#20
D1:     MOV     R7,#248
        DJNZ    R7,$
        DJNZ    R6,D1
        DJNZ    R5,D2
        RET
TABLE:  DB      3FH,06H,5BH,4FH,66H      ;段码表
        DB      6DH,7DH,07H,7FH,6FH
        DB      01H                      ;结束符
        END
```

C 语言程序如下：

```
#include <reg52.h>
#define uint unsigned  int
#define uchar unsigned char
#define led P0          //将 P1 口定义为 led,后面就可以使用 led 代替 P1 口
uchar code smgduan[10] = {0x3f,0x06,0x5b,0x4f,0x66,0x6d,0x7d,0x07,0x7f,0x6f,}; //显示 0～9 的值
/**************************************************
* 函 数 名: delay
* 函数功能: 延时函数,i = 1 时,大约延时 10 μs
**************************************************/
void delay(uint i)
{
    while(i--);
}
void main()
{
    uchar k;
    while(1)
    {
     for(k = 0;k < 10;k++)
        {
          led = smgduan[k];            //向端口发送数值
          delay(20000);
        }
    }
}
```

3. 调试与仿真

① 打开 Keil μVision5，新建 Keil 项目，选择 AT89C51 单片机作为 CPU，新建汇编源文件或者 C 语言源文件，编写程序，并将其导入 Source Group 1 中。在 Options for Target 窗口

中,选中 Output 选项卡中的 Create HEX File 选项和 Debug 选项卡中的 Use:Proteus VSM Simulator 选项。编译汇编源程序或 C 语言程序,改正程序中的错误。

② 在 Schematic Capture 中,选中 AT89C51 并单击,打开 Edit Component 对话框,设置单片机晶振频率为 12 MHz,并在 Program File 栏中,选择先前用 Keil 生成的.HEX 文件。在 Schematic Capture 的菜单栏中选择 File→Save Design 命令,保存设计。在 Schematic Capture 的菜单栏中,打开 Debug 下拉菜单,选中 Use Remote Debug Monitor 选项,以支持与 Keil 的联合调试。

③ 在 Keil 菜单栏中选择 Debug→Start/Stop Debug Session 命令,或者直接单击工具栏中的 Start/Stop Debug Session 图标,进入程序调试环境。按 F5 键,顺序运行程序。调出 Schematic Capture 界面,可以看到数码管将从 0 到 9 循环显示,时间间隔为 0.2 s,如图 4-43 所示。

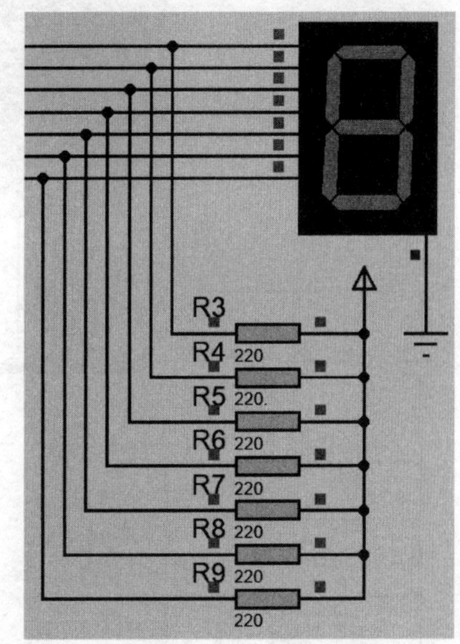

图 4-43 程序运行结果

【例 23】 动态扫描显示

动态显示,也称扫描显示。显示器由 6 个共阴极 LED 数码管构成。单片机的 P0 口输出显示段码,由一片 74LS245 驱动输出给 LED 管,由 P1 口输出位码,经 74LS06 输出给 LED 显示。

1. 硬件设计

打开 Schematic Capture 编辑环境,按表 4-14 所列元件清单添加元件。

表 4-14 元件清单

元件名称	所属类	所属子类
AT89C51	Microprocessor ICs	8051 Family
CAP	Capacitors	Generic
CAP-ELEC	Capacitors	Generic
CRYSTAL	Miscellaneous	—
RES	Resistors	Generic
7SEG-MPX6-CC-BLUE	Optoelectronics	7-Segment Displays
74LS04	TTL 74LS Series	Gates & Inverters
74LS245	TTL 74LS Series	Transceivers

元件全部添加后,在 Schematic Capture 的编辑区域中按图 4-44 所示电路原理图连接硬件电路。

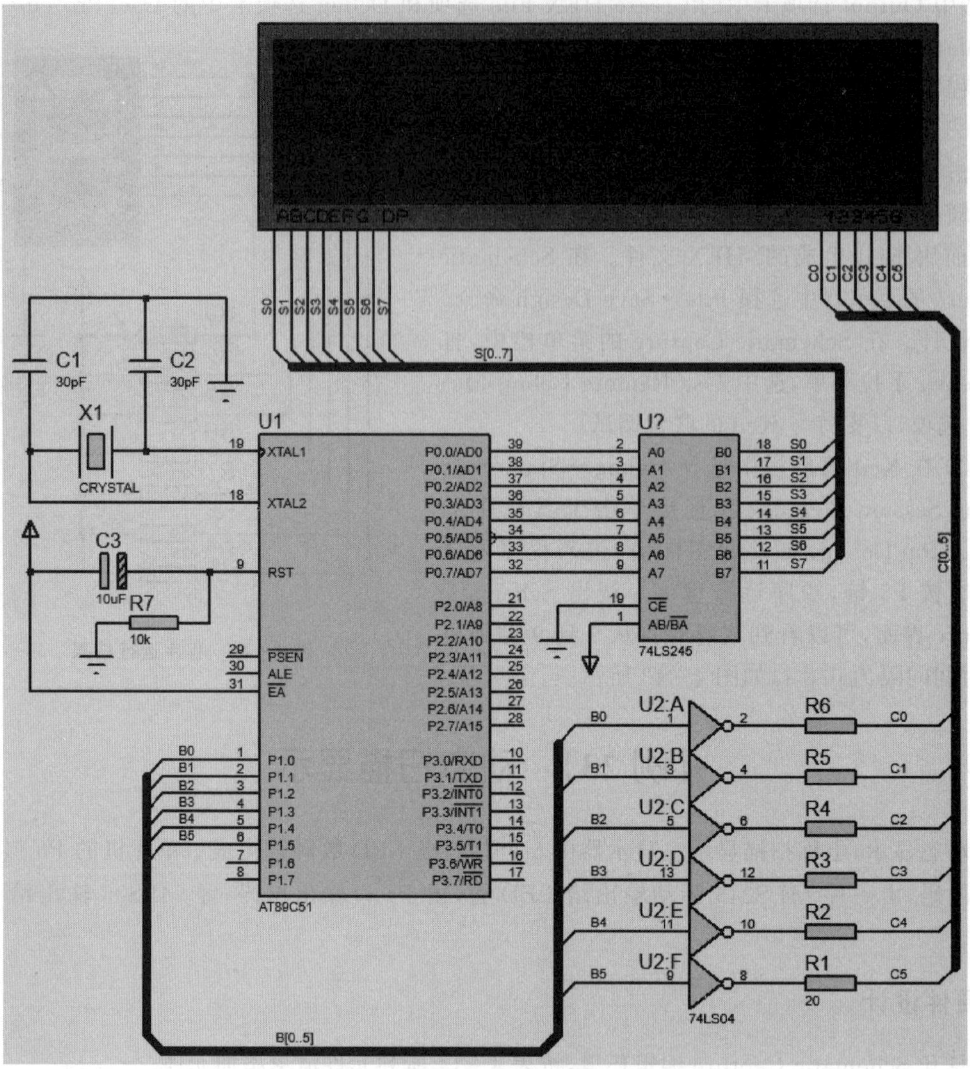

图 4－44　电路原理图

2. 程序设计

程序流程如图 4－45 所示。

汇编源程序如下：

```
DBUF    EQU     30H             ;置存储区首址
TEMP    EQU     40H             ;置缓冲区首址
        ORG     00H
        MOV     30H,#1          ;存入数据
        MOV     31H,#6
        MOV     32H,#8
        MOV     33H,#1
        MOV     34H,#6
        MOV     35H,#8
        MOV     R0,#DBUF
```

```
        MOV     R1,#TEMP
        MOV     R2,#6              ;6 位显示器
        MOV     DPTR,#SEGTAB       ;置段码表首址
DP00:   MOV     A,@R0              ;取要显示的数据
        MOVC    A,@A+DPTR          ;查表取段码
        MOV     @R1,A              ;段码存入暂存器
        INC     R1
        INC     R0
        DJNZ    R2,DP00
DISP0:  MOV     R0,#TEMP           ;显示子程序
        MOV     R1,#6              ;扫描 6 次
        MOV     R2,#01H            ;决定数据动态显示方向
DP01:   MOV     A,@R0
        MOV     P0,A               ;段码输出
        MOV     A,R2               ;取位码
        MOV     P1,A               ;位码输出
        ACALL   DELAY              ;调用延时
        MOV     A,R2
        RL      A
        MOV     R2,A
        INC     R0
        DJNZ    R1,DP01
        SJMP    DISP0
SEGTAB: DB      3FH,06H,5BH,4FH,66H
        DB      6DH,7DH,07H,7FH,6FH
DELAY:  MOV     R4,#03H            ;延时子程序
AA1:    MOV     R5,#0FFH
AA:     DJNZ    R5,AA
        DJNZ    R4,AA1
        RET
        END
```

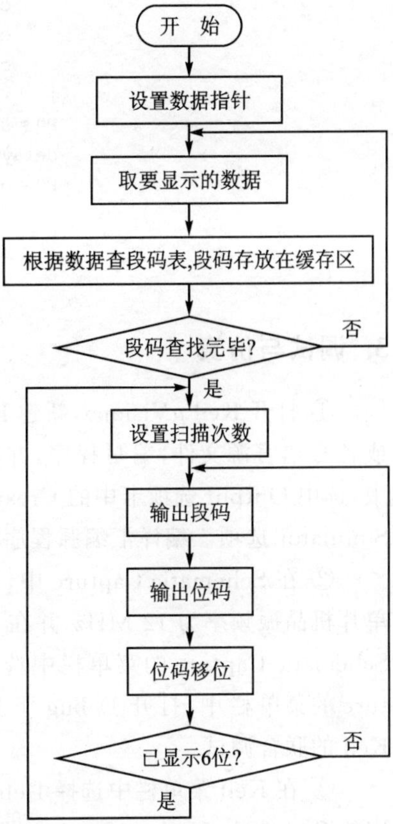

开 始 → 设置数据指针 → 取要显示的数据 → 根据数据查段码表,段码存放在缓存区 → 段码查找完毕?（否 → 取要显示的数据；是 ↓）→ 设置扫描次数 → 输出段码 → 输出位码 → 位码移位 → 已显示6位?（否 → 输出段码；是 → 设置扫描次数）

图 4-45 动态扫描显示的程序流程图

C 语言程序如下：

```
#include <reg52.h>
#define uint unsigned  int
#define uchar unsigned char
uchar code smgduan[17] = {0x06,0x7d,0x7f,0x06,0x7d,0x7f,};      //数码管显示
                                                                //168 168 字样

void delay(uint i)
{
  while(i--);
}
void main()
{
    uchar i;
        while(1)
        {
            for(i = 0;i < 6;i++)
               {
                    switch(i)                       //数码管位选
                       {
                            case(0):P1 = 0x01;break;   //数码管第一位
                            case(1):P1 = 0x02;break;   //数码管第二位
                            case(2):P1 = 0x04;break;   //数码管第三位
```

```
                case(3):P1 = 0x08;break;    //数码管第四位
                case(4):P1 = 0x10;break;    //数码管第五位
                case(5):P1 = 0x20;break;    //数码管第六位
            }
            P0 = smgduan[i];                //发送段码
            delay(100);
            P0 = 0x00;                      //数码管消隐
        }
    }
}
```

3. 调试与仿真

① 打开 Keil μVision5,新建 Keil 项目,选择 AT89C51 单片机作为 CPU,新建汇编源文件或者 C 语言源文件,编写程序,并将其导入 Source Group 1 中。在 Options for Target 窗口中,选中 Output 选项卡中的 Create HEX File 选项和 Debug 选项卡中的 Use:Proteus VSM Simulator 选项。编译汇编源程序或 C 语言程序,改正程序中的错误。

② 在 Schematic Capture 中,选中 AT89C51 并单击,打开 Edit Component 对话框,设置单片机晶振频率为 12 MHz,并在 Program File 栏中选择先前用 Keil 生成的. HEX 文件。在 Schematic Capture 的菜单栏中选择 File→Save Design 命令,保存设计。在 Schematic Capture 的菜单栏中,打开 Debug 下拉菜单,选中 Use Remote Debug Monitor 选项,以支持与 Keil 的联合调试。

③ 在 Keil 菜单栏中选择 Debug→Start/Stop Debug Session 命令,或者直接单击工具栏中的 Start/Stop Debug Session 图标 @,进入程序调试环境。按 F5 键,顺序运行程序。调出 Schematic Capture 界面,可以看到数码管显示"168168",如图 4-46 所示。

图 4-46 程序运行结果

【例 24】 动态数码显示

P2 口接动态数码管的字形码笔段,P3.2 和 P3.3 接动态数码管的数位选择端,P3.7 接一个开关,编写程序,使得当开关接高电平时,在两位数码管上滚动显示"12345"字样;当开关接低电平时，在两位数码管上滚动显示“HELLO”字样。

1. 硬件设计

打开 Schematic Capture 编辑环境，按表 4－15 所列元件清单添加元件。

表 4－15　元件清单

元件名称	所属类	所属子类
AT89C51	Microprocessor ICs	8051 Family
CAP	Capacitors	Generic
CAP－ELEC	Capacitors	Generic
CRYSTAL	Miscellaneous	—
RES	Resistors	Generic
SW－SPDT	Switch & Relays	Switches
7SEG－MPX2－CC－BLUE	Optoelectronics	7－Segment Displays

元件全部添加后，在 Schematic Capture 的编辑区域中按图 4－47 所示电路原理图连接硬件电路。

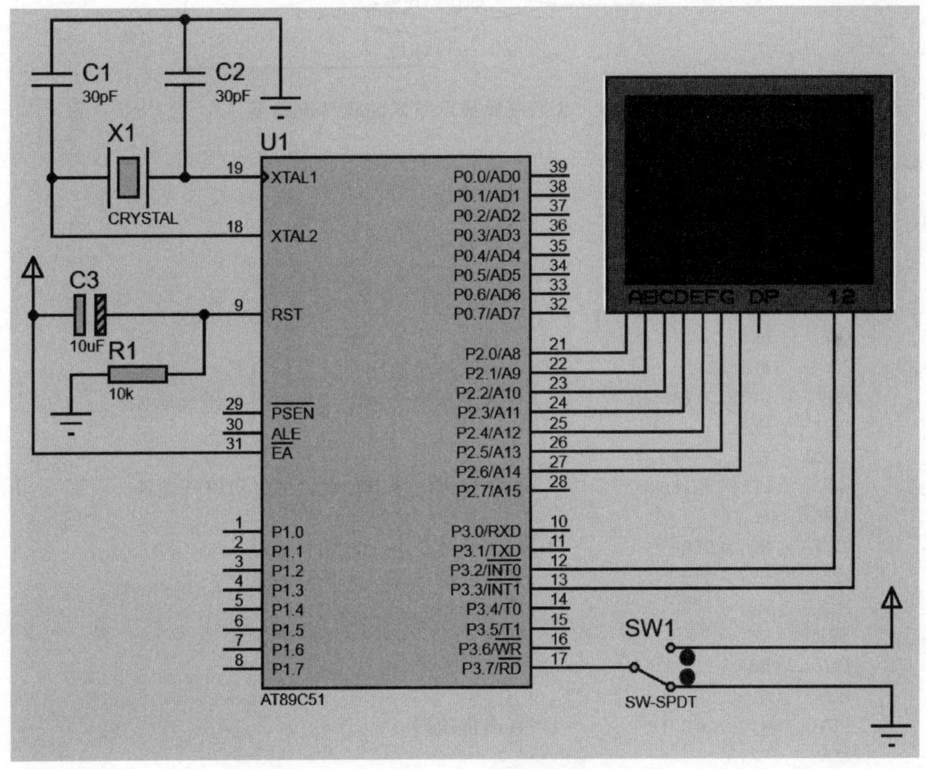

图 4－47　电路原理图

2. 程序设计

程序流程如图 4－48 所示。

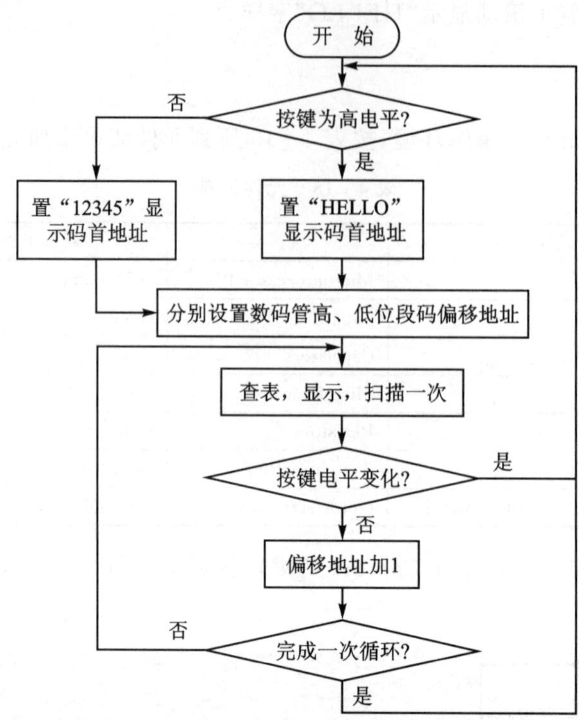

图4-48 动态数码显示技术的程序流程图

汇编源程序如下：

```
KEY     BIT     P3.7            ;按键位
HB      BIT     P3.2            ;数码管高位
LB      BIT     P3.3            ;数码管低位
FLAG    BIT     00H             ;标志位
        ORG     00H
START:  JB      KEY,S1          ;判断按键是高电平还是低电平
        MOV     DPTR,#TABLE1    ;如果是低电平,置"12345"显示码首地址
        CLR     FLAG
        LJMP    S2
S1:     MOV     DPTR,#TABLE2    ;如果是高电平,置"HELLO"显示码首地址
        SETB    FLAG
S2:     MOV     R0,#00H         ;数码管高位显示码偏移地址
        MOV     R1,#01H         ;数码管低位显示码偏移地址
K1:     MOV     R7,#100         ;延时常数
L1:     SETB    LB
        CLR     HB
        MOV     A,R0
        MOVC    A,@A+DPTR       ;查高位段码
        MOV     P2,A
        LCALL   DELAY           ;数码管高位显示
        SETB    HB
        CLR     LB
        MOV     A,R1
        MOVC    A,@A+DPTR       ;查低位段码
        MOV     P2,A
        LCALL   DELAY           ;数码管低位显示
```

```
        DJNZ    R7,L1
        JB      FLAG,J1             ;扫描一次后,判断按键电平是否变化
        JB      KEY,START
        LJMP    J2
J1:     JNB     KEY,START
J2:     INC     R0                  ;显示码偏移地址加1
        INC     R1
        CJNE    R0,#06H,K1          ;判断是否循环完一次
        LJMP    START
DELAY:  MOV     R5,#5               ;延时子程序
D1:     MOV     R6,#250
        DJNZ    R6,$
        DJNZ    R5,D1
        RET
TABLE1: DB      00H,06H,5BH,4FH,66H,6DH,00H
TABLE2: DB      00H,76H,79H,38H,38H,3FH,00H
        END
```

C语言程序如下:

```
#include <reg52.h>
#define uint unsigned  int
#define uchar unsigned char
uchar mode1[5] = {0x06,0x5b,0x4f,0x66,0x6d};              //显示1~5的值
uchar mode2[5] = {0x76,0x79,0x38,0x38,0x3f};              //显示HELLO的值
sbit wei1 = P3^2;                                         //数码管第一位
sbit wei2 = P3^3;                                         //数码管第二位
sbit sw = P3^7;                                           //模式选择开关
uchar count;                                              //计数
void delay(uint i)                                        //延时函数
{
    while(i--);
}
void DigDisplay()                                         //显示函数
{
    uchar i;
      for(i = 0;i < 2;i++)
        {
          switch(i)                                       //数码管位选
            {
              case(0):wei1 = 0;wei2 = 1;break;            //第一个数码管打开
              case(1):wei1 = 1;wei2 = 0;break;            //第二个数码管打开
            }
            if(sw == 1){P2 = mode1[i];}                   //显示数字
            if(sw == 0){P2 = mode2[i];}                   //显示字母
            delay(100);
            P2 = 0x00;                                    //消隐
        }
}
void main()
{
    TH0 = -20000/256;TL0 = -20000%256;                    //20 ms
    EA = 1;ET0 = 1;TR0 = 1;TMOD = 0x01;                   //定时器0模式1
```

```
    while(1)
    {
        DigDisplay();
    }
}
void timer0 () interrupt 1
{
    uchar temp,k;
    TH0 = -20000/256;TL0 = -20000%256;
    count++;
    if(count == 50)
    {
          count = 0;
        if(sw == 1)                                              //显示码循环
          {
              temp = mode1[0];
               for(k = 0;k < 5;k++)
              {
                  mode1[k] = mode1[k+1];
              }
              mode1[4] = temp;
          }
        if(sw == 0)                                              //显示码循环
        {
            temp = mode2[0];
             for(k = 0;k < 5;k++)
            {
                mode2[k] = mode2[k+1];
            }
            mode2[4] = temp;
        }
    }
}
```

3. 调试与仿真

① 打开 Keil μVision5，新建 Keil 项目，选择 AT89C51 单片机作为 CPU，新建汇编源文件 C 语言源文件，编写程序，并将其导入 Source Group 1 中。在 Options for Target 窗口中，选中 Output 选项卡中的 Create HEX File 选项和 Debug 选项卡中的 Use：Proteus VSM Simulator 选项。编译汇编源程序或 C 语言程序，改正程序中的错误。

② 在 Schematic Capture 中，选中 AT89C51 并单击，打开 Edit Component 对话框，设置单片机晶振频率为 12 MHz，并在 Program File 栏中选择先前用 Keil 生成的.HEX 文件。在 Schematic Capture 的菜单栏中选择 File→Save Design 命令，保存设计。在 Schematic Capture 的菜单栏中，打开 Debug 下拉菜单，选中 Use Remote Debug Monitor 选项，以支持与 Keil 的联合调试。

③ 在 Keil 菜单栏中选择 Debug→Start/Stop Debug Session 命令，或者直接单击工具栏中的 Start/Stop Debug Session 图标，进入程序调试环境。按 F5 键，顺序运行程序。调出

Schematic Capture界面，拨动按钮可以看到LED的显示变化，两位七段数码管将滚动显示"12345"或"HELLO"，如图4-49和图4-50所示。

图4-49　P3.7=1时程序运行结果

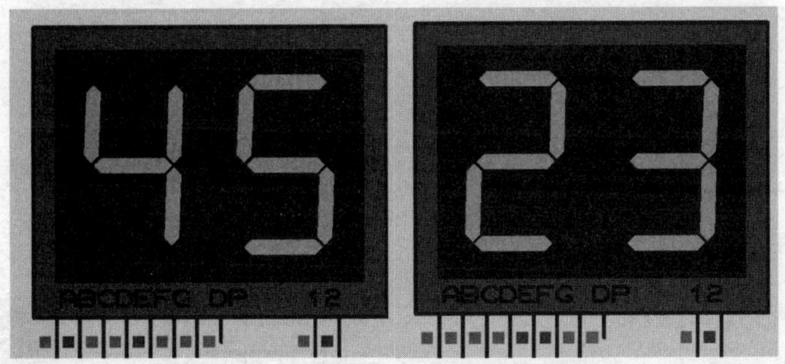

图4-50　P3.7=0时程序运行结果

【例25】 8×8点阵LED显示

在8×8点阵LED上显示柱形，让其先从左到右平滑移动3次，再从右到左平滑移动3次，再从上到下平滑移动3次，最后从下到上平滑移动3次，如此循环下去。

1. 硬件设计

打开Schematic Capture编辑环境，按表4-16所列的元件清单添加元件。

表4-16　元件清单

元件名称	所属类	所属子类
AT89C51	Microprocessor ICs	8051 Family
CAP	Capacitors	Generic
CAP-ELEC	Capacitors	Generic
CRYSTAL	Miscellaneous	—
RES	Resistors	Generic
MATRIX-8X8-GREEN	Optoelectronics	Dot Matrix Displays
74LS245	TTL 74LS Series	Transceivers

元件全部添加后，在 Schematic Capture 的编辑区域中按图 4－51 所示的原理图连接硬件电路。

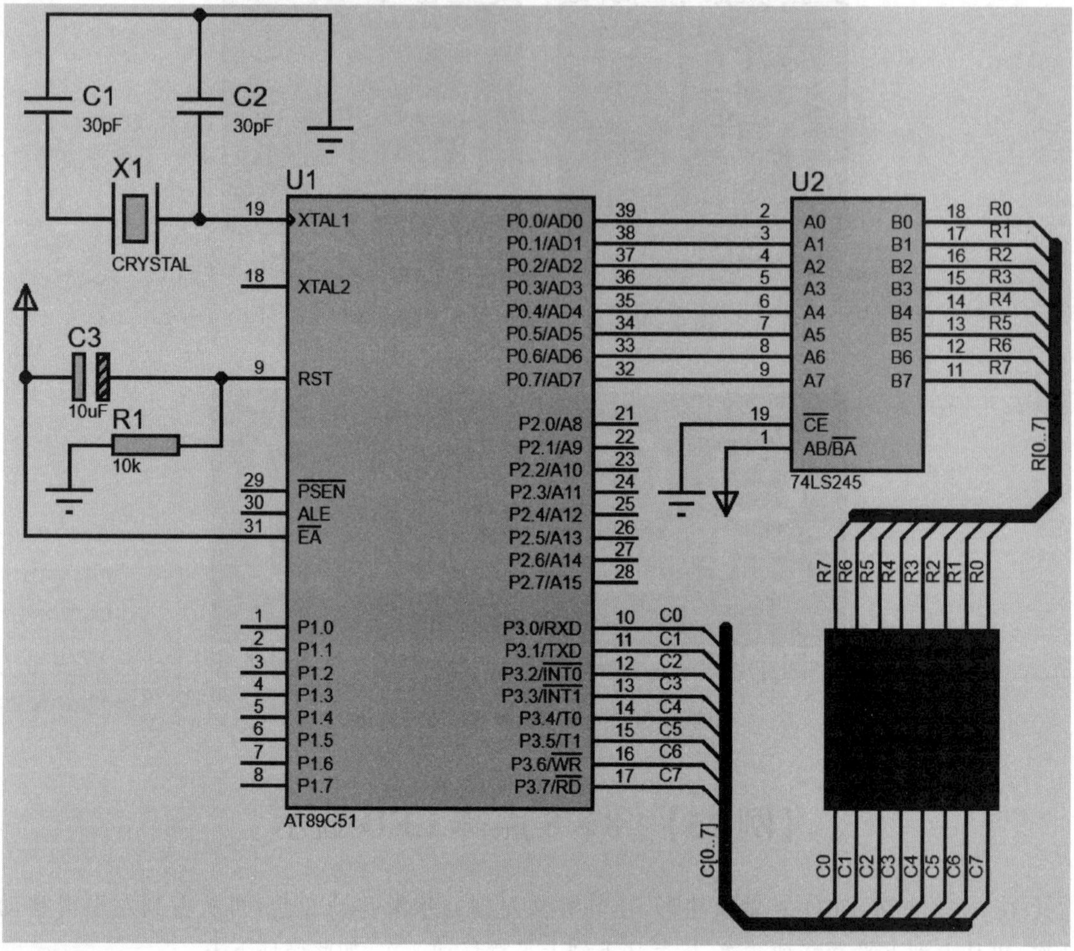

图 4－51　电路原理图

2. 程序设计

8×8 点阵 LED 结构如图 4－52 所示。

8×8 点阵 LED 工作原理说明如下：

从图 4－52 中可以看出，8×8 点阵共需要 64 个发光二极管组成，且每个发光二极管是放置在行线和列线的交叉点上，当对应的某一列置 1 电平，某一行置 0 电平，则相应的二极管就亮。如图 4－51 所示，要实现一根柱形的亮法，对应的一列(P3.X)为一根竖柱，或者对应的一行(P0.X)为一根横柱，因此实现柱点亮的方法如下：一根竖柱，所有行线置 0，而列则采用 1 扫描的方法来实现；一根横柱，所有列线置 1，而行则采用 0 扫描的方法来实现。

程序流程如图 4－53 所示。

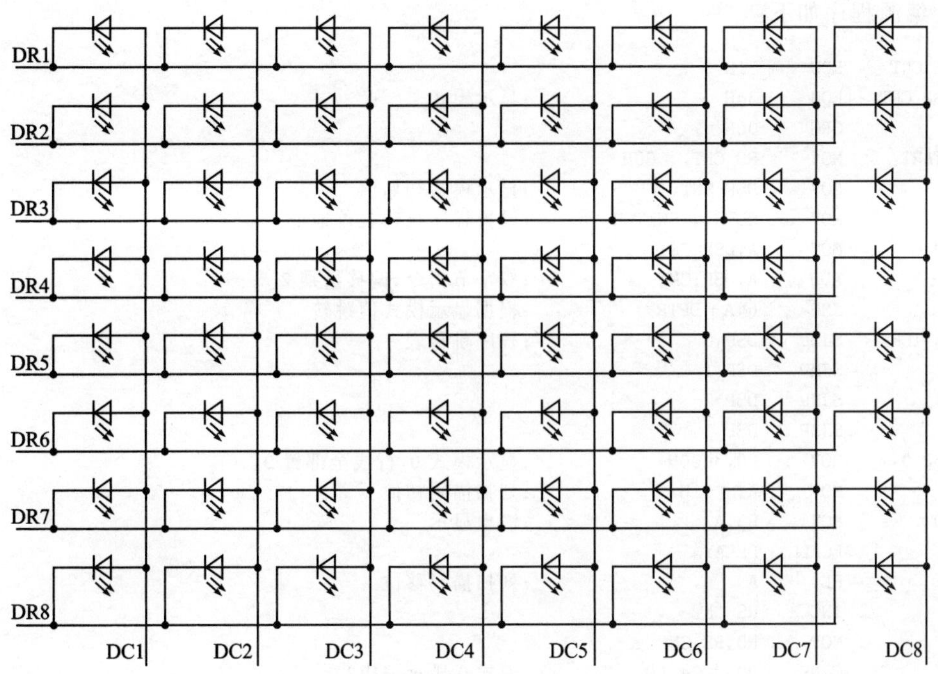

图 4－52 8×8 点阵 LED 结构

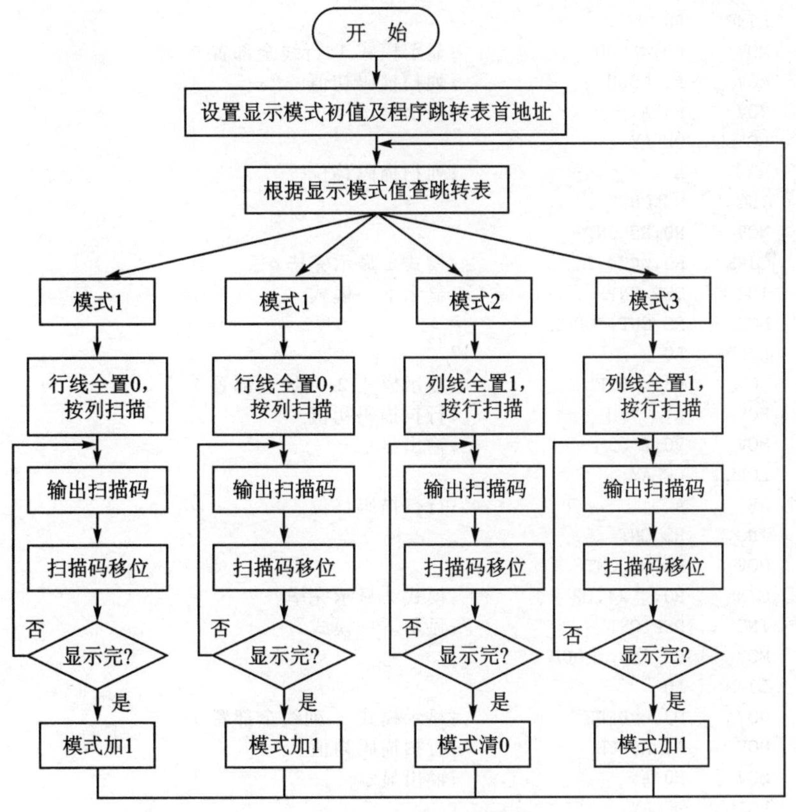

图 4－53 8×8 点阵 LED 显示的程序流程图

汇编源程序如下：

```
RS_CNT    EQU    31H
DSP_CNT   EQU    34H                ;显示模式
          ORG    00H
START:    MOV    RS_CNT,#00H
          MOV    DSP_CNT,#00H       ;显示模式初始值
          MOV    DPTR,#SWITCH       ;设置程序跳转表首地址
A0:       MOV    A,DSP_CNT
          ADD    A,DSP_CNT          ;双字节指令,偏移量乘 2
          JMP    @A+DPTR            ;根据显示模式值跳转
SWITCH:   SJMP   DSP_0              ;程序跳转表
          SJMP   DSP_1
          SJMP   DSP_2
          SJMP   DSP_3
DSP_0:    MOV    P0,#00H            ;显示模式 0,行线全部置 0
          MOV    A,#01H             ;列扫描码初值
L0:       MOV    P3,A               ;输出显示
          LCALL  DELAY
          RL     A                  ;列扫描码移位
          INC    RS_CNT
          MOV    R0,RS_CNT
          CJNE   R0,#24,L0          ;模式 0 显示完毕?
          INC    DSP_CNT            ;显示下一模式
          MOV    RS_CNT,#00H
          LJMP   A0
DSP_1:    MOV    P0,#00H            ;显示模式 1,行线全部置 0
          MOV    A,#80H             ;列扫描码初值
L1:       MOV    P3,A               ;输出显示
          LCALL  DELAY
          RR     A                  ;列扫描码移位
          INC    RS_CNT
          MOV    R0,RS_CNT
          CJNE   R0,#24,L1          ;模式 1 显示完毕?
          INC    DSP_CNT            ;显示下一模式
          MOV    RS_CNT,#00H
          LJMP   A0
DSP_2:    MOV    P3,#0FFH           ;显示模式 2,列线全部置 1
          MOV    A,#7FH             ;行扫描码初值
L2:       MOV    P0,A               ;输出显示
          LCALL  DELAY
          RR     A                  ;行扫描码移位
          INC    RS_CNT
          MOV    R0,RS_CNT
          CJNE   R0,#24,L2          ;模式 2 显示完毕?
          INC    DSP_CNT            ;显示下一模式
          MOV    RS_CNT,#00H
          LJMP   A0
DSP_3:    MOV    P3,#0FFH           ;显示模式 3,列线全部置 1
          MOV    A,#0FEH            ;行扫描码初值
L3:       MOV    P0,A               ;输出显示
          LCALL  DELAY
          RL     A                  ;行扫描码移位
          INC    RS_CNT
```

```
          MOV    R0,RS_CNT
          CJNE   R0,#24,L3          ;模式3显示完毕?
          MOV    DSP_CNT,#00H       ;显示下一模式
          MOV    RS_CNT,#00H
          LJMP   A0
DELAY:    MOV    R5,#10             ;延时子程序
D1:       MOV    R6,#20
D2:       MOV    R7,#248
          DJNZ   R7,$
          DJNZ   R6,D2
          DJNZ   R5,D1
          RET
          END
```

C语言程序如下：

```
#include <reg52.h>
#include <intrins.h>
#define uint unsigned  int
#define uchar unsigned char
uchar ledwei[] = {0x7f,0xbf,0xdf,0xef,0xf7,0xfb,0xfd,0xfe};      //位选
uchar ledwei2[] = {0x80,0x40,0x20,0x10,0x08,0x04,0x02,0x01};     //位选
void delay(uint i)                                               //延时函数
{
    while(i--);
}
void main()
{
    uchar k,i;
    while(1)
    {
        for(i = 0;i < 3;i++)                                     //左向扫描
        {
            for(k = 0;k < 8;k++)
            {
                P0 = ledwei[k];
                P3 = 0xff;
                    delay(30000);                                //延时
                    P3 = 0x00;
            }
        }
        for(i = 0;i < 3;i++)                                     //右向扫描
        {
            for(k = 0;k < 8;k++)
            {
                P0 = ledwei[7 - k];
                P3 = 0xff;
                    delay(30000);                                //延时
                    P3 = 0x00;
            }
        }
        for(i = 0;i < 3;i++)                                     //向上扫描
        {
            for(k = 0;k < 8;k++)
```

```
        {
            P0 = 0x00;
            P3 = ledwei2[7 - k];
              delay(30000);                                         //延时
        }
    }
    for(i = 0;i < 3;i ++ )                                          //向下扫描
    {
        for(k = 0;k < 8;k ++ )
        {
            P0 = 0x00;
            P3 = ledwei2[k];
            delay(30000);                                           //延时
        }
    }
  }
}
```

3. 调试与仿真

① 打开 Keil μVision5，新建 Keil 项目，选择 AT89C51 单片机作为 CPU，新建汇编源文件或者 C 语言源文件，编写程序，并将其导入 Source Group 1 中。在 Options for Target 窗口中，选中 Output 选项卡中的 Create HEX File 选项和 Debug 选项卡中的 Use：Proteus VSM Simulator 选项。编译汇编源程序或 C 语言程序，改正程序中的错误。

② 在 Schematic Capture 中，选中 AT89C51 并单击，打开 Edit Component 对话框，设置单片机晶振频率为 12 MHz，并在 Program File 栏中选择先前用 Keil 生成的. HEX 文件。在 Schematic Capture 的菜单栏中选择 File→Save Design 命令，保存设计。在 Schematic Capture 的菜单栏中，打开 Debug 下拉菜单，选中 Use Remote Debug Monitor 选项，以支持与 Keil 的联合调试。

③ 在 Keil 菜单栏中选择 Debug→Start/Stop Debug Session 命令，或者直接单击工具栏中的 Start/Stop Debug Session 图标，进入程序调试环境。按 F5 键，顺序运行程序。调出 Schematic Capture 界面，可以看到点阵 LED 的显示情况，如图 4－54 所示。

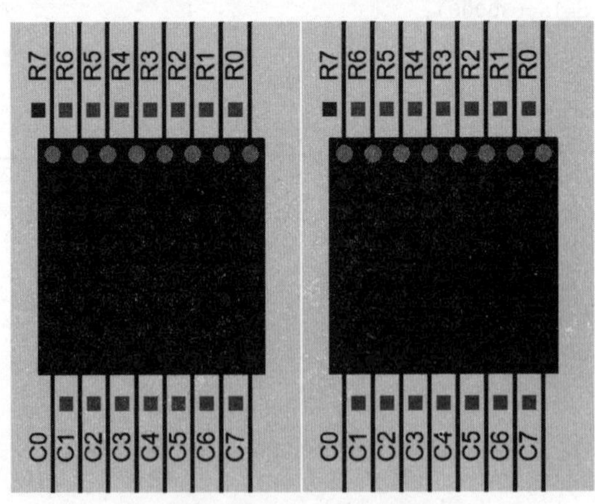

图 4－54　程序运行结果

【例 26】　静态串行显示

采用 74LS164 驱动七段数码管，单片机串行移位的输出作为 74LS164 的输入，74LS164 的输出作为段码驱动七段数码管。编写程序，在两位独立的数码管上显示“51”字样。

1. 硬件设计

打开 Schematic Capture 编辑环境，按表 4－17 所列元件清单添加元件。

表 4－17　元件清单

元件名称	所属类	所属子类
AT89C51	Microprocessor ICs	8051 Family
CAP	Capacitors	Generic
CAP－ELEC	Capacitors	Generic
CRYSTAL	Miscellaneous	—
RES	Resistors	Generic
7SEG－COM－CAT－GRN	Optoelectronics	7－Segment Displays
74LS164	TTL 74LS Series	Registers

元件全部添加后，在 Schematic Capture 的编辑区域中按图 4－55 所示电路原理图连接硬件电路（晶振和复位电路略）。

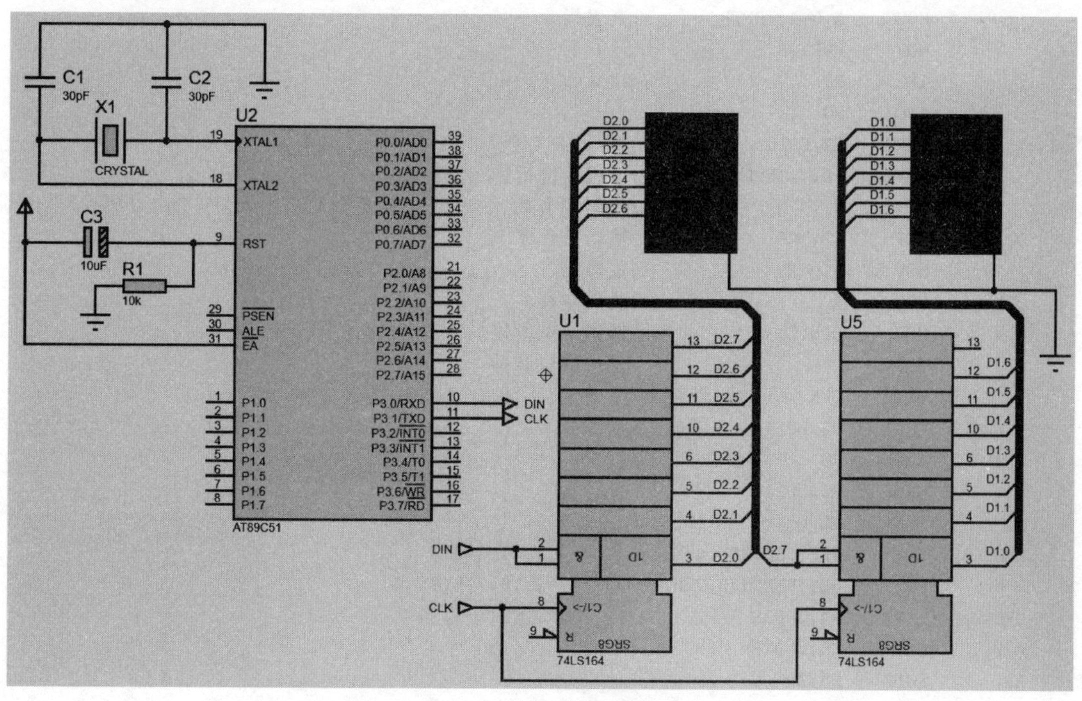

图 4－55　电路原理图

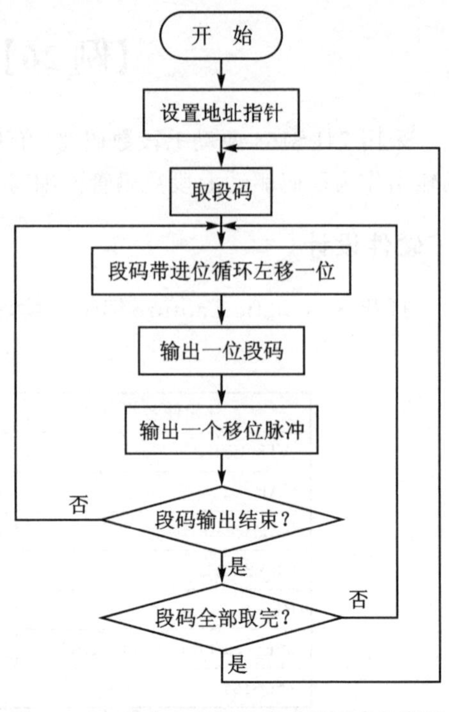

图 4-56 静态串行显示技术的程序流程图

74LS164 串联时数据是逐位向后推，经过一个时钟，数据就向后移动一位。最早的第一位经过 8 个时钟后就移动到 Q7 上，Q7 的数据又继续向下一个 164 移动。

2. 程序设计

单片机的 P3.0 引脚作数据串行输出，P3.1 引脚作位移脉冲输出，74LS164 的并行输出口输出要显示内容的段码。

程序流程如图 4-56 所示。

汇编源程序如下：

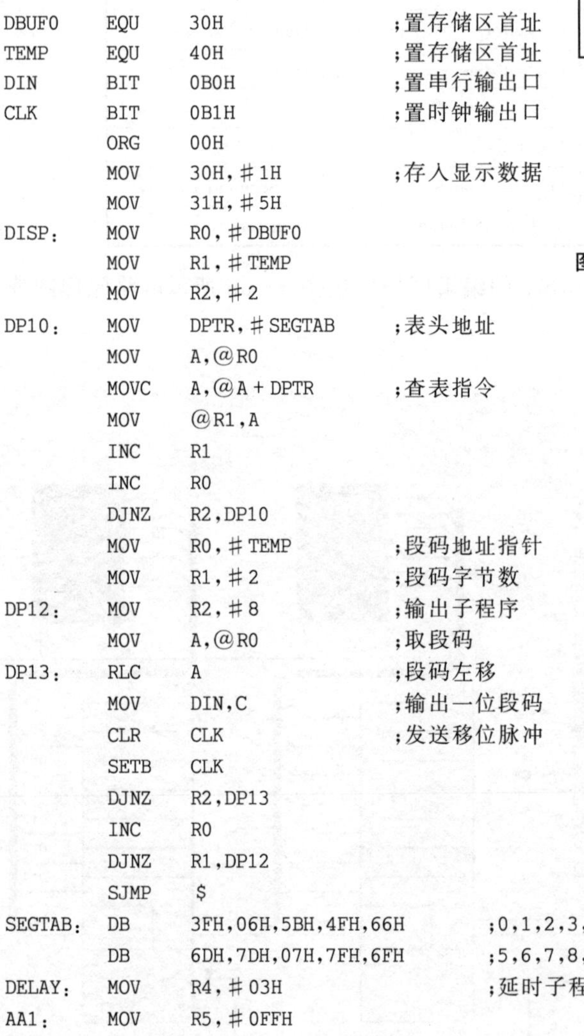

```
DBUF0   EQU     30H             ;置存储区首址
TEMP    EQU     40H             ;置存储区首址
DIN     BIT     0B0H            ;置串行输出口
CLK     BIT     0B1H            ;置时钟输出口
        ORG     00H
        MOV     30H,#1H         ;存入显示数据
        MOV     31H,#5H
DISP:   MOV     R0,#DBUF0
        MOV     R1,#TEMP
        MOV     R2,#2
DP10:   MOV     DPTR,#SEGTAB    ;表头地址
        MOV     A,@R0
        MOVC    A,@A+DPTR       ;查表指令
        MOV     @R1,A
        INC     R1
        INC     R0
        DJNZ    R2,DP10
        MOV     R0,#TEMP        ;段码地址指针
        MOV     R1,#2           ;段码字节数
DP12:   MOV     R2,#8           ;输出子程序
        MOV     A,@R0           ;取段码
DP13:   RLC     A               ;段码左移
        MOV     DIN,C           ;输出一位段码
        CLR     CLK             ;发送移位脉冲
        SETB    CLK
        DJNZ    R2,DP13
        INC     R0
        DJNZ    R1,DP12
        SJMP    $
SEGTAB: DB      3FH,06H,5BH,4FH,66H     ;0,1,2,3,4
        DB      6DH,7DH,07H,7FH,6FH     ;5,6,7,8,9
DELAY:  MOV     R4,#03H                 ;延时子程序
AA1:    MOV     R5,#0FFH
AA:     DJNZ    R5,AA
        DJNZ    R4,AA1
        RET
        END
```

C 语言程序如下：

```
#include <reg52.h>
#include <intrins.h>
#define uint unsigned  int
#define uchar unsigned char
uchar code smgduan[17] = {0x3f,0x06,0x5b,0x4f,0x66,0x6d,0x7d,0x07,
                          0x7f,0x6f,};     //显示 0～9 的值
sbit DIN = P3^0;                           //定义数据传送口
sbit CLK = P3^1;
void delay(uint i)
{
    while(i--);
}
void sendbyte(uchar seg)                   //发送字节函数
{
    uchar num,c;
    num = smgduan[seg];                    //数码管段码
    for(c = 0;c < 8;c++)
    {
        DIN = num&0x80;
        num = _crol_(num,1);               //左循环
        CLK = 0;
        CLK = 1;
    }
}
void main()
{
     sendbyte(1);                          //发送 1
     delay(300);
     sendbyte(5);                          //发送 5
     delay(300);
    while(1);
}
```

3. 调试与仿真

① 打开 Keil μVision5，新建 Keil 项目，选择 AT89C51 单片机作为 CPU，新建汇编源文件或 C 语言源文件，编写程序，并将其导入 Source Group 1 中。在 Options for Target 窗口中，选中 Output 选项卡中的 Create HEX File 选项和 Debug 选项卡中的 Use：Proteus VSM Simulator 选项。编译汇编源程序或 C 语言程序，改正程序中的错误。

② 在 Schematic Capture 中，选中 AT89C51 并单击，打开 Edit Component 对话框，设置单片机晶振频率为 12 MHz，并在 Program File 栏中选择先前用 Keil 生成的.HEX 文件。在 Schematic Capture 的菜单栏中选择 File→Save Design 命令，保存设计。在 Schematic Capture 的菜单栏中，打开 Debug 下拉菜单，选中 Use Remote Debug Monitor 选项，以支持与 Keil 的联合调试。

③ 在 Keil 菜单栏中选择 Debug→Start/Stop Debug Session 命令，或者直接单击工具栏中的 Start/Stop Debug Session 图标，进入程序调试环境。按 F5 键，顺序运行程序。调出 Schematic Capture 界面，可以看到数码管静态显示“51”字样，如图 4-57 所示。

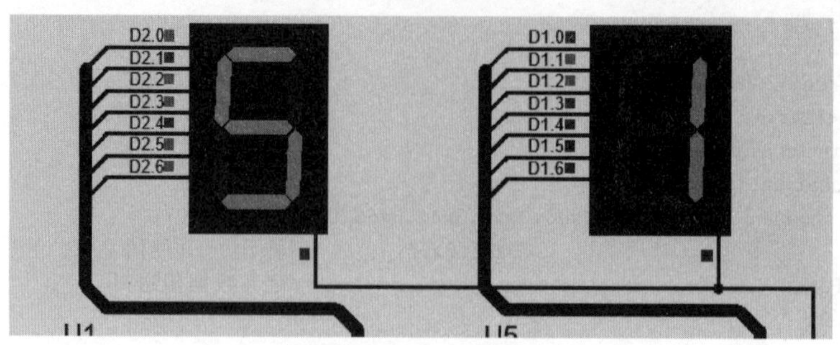

图 4-57 程序运行结果

【例 27】 音频输出

利用 AR89C51 端口输出方波,方波经放大滤波后,驱动扬声器发声,声音的频率高低由延时长短控制。本例给出利用单片机输出,发出单频率的声音的程序。

1. 硬件设计

打开 Schematic Capture 编辑环境,按表 4-18 所列元件清单添加元件。

表 4-18 元件清单

元件名称	所属类	所属子类
AT89C51	Microprocessor ICs	8051 Family
CAP	Capacitors	Generic
CAP-ELEC	Capacitors	Generic
CRYSTAL	Miscellaneous	—
RES	Resistors	Generic
SOUNDER	Speakers & Sounders	—

元件全部添加后,在 Schematic Capture 的编辑区域中按图 4-58 所示电路原理图连接硬件电路。

扬声器按工作原理分类,可分电动式、电磁式、静电式、压电式、离子式等。电动式扬声器是一种常见的器件,它的工作原理与无源蜂鸣器类似,当音圈输入交变音频电流时,音圈受到交变推动力产生交变运动,带动纸盆振动,反复推动空气而发音。

2. 程序设计

程序流程如图 4-59 所示。

汇编源程序如下:

```
OUTPUT   BIT    P1.0            ;P1.0 端口
         ORG    00H
LOOP:    CLR    C               ;主程序
         MOV    OUTPUT,C
         CALL   DELAY
         SETB   C
```

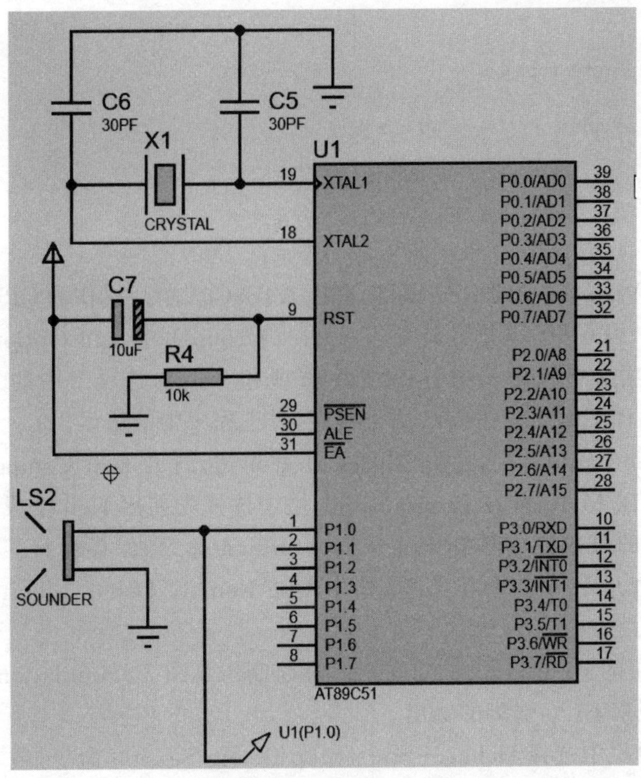

图 4-58 电路原理图

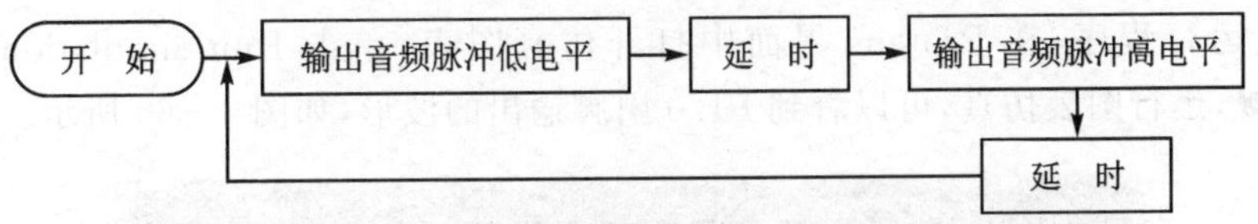

图 4-59 音频输出的程序流程图

```
        MOV     OUTPUT,C        ;输出方波
        CALL    DELAY
        AJMP    LOOP
DELAY:  MOV     R7, #248        ;延时子程序
        DJNZ    R7, $
        RET
        END
```

C 语言程序如下:

```
#include <reg52.h>
#define uint unsigned  int
#define uchar unsigned char
sbit sounder = P1^0;                //输出方波引脚
void main()
{
    TMOD = 0x02;                    //定时器 0 模式 2
    TH0 = 156;TL0 = 156;            //初始值 100
    EA = 1;TR0 = 1;ET0 = 1;
```

```
    while(1);
}
void timer0_int() interrupt 1
{
    sounder = ~sounder;          //10 kHz 方波
}
```

3. 调试与仿真

① 打开 Keil μVision5，新建 Keil 项目，选择 AT89C51 单片机作为 CPU，新建汇编源文件或者 C 语言源文件，编写程序，并将其导入 Source Group 1 中。在 Options for Target 窗口中，选中 Output 选项卡中的 Create HEX File 选项和 Debug 选项卡中的 Use：Proteus VSM Simulator 选项。编译汇编源程序或 C 语言程序，改正程序中的错误。

② 在 Schematic Capture 中，选中 AT89C51 并单击，打开 Edit Component 对话框，设置单片机晶振频率为 12 MHz，并在 Program File 栏中选择先前用 Keil 生成的. HEX 文件。在 Schematic Capture 的菜单栏中选择 File→Save Design 命令，保存设计。在 Schematic Capture 的菜单栏中，打开 Debug 下拉菜单，选中 Use Remote Debug Monitor 选项，以支持与 Keil 的联合调试。

③ 在 AT89C51 的 P1.0 口添加电压探针，并绘制仿真图表(Simulation Graph)，将探针导入仿真图表中，以观察 P1.0 引脚的输出

④ 在 Keil 菜单栏中选择 Debug→Start/Stop Debug Session 命令，或者直接单击工具栏中的 Start/Stop Debug Session 图标，进入程序调试环境。按 F5 键，顺序运行程序。调出 Schematic Capture 界面，可以听到扬声器通过声卡输出的声音。

⑤ 停止运行程序，在 Proteus 界面中打开仿真图表，单击 Run simulation for current graph 按钮，运行图表仿真，可以看到 P1.0 引脚输出的波形，如图 4-60 所示。

图 4-60　程序运行结果

【例28】 按键识别(一)

每按下一次开关SP1,计数值加1,通过AT89S51单片机的P1端口的P1.0~P1.3显示出其的二进制计数值。

1. 硬件设计

打开Schematic Capture编辑环境,按表4-19所列的元件清单添加元件。

表4-19 元件清单

元件名称	所属类	所属子类
AT89C51	Microprocessor ICs	8051 Family
CAP	Capacitors	Generic
CAP-ELEC	Capacitors	Generic
CRYSTAL	Miscellaneous	—
RES	Resistors	Generic
LED-Yellow	Optoelectronics	LEDs
BUTTON	Switch & Relays	Switches

元件全部添加后,在Schematic Capture的编辑区域中按图4-61所示电路原理图连接硬件电路。

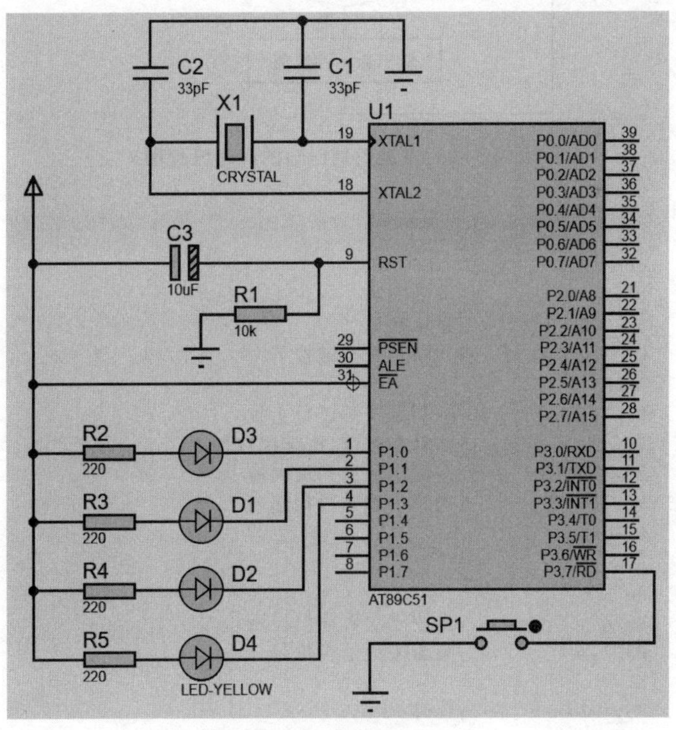

图4-61 电路原理图

2. 程序设计

对于按键识别，在汇编语言中采用“JB BIT，REL”指令来检测 BIT 是否为高电平，若 BIT=1，则程序转向 REL 处执行程序，否则就继续向下执行程序。或者用“JNB BIT，REL”指令是用来检测 BIT 是否为低电平，若 BIT=0，则程序转向 REL 处执行程序，否则就继续向下执行程序。在 C 语言中用 if 语句判断 P3.7 口是否为低电平，低电平表示按键按下，执行程序，否则不执行。

程序流程如图 4-62 所示。

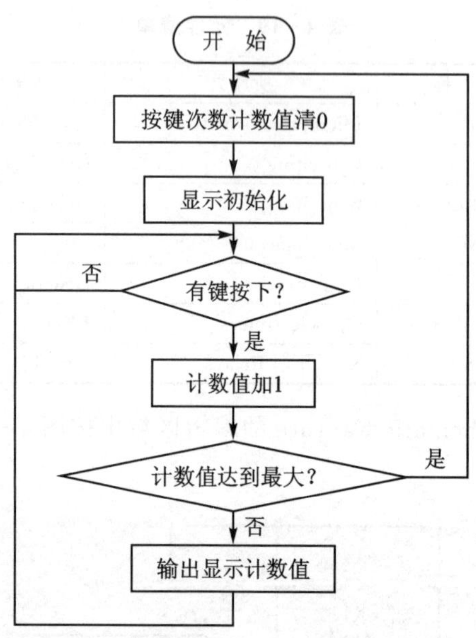

图 4-62 按键识别(一)的程序流程图

汇编源程序如下：

```
        ORG     00H
START:  MOV     R0,#00H         ;按键次数
        MOV     P1,#0FFH        ;显示初值
K1:     JB      P3.7,$          ;判断是否有键按下
        LCALL   DELAY
        JB      P3.7,K1         ;判断是按键还是干扰
        INC     R0              ;如果是按键,按键次数加 1
        CJNE    R0,#10H,K4      ;按键次数达到最大值 16
        JNB     P3.7,$          ;判断按键是否抬起
        LJMP    START
K4:     MOV     A,R0
        CPL     A
        MOV     P1,A            ;将按键次数输出显示
        JNB     P3.7,$          ;判断按键是否抬起
        LJMP    K1
DELAY:  MOV     R5,#20          ;延时 10 ms
D1:     MOV     R6,#250
        DJNZ    R6,$
        DJNZ    R5,D1
```

```
RET
END
```

C语言程序如下：

```
#include <reg52.h>
#define uint unsigned  int
#define uchar unsigned char
#define led P1                    //将P1口定义为LED后面就可以使用LED代替P1口
sbit k1 = P3^7;                   //按键引脚
void delay(uint i)
{
    while(i--);
}
void main()
{
    uchar k;
    while(1)
    {
        if(k1 == 0)               //检测按键K1是否按下
        {
            delay(1000);          //消除抖动,大约为10 ms
            if(k1 == 0)           //再次判断按键是否按下
            {
                k++;              //16个灯的模式
                if(k == 16)k = 0;
            }
            while(!k1);           //检测按键是否松开
        }
        if(k == 0)
        { led = 0xff;}
        if(k == 1)
        {led = 0xfe;}
        if(k == 2)
        {led = 0xfd;}
        if(k == 3)
        { led = 0xfc;}
        if(k == 4)
        {led = 0xfb;}
        if(k == 5)
        {led = 0xfa;}
        if(k == 6)
        { led = 0xf9;}
        if(k == 7)
        {led = 0xf8;}
        if(k == 8)
        {led = 0xf7;}
        if(k == 9)
        { led = 0xf6;}
        if(k == 10)
        {led = 0xf5;}
        if(k == 11)
        {led = 0xf4;}
        if(k == 12)
        { led = 0xf3;}
```

```
        if(k == 13)
        {led = 0xf2;}
        if(k == 14)
        {led = 0xf1;}
         if(k == 15)
        {led = 0xf0;}
       }
    }
```

3. 调试与仿真

① 打开 Keil μVision5，新建 Keil 项目，选择 AT89C51 单片机作为 CPU，新建汇编源文件或者 C 语言源文件，编写程序，并将其导入 Source Group 1 中。在 Options for Target 窗口中，选中 Output 选项卡中的 Create HEX File 选项和 Debug 选项卡中的 Use：Proteus VSM Simulator 选项。编译汇编源程序或 C 语言程序，改正程序中的错误。

② 在 Schematic Capture 中，选中 AT89C51 并单击，打开 Edit Component 对话框，设置单片机晶振频率为 12 MHz，并在 Program File 栏中选择先前用 Keil 生成的.HEX 文件。在 Schematic Capture 的菜单栏中选择 File→Save Design 命令，保存设计。在 Schematic Capture 的菜单栏中，打开 Debug 下拉菜单，选中 Use Remote Debug Monitor 选项，以支持与 Keil 的联合调试。

③ 在 Keil 菜单栏中选择 Debug→Start/Stop Debug Session 命令，或者直接单击工具栏中的 Start/Stop Debug Session 图标，进入程序调试环境。按 F5 键，顺序运行程序。调出 Schematic Capture 界面，可以看到 4 个发光二极管会显示出按键次数的二进制码，如图 4-63 所示。

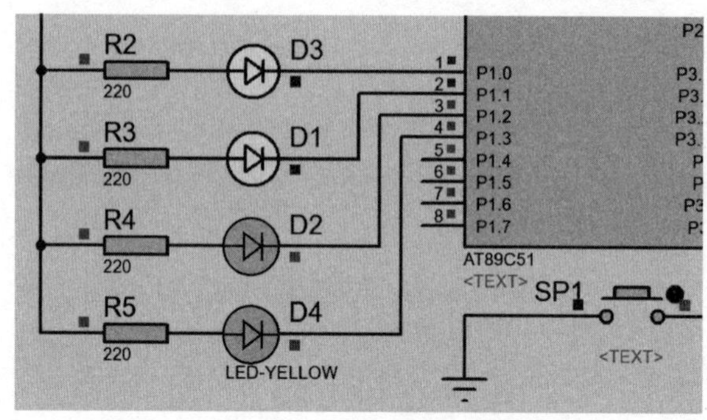

图 4-63　程序运行结果

【例 29】　按键识别(二)

开关 SP1 接在 AT89C51 的 P3.7/RD 引脚上，在 AT89S51 单片机的 P1 端口接有四个发光二极管，上电的时候，D1 接在 P1.0 引脚上的发光二极管在闪烁，当每一次按下开关 SP1 的时候，D2 接在 P1.1 引脚上的发光二极管在闪烁，再按下开关 SP1 的时候，D3 接在 P1.2 引脚上的发光二极管在闪烁，再按下开关 SP1 的时候，D4 接在 P1.3 引脚上的发光二极管在闪烁，再按下开关 SP1 的时候，又轮到 D1 在闪烁，如此轮流下去。

1. 硬件设计

打开 Schematic Capture 编辑环境，按表 4-20 所列元件清单添加元件。

表 4-20　元件清单

元件名称	所属类	所属子类
AT89C51	Microprocessor ICs	8051 Family
CAP	Capacitors	Generic
CAP-ELEC	Capacitors	Generic
CRYSTAL	Miscellaneous	—
RES	Resistors	Generic
LED-Yellow	Optoelectronics	LEDs
BUTTON	Switch & Relays	Switches

元件全部添加后，在 Schematic Capture 的编辑区域中按图 4-64 所示电路原理图连接硬件电路。

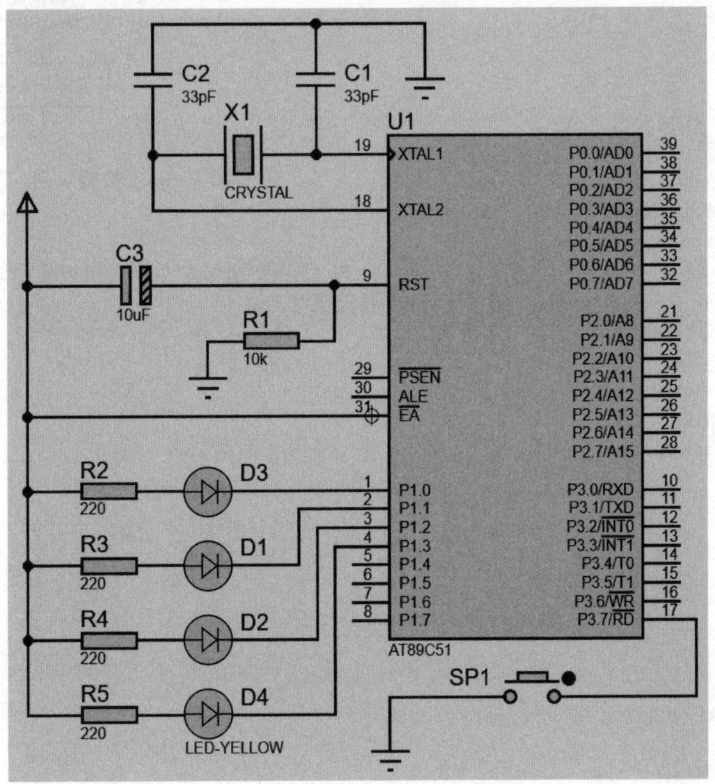

图 4-64　电路原理图

2. 程序设计

程序流程如图 4-65 所示。

汇编源程序如下：

```
        ORG     00H
START:  MOV     A,#0EEH          ;显示码初值
        MOV     P1,#0FFH         ;发光二极管全部熄灭
K1:     JB      P3.7,$
        MOV     R4,#1H           ;延时 10 ms,去抖动
        LCALL   DELAY
        JB      P3.7,K1          ;判断是否是按键
S1:     MOV     P1,A             ;输出显示码
        MOV     R4,#10           ;延时 0.1 s
        LCALL   DELAY
        MOV     P1,#0FFH         ;发光二极管全部熄灭
        MOV     R4,#10           ;延时 0.1 s,闪烁效果
        LCALL   DELAY
        JNB     P3.7,S1          ;判断按键是否抬起
        RL      A                ;显示码移位
        LJMP    K1
DELAY:  MOV     R5,#20
D1:     MOV     R6,#250
        DJNZ    R6,$
        DJNZ    R5,D1
        DJNZ    R4,DELAY
        RET
        END
```

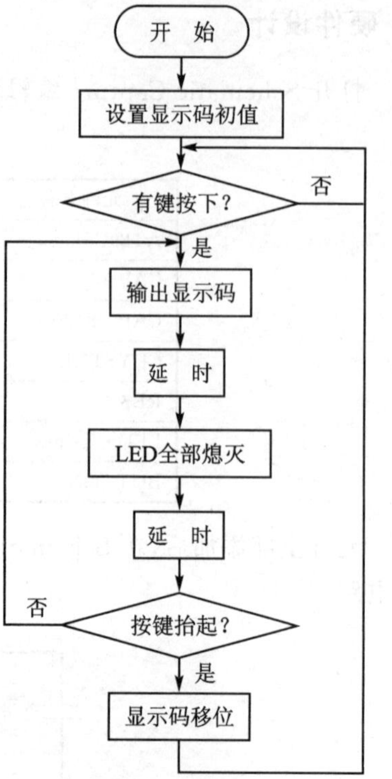

开 始
设置显示码初值
有键按下？
否
是
输出显示码
延 时
LED全部熄灭
延 时
按键抬起？
否
是
显示码移位

图 4-65 按键识别(二)的程序流程图

C 语言程序如下：

```
#include <reg52.h>
#define uint unsigned  int
#define uchar unsigned char
#define led P1                    //将 P1 口定义为 led 后面就可以使用 led 代替 P1 口
sbit k1 = P3^7;                   //开关按键
sbit led1 = P1^0;
sbit led2 = P1^1;
sbit led3 = P1^2;
sbit led4 = P1^3;
void delay(uint i)
{
  while(i--);
}
void main()
{
    uchar k;
    while(1)
    {
        if(k1 == 0)
        {
           delay(100);
            if(k1 == 0)
            {
               k++;if(k == 5)k = 0;      //开关按键
            }
            while(!k1);
        }
        if(k == 0)
        {led = 0xff;}
```

```
        if(k == 1)
        { led1 = ~led1;delay(60000);}
        if(k == 2)
        { led2 = ~led2;delay(60000);}
        if(k == 3)
        { led3 = ~led3;delay(60000);}
        if(k == 4)
        { led4 = ~led4;delay(60000);}
    }
}
```

3. 调试与仿真

① 打开 Keil μVision5，新建 Keil 项目，选择 AT89C51 单片机作为 CPU，新建汇编源文件或者 C 语言源文件，编写程序，并将其导入 Source Group 1 中。在 Options for Target 窗口中，选中 Output 选项卡中的 Create HEX File 选项和 Debug 选项卡中的 Use：Proteus VSM Simulator 选项。编译汇编源程序或 C 语言程序，改正程序中的错误。

② 在 Schematic Capture 中，选中 AT89C51 并单击，打开 Edit Component 对话框，设置单片机晶振频率为 12 MHz，并在 Program File 栏中选择先前用 Keil 生成的 .HEX 文件。在 Schematic Capture 的菜单栏中选择 File→Save Design 命令，保存设计。在 Schematic Capture 的菜单栏中，打开 Debug 下拉菜单，选中 Use Remote Debug Monitor 选项，以支持与 Keil 的联合调试。

③ 在 Keil 菜单栏中选择 Debug→Start/Stop Debug Session 命令，或者直接单击工具栏中的 Start/Stop Debug Session 图标，进入程序调试环境。按 F5 键，顺序运行程序。调出 Schematic Capture 界面，按下 SP1，可以看到发光二极管会按照设计要求循环闪烁，如图 4－66 所示。

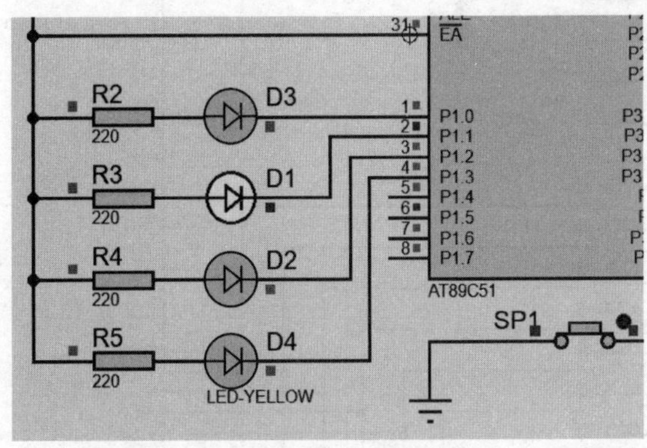

图 4－66　程序运行结果

【例 30】　查询式键盘设计

将 8 个按键从 0 到 7 编号，如果有其中一个键按下，则在七段数码管上显示相应的键号，如果按键改变则显示也相应改变。

1. 硬件设计

打开 Schematic Capture 编辑环境，按表 4-21 所列元件清单添加元件。

表 4-21　元件清单

元件名称	所属类	所属子类
AT89C51	Microprocessor ICs	8051 Family
CAP	Capacitors	Generic
CAP-ELEC	Capacitors	Generic
CRYSTAL	Miscellaneous	—
RES	Resistors	Generic
7SEG-COM-CAT-GRN	Optoelectronics	7-Segment Displays
74LS164	TTL 74LS Series	Registers
BUTTON	Switch & Relays	Switches

元件全部添加后，在 Schematic Capture 的编辑区域中按图 4-67 所示电路原理图连接硬件电路(晶振和复位电路略)。

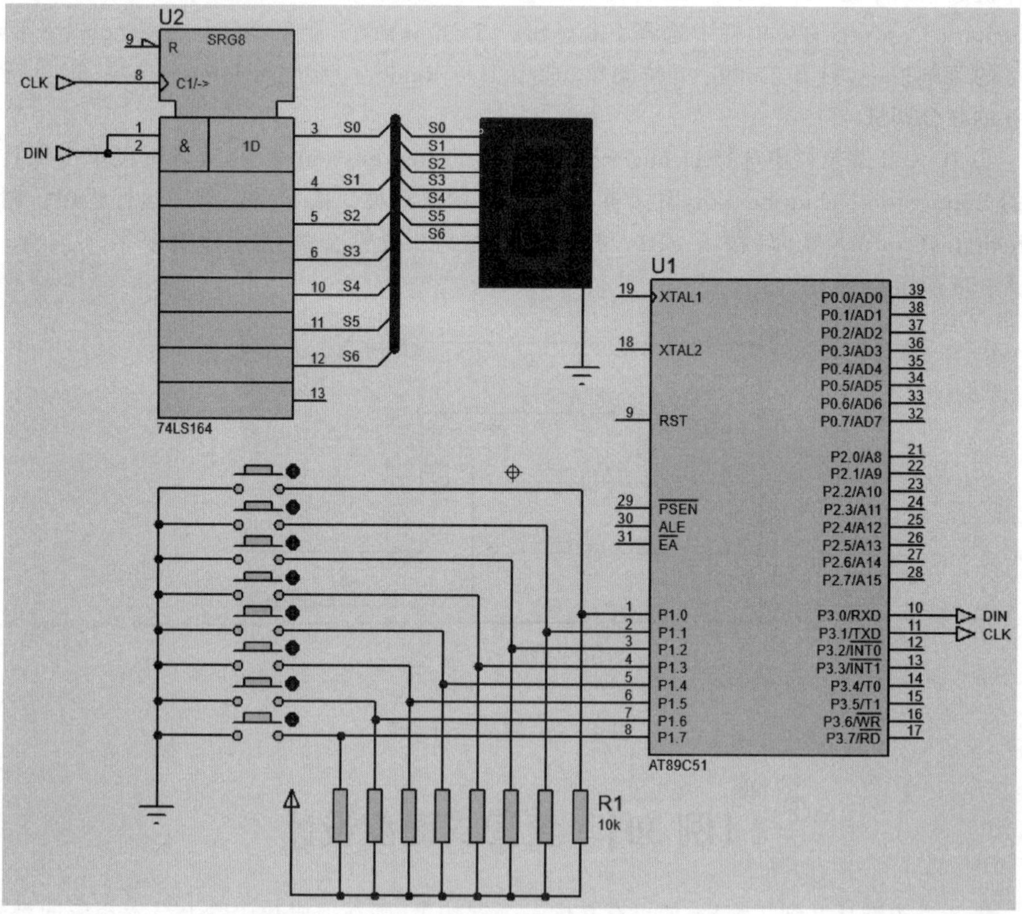

图 4-67　电路原理图

2. 程序设计

如果有键按下，则相应输入为低，否则输入为高。这样可以通过读 P1 口数据来判断按下的是什么键。在有键按下后，要有一定的延时，防止由于键盘抖动而引起误操作。使用静态串行显示的方法显示键值，单片机 RXD 接静态数码显示 DIN、TXD 接 CLK。

程序流程如图 4－68 所示。

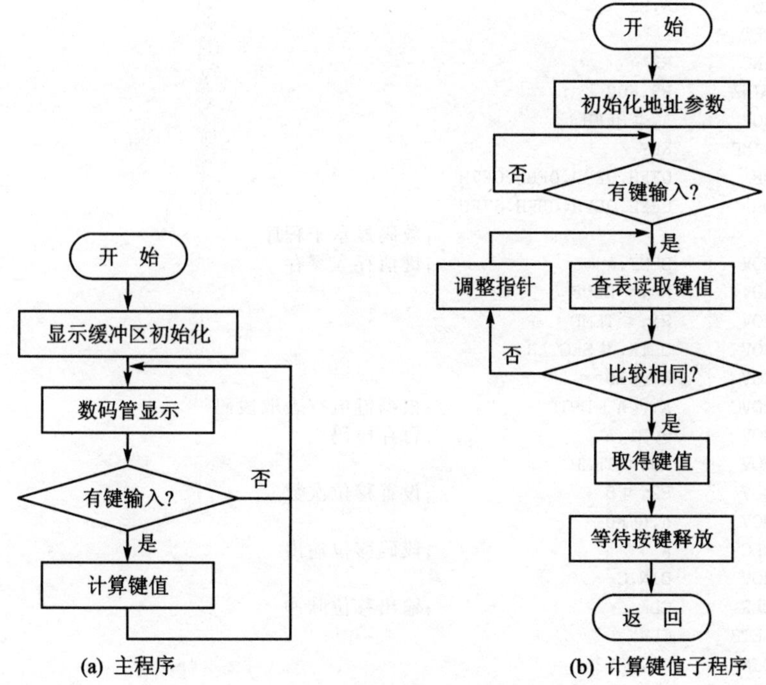

图 4－68　查询式键盘设计的程序流程图

汇编源程序如下：

```
DIN     EQU     P3.0
CLK     EQU     P3.1
DBUF    EQU     30H
TEMP    EQU     40H
        ORG     00H
        MOV     30H,#16             ;数码管显示初始化
MAIN:   ACALL   DISP                ;显示
        ACALL   KEY                 ;计算键值
        AJMP    MAIN
KEY:                                ;计算键码子程序
        MOV     P1,#0FFH            ;读数前先写 1
        MOV     A,P1
        CJNE    A,#0FFH,K00         ;判断是否有键按下
        AJMP    KEY
K00:    ACALL   DELAY
        MOV     A,P1
        CJNE    A,#0FFH,K01         ;消除按键抖动
        AJMP    KEY
K01:    MOV     R3,#8
```

```
        MOV     R2,#0
        MOV     B,A
        MOV     DPTR,#K0TAB          ;查表比较,计算键值
K02:    MOV     A,R2
        MOVC    A,@A+DPTR
        CJNE    A,B,K04
K03:    MOV     A,P1
        CJNE    A,#0FFH,K03          ;等待按键抬起
        ACALL   DELAY
        MOV     A,R2
        RET
K04:    INC     R2
        DJNZ    R3,K02
        MOV     A,#0FFH
        AJMP    KEY
K0TAB:  DB      0FEH,0FDH,0FBH,0F7H
        DB      0EFH,0DFH,0BFH,07FH
DISP:                                ;数码显示子程序
        MOV     DBUF,A               ;键值存入缓存
        MOV     R0,#DBUF
        MOV     R1,#TEMP
DP10:   MOV     DPTR,#SEGTAB
        MOV     A,@R0
        MOVC    A,@A+DPTR            ;根据键值查表取段码
        MOV     @R1,A                ;暂存段码
        MOV     R0,#TEMP
DP12:   MOV     R2,#8                ;设置移位次数
        MOV     A,@R0
DP13:   RLC     A                    ;段码移位输出
        MOV     DIN,C
        CLR     CLK                  ;输出移位脉冲
        SETB    CLK
        DJNZ    R2,DP13
        RET
SEGTAB: DB      3FH,06H,5BH,4FH,66H
        DB      6DH,7DH,07H,7FH,6FH
DELAY:  MOV     R4,#02H
AA1:    MOV     R5,#0F8H
AA:     DJNZ    R5,AA
        DJNZ    R4,AA1
        RET
        END
```

C 语言程序如下:

```
#include <reg52.h>
#include <intrins.h>
#define uint unsigned  int
#define uchar unsigned char
uchar code smgduan[17] = {0x3f,0x06,0x5b,0x4f,0x66,0x6d,0x7d,0x07,
                          0x7f,0x6f,};                //显示 0~9 的值
sbit DIN = P3^0;                                      //定义数据传送口
sbit CLK = P3^1;                                      //时钟信号
void delay(uint i)
{
  while(i--);
}
```

```
void sendbyte(uchar seg)                        //发送字节函数
{
    uchar num,c;
    num = smgduan[seg];                         //保存段码
    for(c = 0;c < 8;c ++ )
    {
        DIN = num&0x80;
        num = _crol_(num,1);                    //循环左移
        CLK = 0;
        CLK = 1;
    }
}
void main()
{
    while(1)
    {
        if(P1 == 0xfe)
        { sendbyte(1);delay(1000);}             //按键 1
        if(P1 == 0xfd)
        { sendbyte(2);delay(1000);}             //按键 2
        if(P1 == 0xfb)
        { sendbyte(3);delay(1000);}             //按键 3
        if(P1 == 0xf7)
        { sendbyte(4);delay(1000);}             //按键 4
        if(P1 == 0xef)
        { sendbyte(5);delay(1000);}             //按键 5
        if(P1 == 0xdf)
        { sendbyte(6);delay(1000);}             //按键 6
        if(P1 == 0xbf)
        { sendbyte(7);delay(1000);}             //按键 7
        if(P1 == 0x7f)
        { sendbyte(8);delay(1000);}             //按键 8
    }
}
```

3. 调试与仿真

① 打开 Keil μVision5，新建 Keil 项目，选择 AT89C51 单片机作为 CPU，新建汇编源文件或者 C 语言源文件，编写程序，并将其导入 Source Group 1 中。在 Options for Target 窗口中，选中 Output 选项卡中的 Create HEX File 选项和 Debug 选项卡中的 Use：Proteus VSM Simulator 选项。编译汇编源程序或 C 语言程序，改正程序中的错误。

② 在 Schematic Capture 中，选中 AT89C51 并单击，打开 Edit Component 对话框，设置单片机晶振频率为 12 MHz，并在 Program File 栏中选择先前用 Keil 生成的.HEX 文件。在 Schematic Capture 的菜单栏中选择 File→Save Design 命令，保存设计。在 Schematic Capture 的菜单栏中，打开 Debug 下拉菜单，选中 Use Remote Debug Monitor 选项，以支持与 Keil 的联合调试。

③ 在 Keil 菜单栏中选择 Debug→Start/Stop Debug Session 命令，或者直接单击工具栏中的 Start/Stop Debug Session 图标，进入程序调试环境。按 F5 键，顺序运行程序。调出 Schematic Capture 界面，按下任意一键可以在数码管上显示其键值，如图 4-69 所示。

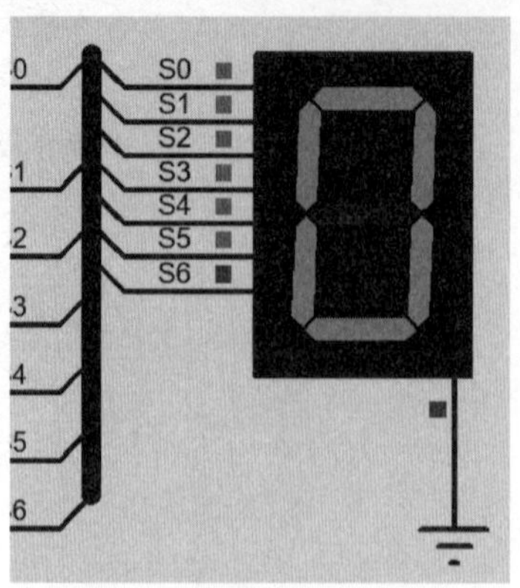

图 4-69　程序运行结果

【例 31】 4×4 矩阵式键盘识别(一)

用 16 个按钮搭建一个 4×4 矩阵式小键盘，行线和列线分别接 AT89C51 单片机 P1 口的低 4 位和高 4 位，并按 0 到 F 的顺序标号，当按下一个按键时，要求在七段数码管上显示相应的键号。

1. 硬件设计

打开 Schematic Capture 编辑环境，按表 4-22 所列元件清单添加元件。

表 4-22　元件清单

元件名称	所属类	所属子类
AT89C51	Microprocessor ICs	8051 Family
CAP	Capacitors	Generic
CAP-ELEC	Capacitors	Generic
CRYSTAL	Miscellaneous	—
RES	Resistors	Generic
7SEG-COM-CAT-GRN	Optoelectronics	7-Segment Displays
74LS164	TTL 74LS Series	Registers
BUTTON	Switch & Relays	Switches

元件全部添加后，在 Schematic Capture 的编辑区域中按图 4-70 所示电路原理图连接硬件电路(晶振和复位电路略)。

矩阵按键扫描原理如下：

方法一：逐行扫描，我们可以通过高 4 位轮流输出低电平来对矩阵键盘进行扫描，当低 4 位接收到的数据不全为 1 的时候，说明有按键按下，然后通过接收到的数据哪一位为 0 来判断是哪一个按键被按下。

方法二：行列扫描，我们可以通过高 4 位全部输出低电平，低 4 位输出高电平，当接收到的数据，低 4 位不全为高电平时，说明有按键按下，再通过接收的数据值，判断是哪一列有按键按

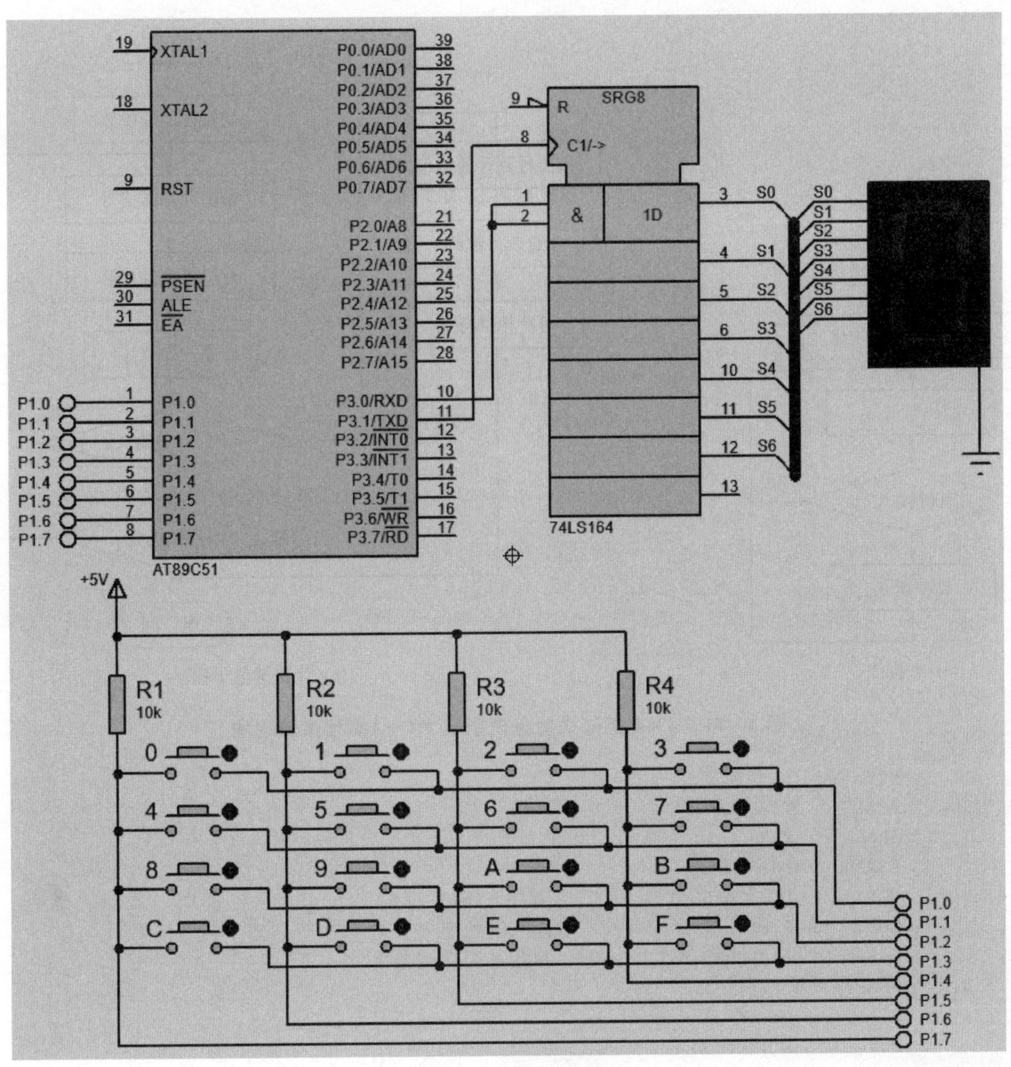

图 4－70　电路原理图

下，然后再反过来，高 4 位输出高电平，低 4 位输出低电平，最后根据接收到的高 4 位的值判断是哪一行有按键按下，这样就能够确定是哪一个按键被按下了。

2. 程序设计

4×4 键盘向 P1 口的高 4 位逐个输出高电平，如果有键按下则相应输出为低电平，如果没有键按下则输出为高电平。通过输出的列码和读取的行码可以判断按下的是什么键。在有键按下后，要有一定的延时，防止由于键盘抖动而引起误操作。

程序流程如图 4－71 所示。

汇编源程序如下：

```
DBUF    EQU     30H
TEMP    EQU     40H
        ORG     00H
```

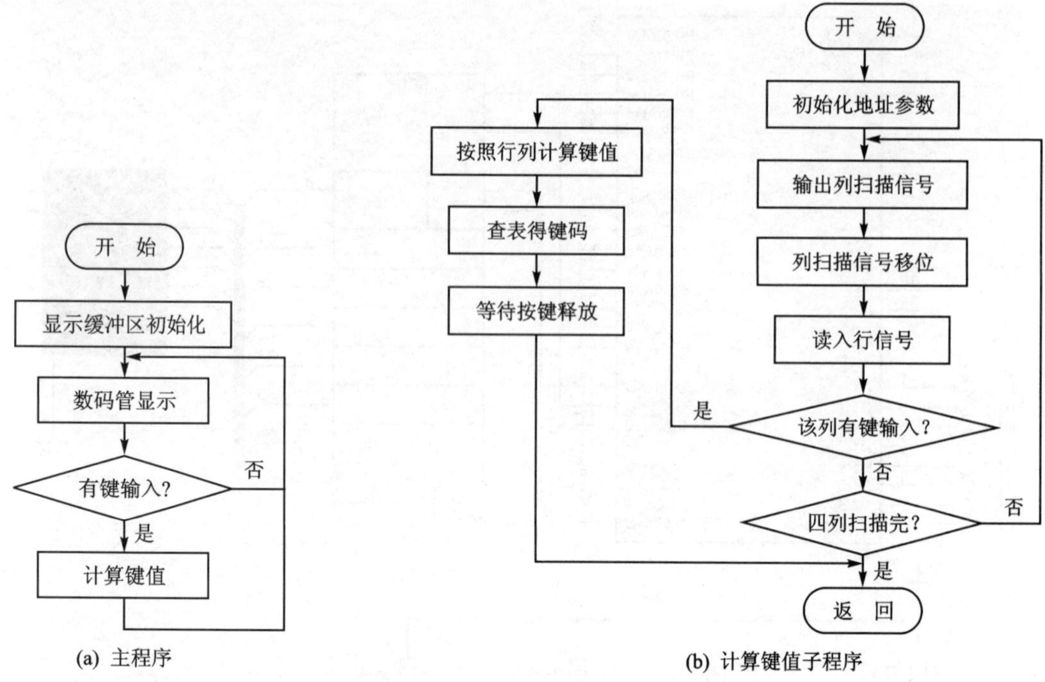

图 4－71 4×4 矩阵式键盘识别技术(一)的程序流程图

```
        MOV     A,#16
MAIN:   ACALL   DISP
        ACALL   KEY1
        AJMP    MAIN
KEY1:   MOV     P1,#0F0H          ;读 P1 口前先写 1
        MOV     A,P1              ;读取键状态
        CJNE    A,#0F0H,K11       ;判断是否有键按下
K10:    AJMP    KEY1
K11:    ACALL   DELAY
        MOV     P1,#0F0H
        MOV     A,P1
        CJNE    A,0F0H,K12        ;消除按键抖动
        SJMP    K10
K12:    MOV     B,A               ;存列值
        MOV     P1,#0FH
        MOV     A,P1              ;读行值
        ANL     A,B
        MOV     B,A               ;存键码
        MOV     R1,#10H
        MOV     R2,#0
        MOV     DPTR,#K1TAB       ;键码表首地址
K14:    MOV     A,R2
        MOVC    A,@A+DPTR
        CJNE    A,B,K16           ;比较,计算键值
        MOV     P1,#0FH
K15:    MOV     A,P1
        CJNE    A,#0FH,K15        ;等待按键释放
        MOV     A,R2
        RET
```

```
K16：   INC     R2
        DJNZ    R1,K14
        AJMP    K10
K1TAB： DB      81H,41H,21H,11H          ;键码表
        DB      82H,42H,22H,12H
        DB      84H,44H,24H,14H
        DB      88H,48H,28H,18H
DISP：  MOV     DBUF,A                   ;键值存入缓存
        MOV     R0,#DBUF
        MOV     R1,#TEMP
DP10：  MOV     DPTR,#SEGTAB
        MOV     A,@R0
        MOVC    A,@A+DPTR                ;根据键值查表取段码
        MOV     @R1,A                    ;暂存段码
        MOV     R0,#TEMP
DP12：  MOV     R2,#8                    ;设置移位次数
        MOV     A,@R0
DP13：  RLC     A                        ;段码移位输出
        MOV     P3.0,C
        CLR     P3.1
        SETB    P3.1                     ;输出移位脉冲
        DJNZ    R2,DP13
        RET
SEGTAB：DB      3FH,06H,5BH,4FH,66H,6DH
        DB      7DH,07H,7FH,6FH,77H,7CH
        DB      58H,5EH,79H,71H,00H,40H
DELAY： MOV     R4,#01H
AA1：   MOV     R5,#088H
AA：    NOP
        DJNZ    R5,AA
        DJNZ    R4,AA1
        RET
        END
```

C语言程序如下：

```
#include <reg52.h>
#include <intrins.h>
#define uint unsigned  int
#define uchar unsigned char
#define GPIO_KEY P1
uchar code smgduan[17] = {0x3f,0x06,0x5b,0x4f,0x66,0x6d,0x7d,0x07,
                   0x7f,0x6f,0x77,0x7c,0x39,0x5e,0x79,0x71};  //显示0～F的值
sbit DIN = P3^0;                                              //定义数据传送口
sbit CLK = P3^1;                                              //时钟信号
uchar  KeyValue;
void delay(uint i)
{
   while(i--);
}
 void sendbyte(uchar seg)                                     //发送字节函数
{
   uchar num,c;
   num = smgduan[seg];
```

```
        for(c = 0;c < 8;c ++ )
        {
            DIN = num&0x80;
            num = _crol_(num,1);                                    //循环左移,逐位发送
            CLK = 0;
            CLK = 1;
        }
    }
    void KeyDown()
    {
        GPIO_KEY = 0x0f;
        if(GPIO_KEY! = 0x0f)                                        //读取按键是否按下
        {
            delay(1000);                                            //延时 10 ms 进行消抖
            if(GPIO_KEY! = 0x0f)                                    //再次检测键盘是否按下
            {
                //测试列
                GPIO_KEY = 0X0F;
                P0 = 0x00;
                switch(GPIO_KEY)
                {
                    case(0X1f):    KeyValue = 0;break;
                    case(0X2f):    KeyValue = 1;break;
                    case(0X4f):    KeyValue = 2;break;
                    case(0X8f):    KeyValue = 3;break;
                }
                //测试行
                GPIO_KEY = 0XF0;
                switch(GPIO_KEY)
                {
                    case(0Xf1):    KeyValue = KeyValue;break;
                    case(0Xf2):    KeyValue = KeyValue + 4;break;
                    case(0Xf4):    KeyValue = KeyValue + 8;break;
                    case(0Xf8):    KeyValue = KeyValue + 12;break;
                }
                while(GPIO_KEY! = 0xf0);                            //检测按键松手检测
                sendbyte(KeyValue);                                 //给数码管发送按键数值
            }
        }
    }
    void main()
    {
        KeyValue = 0;
        while(1)
        {
            KeyDown();                                              //按键扫描
        }
    }
```

3. 调试与仿真

① 打开 Keil μVision5,新建 Keil 项目,选择 AT89C51 单片机作为 CPU,新建汇编源文件或者 C 语言源文件,编写程序,并将其导入 Source Group 1 中。在 Options for Target 窗口

中，选中 Output 选项卡中的 Create HEX File 选项和 Debug 选项卡中的 Use：Proteus VSM Simulator 选项。编译汇编源程序或 C 语言程序，改正程序中的错误。

② 在 Schematic Capture 中，选中 AT89C51 并单击，打开 Edit Component 对话框，设置单片机晶振频率为 12 MHz，并在 Program File 栏中选择先前用 Keil 生成的. HEX 文件。在 Schematic Capture 的菜单栏中选择 File→Save Design 命令，保存设计。在 Schematic Capture 的菜单栏中，打开 Debug 下拉菜单，选中 Use Remote Debug Monitor 选项，以支持与 Keil 的联合调试。

③ 在 Keil 菜单栏中选择 Debug→Start/Stop Debug Session 命令，或者直接单击工具栏中的 Start/Stop Debug Session 图标，进入程序调试环境。按 F5 键，顺序运行程序。调出 Schematic Capture 界面，按下任意一键可以在数码管上显示其键值，如图 4-72 所示。

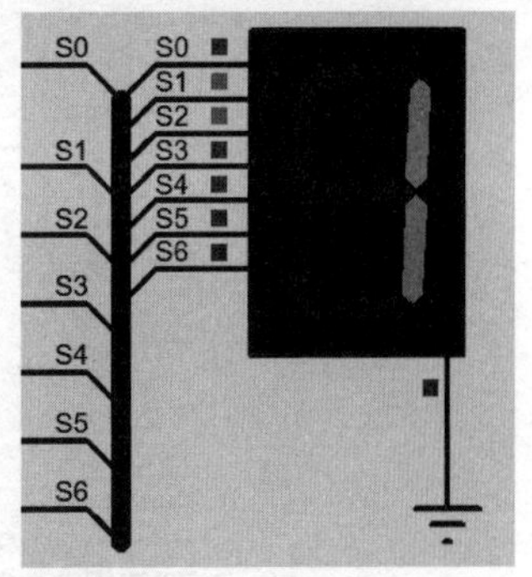

图 4-72　程序运行结果

【例 32】　4×4 矩阵式键盘识别(二)

AT89C51 的并行口 P1 接 4×4 矩阵键盘，以 P1.0～P1.3 作行线，以 P1.4～P1.7 作列线，在数码管上显示每个按键的 0～F 序号。

1. 硬件设计

打开 Schematic Capture 编辑环境，按表 4-23 所列元件清单添加元件。

表 4-23　元件清单

元件名称	所属类	所属子类
AT89C51	Microprocessor ICs	8051 Family
CAP	Capacitors	Generic
CAP-ELEC	Capacitors	Generic
CRYSTAL	Miscellaneous	—
RES	Resistors	Generic
7SEG-COM-CAT-GRN	Optoelectronics	7-Segment Displays
BUTTON	Switch & Relays	Switches

元件全部添加后，在 Schematic Capture 的编辑区域中按图 4-73 所示电路原理图连接硬件电路。

2. 程序设计

每个按键有它的行值和列值，行值和列值的组合就是识别这个按键的编码，计算公式为

$$键值=行号×行数+列号$$

对于本例来说，对应图 4-73，假设 9 号键按下，它所在的行号为 2，列号为 1，该键盘的行数为 4，则键值为 2×4+1=9。

程序流程如图 4-74 所示。

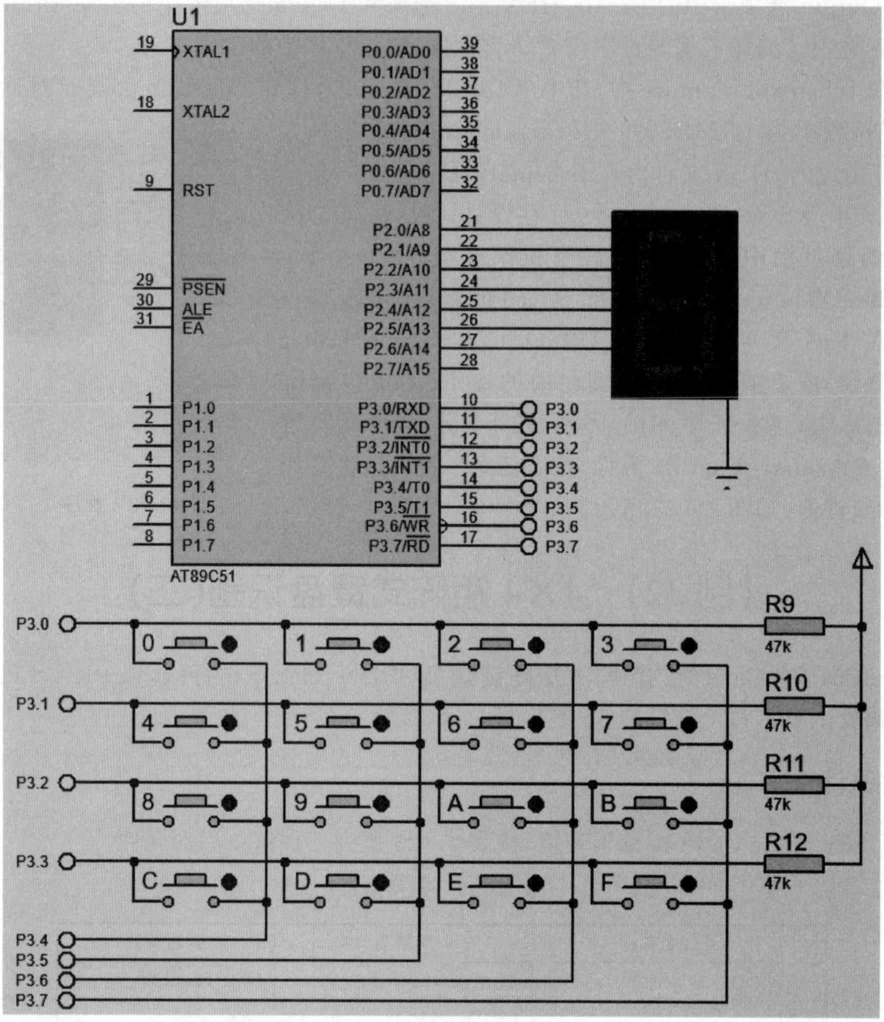

图 4－73　电路原理图

汇编源程序如下：

```
LINE    EQU     30H
ROW     EQU     31H
VAL     EQU     32H
        ORG     00H
START:  MOV     DPTR,＃TABLE    ;段码表首地址
        MOV     P2,＃00H        ;数码管显示初始化
LSCAN:  MOV     P3,＃0F0H       ;列线置高电平,行线置高电平
L1:     JNB     P3.0,L2         ;逐行扫描
        LCALL   DELAY
        JNB     P3.0,L2
        MOV     LINE,＃00H      ;存行号
        LJMP    RSCAN
L2:     JNB     P3.1,L3
        LCALL   DELAY
        JNB     P3.1,L3
        MOV     LINE,＃01H      ;存行号
```

```
        LJMP    RSCAN
L3:     JNB     P3.2,L4
        LCALL   DELAY
        JNB     P3.2,L4
        MOV     LINE,#02H       ;存行号
        LJMP    RSCAN
L4:     JNB     P3.3,L1
        LCALL   DELAY
        JNB     P3.3,L1
        MOV     LINE,#03H       ;存行号
RSCAN:  MOV     P3,#0FH         ;行线列线电平互换
C1:     JNB     P3.4,C2         ;逐列扫描
        MOV     ROW,#00H        ;存列号
        LJMP    CALCU
C2:     JNB     P3.5,C3
        MOV     ROW,#01H        ;存列号
        LJMP    CALCU
C3:     JNB     P3.6,C4
        MOV     ROW,#02H        ;存列号
        LJMP    CALCU
C4:     JNB     P3.7,C1
        MOV     ROW,#03H        ;存列号
CALCU:  MOV     A,LINE          ;根据行号和列号计算键值
        MOV     B,#04H
        MUL     AB
        ADD     A,ROW
        MOV     VAL,A           ;存键值
        MOVC    A,@A+DPTR       ;要据键值查段码
        MOV     P2,A            ;输出段码显示
        LJMP    LSCA
DELAY:  MOV     R6,#20
D1:     MOV     R7,#250
        DJNZ    R7,$
        DJNZ    R6,D1
        RET
TABLE:  DB      3FH,06H,5BH,4FH,66H,6DH,7DH,07H
        DB      7FH,6FH,77H,7CH,39H,5EH,79H,71H
        END
```

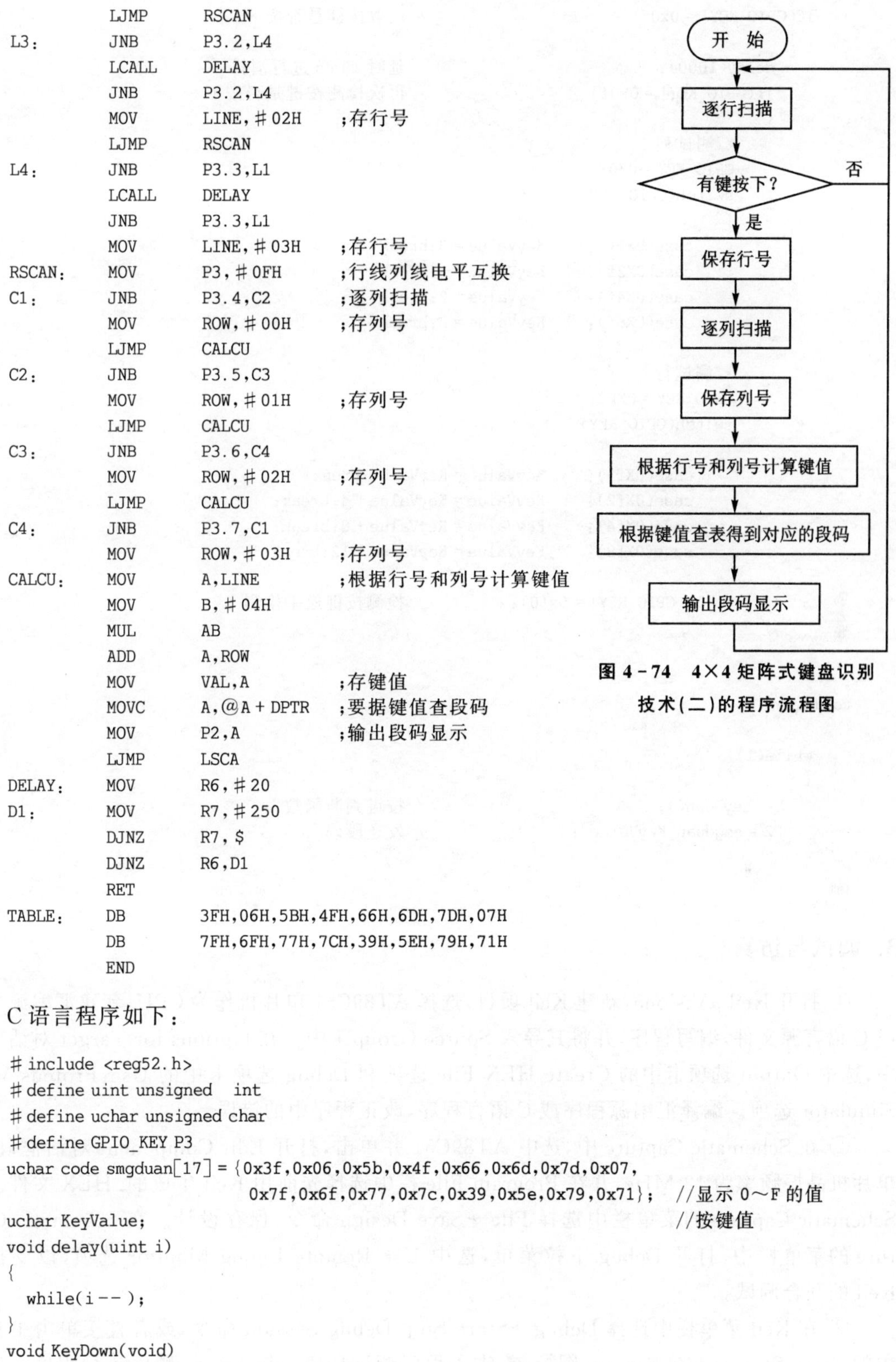

图 4－74　4×4 矩阵式键盘识别技术(二)的程序流程图

C 语言程序如下：

```
#include <reg52.h>
#define uint unsigned  int
#define uchar unsigned char
#define GPIO_KEY P3
uchar code smgduan[17] = {0x3f,0x06,0x5b,0x4f,0x66,0x6d,0x7d,0x07,
                          0x7f,0x6f,0x77,0x7c,0x39,0x5e,0x79,0x71};  //显示 0～F 的值
uchar KeyValue;                                                       //按键值
void delay(uint i)
{
  while(i--);
}
void KeyDown(void)
{
    GPIO_KEY = 0x0f;
```

```
    if(GPIO_KEY! = 0x0f)                        //读取按键是否按下
    {
        delay(1000);                            //延时 10 ms 进行消抖
        if(GPIO_KEY! = 0x0f)                    //再次检测按键是否按下
        {
            //测试列
            GPIO_KEY = 0X0F;
            switch(GPIO_KEY)
            {
                case(0X1f):     KeyValue = 0;break;
                case(0X2f):     KeyValue = 1;break;
                case(0X4f):     KeyValue = 2;break;
                case(0X8f):     KeyValue = 3;break;
            }
            //测试行
            GPIO_KEY = 0XF0;
            switch(GPIO_KEY)
            {
                case(0Xf1):     KeyValue = KeyValue;break;
                case(0Xf2):     KeyValue = KeyValue + 4;break;
                case(0Xf4):     KeyValue = KeyValue + 8;break;
                case(0Xf8):     KeyValue = KeyValue + 12;break;
            }
            while(GPIO_KEY! = 0xf0);            //检测按键松手检测
        }
    }
}
void main()
{
    while(1)
    {
        KeyDown();                              //按键判断函数
        P2 = smgduan[KeyValue];                 //发送段码
    }
}
```

3. 调试与仿真

① 打开 Keil μVision5，新建 Keil 项目，选择 AT89C51 单片机作为 CPU，新建汇编源文件或 C 语言源文件，编写程序，并将其导入 Source Group 1 中。在 Options for Target 对话窗口中，选中 Output 选项卡中的 Create HEX File 选项和 Debug 选项卡中的 Use：Proteus VSM Simulator 选项。编译汇编源程序或 C 语言程序，改正程序中的错误。

② 在 Schematic Capture 中，选中 AT89C51 并单击，打开 Edit Component 对话框，设置单片机晶振频率为 12 MHz，并在 Program File 栏中选择先前用 Keil 生成的.HEX 文件。在 Schematic Capture 的菜单栏中选择 File→Save Design 命令，保存设计。在 Schematic Capture 的菜单栏中，打开 Debug 下拉菜单，选中 Use Remote Debug Monitor 选项，以支持与 Keil 的联合调试。

③ 在 Keil 菜单栏中选择 Debug→Start/Stop Debug Session 命令，或者直接单击工具栏中的 Start/Stop Debug Session 图标，进入程序调试环境。按 F5 键，顺序运行程序。调出 Schematic Capture 界面，按下任意一键可以在数码管上显示其键值，如图 4-75 所示。

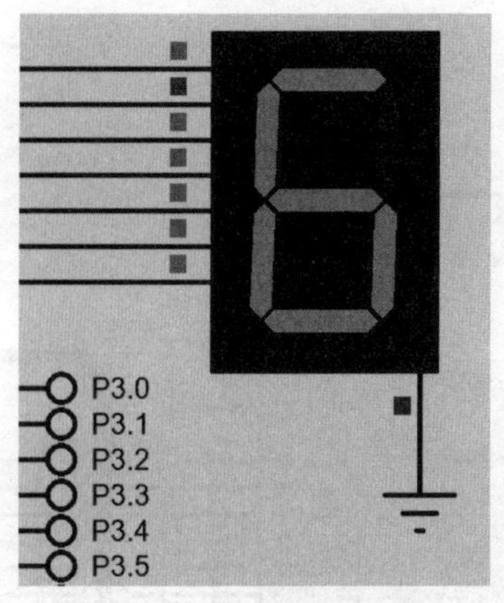

图 4－75　程序运行结果

【例 33】　0～59 s 计时器(利用软件延时)

在 AT89C51 单片机的 P2 和 P3 端口分别接有两个共阴数码管,P3 口驱动显示秒时间的十位,而 P2 口驱动显示秒时间的个位。编写程序实现 0～59 s 循环计数,并将计数值在数码管上显示。

1. 硬件设计

打开 Schematic Capture 编辑环境,按表 4－24 所列元件清单添加元件。

表 4－24　元件清单

元件名称	所属类	所属子类
AT89C51	Microprocessor ICs	8051 Family
CAP	Capacitors	Generic
CAP－ELEC	Capacitors	Generic
CRYSTAL	Miscellaneous	—
RES	Resistors	Generic
7SEG－COM－CAT－GRN	Optoelectronics	7－Segment Displays

元件全部添加后,在 Schematic Capture 的编辑区域中按图 4－76 所示电路原理图连接硬件电路(晶振和复位电路略)。

2. 程序设计

用一个存储单元作为秒计数单元,当 1 s 到来时,就让秒计数单元加 1,当秒计数达到 60 时,就自动返回到 0,重新秒计数。

对于秒计数单元中的数据,要把十位数和个数分开,方法仍采用对 10 整除和对 10 求余,在数码上显示,通过查表的方式完成。

在本例中采用软件精确延时的方法来产生接近 1 s 的延时,经过精确计算得到的延时时间为 1.002 s。

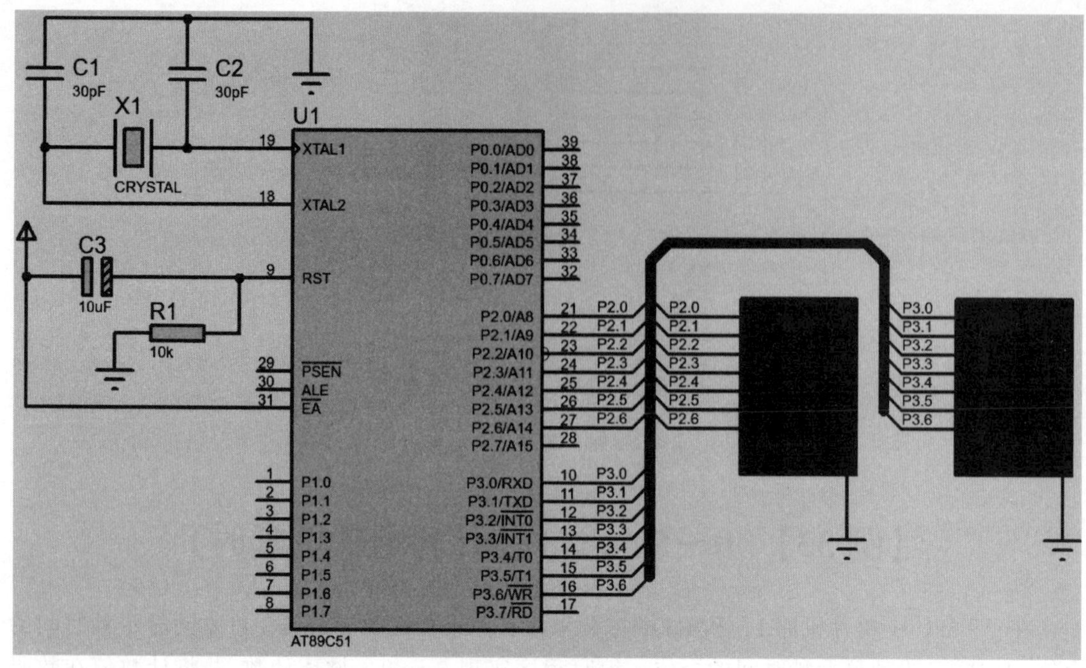

图 4-76　电路原理图

程序流程如图 4-77 所示。

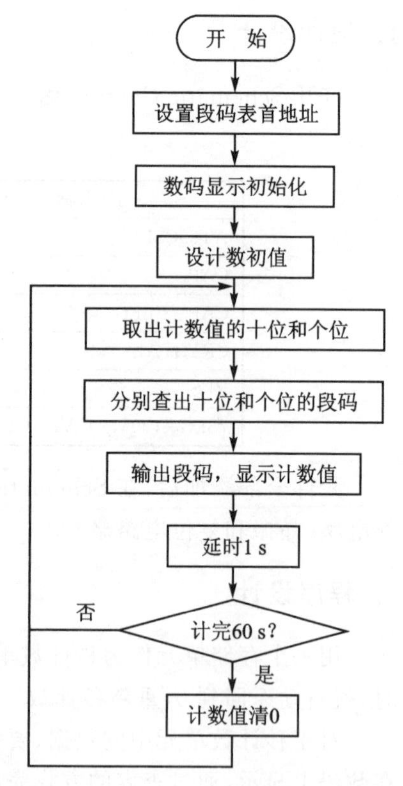

图 4-77　0～59 s 计时器的程序流程图

汇编源程序如下：

```
        ORG     00H
START： MOV     DPTR，# TABLE    ;设置段码表首地址
        MOV     R0，# 00H        ;计数值初始化
S1：    MOV     P3，# 00H
        MOV     P2，# 00H        ;数码显示初始化
S2：    MOV     R1，# 10
        MOV     A,R0
        MOV     B,R1
        DIV     AB               ;分离计数值的十位和个位
        MOVC    A,@A + DPTR
        MOV     P2,A             ;显示十位
        MOV     A,B
        MOVC    A,@A + DPTR
        MOV     P3,A             ;显示个位
        LCALL   DELAY
        INC     R0
        CJNE    R0，# 60,S2      ;是否计满 60 s
        MOV     R0，# 00H
        LJMP    S1
DELAY： MOV     R5，# 100        ;延时 1 s 子程序(晶振 12 MHz)
D1：    MOV     R6，# 20
D2：    MOV     R7，# 248
        DJNZ    R7，$
        DJNZ    R6,D2
        DJNZ    R5,D1
        RET
```

```
TABLE: DB     3FH,06H,5BH,4FH,66H
       DB     6DH,7DH,07H,7FH,6FH
       END
```

C语言程序如下：

```
#include <reg52.h>
#define uint unsigned  int
#define uchar unsigned char
uchar code smgduan[17] = {0x3f,0x06,0x5b,0x4f,0x66,0x6d,0x7d,0x07,
                          0x7f,0x6f};     //显示0～9的值
uchar  dir_buf[2];
uchar data i,j = 50;
void display()
{
    P2 = smgduan[dir_buf[0]];                  //P2口显示
    P3 = smgduan[dir_buf[1]];                  //P3口显示
}
void main()
{
    i = 0;TMOD = 0x01;                         //定时器0模式1
    TH0 = - 20000/256;TL0 = - 20000 % 256;     //定时20 ms
    EA = 1;ET0 = 1;TR0 = 1;
    while(1)
    {
        dir_buf[0] = i/10;                     //十位
        dir_buf[1] = i % 10;                   //个位
        display();
    }
}
void t0int() interrupt 1
{
    TH0 = - 20000/256;TL0 = - 20000 % 256;     //重新赋值
    j = j - 1;
    while(j == 0)
    {
        j = 50;                                //1 s到
        i ++ ;if(i == 60)i = 0;
    }
}
```

3. 调试与仿真

① 打开Keil μVision5，新建Keil项目，选择AT89C51单片机作为CPU，新建汇编源文件或C语言源文件，编写程序，并将其导入Source Group 1中。在Options for Target窗口中，选中Output选项卡中的Create HEX File选项和Debug选项卡中的Use:Proteus VSM Simulator选项。编译汇编源程序或C语言程序，改正程序中的错误。

② 在Schematic Capture中，选中AT89C51并单击，打开Edit Component对话框，设置单片机晶振频率为12 MHz，并在Program File栏中选择先前用Keil生成的.HEX文件。在Schematic Capture的菜单栏中选择File→Save Design命令，保存设计。在Schematic Capture的菜单栏中，打开Debug下拉菜单，选中Use Remote Debug Monitor选项，以支持与Keil的联合调试。

③ 在Keil菜单栏中选择Debug→Start/Stop Debug Session命令，或者直接单击工具栏中的Start/Stop Debug Session图标，进入程序调试环境。按F5键，顺序运行程序。调出Schematic Capture界面，可以看到数码管做0～59 s循环显示，时间间隔为1 s，如图4-78所示。

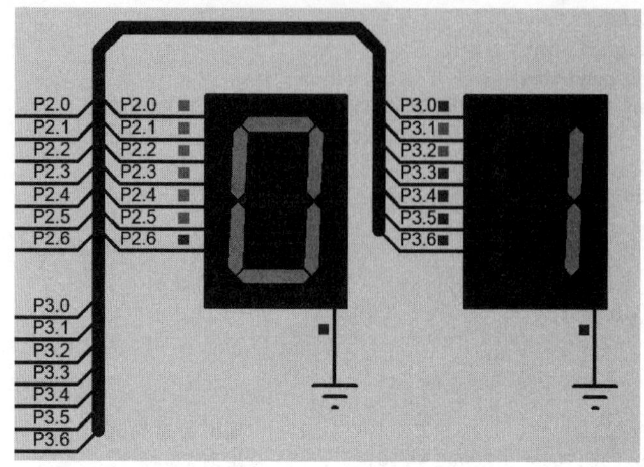

图4-78 程序运行结果

【例34】 可预置可逆4位计数器

利用AT89S51单片机的P1.0～P1.3接4个发光二极管D1～D4，用来指示当前计数的数据；用P3.0～P3.3作为预置数据的输入端，接4个拨动开关SW1～SW4，用P3.6/WR和P3.7/RD端口接两个轻触开关，用作加计数和减计数开关。

要求：开始时用4位发光二极管显示预置数的二进制码，加1键按下一次，则发光二极管显示加1，减1键按下一次，则发光二极管显示减1。当加1计数达到最大(16)或减1计数达到最小(0)时，则显示预置数。

1. 硬件设计

打开Schematic Capture编辑环境，按表4-25所列元件清单添加元件。

表4-25 元件清单

元件名称	所属类	所属子类
AT89C51	Microprocessor ICs	8051 Family
CAP	Capacitors	Generic
CAP-ELEC	Capacitors	Generic
CRYSTAL	Miscellaneous	—
RES	Resistors	Generic
LED-Yellow	Optoelectronics	LEDs
SWITCH	Switch & Relays	Switches
BUTTON	Switch & Relays	Switches

元件全部添加后，在 Schematic Capture 的编辑区域中按图 4-79 所示电路原理图连接硬件电路。

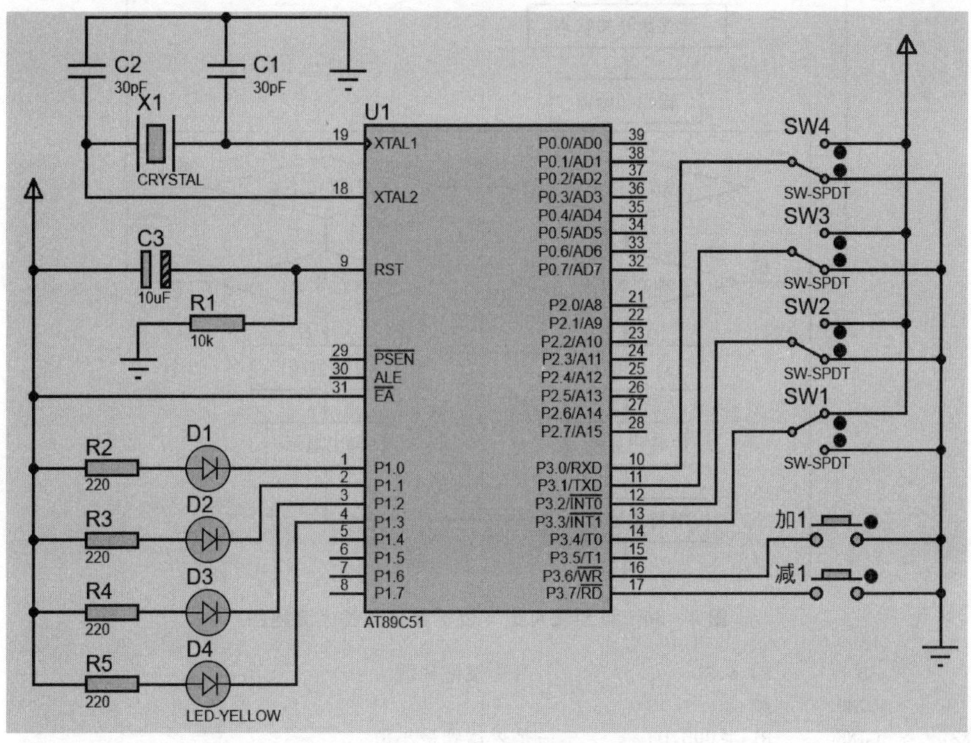

图 4-79 电路原理图

2. 程序设计

程序流程如图 4-80 所示。

汇编源程序如下：

```
        ORG     00H
START:  MOV     A,P3                ;读置数开关状态(初始值)
        MOV     P1,A                ;输出初始值
        CPL     A
        ANL     A,#0FH              ;将按键状态转化为计数值
        MOV     R1,A
S1:     JNB     P3.6,K1             ;如果加 1 键按下,转 K1
        JNB     P3.7,K2             ;如果减 1 键按下,转 K2
        LJMP    S1
K1:     CJNE    R1,#0FH,D1          ;是否达到最大值
        JB      P3.6,START
        LJMP    K1
D1:     INC     R1                  ;计数值加 1
        MOV     A,R1
        CPL     A
        ANL     A,#0FH              ;将计数值转换为显示码
D2:     MOV     P1,A                ;显示计数值
```

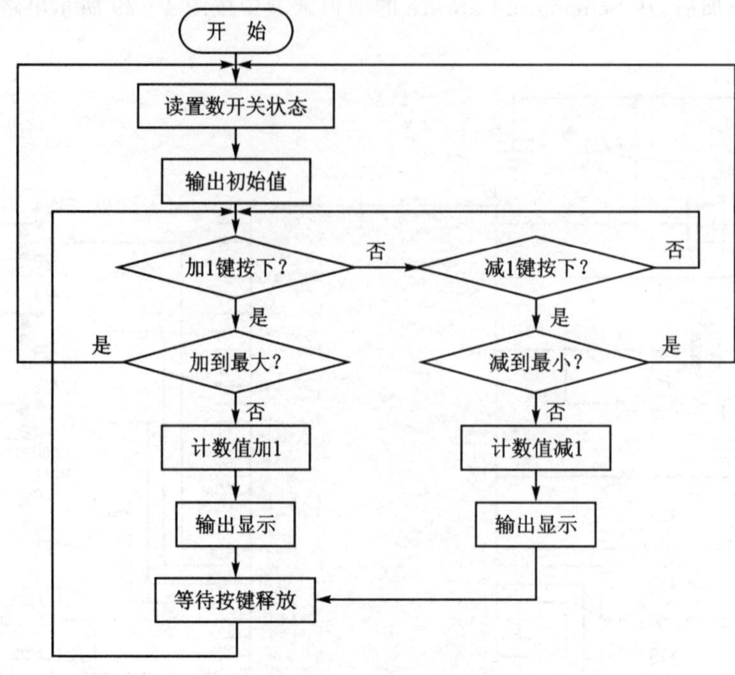

图 4-80 可预置可逆 4 位计数器的程序流程图

```
        JB      P3.6,S1             ;等待按键释放
        LJMP    D2
K2:     CJNE    R1,#00H,D3          ;是否达到最小值
        JB      P3.7,START
        LJMP    K2
D3:     DEC     R1                  ;计数值减 1
        MOV     A,R1
        CPL     A
        ANL     A,#0FH              ;将计数值转换为显示码
D4:     MOV     P1,A                ;显示计数值
        JB      P3.7,S1             ;等待按键释放
        LJMP    D4
        END
```

C 语言程序如下：

```
#include <reg52.h>
#define uint unsigned  int
#define uchar unsigned char
uchar code tab[17] = {0x0f,0x0e,0x0d,0x0b,0x0a,0x09,0x08,0x07,
                      0x06,0x05,0x04,0x03,0x02,0x01,0x00};     //BCD 码 0～16
sbit k1 = P3^6;
sbit k2 = P3^7;
void delay(uint i)                                              //延时函数
{
   while(i--);
}
void main()
```

```
{
    char k;
    uchar temp;
    temp = P3;                                    //读取 P3 口数值
    temp = temp&0x0f;
    k = temp % 16;                                //转换成十进制
    while(1)
    {
        if(k1 == 0)                               //检测按键 K1 是否按下
        {
            delay(1000);                          //消除抖动一般大约 10 ms
            if(k1 == 0)                           //再次判断按键是否按下
            {
                k ++ ;                            //按键加
                if(k == 16)k = 0;
            }
            while(!k1);                           //检测按键是否松开
        }
        if(k2 == 0)
        {
            delay(1000);
            if(k2 == 0)
            {
                k -- ;                            //按键减
                if(k == -1)k = 15;
            }
            while(!k2);
        }
        P1 = tab[k];
    }
}
```

3. 调试与仿真

① 打开 Keil μVision5，新建 Keil 项目，选择 AT89C51 单片机作为 CPU，新建汇编源文件或 C 语言源文件，编写程序，并将其导入 Source Group 1 中。在 Options for Target 窗口中，选中 Output 选项卡中的 Create HEX File 选项和 Debug 选项卡中的 Use:Proteus VSM Simulator 选项。编译汇编源程序或 C 语言程序，改正程序中的错误。

② 在 Schematic Capture 中，选中 AT89C51 并单击，打开 Edit Component 对话框，设置单片机晶振频率为 12 MHz，并在 Program File 栏中选择先前用 Keil 生成的. HEX 文件。在 Schematic Capture 的菜单栏中选择 File→Save Design 命令，保存设计。在 Schematic Capture 的菜单栏中，打开 Debug 下拉菜单，选中 Use Remote Debug Monitor 选项，以支持与 Keil 的联合调试。

③ 在 Keil 菜单栏中选择 Debug→Start/Stop Debug Session 命令，或者直接单击工具栏中的 Start/Stop Debug Session 图标，进入程序调试环境。按 F5 键，顺序运行程序。调出 Schematic Capture 界面，调节置数开关，并按下加 1 键或减 1 键，可以看到发光二极管按设计要求变化，如图 4 - 81 所示。

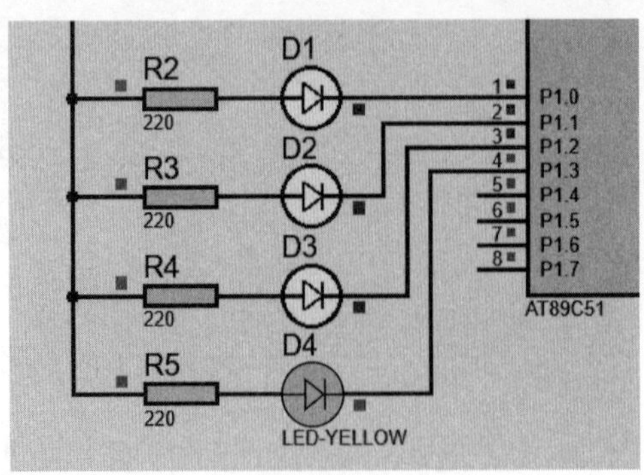

图 4-81　程序运行结果

【例 35】 0～99 计数器

利用 AT89C51 单片机来制作一个手动计数器，在 AT89C51 单片机的 P3.7 引脚接一个轻触开关，作为手动计数的按钮，用单片机的 P2.0～P2.7 接一个共阴数码管，作为 00～99 计数的个位数显示，用单片机的 P0.0～P0.7 接一个共阴数码管，作为 00～99 计数的十位数显示。要求按下一次按键后，显示值加 1，加到 99 后，再次按键返回 0 重新计数，反复循环。

1. 硬件设计

打开 Schematic Capture 编辑环境，按表 4-26 所列元件清单添加元件。然后，在 Schematic Capture 的编辑区域中按图 4-82 所示电路原理图连接硬件电路(晶振和复位电路略)。

表 4-26　元件清单

元件名称	所属类	所属子类
AT89C51	Microprocessor ICs	8051 Family
CAP	Capacitors	Generic
CAP-ELEC	Capacitors	Generic
CRYSTAL	Miscellaneous	—
RES	Resistors	Generic
7SEG-COM-CAT-GRN	Optoelectronics	7-Segment Displays
BUTTON	Switch & Relays	Switches
PULLUP	Modelling Primitives	Digital [Miscellaneous]

2. 程序设计

单片机对正确识别的按键进行计数，计数满时，又从 0 开始计数；单片机对计的数值要进行数码显示，计得的数是十进制数，含有十位和个位，要把十位和个位拆开分别送到对应的数码管上显示。把所计得的数值除 10 求余，即可得到个位数字；除 10 取整，即可得到十位数字。

程序流程如图 4-83 所示。

汇编源程序如下：

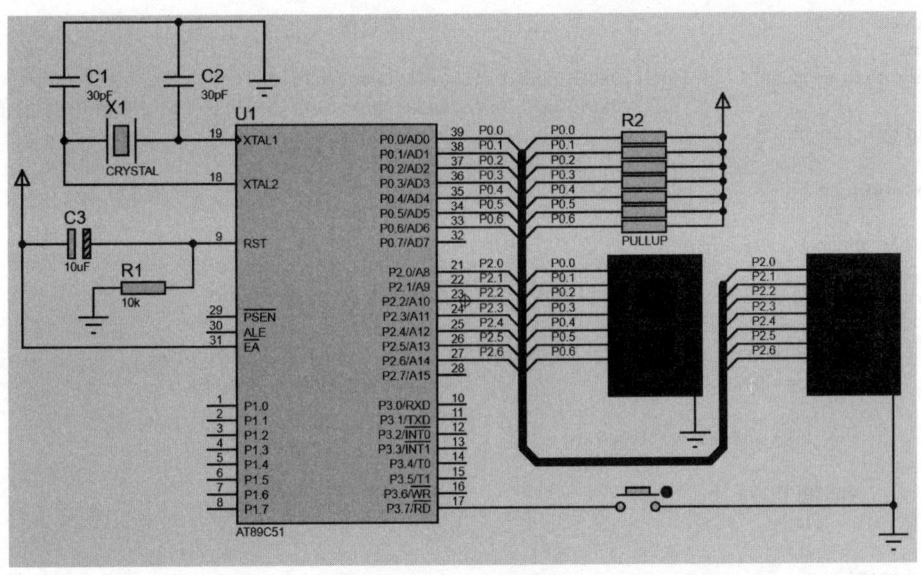

图 4－82　电路原理图

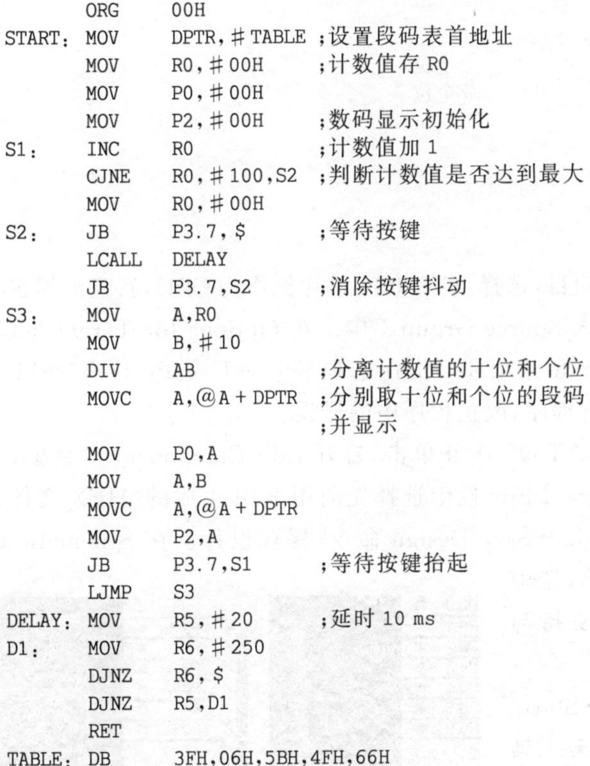

```
        ORG     00H
START:  MOV     DPTR,#TABLE  ;设置段码表首地址
        MOV     R0,#00H      ;计数值存 R0
        MOV     P0,#00H
        MOV     P2,#00H      ;数码显示初始化
S1:     INC     R0           ;计数值加 1
        CJNE    R0,#100,S2   ;判断计数值是否达到最大
        MOV     R0,#00H
S2:     JB      P3.7,$       ;等待按键
        LCALL   DELAY
        JB      P3.7,S2      ;消除按键抖动
S3:     MOV     A,R0
        MOV     B,#10
        DIV     AB           ;分离计数值的十位和个位
        MOVC    A,@A+DPTR    ;分别取十位和个位的段码
                             ;并显示
        MOV     P0,A
        MOV     A,B
        MOVC    A,@A+DPTR
        MOV     P2,A
        JB      P3.7,S1      ;等待按键抬起
        LJMP    S3
DELAY:  MOV     R5,#20       ;延时 10 ms
D1:     MOV     R6,#250
        DJNZ    R6,$
        DJNZ    R5,D1
        RET
TABLE:  DB      3FH,06H,5BH,4FH,66H
        DB      6DH,7DH,07H,7FH,6FH
        END
```

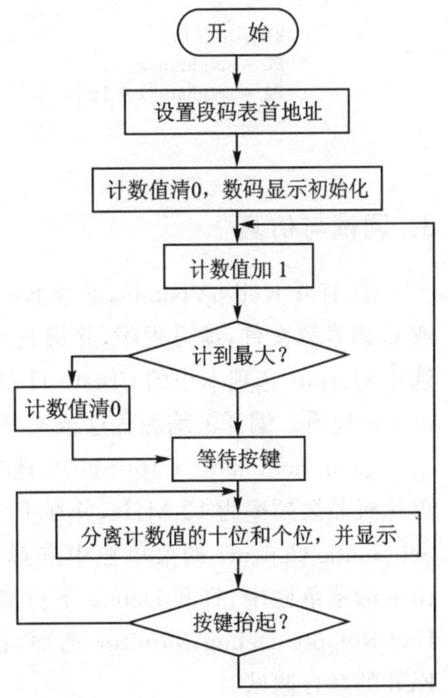

图 4－83　0～99 计数器的程序流程图

C 语言程序如下：

```
#include <reg52.h>
#define uint unsigned  int
#define uchar unsigned char
```

```
sbit k1 = P3^7;                                  //开关按键
uchar k;
uchar code smgduan[17] = {0x3f,0x06,0x5b,0x4f,0x66,0x6d,0x7d,0x07,
                          0x7f,0x6f,0x77,0x7c,0x39,0x5e,0x79,0x71};    //显示 0~F 的值
void delay(uint i)
{
  while(i--);
}
void keypros()
{
    if(k1 == 0)                                  //检测按键 K1 是否按下
    {
        delay(1000);                             //消除抖动,一般大约为 10 ms
        if(k1 == 0)                              //再次判断按键是否按下
        {
            k++;if(k == 100)k = 0;
        }
        while(!k1);                              //检测按键是否松开
    }
}
void main()
{
    while(1)
    {
        keypros();
        P0 = smgduan[k/10];                      //十位
        P2 = smgduan[k % 10];                    //个位
    }
}
```

3. 调试与仿真

① 打开 Keil μVision5,新建 Keil 项目,选择 AT89C51 单片机作为 CPU,新建汇编源文件或 C 语言源文件,编写程序,并将其导入 Source Group 1 中。在 Options for Target 窗口中,选中 Output 选项卡中的 Create HEX File 选项和 Debug 选项卡中的 Use:Proteus VSM Simulator 选项。编译汇编源程序或 C 语言程序,改正程序中的错误。

② 在 Schematic Capture 中,选中 AT89C51 并单击,打开 Edit Component 对话框,设置单片机晶振频率为 12 MHz,并在 Program File 栏中选择先前用 Keil 生成的.HEX 文件。在 Schematic Capture 的菜单栏中选择 File→Save Design 命令,保存设计。在 Schematic Capture 的菜单栏中,打开 Debug 下拉菜单,选中 Use Remote Debug Monitor 选项,以支持与 Keil 的联合调试。

③ 在 Keil 菜单栏中选择 Debug→Start/Stop Debug Session 命令,或者直接单击工具栏中的 Start/Stop Debug Session 图标,进入程序调试环境。按 F5 键,顺序运行程序。调出 Schematic Capture 界面,按下一次按键,则数码显示的值加 1,如图 4-84 所示。

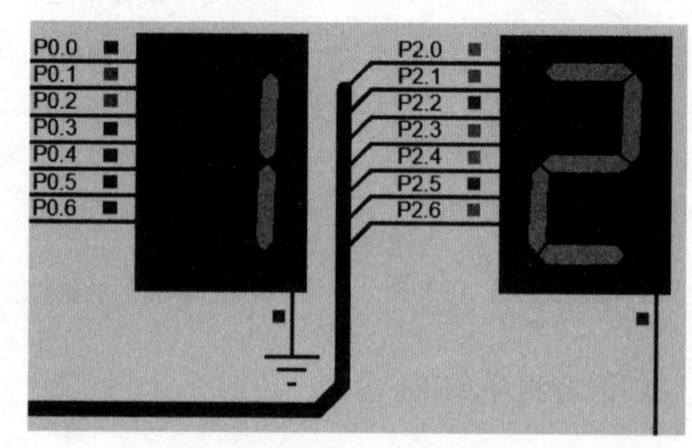

图 4-84 程序运行结果

第 5 章　MCS－51 的定时器与中断应用设计

【例 36】　定时器实验

AT89C51 单片机的 P1.0 口接发光二极管，编写程序，控制发光二极管闪烁，时间间隔 1 s，要求采用 AT89C51 内部定时器计时。

1. 硬件设计

打开 Schematic Capture 编辑环境，按表 5－1 所列的元件清单添加元件。

表 5－1　元件清单

元件名称	所属类	所属子类
AT89C51	Microprocessor ICs	8051 Family
CAP	Capacitors	Generic
CAP－POL	Capacitors	Generic
CRYSTAL	Miscellaneous	—
RES	Resistors	Generic
BUTTON	Switches & Relays	Switches
LED－YELLOW	Optoelectronics	LEDs
NOT	Simulator Primitives	Gates

元件全部添加后，在 Schematic Capture 的编辑区域中按图 5－1 所示电路原理图连接硬件电路。

2. 程序设计

关于内部计数器的编程主要是定时常数的设置和有关控制寄存器的设置。内部计数器在单片机中主要有定时器和计数器两个功能。本例使用的是定时器，定时 1 s。CPU 运行定时中断方式，实现每 1 s 输出状态发生一次反转，即发光管每隔 1 s 亮一次。

与定时器有关的寄存器有工作方式寄存器 TMOD 和控制寄存器 TCON。

- TMOD 用于设置定时器/计数器的工作方式 0～3，并确定用于定时还是计数。
- TCON 的主要功能是为定时器在溢出时设定标志位，并控制定时器的运行或停止等。

内部计数器用作定时器时，是对机器周期计数。每个机器周期的长度是 12 个振荡器周期。因本例中单片机晶振是 12 MHz，本程序工作于方式 2，即 8 位自动重装方式定时器，定时器 100 μs 中断一次，所以定时常数的设置可按以下方法计算：

$$\text{机器周期} = 12 \div 12\ \text{MHz} = 1\ \mu s \tag{5-1}$$

$$(256 - \text{定时常数}) \times 1\ \mu s = 100\ \mu s \tag{5-2}$$

可得定时常数＝156。然后对 100 μs 中断次数计数 10 000 次，就是 1 s。

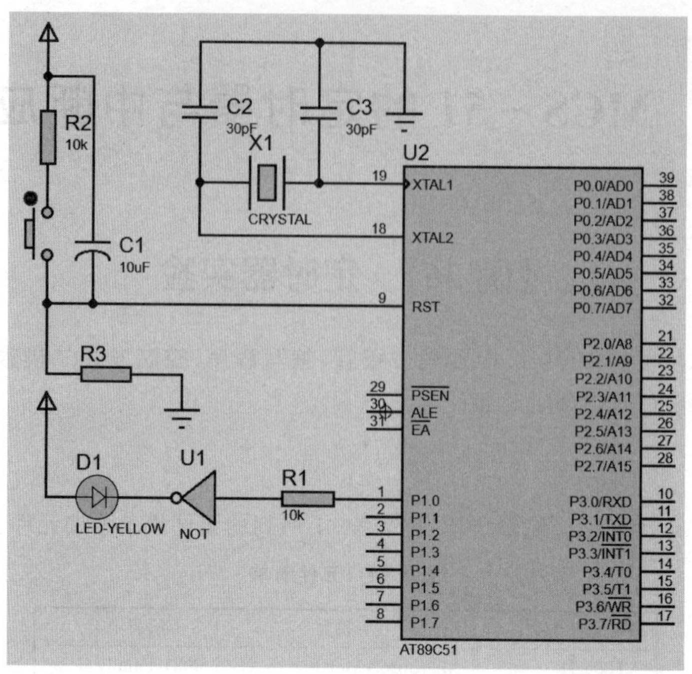

图 5-1 电路原理图

在本例的中断处理程序中,因为中断定时常数的设置对中断程序的运行起到关键作用,所以在置数前要先关对应的中断,置数完之后再打开相应的中断。

程序流程如图5-2所示。

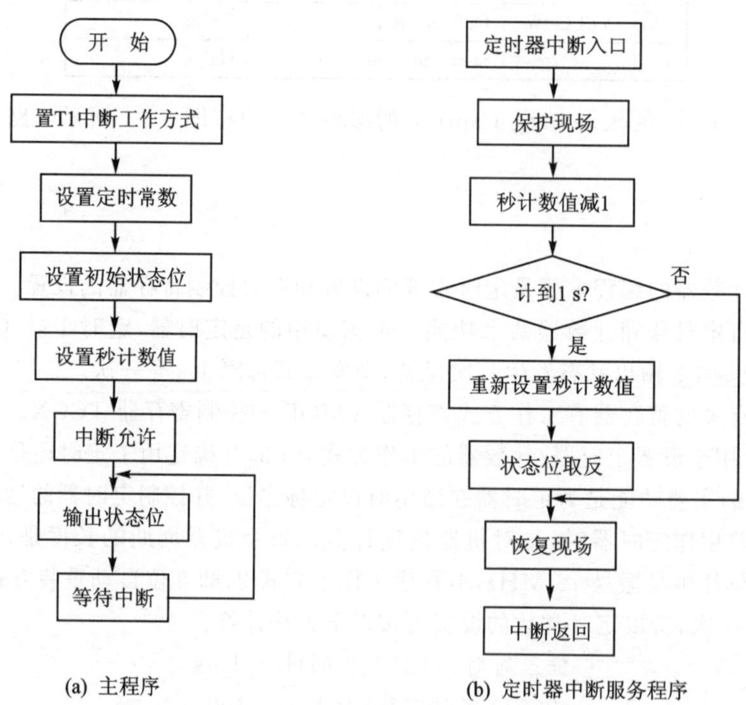

图 5-2 定时器实验的程序流程图

汇编源程序如下：

```
            ORG     00H
TICK        EQU     10000                   ;10 000×100 μs = 1 s
T100us      EQU     256 - 100               ;100 μs 时间常数(12M)
C100us      EQU     30H                     ;100 μs 计数单元
LEDBUF      EQU     40H
LED         BIT     P1.0
LJMP        START                           ;跳至主程序
            ORG     000BH                   ;中断子程序起始地址
T0INT:      PUSH    PSW                     ;状态保护
            MOV     A,C100us + 1
            JNZ     GOON
            DEC     C100us                  ;秒计数值减 1
GOON:       DEC     C100us + 1
            MOV     A,C100us
            ORL     A,C100us + 1
            JNZ     EXIT                    ;100 μs 计数器不为 0,返回
            MOV     C100us,#HIGH(TICK)      ;100 μs 计数器为 0,重置计数器
            MOV     C100us + 1,#LOW(TICK)
            CPL     LEDBUF                  ;取反 LED
EXIT:       POP     PSW
            RETI
START:      MOV     TMOD,#02H               ;方式 2,定时器
            MOV     TH0,#T100us             ;置定时器初值
            MOV     TL0,#T100us
            MOV     IE,#10000010B           ;EA = 1,IT0 = 1
            SETB    TR0                     ;开始定时
            CLR     LEDBUF
            CLR     LED
            MOV     C100us,#HIGH(TICK)      ;设置 10 000 次计数值
            MOV     C100us + 1,#LOW(TICK)
LOOP:       MOV     C,LEDBUF
            MOV     LED,C
            LJMP    LOOP
            END
```

C语言程序如下：

```
#include <reg52.h>
#define uint unsigned  int
#define uchar unsigned char
sbit led = P1^0;
uint i;
void main()
{
    TMOD = 0x02;
    TH0 = 156;TL0 = 156;
    EA = 1;TR0 = 1;ET0 = 1;
    while(1);
}
void timer0_int() interrupt 1
{
    i++;
    if(i == 10000)
```

```
    {
        i = 0;
        led = ~led;
    }
}
```

3. 调试与仿真

① 打开Keil μVision5，新建Keil项目，选择AT89C51单片机作为CPU，新建汇编源文件或者C语言源文件，编写程序，并将其导入Source Group 1中。在Options for Target窗口中，选中Output选项卡中的Create HEX File选项以及Debug选项卡中的Use：Proteus VSM Simulator选项。编译汇编源程序或C语言程序，改正程序中的错误。

② 在Schematic Capture中，选中AT89C51并单击，打开Edit Component对话框，设置单片机晶振频率为12 MHz，在Program File栏中选择先前用Keil生成的.HEX文件。在Schematic Capture的菜单栏中选择File→Save Design命令，保存设计。在Schematic Capture的菜单栏中，打开Debug下拉菜单，选中Use Remote Debug Monitor选项，以支持与Keil的联合调试。

③ 在Keil的菜单栏中选择Debug→Start/Stop Debug Session命令，或者直接单击工具栏中的Start/Stop Debug Session图标，进入程序调试环境。按F5键，顺序运行程序。调出Schematic Capture界面，可以看到发光二极管将以1 s的时间间隔闪烁，如图5-3所示。

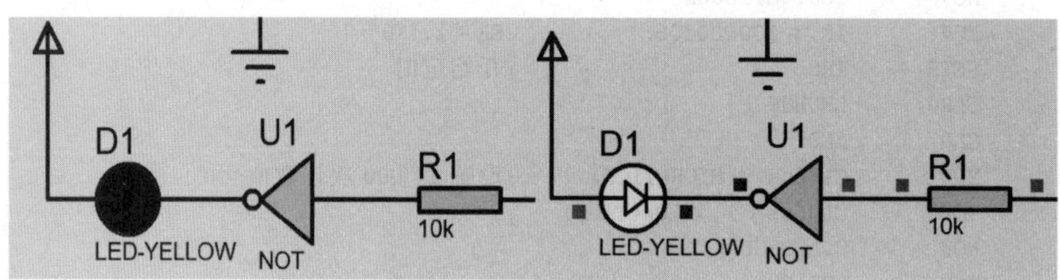

图5-3 程序运行结果

【例37】 定时/计数器T0作定时应用(一)

用AT89C51单片机的定时/计数器T0产生1 s的定时时间，作为秒计数时间。当1 s产生时，秒计数加1，秒计数到60时，自动从0开始。

1. 硬件设计

打开Schematic Capture编辑环境，按表5-2所列的元件清单添加元件。

表5-2 元件清单

元件名称	所属类	所属子类
AT89C51	Microprocessor ICs	8051 Family
CAP	Capacitors	Generic
CAP-ELEC	Capacitors	Generic

续表 5－2

元件名称	所属类	所属子类
CRYSTAL	Miscellaneous	—
RES	Resistors	Generic
7SEG－COM－CAT－GRN	Optoelectronics	7－Segment Displays
PULLUP	Modelling Primitives	Digital [Miscellaneous]

元件全部添加后，在 Schematic Capture 的编辑区域中按图 5－4 所示电路原理图连接硬件电路(晶振和复位电路略)。

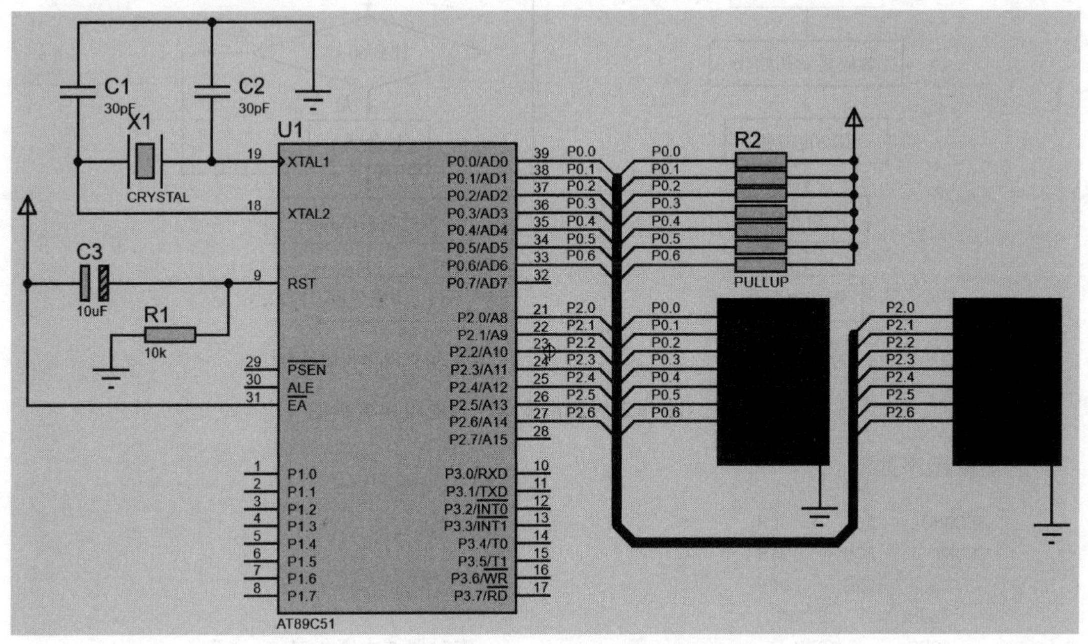

图 5－4 电路原理图

2. 程序设计

AT89C51 单片机的内部 16 位定时/计数器是一个可编程定时/计数器，它既可以工作在 13 位定时方式，也可以工作在 16 位定时方式和 8 位定时方式。设置特殊功能寄存器 TMOD 即可完成定时方式设定。定时/计数器的启动时间也是通过软件设定 TCON 寄存器来完成的。

本例选择 16 位定时工作方式，对 T0 来说，最大定时也只有 65 536 μs，即 65.536 ms，无法达到我们所需要的 1 s 定时，因此必须通过软件来处理这个问题，假设取 T0 的最大定时为 50 ms，即要定时 1 s 需要经过 20 次 50 ms 定时。对于这 20 次就可以采用软件的方法来统计了。因此，设定 TMOD＝0000 0001B，即 TMOD＝01H。

要给 T0 定时/计数器的 TH0、TL0 装入预置初值，可通过下面的公式计算得出：

$$TH0=(2^{16}-50\,000)/256 \quad (5-3)$$

$$TL0=(2^{16}-50\,000)\,MOD\,256 \quad (5-4)$$

程序流程如图 5－5 所示。

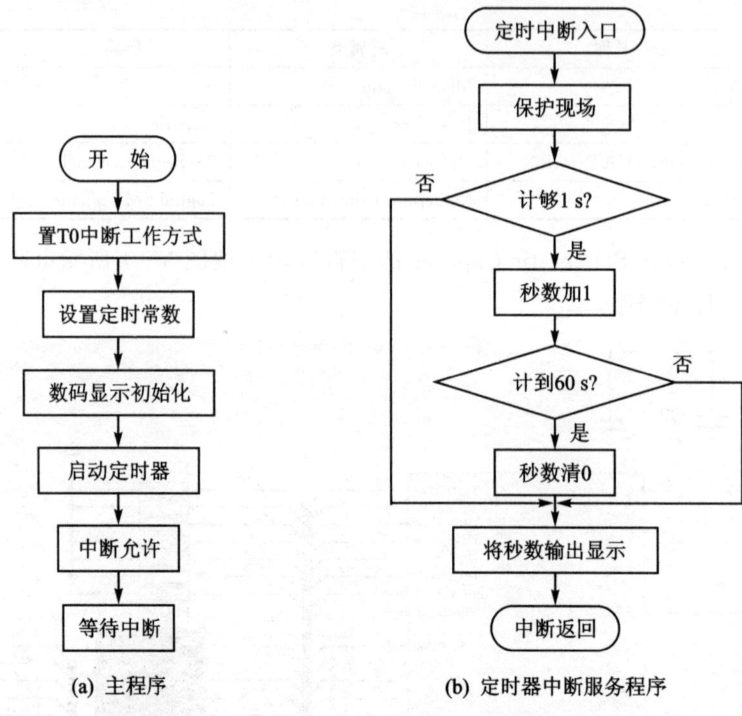

(a) 主程序　　　(b) 定时器中断服务程序

图 5－5　T0 作定时应用技术(一)的程序流程图

汇编源程序如下：

```
        SECOND     EQU        30H
        COUNT      EQU        31H
                   ORG        00H
           LJMP       START
           ORG        0BH                              ;定时器 0 中断入口
           LJMP       INT_T0
START:     MOV        SECOND,#00H
           MOV        COUNT,#00H
           MOV        DPTR,#TABLE                      ;段码表首地址
           MOV        P0,#3FH                          ;数码管显示初始化
           MOV        P2,#3FH
           MOV        TMOD,#01H                        ;设置定时器 0 工作方式
           MOV        TH0,#(65536-50000)/256           ;定时 50 ms
           MOV        TL0,#(65536-50000) MOD 256
           SETB       TR0                              ;启动定时/计数器 0
           MOV        IE,#82H                          ;开中断
           LJMP       $                                ;等待中断
INT_T0:    MOV        TH0,#(65536-50000)/256           ;定时 50 ms
           MOV        TL0,#(65536-50000) MOD 256
           INC        COUNT                            ;计数值加 1
           MOV        A,COUNT
           CJNE       A,#20,I2                         ;是否计够 1 s
           MOV        COUNT,#00H
           INC        SECOND
           MOV        A,SECOND
```

```
        CJNE    A,#60,I1                ;是否计够 60 s
        MOV     SECOND,#00H
I1:     MOV     A,SECOND
        MOV     B,#10
        DIV     AB                      ;分离计数值十位和个位
        MOVC    A,@A+DPTR
        MOV     P0,A
        MOV     A,B
        MOVC    A,@A+DPTR
        MOV     P2,A                    ;显示计数值
I2:     RETI                            ;中断返回
TABLE:  DB      3FH,06H,5BH,4FH,66H
        DB      6DH,7DH,07H,7FH,6FH
        END
```

C 语言程序如下：

```
#include <reg52.h>
#define uint unsigned  int
#define uchar unsigned char
uchar code smgduan[17] = {0x3f,0x06,0x5b,0x4f,0x66,0x6d,0x7d,0x07,
                          0x7f,0x6f};      //显示 0～9 的值
uchar  dir_buf[2];
uchar data i,j;
void display()
{
    P0 = smgduan[dir_buf[0]];               //P0 口显示
    P2 = smgduan[dir_buf[1]];               //P2 口显示
}
void main()
{
    i = 0;TMOD = 0x01;
    TH0 = -50000/256;TL0 = -50000%256;      //定时 50 ms
    EA = 1;ET0 = 1;TR0 = 1;
    while(1)
    {
        dir_buf[0] = i/10;
        dir_buf[1] = i%10;
        display();
    }
}
void t0int() interrupt 1
{
    TH0 = -50000/256;TL0 = -50000%256;      //重新赋值
    j = j+1;
    while(j==21)
    {
        j = 0;                              //1 s 到
        i++;if(i==60)i = 0;
    }
}
```

3. 调试与仿真

① 打开 Keil μVision5，新建 Keil 项目，选择 AT89C51 单片机作为 CPU，新建汇编源文件或者 C 语言源文件，编写程序，并将其导入 Source Group 1 中。在 Options for Target 窗口中，选中 Output 选项卡中的 Create HEX File 选项以及 Debug 选项卡中的 Use：Proteus VSM Simulator 选项。编译汇编源程序或 C 语言程序，改正程序中的错误。

② 在 Schematic Capture 中，选中 AT89C51 并单击，打开 Edit Component 对话框，设置单片机晶振频率为 12 MHz，在此窗口中的 Program File 栏中，选择先前用 Keil 生成的. HEX 文件。在 Schematic Capture 的菜单栏中选择 File→Save Design 命令，保存设计。在 Schematic Capture 的菜单栏中，打开 Debug 下拉菜单，选中 Use Remote Debug Monitor 选项，以支持与 Keil 的联合调试。

③ 在 Keil 的菜单栏中选择 Debug→Start/Stop Debug Session 命令，或者直接单击工具栏中的 Start/Stop Debug Session 图标，进入程序调试环境。按 F5 键，顺序运行程序。调出 Schematic Capture 界面，可以看到七段数码管显示从 0 s 到 59 s 的计数值，每个数值显示 1 s，如图 5－6 所示。

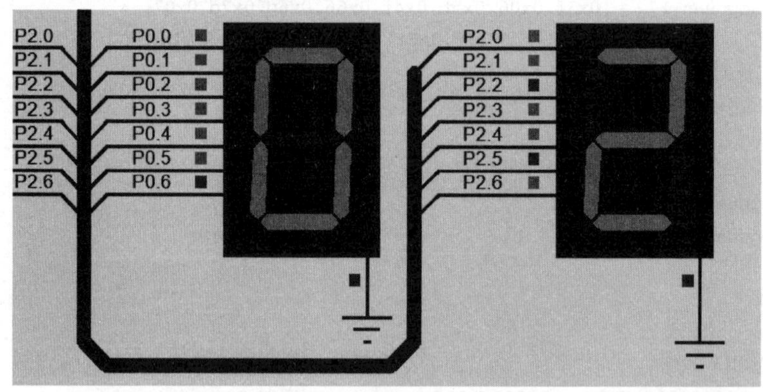

图 5－6　程序运行结果

【例 38】 定时/计数器 T0 作定时应用(二)

用 AT89C51 的定时/计数器 T0 产生 2 s 钟的定时，每当 2 s 定时到来时，更换指示灯闪烁，每个指示闪烁的频率为 0.2 s，也就是说，开始 D1 指示灯以 0.2 s 的速率闪烁，当 2 s 定时到来之后，D2 开始以 0.2 s 的速率闪烁，如此循环往复。0.2 s 的闪烁速率也由定时/计数器 T0 来完成。

1. 硬件设计

打开 Schematic Capture 编辑环境，按表 5－3 所列的元件清单添加元件。

元件全部添加后，在 Schematic Capture 的编辑区域中按图 5－7 所示电路原理图连接硬件电路。

表 5-3 元件清单

元件名称	所属类	所属子类
AT89C51	Microprocessor ICs	8051 Family
CAP	Capacitors	Generic
CAP-ELEC	Capacitors	Generic
CRYSTAL	Miscellaneous	—
RES	Resistors	Generic
LED-GREEN	Optoelectronics	LEDs

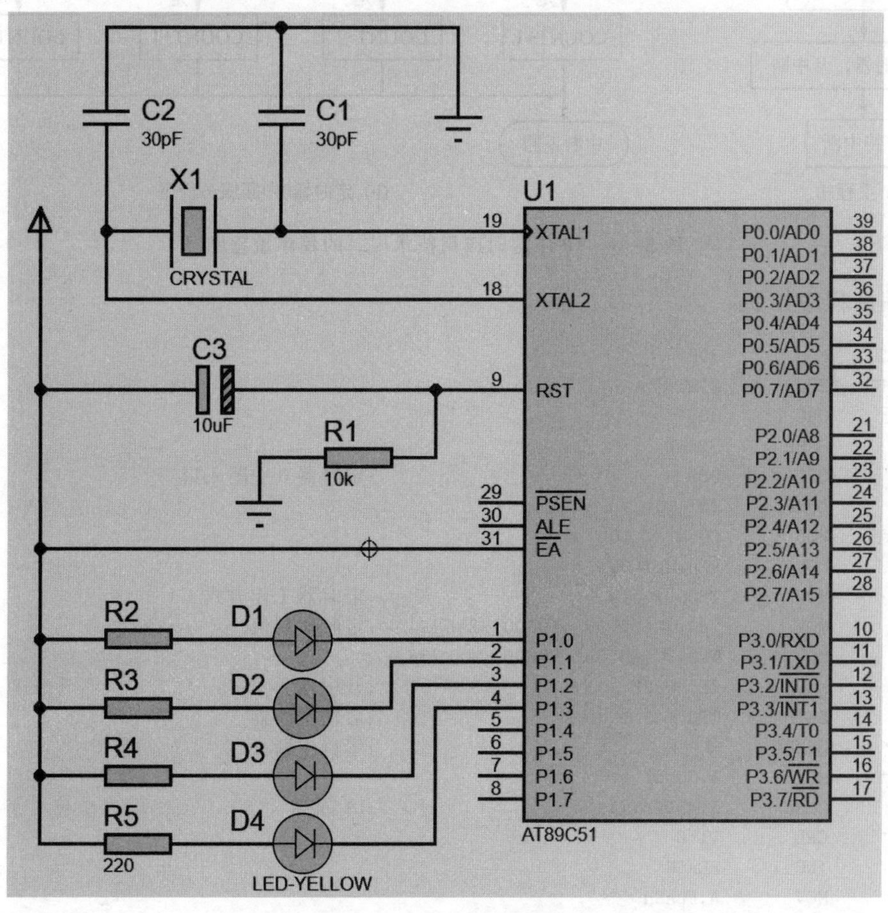

图 5-7 电路原理图

2. 程序设计

定时 2 s,采用 16 位定时 50 ms,共定时 40 次才可达到 2 s,每 50 ms 产生一中断,定时的 40 次数在中断服务程序中完成,同样,对于 0.2 s 的定时,需要 4 次中断才可达到 0.2 s。每次 2 s 定时完成时,L1～L4 要交替闪烁。采用 ID 号来识别。当 ID=0 时,D1 在闪烁;当 ID=1 时,D2 在闪烁;当 ID=2 时,D3 在闪烁;当 ID=3 时,D4 在闪烁。

程序流程如图 5-8 所示。

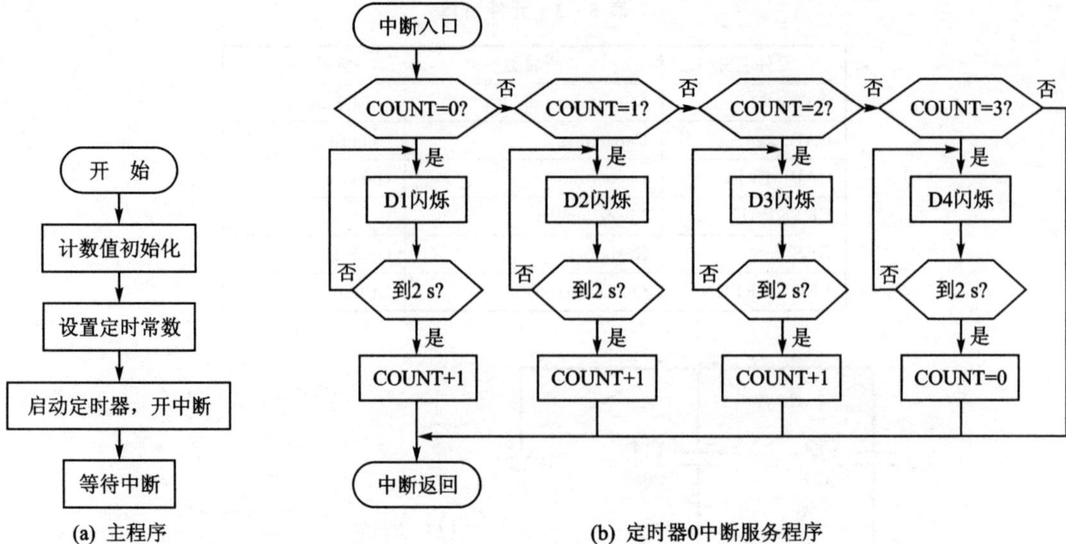

图 5－8　T0 作定时应用技术(二)的程序流程图

汇编源程序如下：

```
COUNT    EQU     30H
FLASH    EQU     31H
         ORG     00H
         SJMP    START
         ORG     0BH                         ;定时器 0 中断入口
         LJMP    INT_T0
START:   MOV     COUNT,#00H
         MOV     FLASH,#00H
         MOV     TMOD,#01H                   ;定时器工作方式 1
         MOV     TH0,#(65536 - 50000)/256    ;定时器初值
         MOV     TL0,#(65536 - 50000) MOD 256
         MOV     IE,#82H                     ;开中断
         SETB    TR0                         ;启动定时器
         SJMP    $                           ;等待中断
INT_T0:  MOV     A,COUNT
         CJNE    A,#00H,I1                   ;D1 闪烁
         CPL     P1.0
         INC     FLASH
         MOV     A,FLASH
         CJNE    A,#40,RETUNE                ;达到 2 s?
         MOV     FLASH,#00H
         INC     COUNT
         LJMP    RETUNE                      ;D2 闪烁
I1:      CJNE    A,#01H,I2
         CPL     P1.1
         INC     FLASH
         MOV     A,FLASH
         CJNE    A,#40,RETUNE                ;达到 2 s?
         MOV     FLASH,#00H
         INC     COUNT
         LJMP    RETUNE
```

```
I2:     CJNE    A,#02H,I3                    ;D3 闪烁
        CPL     P1.2
        INC     FLASH
        MOV     A,FLASH
        CJNE    A,#40,RETUNE                 ;达到 2 s?
        MOV     FLASH,#00H
        INC     COUNT
        LJMP    RETUNE
I3:     CJNE    A,#03H,RETUNE                ;D4 闪烁
        CPL     P1.3
        INC     FLASH
        MOV     A,FLASH
        CJNE    A,#40,RETUNE                 ;达到 2 s?
        MOV     FLASH,#00H
        MOV     COUNT,#00H
        LJMP    RETUNE
RETUNE: MOV     TH0,#(65536-50000)/256
        MOV     TL0,#(65536-50000) MOD 256
        RETI
        END
```

C 语言程序如下：

```
#include <reg52.h>
#define uint unsigned  int
#define uchar unsigned char
uchar k, q,j,i = 0;
bit m = 0;
void main()
{
    TMOD = 0x01;
    TH0 = (65536 - 20000)/256;TL0 = (65536 - 20000) % 256;     //定时 20 ms
    EA = 1;ET0 = 1;TR0 = 1;
    while(1)
    {
        switch(k)
        {
            case 0: if(m == 1)P1 = 0xfe;
                    if(m == 0)P1 = 0xff;break;
            case 1:if(m == 1)P1 = 0xfd;
                    if(m == 0)P1 = 0xff;break;
            case 2: if(m == 1)P1 = 0xfb;
                    if(m == 0)P1 = 0xff;break;
            case 3:if(m == 1)P1 = 0xf7;
                    if(m == 0)P1 = 0xff;break;
        }
    }
}
void t0int() interrupt 1
{
    TH0 = (65536 - 20000)/256;TL0 = (65536 - 20000) % 256;     //重新赋值
    j++;q++;
    if(j == 100)                                               //2 s
    {
```

```
        j = 0;k ++ ;if(k == 4)k = 0;
      }
      if(q == 10)
        {m = ~m;q = 0;}                                    //0.2 s闪烁
    }
```

3. 调试与仿真

① 打开 Keil μVision5,新建 Keil 项目,选择 AT89C51 单片机作为 CPU,新建汇编源文件或者 C 语言源文件,编写程序,并将其导入 Source Group 1 中。在 Options for Target 窗口中,选中 Output 选项卡中的 Create HEX File 选项以及 Debug 选项卡中的 Use:Proteus VSM Simulator 选项。编译汇编源程序或 C 语言程序,改正程序中的错误。

② 在 Schematic Capture 中,选中 AT89C51 并单击,打开 Edit Component 对话框,设置单片机晶振频率为 12 MHz,并在此窗口中的 Program File 栏中,选择先前用 Keil 生成的 .HEX 文件。在 Schematic Capture 的菜单栏中选择 File→Save Design 命令,保存设计。在 Schematic Capture 的菜单栏中,打开 Debug 下拉菜单,选中 Use Remote Debug Monitor 选项,以支持与 Keil 的联合调试。

③ 在 Keil 的菜单栏中选择 Debug→Start/Stop Debug Session 命令,或者直接单击工具栏中的 Start/Stop Debug Session 图标,进入程序调试环境。按 F5 键,顺序运行程序。调出 Schematic Capture 界面,可以看到 4 个发光二极管轮流闪烁,如图 5-9 所示。

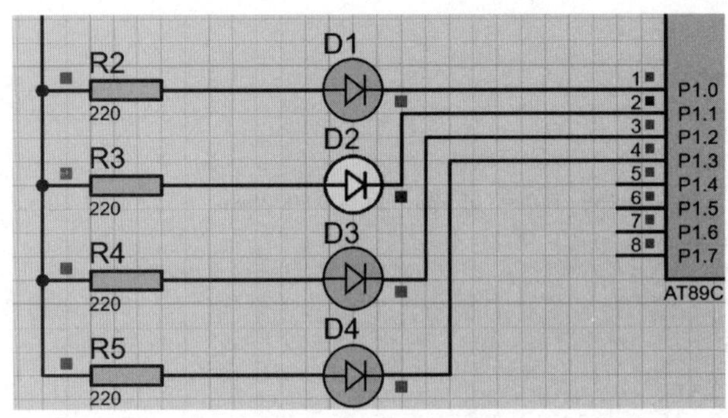

图 5-9 程序运行结果

【例 39】 秒表设计

设计要求:开始时显示 00,第 1 次按下 SP1 后从 0 s 开始计时到 9.9 s,显示精度为 0.1 s;第 2 次按下 SP1 后,计时停止,显示当前计时值;第 3 次按 SP1 后,计时归零。

1. 硬件设计

打开 Schematic Capture 编辑环境,按表 5-4 所列的元件清单添加元件。

元件全部添加后,在 Schematic Capture 的编辑区域中按图 5-10 所示电路原理图连接硬件电路(晶振和复位电路略)。

表 5－4　元件清单

元件名称	所属类	所属子类
AT89C51	Microprocessor ICs	8051 Family
CAP	Capacitors	Generic
CAP－ELEC	Capacitors	Generic
CRYSTAL	Miscellaneous	—
RES	Resistors	Generic
7SEG－COM－CAT－GRN	Optoelectronics	7－Segment Displays
PULLUP	Modelling Primitives	Digital [Miscellaneous]
BUTTON	Switches & Relays	Switches

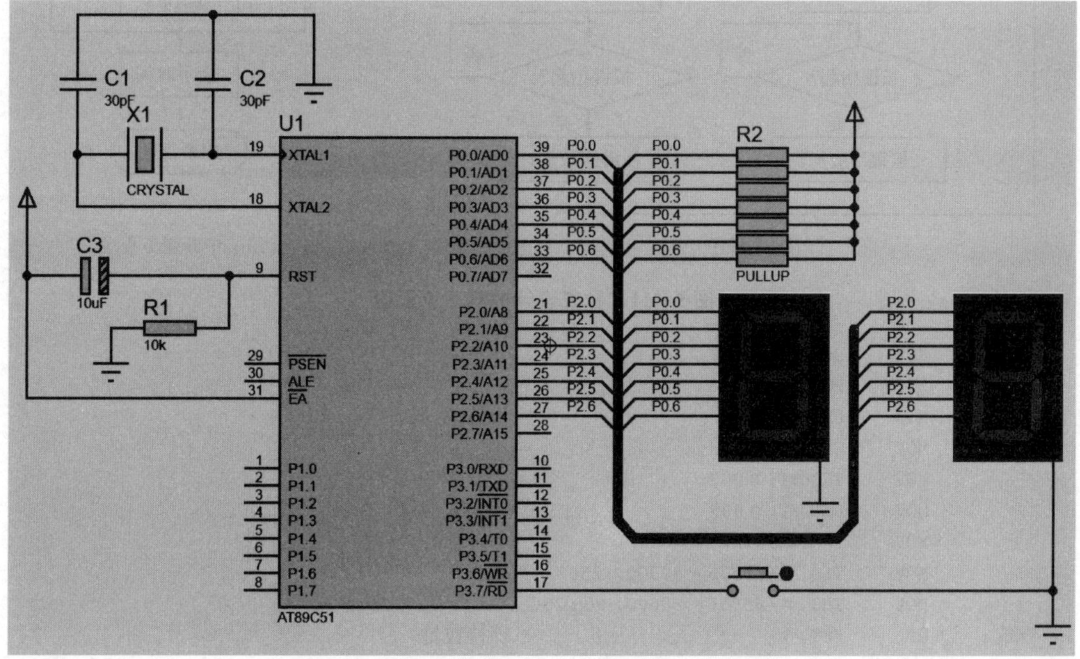

图 5－10　电路原理图

2. 程序设计

程序流程如图 5－11 所示。

汇编源程序如下：

```
SECOND  EQU   30H
TCOUNT  EQU   31H
KCOUNT  EQU   32H
KEY     BIT   P3.7
        ORG   00H
        SJMP  START
        ORG   0BH
        LJMP  INT_T0
```

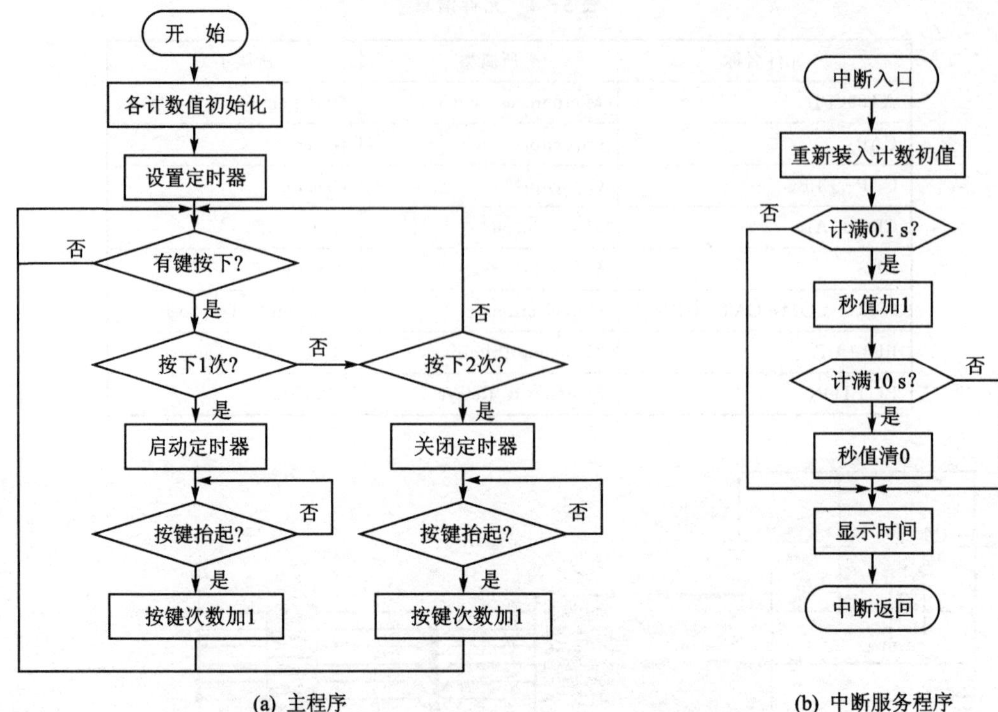

图 5-11　秒表设计的程序流程图

```
START:  MOV     DPTR,#TABLE
        MOV     P0,#3FH
        MOV     P2,#3FH                          ;开始,数码管显示 00
        MOV     SECOND,#00H
        MOV     TCOUNT,#00H
        MOV     KCOUNT,#00H
        MOV     TMOD,#01H                        ;定时器 0 工作在方式 1
        MOV     TL0,#(65536-50000)/256
        MOV     TH0,#(65536-50000) MOD 256
K1:     JB      KEY,$                            ;等待按键
        LCALL   DELAY
        JB      KEY,$
        MOV     A,KCOUNT
        CJNE    A,#00H,K2                        ;判断按键次数
        SETB    TR0                              ;第 1 次按键,启动定时器
        MOV     IE,#82H
        JNB     KEY,$
        INC     KCOUNT                           ;按键抬起,按键次数值加 1
        LJMP    K1
K2:     CJNE    A,#01H,K3
        CLR     TR0                              ;第 2 次按键,关闭定时器
        MOV     IE,#00H
        JNB     KEY,$
        INC     KCOUNT                           ;按键抬起,按键次数值加 1
        LJMP    K1
K3:     CJNE    A,#02H,K1                        ;第 3 次按键,返回初始状态
```

```
         JNB      KEY,$
         LJMP     START
INT_T0:  MOV      TH0,#(65536-50000)/256
         MOV      TL0,#(65536-50000) MOD 256
         INC      TCOUNT
         MOV      A,TCOUNT
         CJNE     A,#2,I2                  ;是否计满 0.1 s
         MOV      TCOUNT,#00H
         INC      SECOND
         MOV      A,SECOND
         CJNE     A,#100,I1                ;是否计满 10 s
         MOV      SECOND,#00H
I1:      MOV      A,SECOND
         MOV      B,#10
         DIV      AB
         MOVC     A,@A+DPTR                ;显示时间
         MOV      P0,A
         MOV      A,B
         MOVC     A,@A+DPTR
         MOV      P2,A
I2:      RETI
TABLE:   DB       3FH,06H,5BH,4FH,66H
         DB       6DH,7DH,07H,7FH,6FH
DELAY:   MOV      R6,#20
D1:      MOV      R7,#250
         DJNZ     R7,$
         DJNZ     R6,D1
         RET
         END
```

C 语言程序如下：

```
#include <reg52.h>
#define uint unsigned  int
#define uchar unsigned char
uchar code smgduan[17] = {0x3f,0x06,0x5b,0x4f,0x66,0x6d,0x7d,0x07,
                          0x7f,0x6f};     //显示 0～9 的值
uchar  dir_buf[2];
uchar data i,k,j = 5;
sbit k1 = P3^7;
void display()
{
    P0 = smgduan[dir_buf[0]];            //P0 口显示
    P2 = smgduan[dir_buf[1]];            //P2 口显示
}
void delay(uint j)                       //延时函数
{
  while(j--);
}
void main()
{
    TMOD = 0x01;
    TH0 = -20000/256;TL0 = -20000%256;   //定时 20 ms
```

```
    EA = 1;ET0 = 1;
    while(1)
    {
        if(k1 == 0)
        {
            delay(100);                                    //消除抖动
            if(k1 == 0)
            {
                k = k + 1;
                if(k == 1)
                {TR0 = 1;}
                if(k == 2||k == 0)
                {TR0 = 0;}
                if(k == 3)
                {i = 0;TR0 = 0;k = 0;}
                while(!k1);                                //判断按键是否抬起
            }
        }
        dir_buf[0] = i/10;
        dir_buf[1] = i % 10;
        display();
    }
}
void t0int() interrupt 1
{
    TH0 = -20000/256;TL0 = -20000 % 256;                   //重新赋值
    j = j - 1;
    while(j == 0)
    {
        j = 5;                                             //1 s 到
        i++ ;if(i == 100)i = 0;
    }
}
```

3. 调试与仿真

① 打开 Keil μVision5，新建 Keil 项目，选择 AT89C51 单片机作为 CPU，新建汇编源文件或者 C 语言源文件，编写程序，并将其导入 Source Group 1 中。在 Options for Target 窗口中，选中 Output 选项卡中的 Create HEX File 选项以及 Debug 选项卡中的 Use:Proteus VSM Simulator 选项。编译汇编源程序或 C 语言程序，改正程序中的错误。

② 在 Schematic Capture 中，选中 AT89C51 并单击，打开 Edit Component 对话框，设置单片机晶振频率为 12 MHz，并在 Program File 栏中选择先前用 Keil 生成的.HEX 文件。在 Schematic Capture 的菜单栏中选择 File→Save Design 命令，保存设计。在 Schematic Capture 的菜单栏中，打开 Debug 下拉菜单，选中 Use Remote Debug Monitor 选项，以支持与 Keil 的联合调试。

③ 在 Keil 的菜单栏中选择 Debug→Start/Stop Debug Session 命令，或者直接单击工具栏中的 Start/Stop Debug Session 图标，进入程序调试环境。按 F5 键，顺序运行程序。调出 Schematic Capture 界面，按动按键，则数码管将按要求显示，如图 5-12 所示。

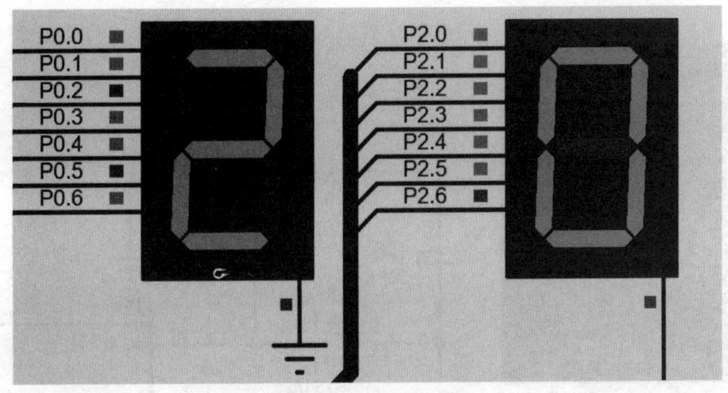

图 5－12　程序运行结果

【例 40】“嘀、嘀”报警声

用 AT89C51 单片机产生“嘀、嘀”报警声，声音信号从 P1.0 端口输出，产生频率为 500 Hz，要求扬声器响 0.25 s，停 0.25 s，反复循环。

51 单片机如果采用 11.059 2 MHz 的晶振，则一个机器周期等于 12 的震荡周期（晶振频率的倒数），即每个机器周期约为 1.085 μs，其计算方法分析如下：

如果晶振是 11.059 2 MHz，则一个机器周期等于(1 s/11.0592 MHz)×12×106＝1.085 μs，如果采用 12 MHz 的晶振，则一个机器周期等于(1 s/12 MHz)×12×106＝1 μs。

以采用 12 MHz 的晶振，利用 51 单片机的定时器 0 产生 1 kHz 为例，分析如下：500 Hz 是 1 s 内产生 500 次周期为 2 000 μs 的方波（高电平 1 000 μs，低电平 1 000 μs），取半个周期记为 t＝1 000 μs。

1. 硬件设计

打开 Schematic Capture 编辑环境，按表 5－5 所列的元件清单添加元件。

表 5－5　元件清单

元件名称	所属类	所属子类
AT89C51	Microprocessor ICs	8051 Family
CAP	Capacitors	Generic
CAP－ELEC	Capacitors	Generic
CRYSTAL	Miscellaneous	—
RES	Resistors	Generic
2N1711	Transistors	Bipolar
SOUNDER	Speakers & Sounders	—

元件全部添加后，在 Schematic Capture 的编辑区域中按图 5－13 所示电路原理图连接硬件电路。

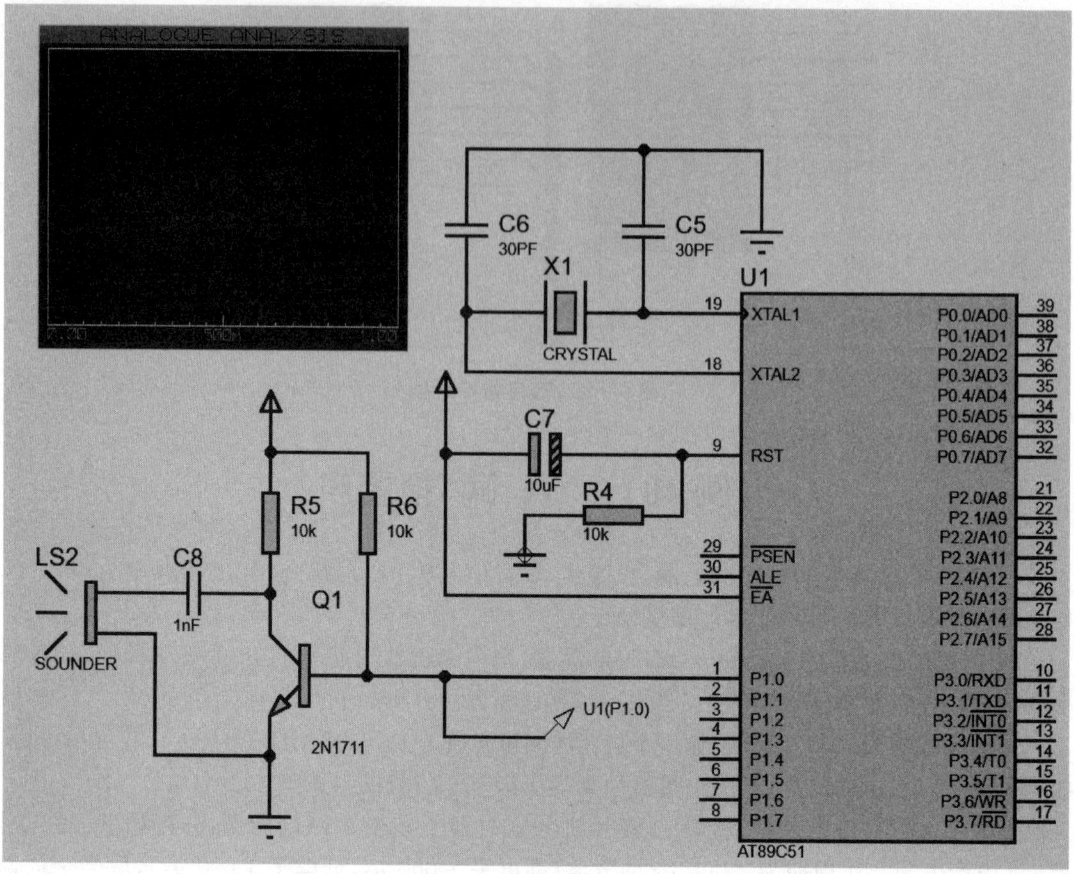

图 5－13　电路原理图

2. 程序设计

先用 0.25 s 从 P1.0 输出 500 Hz 方波，接着用 0.25 s 从 P1.0 输出电平信号，如此循环下去，就形成我们所需的报警声了。

要产生上面的信号，可以把上面的信号分成两部分，一部分为 500 Hz 方波，占用时间为 0.25 s；另一部分为电平，也是占用 0.25 s。因此，利用单片机的定时/计数器 T0 作为定时，可以定时 0.25 s。同时，也要用单片机产生 500 Hz 的方波，对于 500 Hz 的方波信号周期为 2 ms，高电平占用 1 ms，低电平占用 1 ms，采用定时器 T0 来完成 1 ms 的定时。最后，可以选定定时/计数器 T0 的定时时间为 1 ms，定时 0.25 s 则是 1 ms 的 250 倍，也就是说以 1 ms 定时循环 250 次就达到 0.25 s 的定时时间了。

程序流程如图 5－14 所示。

汇编源程序如下：

```
TCOUNT      EQU       30H
FLAG        BIT       00H
            ORG       00H
            SJMP      START
```

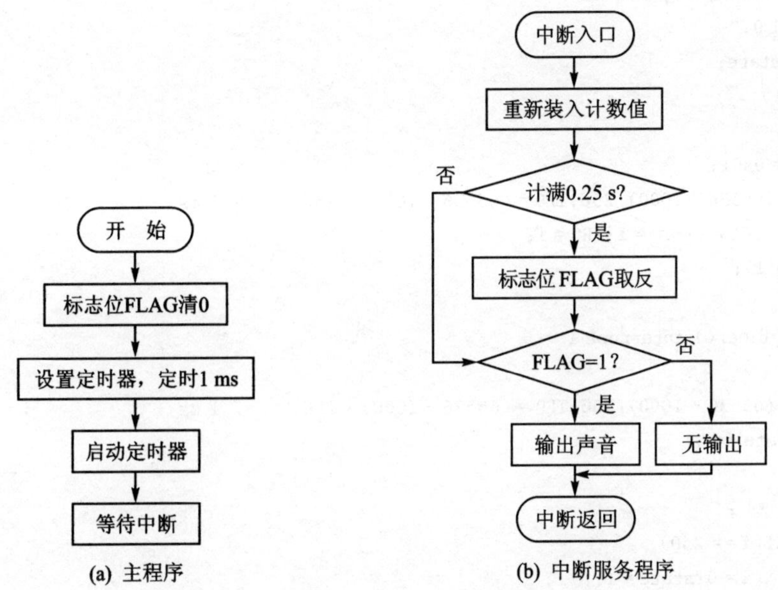

图 5－14 产生“嘀、嘀”报警声的程序流程图

```
         ORG     0BH
         LJMP    INT_T0
START:   CLR     FLAG                         ;标志位
         MOV     TCOUNT,#00H
         MOV     TCOUNT,#00H
         MOV     TMOD,#01H
         MOV     TH0,#(65536－1000)/256
         MOV     TL0,#(65536－1000)MOD 256
         MOV     IE,#82H                      ;开中断
         SETB    TR0                          ;启动定时器
         SJMP    $
INT_T0:  MOV     TH0,#(65536－1000)/256
         MOV     TL0,#(65536－1000)MOD 256
         INC     TCOUNT
         MOV     A,TCOUNT
         CJNE    A,#250,I1                    ;是否计满 0.25 s
         CPL     FLAG
         MOV     TCOUNT,#00H
I1:      JB      FLAG,I2                      ;检查标志位
         CPL     P1.0
         SJMP    RETUNE
I2:      CLR     P1.0
RETUNE:  RETI
         END
```

C 语言程序如下：

```
#include <reg52.h>
#define uint unsigned  int
```

```
#define uchar unsigned char
sbit f = P1^0;
uint i,k,state;
void main()
{
    TMOD = 0x01;
    TH0 = (65536 - 1000)/256;TL0 = (65536 - 1000) % 256;     //1 ms
    TR0 = 1;EA = 1;ET0 = 1;TR0 = 1;
    while(1);
}
void int0_timer() interrupt 1
{
    TH0 = (65536 - 1000)/256;TL0 = (65536 - 1000) % 256;     //1 ms
    if(state == 0)
    {
        i ++ ;
        if(i == 250)
          {i = 0;state = 1;}
        if(i < 250)                                           //500 Hz 方波延迟 250 ms
          {f = ~f;}
    }
    if(state == 1)
    {   k ++ ;
       if(k == 250)
         {k = 0;state = 0;}
       if(k < 250)                                            //高电平，延迟 250 ms
         {f = 1;}
    }
}
```

3. 调试与仿真

① 打开 Keil μVision5，新建 Keil 项目，选择 AT89C51 单片机作为 CPU，新建汇编源文件或者 C 语言源文件，编写程序，并将其导入 Source Group 1 中。在 Options for Target 窗口中，选中 Output 选项卡中的 Create HEX File 选项以及 Debug 选项卡中的 Use：Proteus VSM Simulator 选项。编译汇编源程序或者 C 语言程序，改正程序中的错误。

② 在 Schematic Capture 中，选中 AT89C51 并单击，打开 Edit Component 对话框，设置单片机晶振频率为 12 MHz，在此窗口中的 Program File 栏中，选择先前用 Keil 生成的.HEX 文件。在 Schematic Capture 的菜单栏中选择 File→Save Design 命令，保存设计。在 Schematic Capture 的菜单栏中，打开 Debug 下拉菜单，选中 Use Remote Debug Monitor 选项，以支持与 Keil 的联合调试。

③ 在 Keil 的菜单栏中选择 Debug→Start/Stop Debug Session 命令，或者直接单击工具栏中的 Start/Stop Debug Session 图标，进入程序调试环境。按 F5 键，顺序运行程序。调出 Schematic Capture 界面，可听见“嘀、嘀”报警声，P1.0 口输出的波形如图 5-15 所示。

图 5-15 程序运行结果

【例 41】 "叮咚"门铃声

设计要求：当按下开关 SP1 时，AT89C51 单片机产生"叮咚"门铃声，从 P1.0 端口输出到放大电路，经过放大后送入扬声器发声。

1. 硬件设计

打开 Schematic Capture 编辑环境，按表 5-6 所列的元件清单添加元件。

表 5-6 元件清单

元件名称	所属类	所属子类
AT89C51	Microprocessor ICs	8051 Family
CAP	Capacitors	Generic
CAP-ELEC	Capacitors	Generic
CRYSTAL	Miscellaneous	—
RES	Resistors	Generic
2N1711	Transistors	Bipolar
SOUNDER	Speakers & Sounders	—
BUTTON	Switches & Relays	Switches

元件全部添加后，在 Schematic Capture 的编辑区域中按图 5-16 所示电路原理图连接硬件电路。

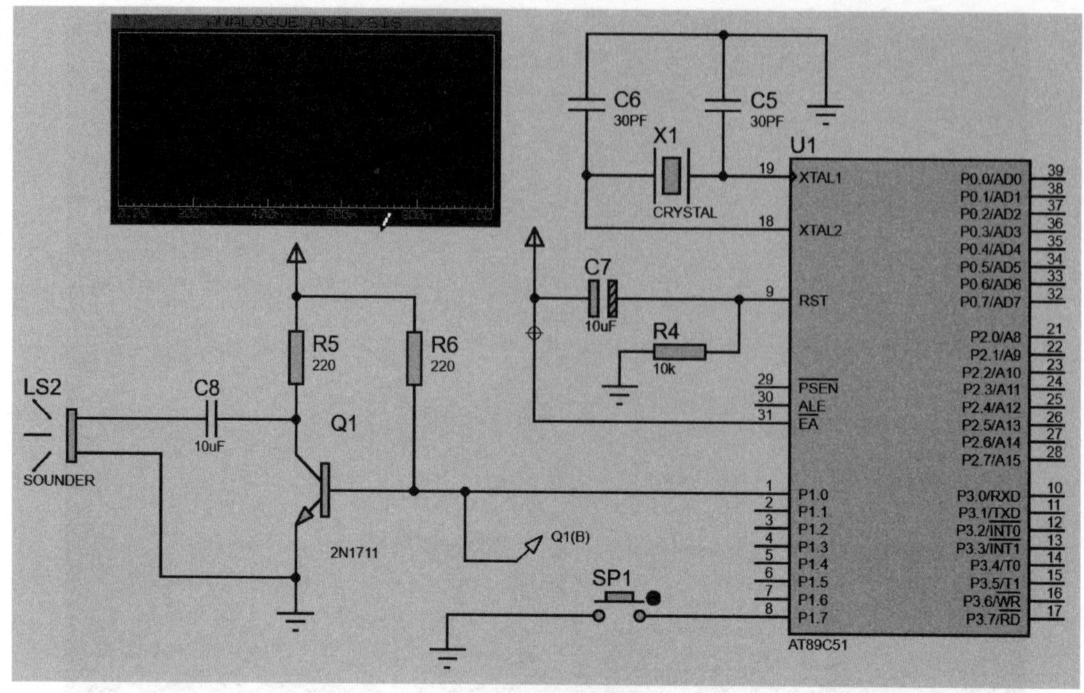

图 5-16 电路原理图

2. 程序设计

用单片机的定时/计数器 T0 来产生 700 Hz 和 500 Hz 的频率，700 Hz 声音响 0.35 s，500 Hz 声音响 0.5 s。当按键按下时，启动定时器。

程序流程如图 5-17 所示。

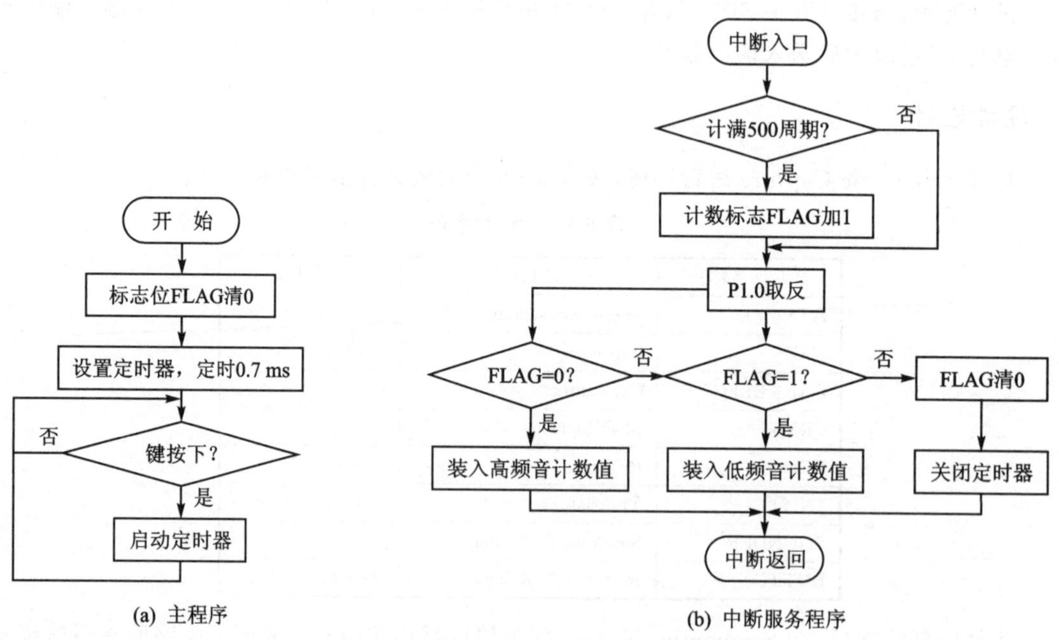

图 5-17 产生“叮咚”门铃声的程序流程图

汇编源程序如下：

```
KEY     BIT     P1.7
LCNT    EQU     30H
HCNT    EQU     31H
FLAG    EQU     33H                          ;计数标志
        ORG     00H
        SJMP    START
        ORG     0BH                          ;中断入口
        LJMP    INT_T0
START:  MOV     LCNT,#00H
        MOV     HCNT,#00H
        CLR     FLAG
        MOV     TMOD,#01H
        MOV     TH0,#(65536-700)/256         ;定时 0.7 ms
        MOV     TL0,#(65536-700)MOD 256
S1:     JB      KEY,$                        ;等待按键
        LCALL   DELAY
        JB      KEY,$
        MOV     IE,#82H
        SETB    TR0
        SJMP    S1
INT_T0: INC     LCNT
        MOV     A,LCNT
        CJNE    A,#100,I1
        MOV     LCNT,#00H
        INC     HCNT
        MOV     A,HCNT
        CJNE    A,#05H,I1                    ;输出500个周期方波
        MOV     HCNT,#00H
        INC     FLAG                         ;计数标志加1
I1:     CPL     P1.0
        MOV     A,FLAG
        CJNE    A,#00H,I2
        LJMP    K1                           ;FLAG=0,发高频音
I2:     MOV     A,FLAG
        CJNE    A,#01H,I3
        LJMP    K2                           ;FLAG=1,发低频音
I3:     MOV     A,FLAG
        CJNE    A,#02H,I1
        MOV     FLAG,#00H
        CLR     TR0                          ;FLAG=2,关定时器
        LJMP    RETUNE
K1:     MOV     TH0,#(65536-700)/256         ;高频音
        MOV     TL0,#(65536-700)MOD 256
        LJMP    RETUNE
K2:     MOV     TH0,#(65536-1000)/256        ;低频音
        MOV     TL0,#(65536-1000)MOD 256
RETUNE: RETI
DELAY:  MOV     R5,#20
D1:     MOV     R6,#250
        DJNZ    R6,$
        DJNZ    R5,D1
        RET
```

```
END
```

C语言程序如下：

```
#include <reg52.h>
#define uint unsigned  int
#define uchar unsigned char
sbit k1 = P1^7;
sbit f = P1^0;
uint k,b;
bit state;
void delay(uint i)
{
   while(i--);
}
void main()
{
    TMOD = 0x01;
    TH0 = (65536 - 500)/256;TL0 = (65536 - 500) % 256;
    EA = 1;ET0 = 1;
    while(1)
    {
        if(k1 == 0)                     //检测按键
        {
            delay(1000);
            if(k1 == 0)
            {
                TR0 = 1;
            }
        }
    }
}
void timer0() interrupt 1
{
    if(state == 0)
    { TH0 = (65536 - 700)/256;TL0 = (65536 - 700) % 256;
        k++;if(k == 500){state = 1;k = 0;}
        if(k < 1000)                    //产生700 Hz方波持续350 ms
        f = ~f;
    }
    if(state == 1)
    { TH0 = (65536 - 1000)/256;TL0 = (65536 - 1000) % 256;
        b++;if(b == 500){b = 0;state = 0;TR0 = 0;}
        if(b < 500)                     //产生1 kHz方波持续500 ms
        {f = ~f;}
    }
}
```

3. 调试与仿真

① 打开Keil μVision5，新建Keil项目，选择AT89C51单片机作为CPU，新建汇编源文件或者C语言源文件，编写程序，并将其导入Source Group 1中。在Options for Target窗口中，选中Output选项卡中的Create HEX File选项以及Debug选项卡中的Use:Proteus VSM

Simulator 选项。编译汇编源程序或C语言程序，改正程序中的错误。

② 在 Schematic Capture 中，选中 AT89C51 并单击，打开 Edit Component 对话框，设置单片机晶振频率为 12 MHz，并在 Program File 栏中选择先前用 Keil 生成的.HEX 文件。在 Schematic Capture 的菜单栏中选择 File→Save Design 命令，保存设计。在 Schematic Capture 的菜单栏中，打开 Debug 下拉菜单，选中 Use Remote Debug Monitor 选项，以支持与 Keil 的联合调试。

③ 在 Keil 的菜单栏中选择 Debug→Start/Stop Debug Session 命令，或者直接单击工具栏中的 Start/Stop Debug Session 图标，进入程序调试环境。按 F5 键，顺序运行程序。调出 Schematic Capture 界面，可听见"叮咚"门铃声，P1.0 口输出的波形如图 5-18 所示。

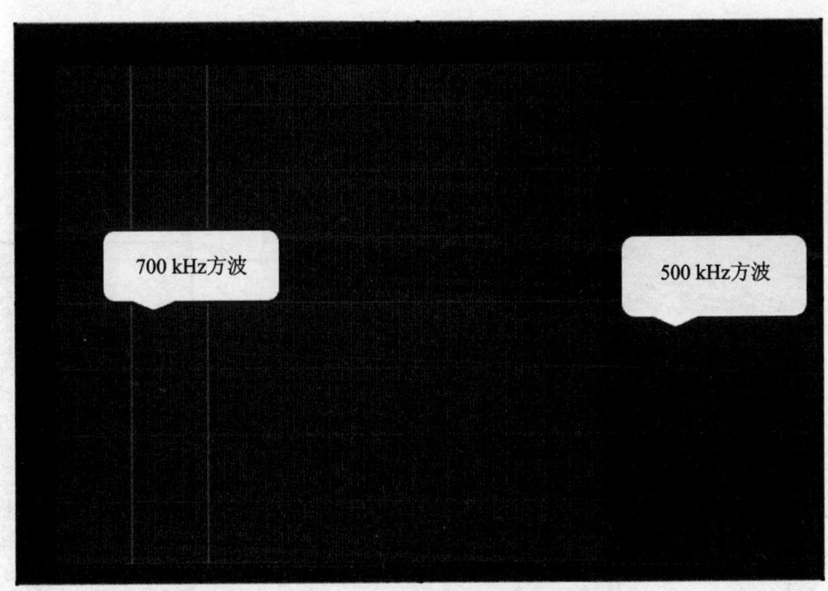

图 5-18 程序运行结果

【例 42】 报警器

用 P1.0 输出 1 kHz 和 500 Hz 的音频信号驱动扬声器，作为报警信号，要求 1 kHz 信号响 100 ms，500 Hz 信号响 200 ms，交替进行；P1.7 接一开关进行控制，当开关合上时响报警信号，当开关断开时报警信号停止。

1. 硬件设计

打开 Schematic Capture 编辑环境，按表 5-7 所列的元件清单添加元件。

表 5-7 元件清单

元件名称	所属类	所属子类
AT89C51	Microprocessor ICs	8051 Family
CAP	Capacitors	Generic

续表 5－7

元件名称	所属类	所属子类
CAP－ELEC	Capacitors	Generic
CRYSTAL	Miscellaneous	—
RES	Resistors	Generic
2N1711	Transistors	Bipolar
SOUNDER	Speakers & Sounders	—
BUTTON	Switches & Relays	Switches

元件全部添加后，在 Schematic Capture 的编辑区域中按图 5－19 所示电路原理图连接硬件电路。

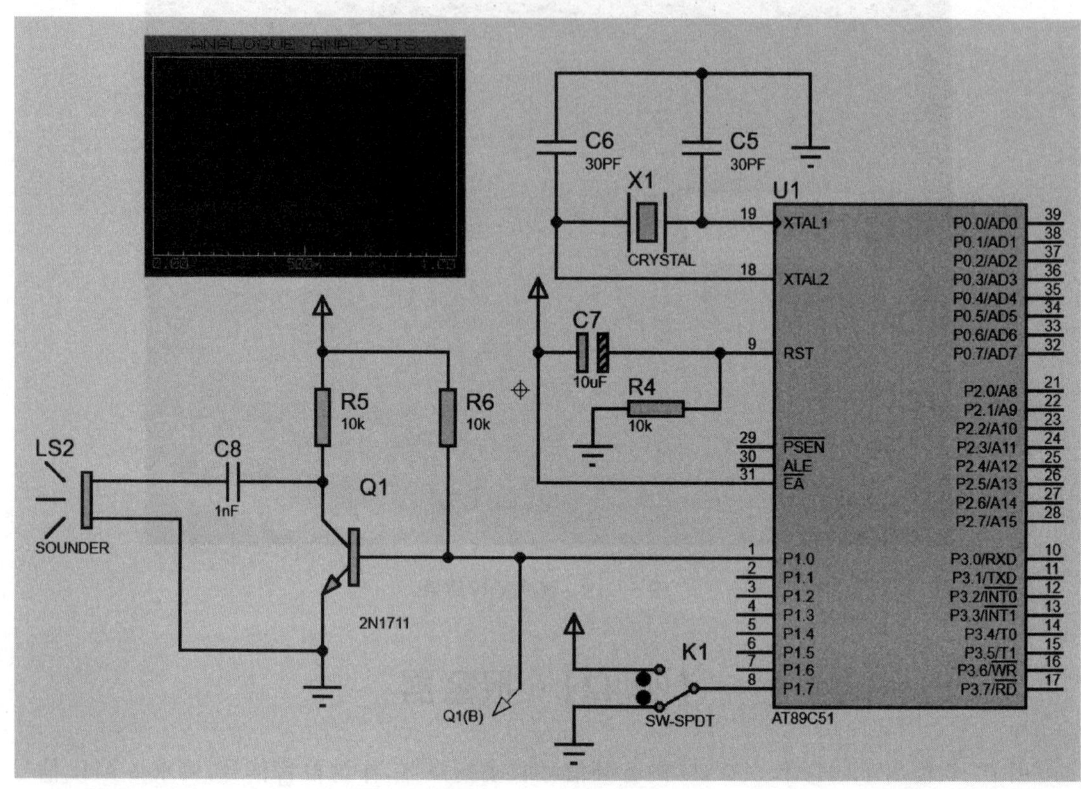

图 5－19 电路原理图

2. 程序设计

程序流程如图 5－20 所示。

汇编源程序如下：

```
FLAG    BIT     00H
        ORG     00H
START:  JB      P1.7,START              ;判断按键状态
        JNB     FLAG,NEXT               ;判断标志位
        MOV     R2,#200                 ;置计数值
DV:     CPL     P1.0
```

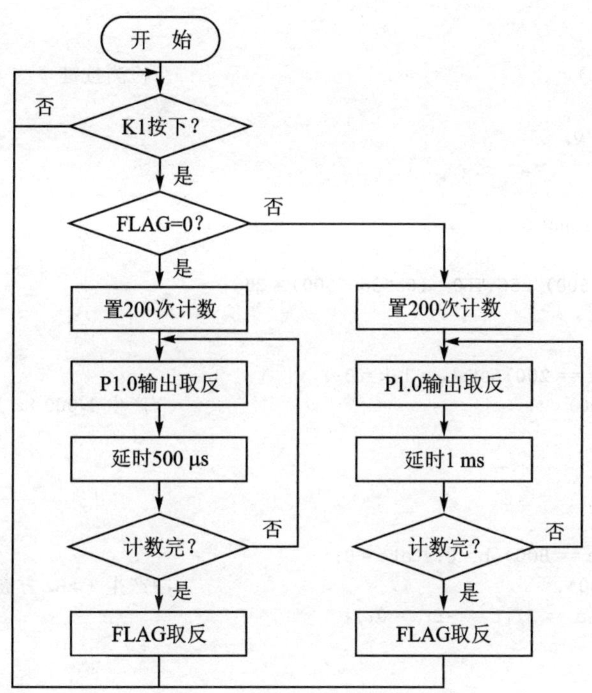

图 5－20 报警器的程序流程图

```
          LCALL     DELY500
          LCALL     DELY500             ;延时 1 ms
          DJNZ      R2,DV
          CPL       FLAG                ;标志位取反
NEXT:     MOV       R2,#200             ;置计数值
DV1:      CPL       P1.0
          LCALL     DELY500             ;延时 0.5 ms
          DJNZ      R2,DV1
          CPL       FLAG                ;标志位取反
          SJMP      START
DELY500:  MOV       R7,#250
LOOP:     NOP
          DJNZ      R7,LOOP
          RET
          END
```

C 语言程序如下：

```
#include <reg52.h>
#define uint unsigned  int
#define uchar unsigned char
sbit k1 = P1^7;
sbit f = P1^0;
uint k,a,b;
bit state;
void main()
{
    TH0 = (65536 - 500)/256;TL0 = (65536 - 500) % 256;      //定时器模式 0
    EA = 1;ET0 = 1; TMOD = 0x01;                            //模式一
```

```
    while(1)
    {
        if(k1 == 0)                                    //检测按键
        {TR0 = 1;}
        else TR0 = 0;
    }
}
void timer0() interrupt 1
{
    TH0 = (65536 - 500)/256;TL0 = (65536 - 500) % 256;
    if(state == 0)
    {
        k ++ ;if(k == 200){state = 1;k = 0;}
        if(k < 200)                                    //产生 1 000 Hz 方波持续 100 ms
        f = ~f;
    }
    if(state == 1)
    {
        b ++ ;if(b == 800){b = 0;state = 0;}
        if(b < 800)                                    //产生 1 kHz 方波持续 200 ms
        {a ++ ;if(a == 2){f = ~f;a = 0;}}
    }
}
```

3. 调试与仿真

① 打开 Keil μVision5，新建 Keil 项目，选择 AT89C51 单片机作为 CPU，新建汇编源文件，编写程序，并将其导入 Source Group 1 中。在 Options for Target 窗口中，选中 Output 选项卡中的 Create HEX File 选项以及 Debug 选项卡中的 Use:Proteus VSM Simulator 选项。编译汇编源程序或 C 语言程序，改正程序中的错误。

② 在 Schematic Capture 中，选中 AT89C51 并单击，打开 Edit Component 对话框，设置单片机晶振频率为 12 MHz，并在 Program File 栏中选择先前用 Keil 生成的.HEX 文件。在 Schematic Capture 的菜单栏中选择 File→Save Design 命令，保存设计。在 Schematic Capture 的菜单栏中，打开 Debug 下拉菜单，选中 Use Remote Debug Monitor 选项，以支持与 Keil 的联合调试。

③ 在 Keil 的菜单栏中选择 Debug→Start/Stop Debug Session 命令，或者直接单击工具栏中的 Start/Stop Debug Session 图标，进入程序调试环境。按 F5 键，顺序运行程序。调出 Schematic Capture 界面，可听见报警声，P1.0 口输出的波形如图 5－21 所示。

【例 43】 计数器设计

从 AT89C51 单片机的 P3.4 口输出外部时钟，编写程序，对外部脉冲个数进行计数，并将计数值用 8 位发光二极管以二进制数显示出来。

1. 硬件设计

打开 Schematic Capture 编辑环境，按表 5－8 所列的元件清单添加元件。

图 5-21 程序运行结果

表 5-8 元件清单

元件名称	所属类	所属子类
AT89C51	Microprocessor ICs	8051 Family
CAP	Capacitors	Generic
CAP-ELEC	Capacitors	Generic
CRYSTAL	Miscellaneous	—
RES	Resistors	Generic
LED-YELLOW	Optoelectronics	LEDs
74LS373	TTL 74LS Series	Flip-Flops & Latches
NOT	Simulator Primitives	Gates

元件全部添加后，在 Schematic Capture 的编辑区域中按图 5-22 所示的原理图连接硬件电路。图中外部时钟频率为 1 Hz，幅度为 5 V，占空比为 50%。

2. 程序设计

AT89C51 内部定时/计数器用作计数器，外部事件计数脉冲由 P3.4 引入定时器 T0。单片机在每个机器周期采样一次 T0 引脚的输入波形，如果有跳变，则计数值自动加 1。

程序流程如图 5-23 所示。

汇编源程序如下：

```
ORG     0
MOV     TMOD,#00000101B           ;置 T0 计数器方式 1
MOV     TH0,#0                    ;置 T0 初值
```

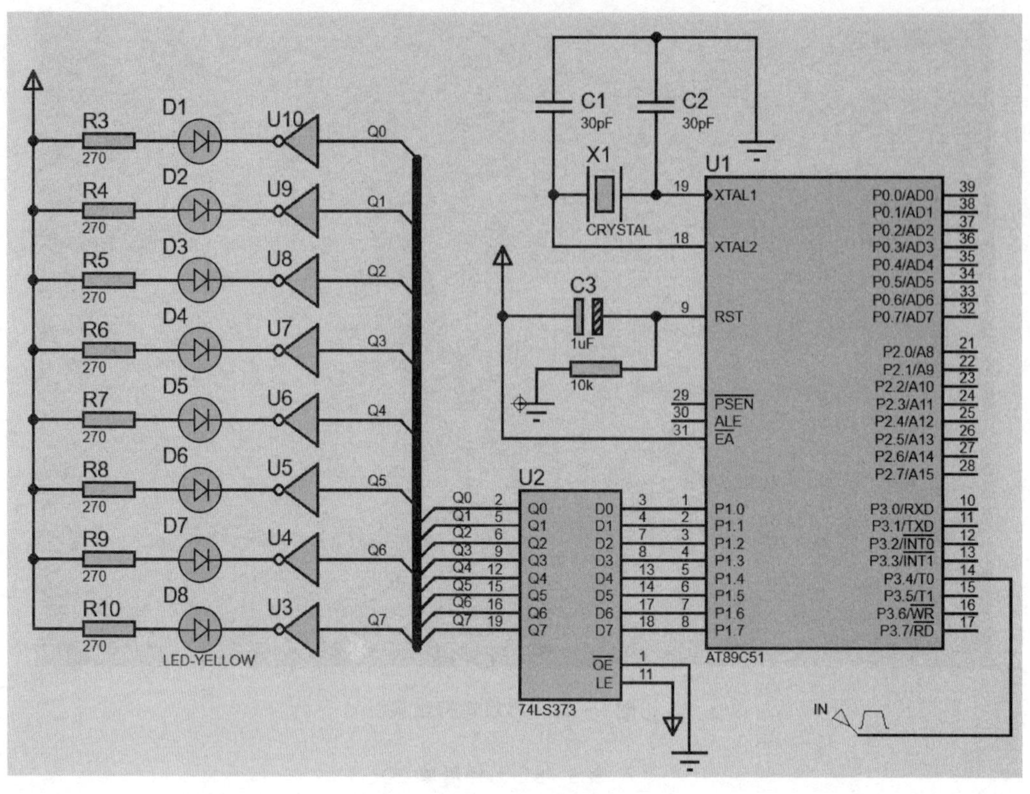

图 5-22　电路原理图

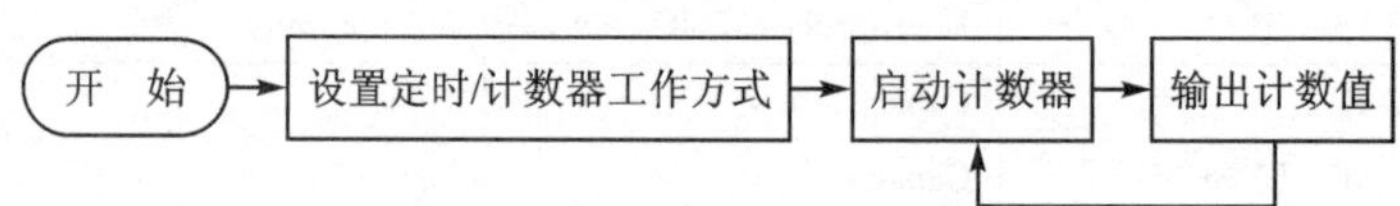

图 5-23　计数器设计的程序流程图

```
        MOV     TL0,#0
        SETB    TR0                 ;T0 运行
LOOP:   MOV     P1,TL0              ;记录 P1 口脉冲个数
        LJMP    LOOP                ;返回
        END
```

C 语言程序如下：

```
#include <reg52.h>
#define uint unsigned  int
#define uchar unsigned char
uchar k;                                //记录外部脉冲变量
void main()
{
    TMOD = 0x06;                        //计数器 0
    TH0 = 256 - 1;TL0 = 256 - 1;
    EA = 1;ET0 = 1;TR0 = 1;TF0 = 0;
    while(1)
    {
        P1 = (k/16 + k % 16);           //P1 口显示脉冲数
```

```
    }
    void timer0 () interrupt 1
    {
        k ++ ;
    }
}
```

3. 调试与仿真

① 打开 Keil μVision5，新建 Keil 项目，选择 AT89C51 单片机作为 CPU，新建汇编源文件或者 C 语言源文件，编写程序，并将其导入 Source Group 1 中。在 Options for Target 窗口中，选中 Output 选项卡中的 Create HEX File 选项以及 Debug 选项卡中的 Use：Proteus VSM Simulator 选项。编译汇编源程序或者 C 语言程序，改正程序中的错误。

② 在 Schematic Capture 中，选中 AT89C51 并单击，打开 Edit Component 对话框，设置单片机晶振频率为 12 MHz，并在 Program File 栏中，选择先前用 Keil 生成的.HEX 文件。在 Schematic Capture 的菜单栏中选择 File→Save Design 命令，保存设计。在 Schematic Capture 的菜单栏中，打开 Debug 下拉菜单，选中 Use Remote Debug Monitor 选项，以支持与 Keil 的联合调试。

③ 在 Keil 的菜单栏中选择 Debug→Start/Stop Debug Session 命令，或者直接单击工具栏中的 Start/Stop Debug Session 图标 ，进入程序调试环境。按 F5 键，顺序运行程序。调出 Schematic Capture 界面，可以看到单片机将对 P3.4 引脚输入的脉冲进行计数，并用发光二极管以二进制码显示计数值，如图 5－24 所示。

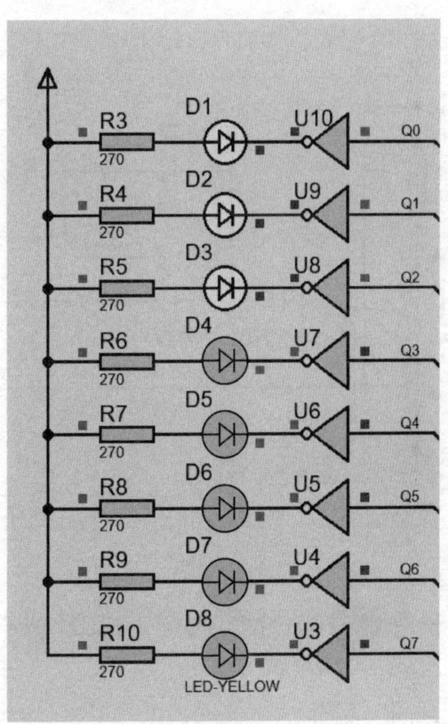

图 5－24 程序运行结果

【例 44】 外部中断

AT89C51 单片机的 P3.2/INT0 引脚接一个开关，模拟外部中断源，编写程序，当外部中断发生时，对其作出响应（以发光二极管的亮灭来指示）。

1. 硬件设计

打开 Schematic Capture 编辑环境，按表 5－9 所列的元件清单添加元件。

元件全部添加后，在 Schematic Capture 的编辑区域中按图 5－25 所示电路原理图连接硬件电路。

表 5-9　元件清单

元件名称	所属类	所属子类
AT89C51	Microprocessor ICs	8051 Family
CAP	Capacitors	Generic
CAP-POL	Capacitors	Generic
CRYSTAL	Miscellaneous	—
RES	Resistors	Generic
LED-YELLOW	Optoelectronics	LEDs
BUTTON	Switches & Relays	Switches
NOT	Simulator Primitives	Gates

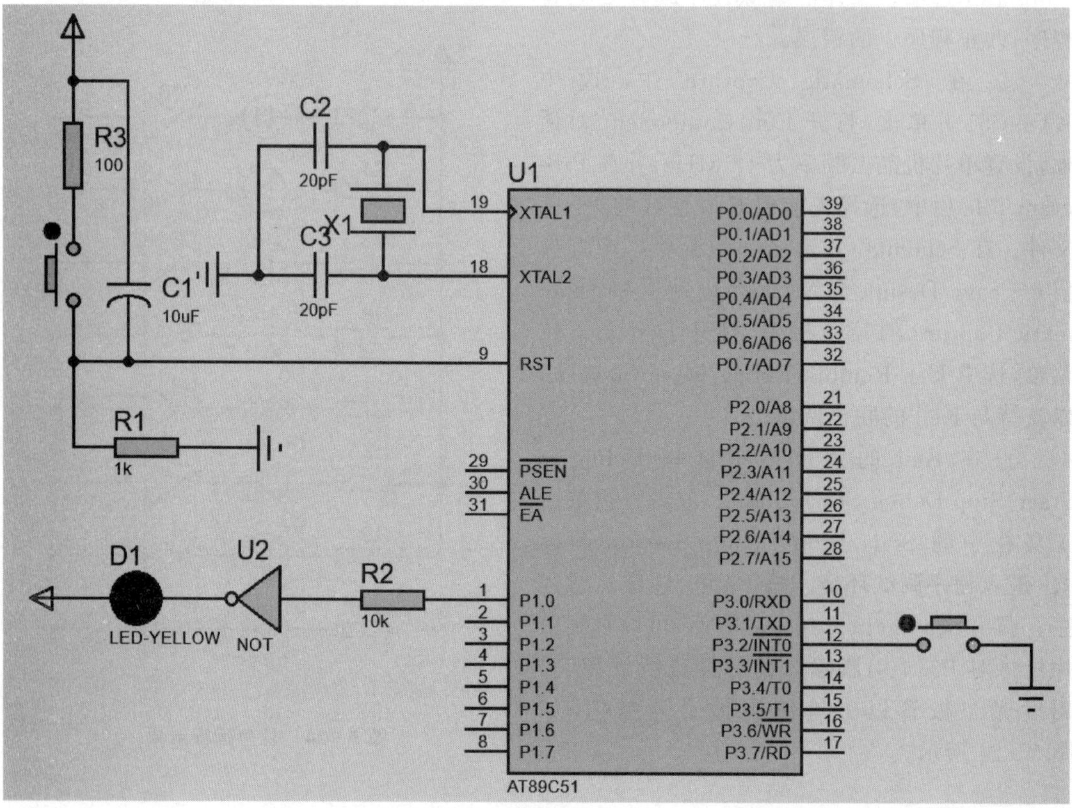

图 5-25　电路原理图

2. 程序设计

外部中断的初始化设置共有 3 项内容：① 中断总允许即 EA＝1；② 外部中断允许即 EXi＝1(i＝0 或 1)；③ 中断方式设置。

中断方式设置一般有两种方式：电平方式和脉冲方式，本例选用后者，其前一次为高电平，后一次为低电平时为有效中断请求。因此，高电平状态和低电平状态至少维持一个周期，中断请求信号由引脚 INT0(P3.2)和 INT1(P3.1)引入，本例中由 INT0(P3.2)引入。

程序流程如图5－26所示。

汇编源程序如下：

```
LED       BIT     P1.0
LEDBUF    EQU     30H
          ORG     00H
          LJMP    START
          ORG     03H          ;外部中断入口
          LJMP    INTERRUPT
START:    CLR     LEDBUF
          CLR     LED
          MOV     TCON,#01H    ;外部中断0下降沿触发
          MOV     IE,#81H      ;打开外部中断允许位(EX0)及总中断允许位(EA)
          LJMP    $            ;等待中断
INTERRUPT:
          PUSH    PSW          ;保护现场
          CPL     LEDBUF       ;取反LED
          MOV     C,LEDBUF
          MOV     LED,C
          POP     PSW          ;恢复现场
          RETI
          END
```

C语言程序如下：

```
#include <reg52.h>
#define uint unsigned   int
#define uchar unsigned char
sbit led = P1^0;
void main()
{
    EA = 1;IT0 = 1;EX0 = 1;led = 0;
    while(1);
}
void interrupt0() interrupt 0
{
    led = ~led;
}
```

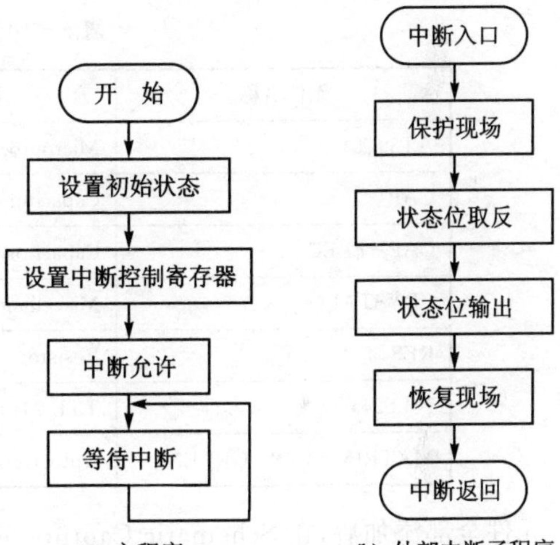

(a) 主程序　　(b) 外部中断子程序

图5－26　外部中断的程序流程图

3. 调试与仿真

① 打开Keil μVision5，新建Keil项目，选择AT89C51单片机作为CPU，新建汇编源文件或者C语言源文件，编写程序，并将其导入Source Group 1中。在Options for Target窗口中，选中Output选项卡中的Create HEX File选项以及Debug选项卡中的Use:Proteus VSM Simulator选项。编译汇编源程序或者C语言程序，改正程序中的错误。

② 在Schematic Capture中，选中AT89C51并单击，打开Edit Component对话框，设置单片机晶振频率为12 MHz，并在Program File栏中，选择先前用Keil生成的.HEX文件。在Schematic Capture的菜单栏中选择File→Save Design命令，保存设计。在Schematic Capture 的菜单栏中，打开 Debug 下拉菜单，选中 Use Remote Debug Monitor 选项，以支持与 Keil 的联合调试。

③ 在 Keil 的菜单栏中选择 Debug→Start/Stop Debug Session 命令，或者直接单击工具栏中的 Start/Stop Debug Session 图标，进入程序调试环境。按 F5 键，顺序运行程序。调出 Schematic Capture 界面，按动按键，可以看到程序对外部中断的响应，如图 5-27 所示。

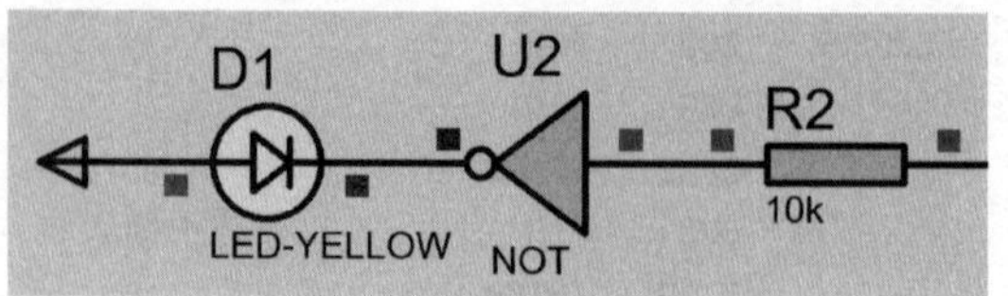

图 5-27 程序运行结果

【例 45】 点阵式 LED 数字显示

设计内容：利用 8×8 点阵数码管显示 0～9 的数字。

1. 硬件设计

打开 Schematic Capture 编辑环境，按表 5-10 所列的元件清单添加元件。

表 5-10 元件清单

元件名称	所属类	所属子类
AT89C51	Microprocessor ICs	8051 Family
CAP	Capacitors	Generic
CAP-ELEC	Capacitors	Generic
CRYSTAL	Miscellaneous	—
RES	Resistors	Generic
74LS245	TTL 74LS Series	Transceivers
MATRIX-8×8-GREEN	Optoelectronics	Dot Matrix Displays

元件全部添加后，在 Schematic Capture 的编辑区域中按图 5-28 所示电路原理图连接硬件电路。

2. 程序设计

数字 0～9 点阵显示代码的形成如图 5-29 所示。假设显示数字"0"，则形成的行代码为 00H、00H、3EH、41H、41H、3EH、00H、00H；只要把这些代码分别送到相应的行线上面，即可实现数字 0 的显示。

送显示代码过程如下：送第一行线代码到 P0 端口，同时置第一列线为 1，其他行线为 0，延时 4 ms 左右；送第二列线代码到 P0 端口，同时置第二行线为 1，其他行线为 0，延时 4 ms 左右；如此下去，直到送完最后一列代码，又从头开始送。

程序流程如图 5-30 所示。

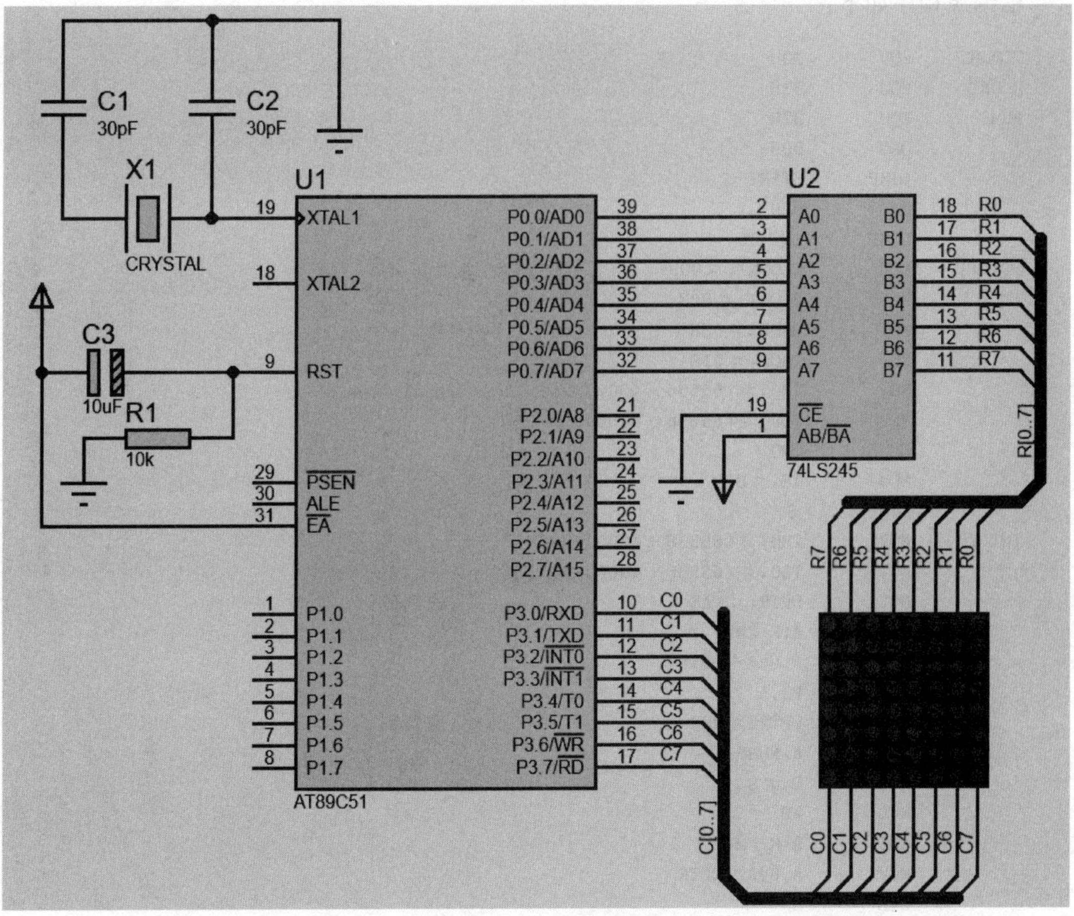

图 5－28　电路原理图

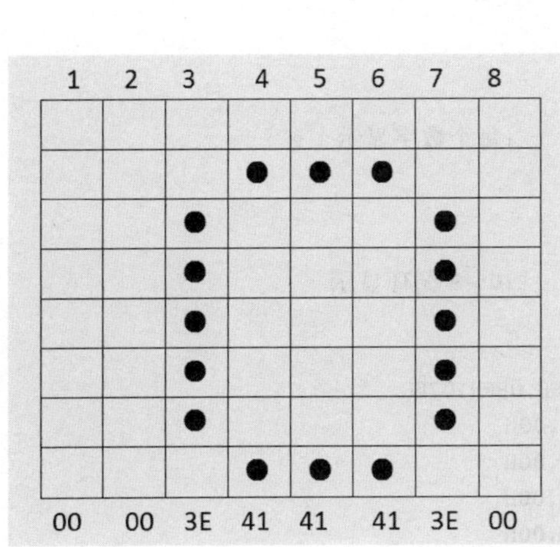

图 5－29　数字 0 的段码

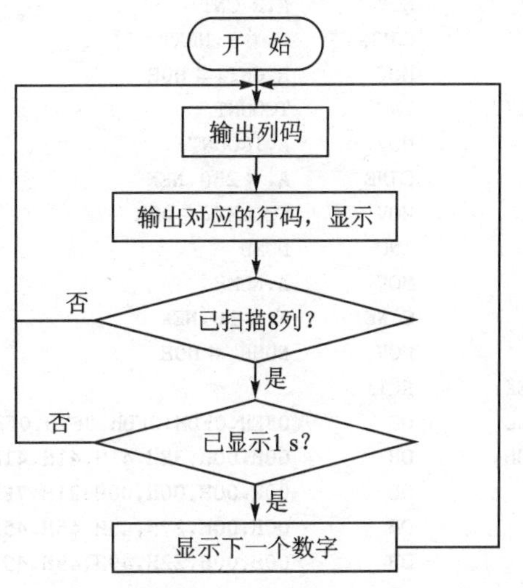

图 5－30　点阵式 LED 数字显示技术的程序流程图

汇编源程序如下：

```
TCOUNT    EQU     30H
R_CNT     EQU     31H
NUMB      EQU     32H
          ORG     00H
          LJMP    START
          ORG     0BH
          LJMP    INT_T0
START:    MOV     TCOUNT,#00H
          MOV     R_CNT,#00H
          MOV     NUMB,#00H
          MOV     TMOD,#01H
          MOV     TH0,#(65536-4000)/256          ;定时 4 ms
          MOV     TL0,#(65536-4000) MOD 256
          SETB    TR0
          MOV     IE,#82H
          SJMP    $
INT_T0:   MOV     TH0,#(65536-4000)/256
          MOV     TL0,#(65536-4000) MOD 256
          MOV     DPTR,#TAB                     ;取列码
          MOV     A,R_CNT
          MOVC    A,@A+DPTR
          MOV     P3,A
          MOV     DPTR,#NUB                     ;取行码
          MOV     A,NUMB
          MOV     B,#8
          MUL     AB
          ADD     A,R_CNT
          MOVC    A,@A+DPTR
          CPL     A
          MOV     P0,A                          ;输出行码
          INC     R_CNT
          MOV     A,R_CNT
          CJNE    A,#8,NEXT
          MOV     R_CNT,#00H
NEXT:     INC     TCOUNT
          MOV     A,TCOUNT
          CJNE    A,#250,NEX                    ;每个数字显示 1 s
          MOV     TCOUNT,#00H
          INC     NUMB
          MOV     A,NUMB
          CJNE    A,#10,NEX                     ;0～9 循环显示
          MOV     NUMB,#00H
NEX:      RETI
TAB:      DB      0FEH,0FDH,0FBH,0F7H,0EFH,0DFH,0BFH,07FH
NUB:      DB      00H,00H,3EH,41H,41H,41H,3EH,00H
          DB      00H,00H,00H,00H,21H,7FH,01H,00H
          DB      00H,00H,27H,45H,45H,45H,39H,00H
          DB      00H,00H,22H,49H,49H,49H,36H,00H
          DB      00H,00H,0CH,14H,24H,7FH,04H,00H
          DB      00H,00H,72H,51H,51H,51H,4EH,00H
          DB      00H,00H,3EH,49H,49H,49H,26H,00H
          DB      00H,00H,40H,40H,40H,4FH,70H,00H
```

```
    DB      00H,00H,36H,49H,49H,49H,36H,00H
    DB      00H,00H,32H,49H,49H,49H,3EH,00H
    END
```

C语言程序如下：

```
#include <reg52.h>
#define uint unsigned  int
#define uchar unsigned char
uchar k;
uchar lie[] =       {0x7f,0xbf,0xdf,0xef,0xf7,0xfb,0xfd,0xfe};         //扫描列
uchar hang[10][8] = {{0x00,0x00,0x3E,0x41,0x41,0x41,0x3E,0x00},        //0
                     {0x00,0x00,0x04,0x42,0x7e,0x40,0x00,0x00},        //1
                     {0x00,0x00,0x74,0x52,0x52,0x52,0x4C,0x00},        //2
                     {0x00,0x00,0x44,0x92,0x92,0x92,0x6C,0x00},        //3
                     {0x00,0x00,0x1E,0x10,0x10,0xFC,0x10,0x00},        //4
                     {0x00,0x00,0x5E,0x92,0x92,0x92,0x72,0x00},        //5
                     {0x00,0xFE,0x92,0x92,0x92,0x92,0xF2,0x00},        //6
                     {0x00,0x00,0x02,0x02,0x02,0x02,0xFE,0x00},        //7
                     {0x00,0xFE,0x92,0x92,0x92,0x92,0xFE,0x00},        //8
                     {0x00,0x00,0x4F,0x49,0x49,0x49,0x7F,0x00},        //9
                                                               };
void main()
{
    uchar i;
    TMOD = 0x01;
    TH0 = (65536 - 20000)/256;TL0 = (65536 - 20000) % 256;
    EA = 1;ET0 = 1;TR0 = 1;
        while(1)
        {
            for(i = 0;i < 8;i ++ )
                {
                    P0 = lie[i];
                    P3 = hang[k][i];                                   //发送第k行i列段码
                }
        }
}
void timer0 () interrupt 1
{
    uchar q;
    TH0 = (65536 - 20000)/256;TL0 = (65536 - 20000) % 256;
    q ++ ;
    if(q == 50)                                                        //定时1 s
    {
        q = 0;k ++ ;
    }
    if(k == 10)k = 0;
}
```

3. 调试与仿真

① 打开Keil μVision5，新建Keil项目，选择AT89C51单片机作为CPU，新建汇编源文件或者C语言源文件，编写程序，并将其导入Source Group 1中。在Options for Target窗口

中,选中 Output 选项卡中的 Create HEX File 选项以及 Debug 选项卡中的 Use:Proteus VSM Simulator 选项。编译汇编源程序或 C 语言程序,改正程序中的错误。

② 在 Schematic Capture 中,选中 AT89C51 并单击,打开 Edit Component 对话框,设置单片机晶振频率为 12 MHz,并在 Program File 栏中选择先前用 Keil 生成的.HEX 文件。在 Schematic Capture 的菜单栏中选择 File→Save Design 命令,保存设计。在 Schematic Capture 的菜单栏中,打开 Debug 下拉菜单,选中 Use Remote Debug Monitor 选项,以支持与 Keil 的联合调试。

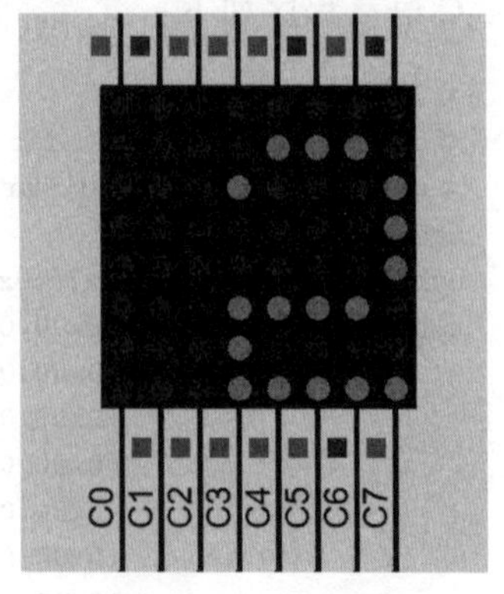

图 5-31 程序运行结果

③ 在 Keil 的菜单栏中选择 Debug→Start/Stop Debug Session 命令,或者直接单击工具栏中的 Start/Stop Debug Session 图标 ,进入程序调试环境。按 F5 键,顺序运行程序。调出 Schematic Capture 界面,观察点阵 LED 的显示,如图 5-31 所示。

【例 46】 点阵式 LED 图形显示

在 8×8 点阵式 LED 上显示“★”“●”和心形图,通过按键来选择要显示的图形。

1. 硬件设计

打开 Schematic Capture 编辑环境,按表 5-11 所列的元件清单添加元件。

表 5-11 元件清单

元件名称	所属类	所属子类
AT89C51	Microprocessor ICs	8051 Family
CAP	Capacitors	Generic
CAP-ELEC	Capacitors	Generic
CRYSTAL	Miscellaneous	—
RES	Resistors	Generic
74LS245	TTL 74LS Series	Transceivers
MATRIX-8×8-GREEN	Optoelectronics	Dot Matrix Displays
BUTTON	Switches & Relays	Switches

元件全部添加后,在 Schematic Capture 的编辑区域中按图 5-32 所示电路原理图连接硬件电路。

2. 程序设计

下面以心形图为例说明简单图形在点阵式 LED 上的段码。心形图在 8×8 LED 点阵上显示图如图 5-33 所示。

程序流程如图 5-34 所示。

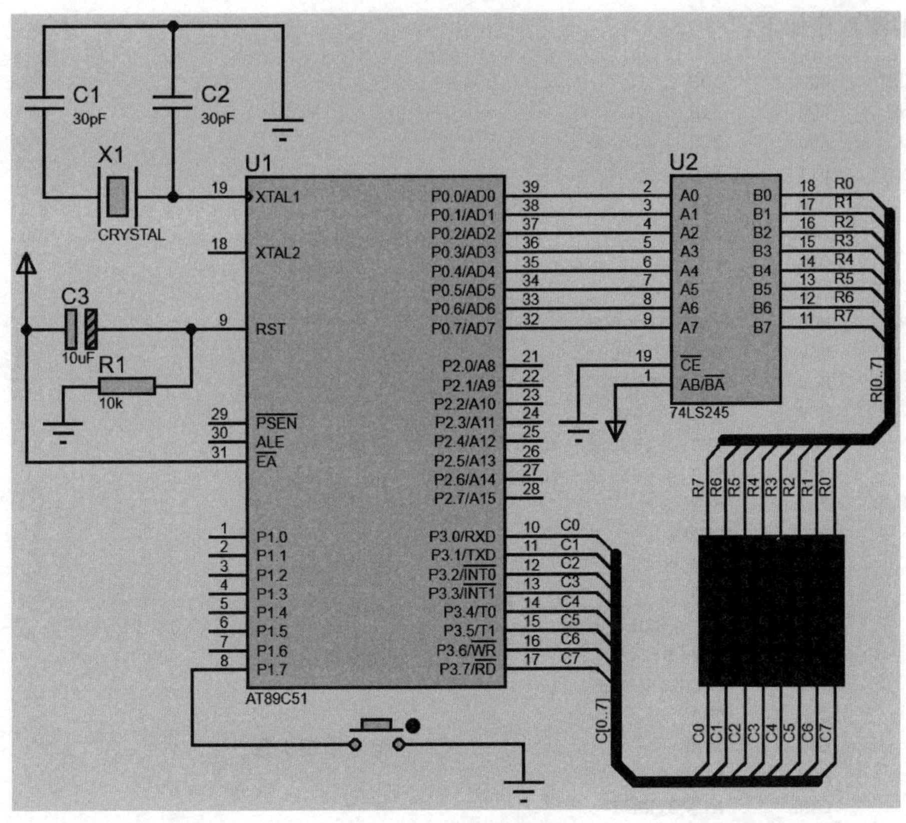

图 5－32　电路原理图

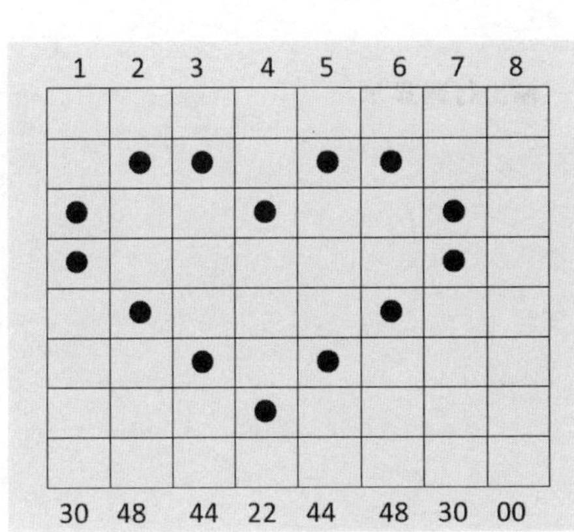

图 5－33　心形图的段码

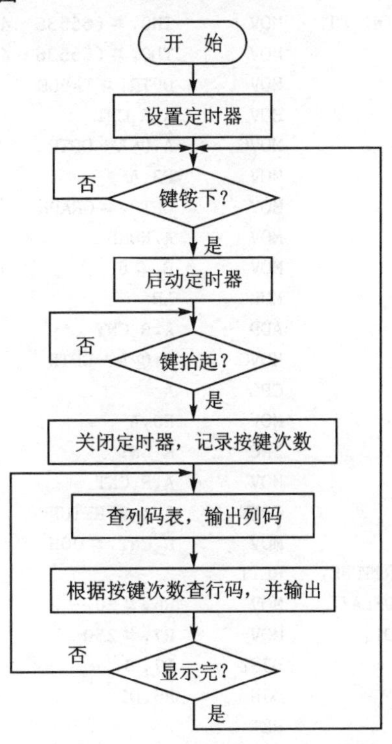

图 5－34　点阵式 LED 图形显示技术的程序流程图

汇编源程序如下：

```
TCOUNT   EQU    30H
R_CNT    EQU    31H
NUMB     EQU    32H
KEY      BIT    P1.7
         ORG    00H
         LJMP   START
         ORG    0BH
         LJMP   INT_T0
START:   MOV    TCOUNT,#00H
         MOV    R_CNT,#00H
         MOV    NUMB,#00H
         MOV    TMOD,#01H
         MOV    TH0,#(65536-4000)/256          ;定时 4 ms
         MOV    TL0,#(65536-4000) MOD 256
WAIT:    JB     KEY,$
         CALL   DELAY
         JB     KEY,$                          ;等待按键
         SETB   TR0
         MOV    IE,#82H
         JNB    KEY,$                          ;等待键抬起
         MOV    R_CNT,#00H
         CLR    TR0
         INC    NUMB                           ;记录按键次数
         MOV    A,NUMB
         CJNE   A,#3,WAIT
         LJMP   START
INT_T0:  MOV    TH0,#(65536-4000)/256
         MOV    TL0,#(65536-4000) MOD 256
         MOV    DPTR,#TABLE
         MOV    A,R_CNT
         MOVC   A,@A+DPTR                      ;查列码
         MOV    P3,A
         MOV    DPTR,#GRAPH
         MOV    A,NUMB                         ;根据按键次数查行码
         MOV    B,#8
         MUL    AB
         ADD    A,R_CNT
         MOVC   A,@A+DPTR
         CPL    A                              ;输出行码显示
         MOV    P0,A
         INC    R_CNT
         MOV    A,R_CNT
         CJNE   A,#8,RETUNE
         MOV    R_CNT,#00H
RETUNE:  RETI
DELAY:   MOV    R6,#20
D1:      MOV    R7,#250
         DJNZ   R7,$
         DJNZ   R6,D1
         RET
TABLE:   DB     080H,040H,020H,010H,008H,004H,002H,001H
GRAPH:   DB     12H,14H,3CH,48H,3CH,14H,12H,00H
```

```
        DB      00H,38H,44H,44H,44H,38H,00H,00H
        DB      30H,48H,44H,22H,44H,48H,30H,00H
        END
```

C 语言程序如下：

```
#include <reg52.h>
#define uint unsigned  int
#define uchar unsigned char
uchar code hang[][8] = {{0x00,0x10,0x28,0xEE,0x38,0x6C,0x82,0x00},    //星
                        {0x00,0x00,0x1C,0x22,0x22,0x22,0x1C,0x00}, //O
                        {0x00,0x36,0x49,0x41,0x22,0x14,0x08,0x00}  //心
                       };
sbit k1 = P1^7;
uchar k;
uchar lie[] = {0x7f,0xbf,0xdf,0xef,0xf7,0xfb,0xfd,0xfe};
void delay(uint i)
{
  while(i--);
}
void main()
{
    uchar i;
    while(1)
    {
      if(k1 == 0)
      {
          delay(1000);
          if(k1 == 0)
          {
              k++;if(k == 3)k = 0;
          }
          while(!k1);
      }
          for(i = 0;i < 8;i++)
          {
              P0 = lie[i];
              P3 = hang[k][i];
          }
    }
}
```

3. 调试与仿真

① 打开 Keil μVision5，新建 Keil 项目，选择 AT89C51 单片机作为 CPU，新建汇编源文件或者 C 语言源文件，编写程序，并将其导入 Source Group 1 中。在 Options for Target 窗口中，选中 Output 选项卡中的 Create HEX File 选项以及 Debug 选项卡中的 Use:Proteus VSM Simulator 选项。编译汇编源程序或 C 语言程序，改正程序中的错误。

② 在 Schematic Capture 中，选中 AT89C51 并单击，打开 Edit Component 对话框，设置单片机晶振频率为 12 MHz，并在 Program File 栏中选择先前用 Keil 生成的. HEX 文件。在 Schematic Capture 的菜单栏中选择 File→Save Design 命令，保存设计。在 Schematic Capture 的菜单栏中，打开 Debug 下拉菜单，选中 Use Remote Debug Monitor 选项，以支持与 Keil 的联合调试。

③ 在 Keil 的菜单栏中选择 Debug→Start/Stop Debug Session 命令，或者直接单击工具栏中的 Start/Stop Debug Session 图标，进入程序调试环境。按 F5 键，顺序运行程序。调出 Schematic Capture 界面，按动按键，观察点阵 LED 的显示，如图 5-35 所示。

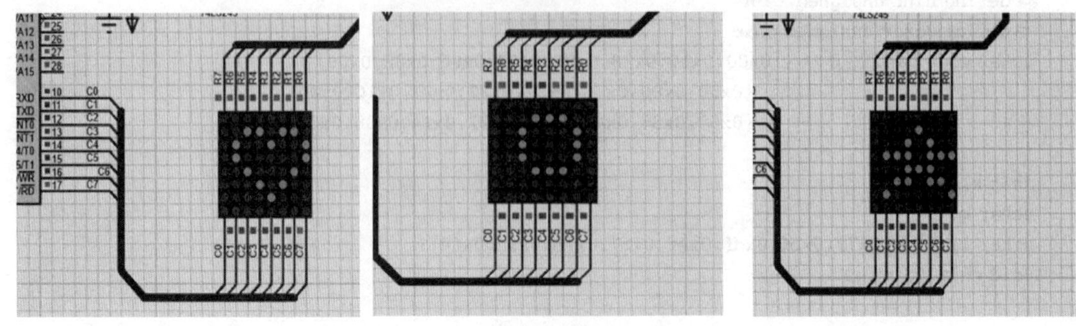

图 5-35　程序运行结果

【例 47】　拉幕式数码显示

用 AT89C51 单片机的 P0.0/AD0～P0.7/AD7 端口接数码管的 a～h 端，8 位数码管由 74LS138 译码器的 Y0～Y7 来控制选通。AT89C51 单片机的 P1.0～P1.2 控制 74LS138 的 A、B、C 端子。要求在 8 位数码管上从右向左循环显示“12345678”，并且能够比较平滑地看到拉幕的效果。

1. 硬件设计

打开 Schematic Capture 编辑环境，按表 5-12 所列的元件清单添加元件。

表 5-12　元件清单

元件名称	所属类	所属子类
AT89C51	Microprocessor ICs	8051 Family
CAP	Capacitors	Generic
CAP-ELEC	Capacitors	Generic
CRYSTAL	Miscellaneous	—
RES	Resistors	Generic
7SEG-MPX8-CC-BLUE	Optoelectronics	7-Segment Displays
PULLUP	Modelling Primitives	Digital [Miscellaneous]
74LS138	TTL 74LS series	Decoders

元件全部添加后，在 Schematic Capture 的编辑区域中按图 5-36 所示电路原理图连接硬件电路(晶振和复位电路略)。

74LS138 为 3-8 线译码器，其中：

➢ A0～A2 为地址输入端；

➢ (E1)为选通端；

➢ (E2)、(E3)为选通端(低电平有效)；

➢ Y0～Y7 为输出端(低电平有效)。

A0～A2 对应 Y0～Y7；A0、A1、A2 以二进制形式输入，然后转换成十进制，对应相应 Y 的序号输出低电平，其他均为高电平。

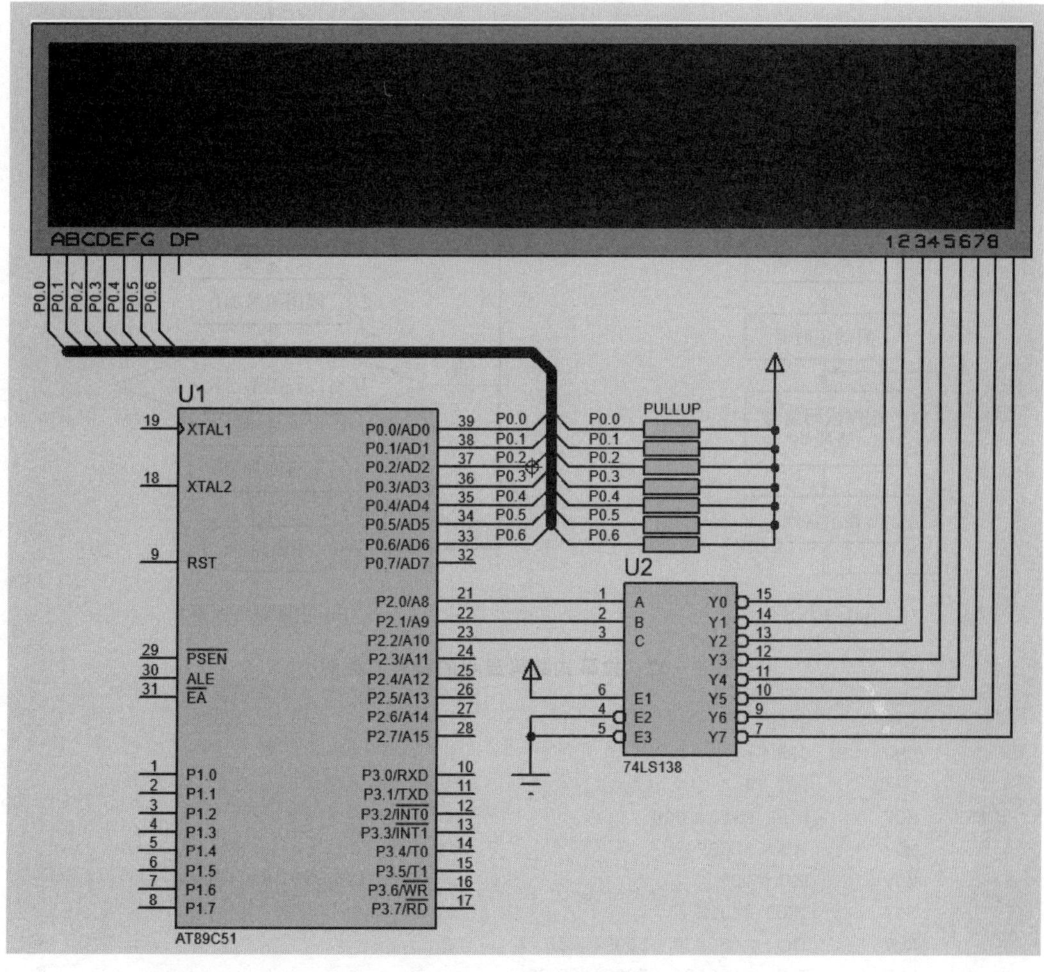

图 5－36　电路原理图

2. 程序设计

将段码表分组，取一组段码显示一段时间后，再取下一组段码，如此循环下去，即可看到拉幕显示的效果。

程序流程如图 5－37 所示。

汇率源程序如下：

```
DISP_CNT     EQU      30H
TCNT         EQU      31H
         ORG       00H
```

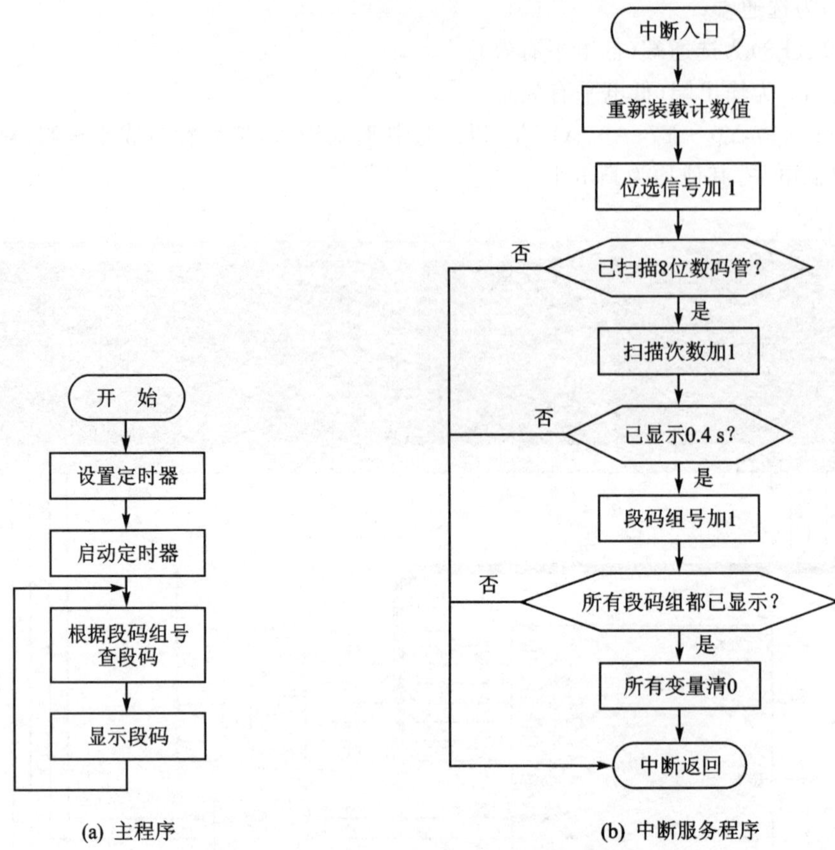

(a) 主程序　　(b) 中断服务程序

图 5－37　拉幕式数码显示的程序流程图

```
        SJMP    START
        ORG     0BH
        LJMP    INT_T0
START:  MOV     DISP_CNT,#00H
        MOV     TCNT,#00H
        MOV     P2,#00H
        MOV     TMOD,#01H
        MOV     TH0,#(65536 - 5000)/256
        MOV     TL0,#(65536 - 5000)MOD 256
        MOV     IE,#82H
        SETB    TR0
DISP:   MOV     A,DISP_CNT                     ;段码组号
        MOV     DPTR,#TABLE
        MOV     R0,P2                          ;读取位选信息
        ADD     A,R0                           ;得到偏移地址
        MOVC    A,@A + DPTR
        MOV     P0,A                           ;取出段码显示
        LJMP    DISP
INT_T0: MOV     TH0,#(65536 - 5000)/256
        MOV     TL0,#(65536 - 5000)MOD 256
        INC     P2                             ;数码管位选信号
        MOV     A,P2
```

```
        CJNE    A,#08H,RETUNE           ;已扫描一次?
        MOV     P2,#00H
        INC     TCNT                    ;扫描次数加1
        MOV     A,TCNT
        CJNE    A,#10,RETUNE            ;一组数已显示0.4 s?
        MOV     TCNT,#00H
        INC     DISP_CNT                ;段码组号加1
        MOV     A,DISP_CNT
        CJNE    A,#15,RETUNE            ;所有段码组都已显示?
        MOV     P2,#00H
        MOV     DISP_CNT,#00H
        MOV     TCNT,#00H
RETUNE: RETI
TABLE:  DB      00H,00H,00H,00H,00H,00H,00H
        DB      06H,5BH,4FH,66H,6DH,7DH,07H,7FH
        DB      00H,00H,00H,00H,00H,00H,00H,00H
        END
```

C语言程序如下:

```
#include <reg52.h>
#define uint unsigned  int
#define uchar unsigned char
sbit LSA = P2^0;
sbit LSB = P2^1;
sbit LSC = P2^2;
uchar DisplayData[18] = {0x06,0x5b,0x4f,0x66,0x6d,0x7d,0x07,0x7f,
    0x00,0x00,0x00,0x00,0x00,0x00,0x00,0x00};
void DigDisplay()
{
    unsigned char i;
    unsigned int j;
    for(i = 0;i < 8;i ++ )
    {
        switch(i)                                   //位选,选择点亮的数码管
        {
            case(0):
                LSA = 0;LSB = 0;LSC = 0; break;     //显示第0位
            case(1):
                LSA = 1;LSB = 0;LSC = 0; break;     //显示第1位
            case(2):
                LSA = 0;LSB = 1;LSC = 0; break;     //显示第2位
            case(3):
                LSA = 1;LSB = 1;LSC = 0; break;     //显示第3位
            case(4):
                LSA = 0;LSB = 0;LSC = 1; break;     //显示第4位
            case(5):
                LSA = 1;LSB = 0;LSC = 1; break;     //显示第5位
            case(6):
                LSA = 0;LSB = 1;LSC = 1; break;     //显示第6位
            case(7):
                LSA = 1;LSB = 1;LSC = 1; break;     //显示第7位
```

```
        }
        P0 = DisplayData[i];                          //发送段码
        j = 10;                                       //扫描间隔时间设定
        while(j -- );
        P0 = 0x00;                                    //消隐
    }
}
void main()
{
    uchar temp;
    TH0 = - 20000/256;TL0 = - 20000 % 256;
    EA = 1;ET0 = 1;TR0 = 1;TMOD = 0x01;
    while(1)
    {
        DigDisplay();
    }
}
void itmer0 () interrupt 1
{

    uchar temp,a,k;
    TH0 = - 20000/256;TL0 = - 20000 % 256;
    k ++ ;
    if(k == 10)
    {
        k = 0; temp = DisplayData[0];
        for(a = 0;a < 17;a ++ )
        {
            DisplayData[a] = DisplayData[a + 1];
        }
        DisplayData[17] = temp;
    }
}
```

3. 调试与仿真

① 打开 Keil μVision5，新建 Keil 项目，选择 AT89C51 单片机作为 CPU，新建汇编源文件或者 C 语言源文件，编写程序，并将其导入 Source Group 1 中。在 Options for Target 窗口中，选中 Output 选项卡中的 Create HEX File 选项以及 Debug 选项卡中的 Use：Proteus VSM Simulator 选项。编译汇编源程序或 C 语言程序，改正程序中的错误。

② 在 Schematic Capture 中，选中 AT89C51 并单击，打开 Edit Component 对话框，设置单片机晶振频率为 12 MHz，在 Program File 栏中选择先前用 Keil 生成的. HEX 文件。在 Schematic Capture 的菜单栏中选择 File→Save Design 命令，保存设计。在 Schematic Capture 的菜单栏中，打开 Debug 下拉菜单，选中 Use Remote Debug Monitor 选项，以支持与 Keil 的联合调试。

③ 在 Keil 的菜单栏中选择 Debug→Start/Stop Debug Session 命令，或者直接单击工具栏中的 Start/Stop Debug Session 图标@，进入程序调试环境。按 F5 键，顺序运行程序。调出 Schematic Capture 界面，观察数码管的显示，如图 5-38 所示。

图5-38 程序运行结果

【例48】 数字频率计

利用AT89C51单片机的T0、T1定时/计数器，对输入的信号进行频率计数，频率测量结果通过5位动态数码管显示出来。要求能够对0～65 kHz的信号频率进行准确测量，计数误差不超过±5 Hz。

1. 硬件设计

打开Schematic Capture编辑环境，按表5-13所列的元件清单添加元件。

表5-13 元件清单

元件名称	所属类	所属子类
AT89C51	Microprocessor ICs	8051 Family
CAP	Capacitors	Generic
CAP-ELEC	Capacitors	Generic
CRYSTAL	Miscellaneous	—
RES	Resistors	Generic
7SEG-MPX8-CC-BLUE	Optoelectronics	7-Segment Displays
74LS245	TTL 74LS series	Transceivers
SW-SPDT	Switches & Relays	Switches

元件全部添加后，在Schematic Capture的编辑区域中按图5-39所示电路原理图连接硬件电路（晶振和复位电路略）。图5-39中外部时钟频率为7 865 Hz，幅度为5 V，占空比为50%。

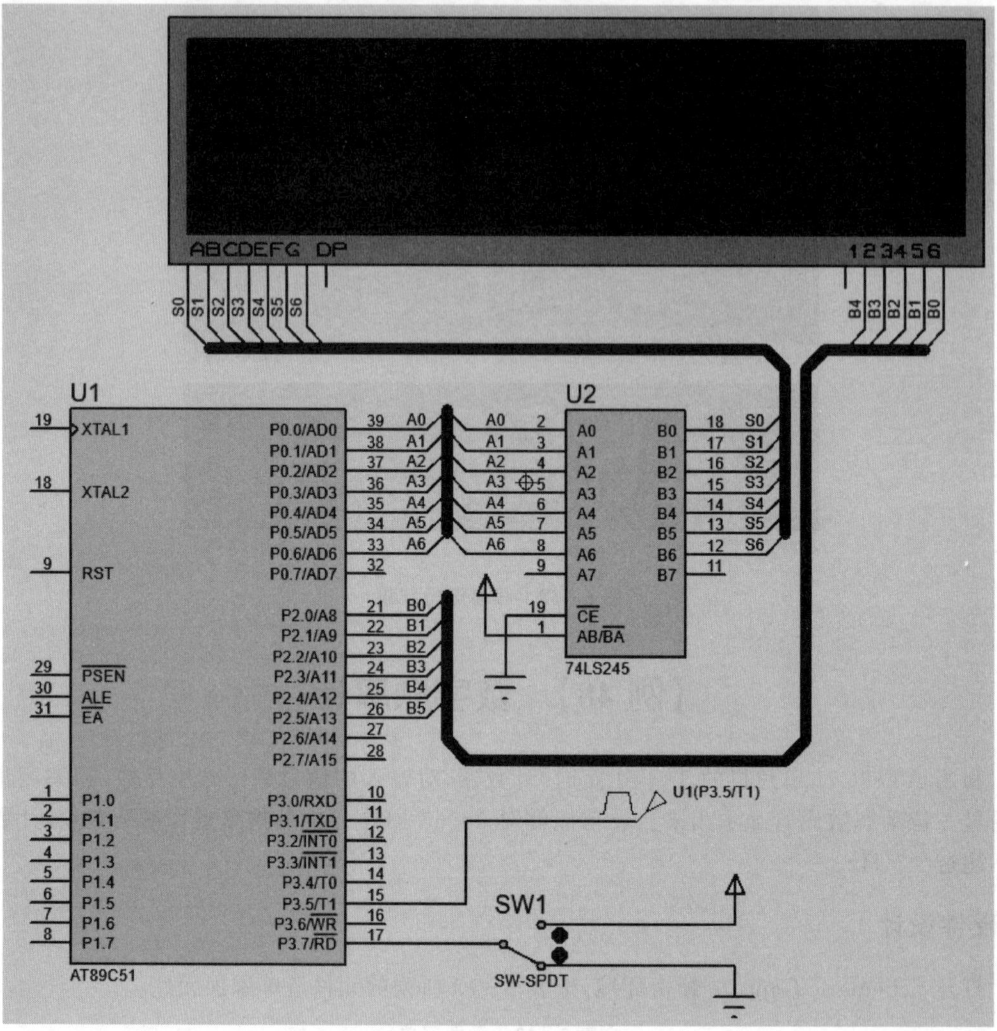

图 5－39　电路原理图

2. 程序设计

信号的频率定义为在 1 s 内信号的周期数，设置 AT89C51 的定时/计数器 0 工作在定时方式，用于实现 1 s 的定时；设置定时/计数器 1 工作在计数方式，实现对外部时钟脉冲个数的测量。1 s 定时结束时，定时/计数器 1 中的计数值即为信号的频率。

程序流程如图 5－40 所示。

汇编源程序如下：

```
VALUEH      EQU     20H                     ;暂存 TH1 的值
VALUEL      EQU     21H                     ;暂存 TL1 的值
DVALUE0     EQU     22H                     ;暂存计数值的 BCD 码
DVALUE1     EQU     23H
DVALUE2     EQU     24H
DVALUE3     EQU     25H
DVALUE4     EQU     26H
```

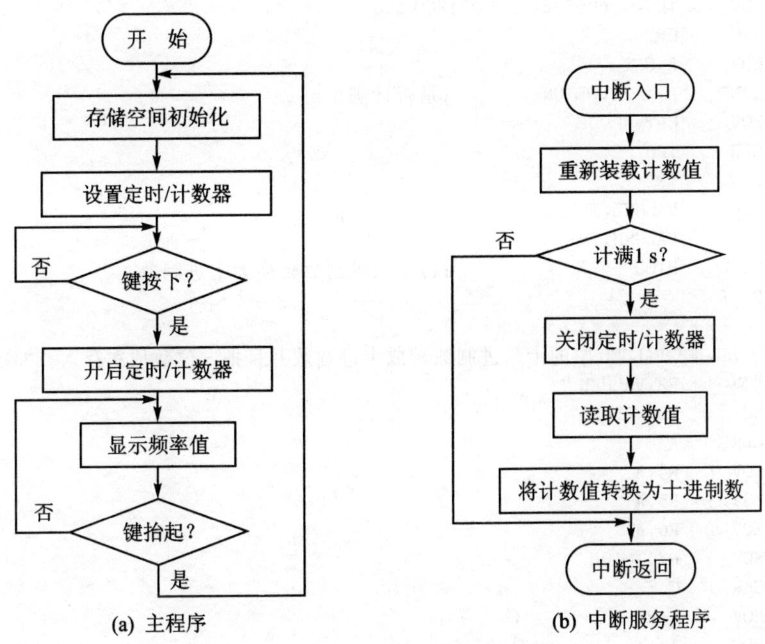

(a) 主程序 (b) 中断服务程序

图 5－40 数字频率计的程序流程图

```
CNT      EQU    30H
KEY      EQU    P3.7
         ORG    00H
         SJMP   START
         ORG    0BH
         LJMP   INT_T0
START:   MOV    DPTR,#TABLE
         MOV    20H,#00H                ;存储空间初始化
         MOV    21H,#00H
         MOV    22H,#00H
         MOV    23H,#00H
         MOV    24H,#00H
         MOV    25H,#00H
         MOV    26H,#00H
         MOV    30H,#00H
         MOV    TMOD,#51H               ;定时器 0 工作在定时方式
                                        ;定时器 1 工作在计数方式
         MOV    TH0,#(65536－50000)/256
         MOV    TL0,#(65536－50000)MOD 256
         MOV    TH1,#00H
         MOV    TL1,#00H
         MOV    IE,#8AH
WAIT:    JB     KEY,$
         LCALL  DELAY
         JB     KEY,$                   ;按键为低电平时,开始计数
         SETB   TR0
         SETB   TR1
W1:      LCALL  DISP                    ;显示计数值
         JNB    KEY,W1
         LJMP   START
INT_T0:  MOV    TH0,#(65536－50000)/256
```

```
        MOV     TL0,#(65536-50000)MOD 256
        INC     CNT
        MOV     A,CNT
        CJNE    A,#20,RETUNE          ;是否计满 1 s
        MOV     CNT,#00H
        CLR     TR0
        CLR     TR1
        MOV     VALUEL,TL1            ;存放计数值
        MOV     VALUEH,TH1
        LCALL   HTOD                  ;将十六进制数转换为十进制数
RETUNE: RETI
;*************************
;这段程序将 VALUEH/VALUEL 中的十六进制数转成十进制数并且把 5 位数依次存入 DVALUE0 至 DVALUE4
HTOD:   MOV     R2,VALUEH
        MOV     R3,VALUEL
        CLR     A
        MOV     R4,A
        MOV     R5,A
        MOV     R6,A
        MOV     R7,#10H
LOOP1:  CLR     C
        MOV     A,R3
        RLC     A
        MOV     R3,A
        MOV     A,R2
        RLC     A
        MOV     R2,A
        MOV     A,R6
        ADDC    A,R6
        DA      A
        MOV     R6,A
        MOV     A,R5
        ADDC    A,R5
        DA      A
        MOV     R5,A
        MOV     A,R4
        ADDC    A,R4
        DA      A
        MOV     R4,A
        DJNZ    R7,LOOP1
CZ:     MOV     R0,#DVALUE4
        MOV     A,R6
        ANL     A,#0FH
        MOV     @R0,A
        DEC     R0
        MOV     A,R6
        SWAP    A
        ANL     A,#0FH
        MOV     @R0,A
        DEC     R0
        MOV     A,R5
        ANL     A,#0FH
        MOV     @R0,A
        DEC     R0
        MOV     A,R5
        SWAP    A
```

```
        ANL     A,#0FH
        MOV     @R0,A
        DEC     R0
        MOV     A,R4
        ANL     A,#0FH
        MOV     @R0,A
        RET
;****************************
DISP:   MOV     P2,0FFH             ;显示子程序
        CLR     P2.0
        MOV     A,DVALUE4
        MOVC    A,@A+DPTR
        MOV     P0,A
        LCALL   DELAY
        SETB    P2.0
        CLR     P2.1
        MOV     A,DVALUE3
        MOVC    A,@A+DPTR
        MOV     P0,A
        LCALL   DELAY
        SETB    P2.1
        CLR     P2.2
        MOV     A,DVALUE2
        MOVC    A,@A+DPTR
        MOV     P0,A
        LCALL   DELAY
        SETB    P2.2
        CLR     P2.3
        MOV     A,DVALUE1
        MOVC    A,@A+DPTR
        MOV     P0,A
        LCALL   DELAY
        SETB    P2.3
        CLR     P2.4
        MOV     A,DVALUE0
        MOVC    A,@A+DPTR
        MOV     P0,A
        LCALL   DELAY
        SETB    P2.4
        RET
DELAY:  MOV     R6,#10              ;延时 5 ms
D1:     MOV     R7,#248
        DJNZ    R7,$
        DJNZ    R6,D1
        RET
TABLE:  DB      3FH,06H,5BH,4FH,66H
        DB      6DH,7DH,07H,7FH,6FH
        END
```

C 语言程序如下：

```
#include <reg52.h>
#define uint unsigned int
#define uchar unsigned char
sbit P20 = P2^0;
sbit P21 = P2^1;
```

```
sbit P22 = P2^2;
sbit P23 = P2^3;
sbit P24 = P2^4;
sbit P25 = P2^5;
sbit Key = P3^7;
uchar disp[4];
uint count,q;
uchar code smgduan[10] = {0x3f,0x06,0x5b,0x4f,0x66,0x6d,0x7d,0x07,0x7f,0x6f}; //数码管显示函数
void delay(uint i)
{
    while(i--);
}
void display()                          //显示函数
{
    uchar i;
        disp[0] = smgduan[count/1000];
        disp[1] = smgduan[count % 1000/100];
        disp[2] = smgduan[count % 100/10];
        disp[3] = smgduan[count % 10];
    for(i = 0;i < 4;i ++ )
    {
        switch(i)                       //位选,选择点亮的数码管
        {
            case(0):
                P20 = 0;P21 = 1;P22 = 1;P23 = 1;P24 = 1;P25 = 1; break;   //显示第 0 位
            case(1):
                P20 = 1;P21 = 0;P22 = 1;P23 = 1;P24 = 1;P25 = 1; break;   //显示第 1 位
            case(2):
                P20 = 1;P21 = 1;P22 = 0;P23 = 1;P24 = 1;P25 = 1;break;    //显示第 2 位
            case(3):
                P20 = 1;P21 = 1;P22 = 1;P23 = 0;P24 = 1;P25 = 1; break;   //显示第 3 位
        }
        P0 = disp[3 - i];
        delay(100);
        P0 = 0x00;
    }
}
void timer()                                                              //时钟脉冲初始化
{
    TMOD = 0x62;
    TH0 = 256 - 200;TL0 = 256 - 200;
    TH1 = 255;     TL1 = 255;                                             //一个脉冲记一次数
    EA = 1;TR1 = 1;ET1 = 1;TR0 = 1;ET0 = 1;TF0 = 0;
}
void main ()
{
    uchar i;
    timer();                                                              //定时/计数器初始化
    TR0 = 1;TR1 = 1;
    while(1)
    {
        if(Key == 0)
        {
            if(q == 5000)
            { display();}
        }
```

```
        if(Key == 1)
        {
            q = 0;count = 0;
            TR0 = 0;TR1 = 0;
        }
        display();
    }
}
void timer0() interrupt 1                                   //定时 1 s
{
    q++;
    if(q == 5000)                                           //定时 1 s
    {
        q = 0;TR0 = 0;TR1 = 0;
    }
}
void timer1() interrupt 3                                   //脉冲个数
{
    count++;
}
```

3. 调试与仿真

① 打开 Keil μVision5，新建 Keil 项目，选择 AT89C51 单片机作为 CPU，新建汇编源文件或者 C 语言源文件，编写程序，并将其导入 Source Group 1 中。在 Options for Target 窗口中，选中 Output 选项卡中的 Create HEX File 选项以及 Debug 选项卡中的 Use：Proteus VSM Simulator 选项。编译汇编源程序或 C 语言程序，改正程序中的错误。

② 在 Schematic Capture 中，选中 AT89C51 并单击，打开 Edit Component 对话框，设置单片机晶振频率为 12 MHz，并在 Program File 栏中，选择先前用 Keil 生成的.HEX 文件。在 Schematic Capture 的菜单栏中选择 File→Save Design 命令，保存设计。在 Schematic Capture 的菜单栏中，打开 Debug 下拉菜单，选中 Use Remote Debug Monitor 选项，以支持与 Keil 的联合调试。

③ 在 Keil 的菜单栏中选择 Debug→Start/Stop Debug Session 命令，或者直接单击工具栏中的 Start/Stop Debug Session 图标，进入程序调试环境。按 F5 键，顺序运行程序。调出 Schematic Capture 界面，观察频率测量值，如图 5－41 所示。

图 5－41　程序运行结果

第 6 章　MCS - 51 串行口应用

【例 49】　串/并行数据转换

设置 AT89C51 的串口工作在方式 0，串行输出从内存地址 30H 起始的 8 个字节单元数据，并用 8 位发光二极管逐个显示二进制值。

1. 硬件设计

打开 Schematic Capture 编辑环境，按表 6 - 1 所列的元件清单添加元件。元件全部添加后，在 Schematic Capture 的编辑区域中按图 6 - 1 所示电路原理图连接硬件电路（晶振和复位电路略）。

表 6 - 1　元件清单

元件名称	所属类	所属子类
AT89C51	Microprocessor ICs	8051 Family
CAP	Capacitors	Generic
CAP - POL	Capacitors	Generic
CRYSTAL	Miscellaneous	—
RES	Resistors	Generic
LED - YELLOW	Optoelectronics	LEDs
NOT	Simulator Primitives	Gates
74LS164	TTL 74LS series	Registers

74LS164 是 8 位边沿触发式移位寄存器，串行输入数据，然后并行输出。其引脚功能如表 6 - 2 所列。数据通过两个输入端（DSA 或 DSB）之一串行输入；任一输入端可以用作高电平使能端，控制另一输入端的数据输入。两个输入端或者连接在一起，或者把不用的输入端接高电平。

表 6 - 2　74LS164 引脚功能

引脚名称	引脚标号	引脚功能
DSA	1	数据输入
DSB	2	数据输入
Q0～Q3	3～6	输出
GND	7	地（0 V）
CP	8	时钟输入（低电平到高电平边沿触发）
$\overline{MR}$	9	中央复位输入（低电平有效）
Q4～Q7	10～13	输出
VCC	14	正电源

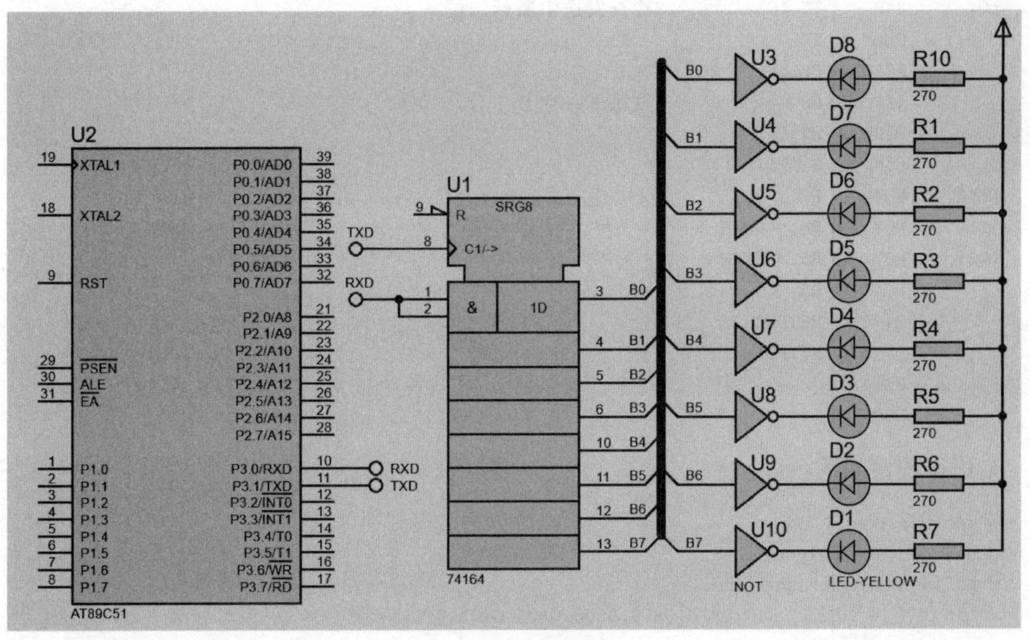

图 6-1 电路原理图

2. 程序设计

采用单片机串行工作方式 0 串行输出数据。串行口在方式 0 工作时，数据为 8 位，从 RXD 端输出，TXD 端输出移位信号，波特率固定为 Fosc/12。CPU 将数据写入 SBUF 寄存器后，立即启动发送。待 8 位数据输完后，硬件将状态寄存器的 TI 位置 1，TI 必须由软件清 0。串行口工作方式 0 时，数据/时钟自动移位输出。

程序流程如图 6-2 所示。

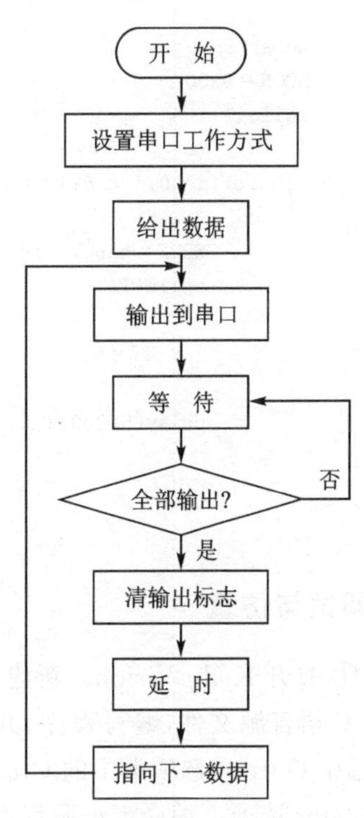

图 6-2 串/并行数据转换的程序流程图

汇编源程序如下：

```
         ORG     00H
         AJMP    START
START:   MOV     SCON,#0
         MOV     30H,#01H        ;8 字节待传输数据
         MOV     31H,#02H
         MOV     32H,#04H
         MOV     33H,#08H
         MOV     34H,#16
         MOV     35H,#32
         MOV     36H,#64
         MOV     37H,#128
         MOV     R0,#30H         ;R0 作数据指针
         MOV     R2,#8
LOOP:    MOV     A,@R0
         MOV     SBUF,A          ;数据送入缓存
```

```
LO:     JNB     TI,LO           ;检查发送中断标志位
        CLR     TI
        ACALL   DELAY
        INC     R0              ;发送下一字节
        DJNZ    R2,LOOP
        SJMP    START
DELAY:  MOV     R7,#3
DD1:    MOV     R6,#0FFH
DD2:    MOV     R5,#0FFH
        DJNZ    R5,$
        DJNZ    R6,DD2
        DJNZ    R7,DD1
        RET
        END
```

C 语言程序如下：

```
#include <reg51.h>
#define uint unsigned int
#define uchar unsigned char
uchar tab[] = {0x80,0x40,0x20,0x10,0x08,0x04,0x02,0x01};
void delay(uint i)
{
  while(i--);
}
void main()
{
    uchar i;
    SCON = 0x00;                        //初始化串口方式 0
    while(1)
    {
        for(i = 0;i < 8;i++)            //发送 8 个数据
        {
            SBUF = tab[7 - i];          //将数据送入缓存器
            while(TI)
            {
                TI = 0;                 //将标志位清 0
            }
            delay(50000);
        }
    }
}
```

3. 调试与仿真

① 打开 Keil μVision5，新建 Keil 项目，选择 AT89C51 单片机作为 CPU，新建汇编源文件或者 C 语言源文件，编写程序，并将其导入 Source Group 1 中。在 Options for Target 窗口中，选中 Output 选项卡中的 Create HEX File 选项和 Debug 选项卡中的 Use：Proteus VSM Simulator 选项。编译汇编源程序或 C 语言程序，改正程序中的错误。

② 在 Schematic Capture 中，选中 AT89C51 并单击，打开 Edit Component 对话框，设置单片机晶振频率为 12 MHz，并在 Program File 栏中选择先前用 Keil 生成的.HEX 文件。在

Schematic Capture 的菜单栏中选择 File→Save Design 命令，保存设计。在 Schematic Capture 的菜单栏中，打开 Debug 下拉菜单，选中 Use Remote Debug Monitor 选项，以支持与 Keil 的联合调试。

③ 在 Keil 的菜单栏中选择 Debug→Start/Stop Debug Session 命令，或者直接单击工具栏中的 Start/Stop Debug Session 图标，进入程序调试环境。按 F5 键，顺序运行程序。调出 Schematic Capture 界面，观察发光二极管显示的数据，如图 6-3 所示。

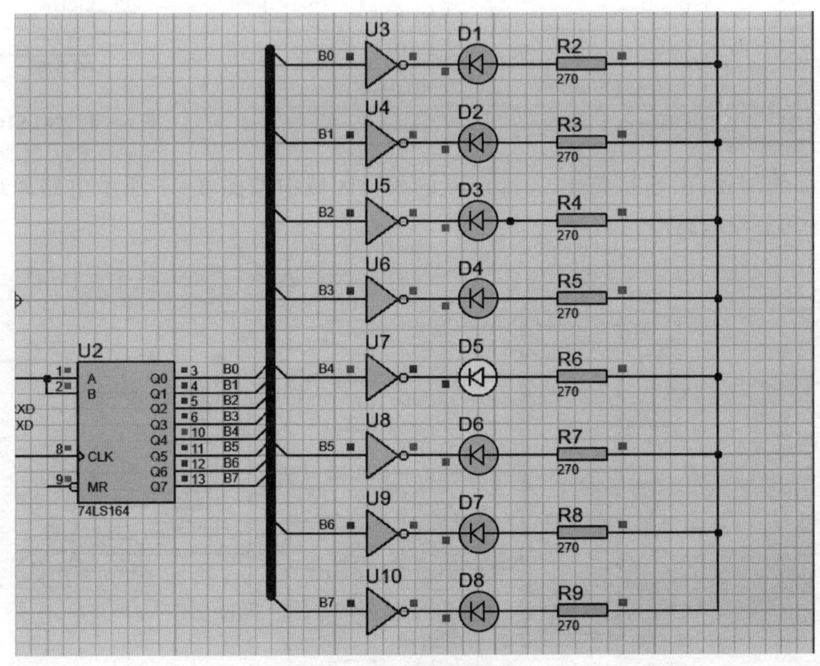

图 6-3 程序运行结果

【例 50】 并/串行数据转换

设置 AT89C51 单片机的串行口工作在方式 0，接收从 74LS165 输出的数据，并将数据送 P0 口的发光二极管显示。

1. 硬件设计

本例利用 74LS165 把输入的并行数转换成串行数输出，74LS165 为 8 位移位寄存器，其引脚图及功能如下：

$SH/\overline{LD}$：移位/置数端，低电平有效；

D0～D7：并行数据输入端；

SO、$\overline{QH}$：串行数据输出端；

CLK：时钟信号输入端；

SI：串行输入端。

打开 Schematic Capture 编辑环境，按表 6-3 所列的元件清单添加元件。

表 6-3　元件清单

元件名称	所属类	所属子类
AT89C51	Microprocessor ICs	8051 Family
CAP	Capacitors	Generic
CAP-POL	Capacitors	Generic
CRYSTAL	Miscellaneous	—
RES	Resistors	Generic
LED-YELLOW	Optoelectronics	LEDs
74LS165	TTL 74LS series	Registers
DIPSWC_8	Switches & Relays	Switches

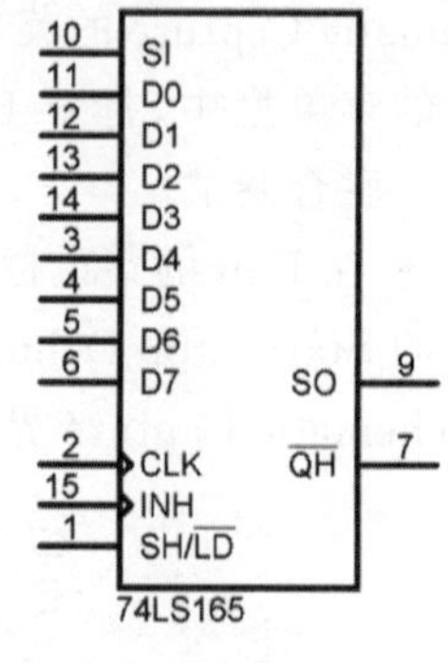

图 6-4　74LS165 引脚图

元件全部添加后，在 Schematic Capture 的编辑区域中按图 6-5 所示电路原理图连接硬件电路（晶振和复位电路略）。

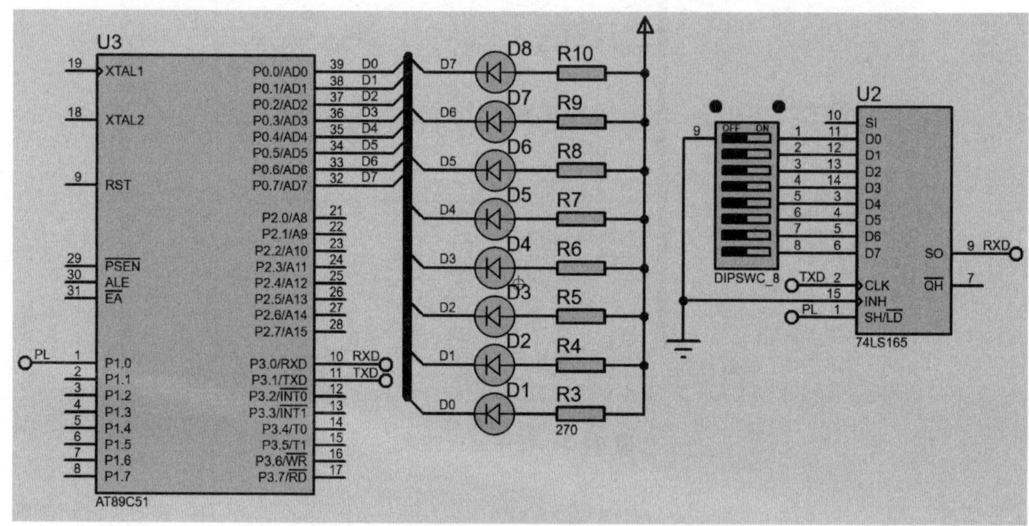

图 6-5　电路原理图

2. 程序设计

程序流程如图 6-6 所示。

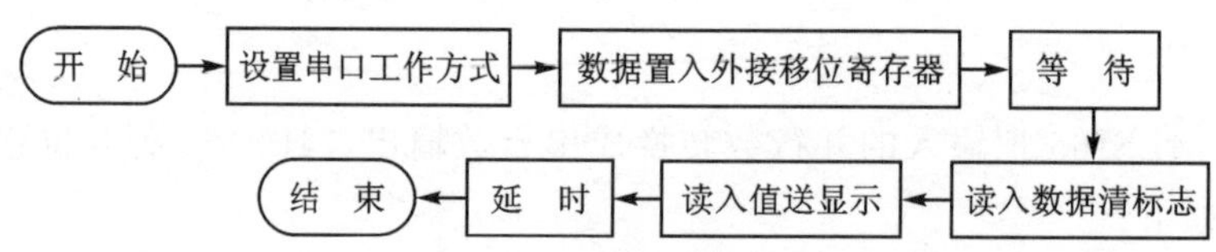

图 6-6　串/并行数据转换的程序流程图

汇编源程序如下：

```
PL          BIT        P1.0
            ORG        00H
START:      CLR        PL
            SETB       PL                          ;发送移位脉冲
```

```
        MOV     SCON,#10H       ;允许串行口接收数据
WAIT:   JNB     RI,WAIT
        MOV     A,SBUF          ;读取数据
        CLR     RI              ;清除接收中断标志
        MOV     P0,A            ;接收到的数据送 P0 口显示
        ACALL   DELAY
        SJMP    START
DELAY:  MOV     R4,#0FFH
AA1:    MOV     R5,#0FFH
AA:     NOP
        NOP
        DJNZ    R5,AA
        DJNZ    R4,AA1
        RET
        END
```

C 语言程序如下：

```
#include <reg51.h>
#define uint unsigned int
#define uchar unsigned char
sbit S_L = P1^0;
void main ()
{
    uchar i;
    SCON = 0x10 ;           //设置串口方式 0
    while(1)
    {
        S_L = 0;            //并行数据送入 74LS165
        S_L = 1;
        while(RI)           //查询 RI
        {
            RI = 0;
            i = SBUF;       //读取缓冲器内数据
            P0 = i;
        }
    }
}
```

3. 调试与仿真

① 打开 Keil μVision5，新建 Keil 项目，选择 AT89C51 单片机作为 CPU，新建汇编源文件或 C 语言源文件，编写程序，并将其导入 Source Group 1 中。在 Options for Target 窗口中，选中 Output 选项卡中的 Create HEX File 选项和 Debug 选项卡中的 Use: Proteus VSM Simulator 选项。编译汇编源程序或 C 语言程序，改正程序中的错误。

② 在 Schematic Capture 中，选中 AT89C51 并单击，打开 Edit Component 对话框，设置单片机晶振频率为 12 MHz，并在 Program File 栏中选择先前用 Keil 生成的. HEX 文件。在 Schematic Capture 的菜单栏中选择 File→Save Design 命令，保存设计。在 Schematic Capture 的菜单栏中，打开 Debug 下拉菜单，选中 Use Remote Debug Monitor 选项，以支持与 Keil 的联合调试。

③ 在 Keil 的菜单栏中选择 Debug→Start/Stop Debug Session 命令，或者直接单击工具栏中的 Start/Stop Debug Session 图标，进入程序调试环境。按 F5 键，顺序运行程序。调出 Schematic Capture 界面，拨动开关，观察发光二极管的显示，如图 6-7 所示。

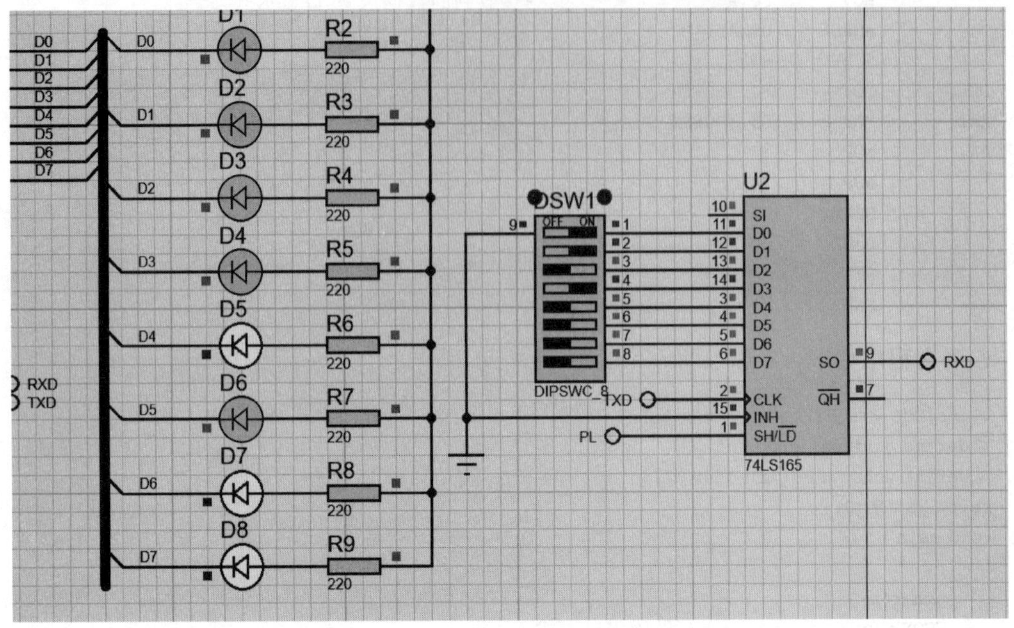

图 6-7 程序运行结果

【例 51】 AT89C51 与 PC 机串行通信

AT89C51 单片机的串行口经 MAX232 电平转换后，与 PC 机串行口相连。使用虚拟终端，实现上位机与下位机的通信。

1. 硬件设计

打开 Schematic Capture 编辑环境，按表 6-4 所列的元件清单添加元件。

表 6-4 元件清单

元件名称	所属类	所属子类
AT89C51	Microprocessor ICs	8051 Family
CAP	Capacitors	Generic
CAP-POL	Capacitors	Generic
CRYSTAL	Miscellaneous	—
RES	Resistors	Generic
MAX232	Microprocessor ICs	Peripherals
CONN-D9F	Connectors	D-Type

元件全部添加后，在 Schematic Capture 的编辑区域中按图 6-8 所示电路原理图连接硬件电路(晶振和复位电路略)。

U1
XTAL1
XTAL2
RST
PSEN
ALE
EA
P1.0
P1.1
P1.2
P1.3
P1.4
P1.5
P1.6
P1.7
80C51
P0.0/AD0
P0.1/AD1
P0.2/AD2
P0.3/AD3
P0.4/AD4
P0.5/AD5
P0.6/AD6
P0.7/AD7
P2.0/A8
P2.1/A9
P2.2/A10
P2.3/A11
P2.4/A12
P2.5/A13
P2.6/A14
P2.7/A15
P3.0/RXD
P3.1/TXD
P3.2/INT0
P3.3/INT1
P3.4/T0
P3.5/T1
P3.6/WR
P3.7/RD
C1
1uF
U2
C1+
C1-
T1IN
R1OUT
T2IN
R2OUT
T1OUT
R1IN
T2OUT
R2IN
VS+
VS-
C2+
C2-
C2
1uF
MAX232
C3
1uF
C4
1uF
RXD
TXD
RTS
CTS
J1
CONN-D9F

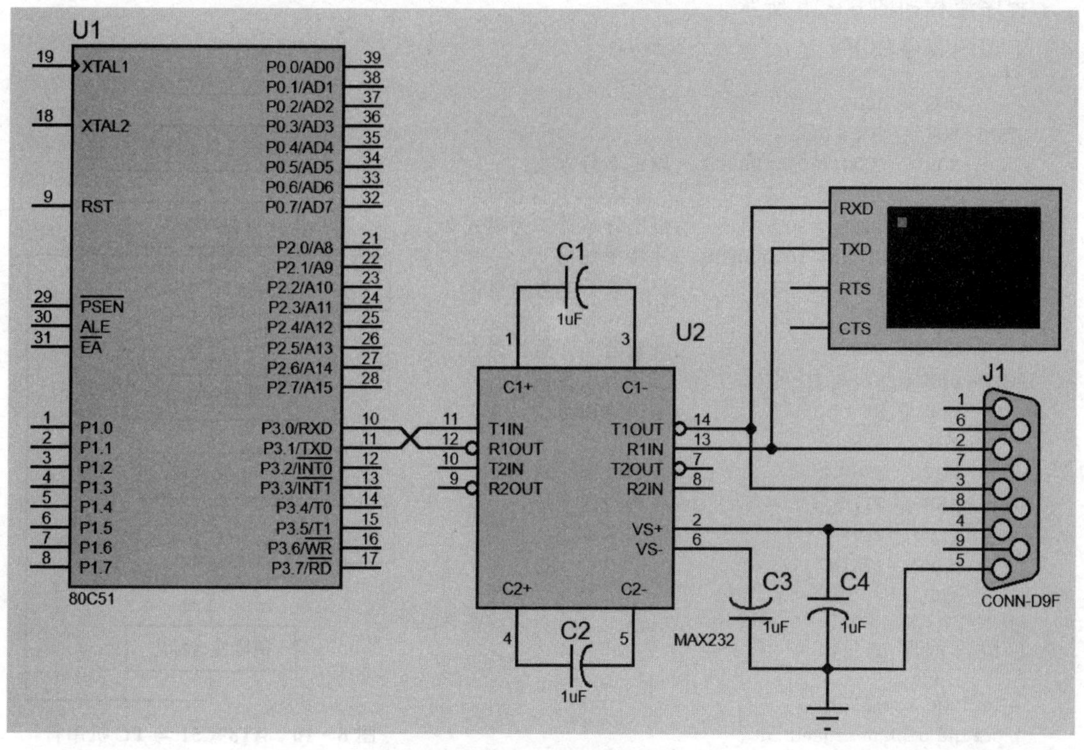

图 6－8　电路原理图

2．程序设计

本例中使用查询法接收和发送数据，上位机发出指定字符，下位机收到后返回原字符。虚拟终端设置如下：波特率为 4 800，数据位为 8，奇偶校验为无，停止位为 1，如图 6－9 所示。

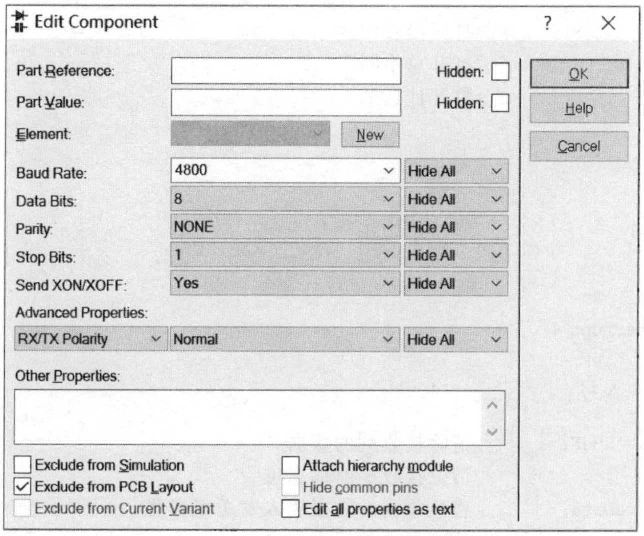

Edit Component
Part Reference:
Hidden:
Part Value:
Hidden:
Element:
New
OK
Help
Cancel
Baud Rate:
4800
Hide All
Data Bits:
8
Hide All
Parity:
NONE
Hide All
Stop Bits:
1
Hide All
Send XON/XOFF:
Yes
Hide All
Advanced Properties:
RX/TX Polarity
Normal
Hide All
Other Properties:
Exclude from Simulation
Exclude from PCB Layout
Exclude from Current Variant
Attach hierarchy module
Hide common pins
Edit all properties as text

图 6－9　设置虚拟终端

程序流程如图 6-10 所示。

汇编源程序如下：

```
       ORG     30H
START: MOV     SP,#60H
       MOV     SCON,#01010000B  ;设定串行方式:
                                ;8 位异步,允许接收
       MOV     TMOD,#20H        ;设定计数器 1 为模式 2
       ORL     PCON,#10000000B  ;波特率加倍
       MOV     TH1,#0F3H        ;设定波特率为 4 800
       MOV     TL1,#0F3H
       SETB    TR1              ;计数器 1 开始计时
AGAIN: JNB     RI,$             ;等待接收完成
       CLR     RI               ;清接收标志
       MOV     A,SBUF           ;接收数据送缓冲区
       MOV     SBUF,A           ;发送收到的数据
       JNB     TI,$             ;等待发送完成
       CLR     TI               ;清发送标志
       SJMP    AGAIN
       END
```

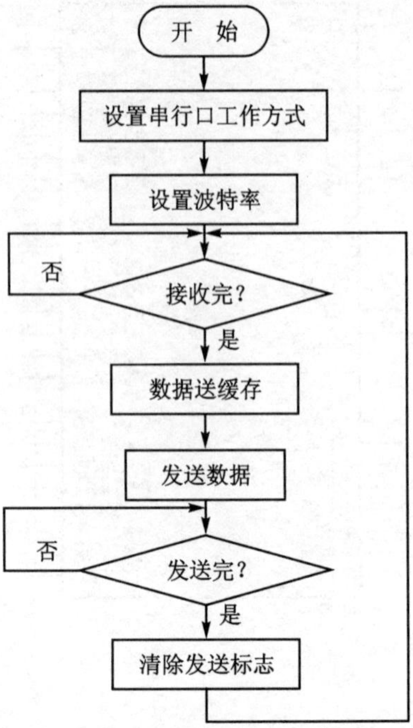

图 6-10 AT89C51 与 PC 机串行通信的程序流程图

C 语言程序如下：

```
#include <reg51.h>
#define uint unsigned int
#define uchar unsigned char
void UsartInit()
{
    SCON = 0X50;              //设置为工作方式 1
    TMOD = 0X20;              //设置计数器工作方式 2
    PCON = 0X80;              //波特率加倍
    TH1 = 0XF3;               //计数器初始值设置,注意波特率是 4 800
    TL1 = 0XF3;
    ES = 1;                   //打开接收中断
    EA = 1;                   //打开总中断
    TR1 = 1;                  //打开计数器
}
void main()
{
    UsartInit();              //串口初始化
    while(1);
}
void Usart() interrupt 4
{
    uchar receiveData;

    receiveData = SBUF;       //清除接收到的数据
    RI = 0;                   //清除接收中断标志位
    SBUF = receiveData;       //将接收到的数据放入发送寄存器
    while(!TI);               //等待发送数据完成
    TI = 0;                   //清除发送完成标志位
}
```

3. 调试与仿真

① 打开 Keil μVision5，新建 Keil 项目，选择 AT89C51 单片机作为 CPU，新建汇编源文件或者 C 语言源文件，编写程序，并将其导入 Source Group 1 中。在 Options for Target 窗口中，选中 Output 选项卡中的 Create HEX File 选项和 Debug 选项卡中的 Use：Proteus VSM Simulator 选项。编译汇编源程序或 C 语言程序，改正程序中的错误。

② 在 Schematic Capture 中，选中 AT89C51 并单击，打开 Edit Component 对话框，设置单片机晶振频率为 12 MHz，并在 Program File 栏中选择先前用 Keil 生成的. HEX 文件。在 Schematic Capture 的菜单栏中选择 File→Save Design 命令，保存设计。在 Schematic Capture 的菜单栏中，打开 Debug 下拉菜单，选中 Use Remote Debug Monitor 选项，以支持与 Keil 的联合调试。

③ 在 Keil 的菜单栏中选择 Debug→Start/Stop Debug Session 命令，或者直接单击工具栏中的 Start/Stop Debug Session 图标，进入程序调试环境。按 F5 键，顺序运行程序。调出 Schematic Capture 界面，在菜单栏中选择 Debug→Virtual Terminal 命令，打开虚拟终端窗口，在键盘上按键，在虚拟终端窗口中会显示相应的字符，如图 6 - 11 所示。

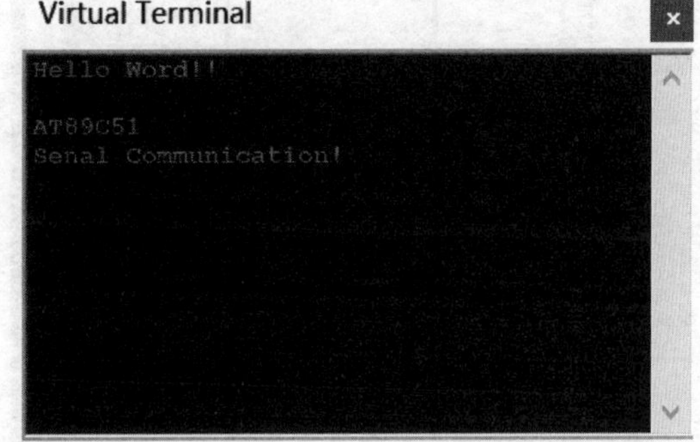

图 6 - 11　程序运行结果

【例 52】 LED 串口显示

使用串行动态数码显示的方法，在 8×8 点阵数码管上显示移动的箭头符号。

1. 硬件设计

打开 Schematic Capture 编辑环境，按表 6 - 5 所列的元件清单添加元件。

表 6 - 5　元件清单

元件名称	所属类	所属子类
AT89C51	Microprocessor ICs	8051 Family
CAP	Capacitors	Generic
CAP - POL	Capacitors	Generic
CRYSTAL	Miscellaneous	—
RES	Resistors	Generic
74LS595	TTL 74LS series	Registers
MATRIX - 8×8 - GREEN	Optoelectronics	Dot Matrix Displays

元件全部添加后，在 Schematic Capture 的编辑区域中按图 6 - 12 所示电路原理图连接硬件电路（晶振和复位电路略）。

74595 的数据端说明如下：

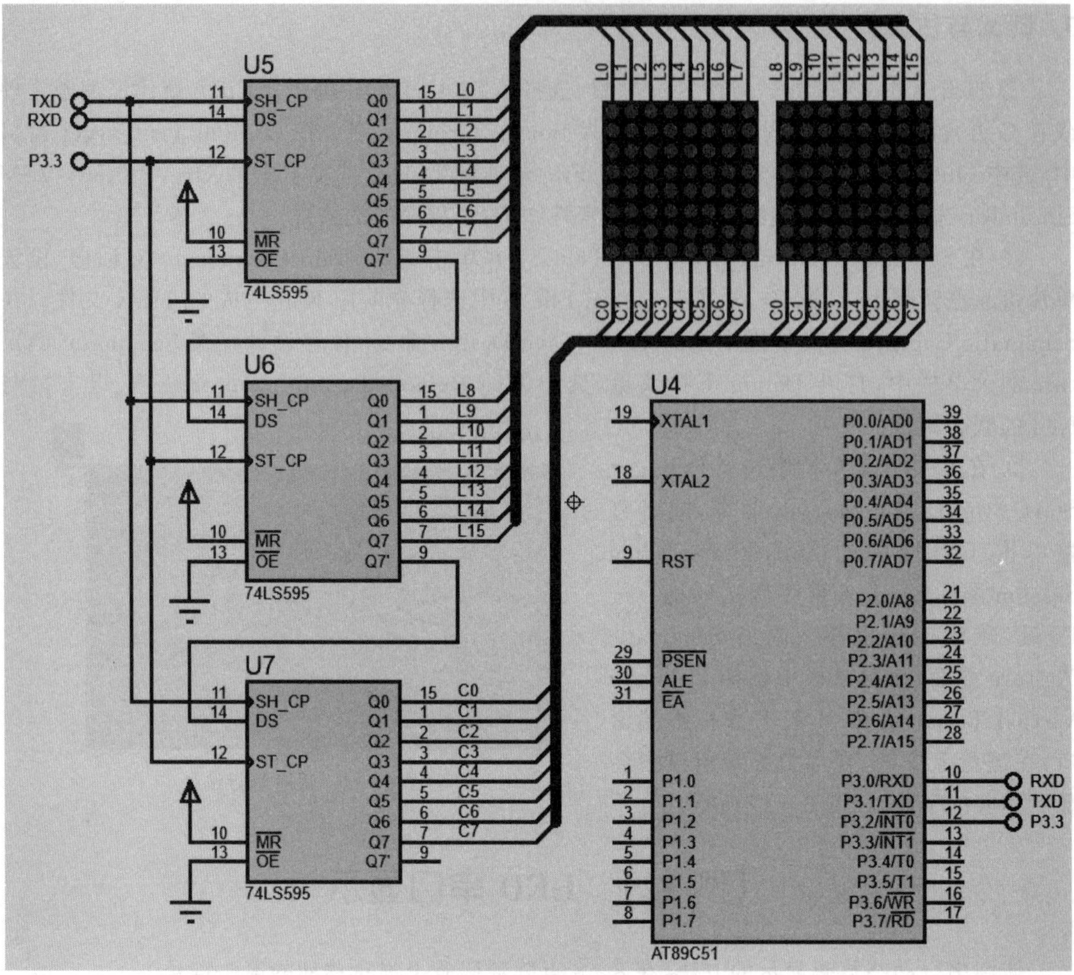

图 6－12　电路原理图

Q0～Q7：8 位并行输出端，可以直接控制数码管的 8 个段。

Q7′：级联输出端，这里将它接下一个 595 的 SI 端。

DS：串行数据输入端。

74595 的控制端说明如下：

$\overline{\text{MR}}$(10 脚)：低点平时将移位寄存器的数据清 0。通常将它接 Vcc。

SH_CP(11 脚)：上升沿时数据寄存器的数据移位。

Q1→Q2→Q3→…→Q7；下降沿移位寄存器数据不变(脉冲宽度：5 V 时，大于几十纳秒就行了。)

ST_CP(12 脚)：上升沿时移位寄存器的数据进入数据存储寄存器，下降沿时存储寄存器数据不变。

$\overline{\text{OE}}$(13 脚)：高电平时禁止输出(高阻态)。

2. 程序设计

利用移位寄存器 74LS595 将 AT89C51 串行口输出的数据转化为并行数据，并驱动点阵

LED 显示。

程序流程如图 6-13 所示。

汇编源程序如下：

```
        ORG     00H
        JMP     MAIN
        ORG     0BH
        LJMP    INTS_T0
        ORG     30H
MAIN:   CLR     EA
        MOV     R2,#0
        MOV     R1,#16          ;16 个字符
        MOV     R0,#40H
        MOV     DPTR,#TAB       ;把全部字符复制到 40H
MOVEDATA:
        MOV     A,R2
        MOVC    A,@A+DPTR
        MOV     @R0,A
        INC     R2
        INC     R0
        DJNZ    R1,MOVEDATA
        MOV     TMOD,#01H       ;定时器 0 工作方式 1
        MOV     TL0,#0FFH       ;置计数初值
        MOV     TH0,#03CH       ;0FFFFH-3CAFH=50000,50MS
        MOV     R7,#5           ;软件计数器,循环 5 次
        SETB    ET0             ;允许 T0 中断
        CLR     ET1             ;禁止 T1 中断
        SETB    EA
        SETB    TR0
        MOV     SCON,#00H       ;串行口工作模式 0
        CLR     P3.2
        MOV     SP,#60H
        MOV     R3,#080H        ;第一行
A0:     MOV     R2,#08H
        MOV     R0,#40H
LOOP:   MOV     DPTR,#TAB       ;字符首地址
        MOV     R1,#2
        MOV     A,R3
        RR      A               ;行码右移一位转下一行
        MOV     R3,A
        MOV     SBUF,A          ;发送行码
WAIT1:  JNB     TI,WAIT1        ;等待一帧发送完
        CLR     TI
A1:     MOV     A,@R0
        MOV     SBUF,A
WAIT2:  JNB     TI,WAIT2
        CLR     TI
        INC     R0
        DJNZ    R1,A1
        SETB    P3.2            ;显示一行
        CLR     P3.2
        DJNZ    R2,LOOP         ;下一行
        JMP     A0
        JMP     $
INTS_T0:
        CLR     EA
```

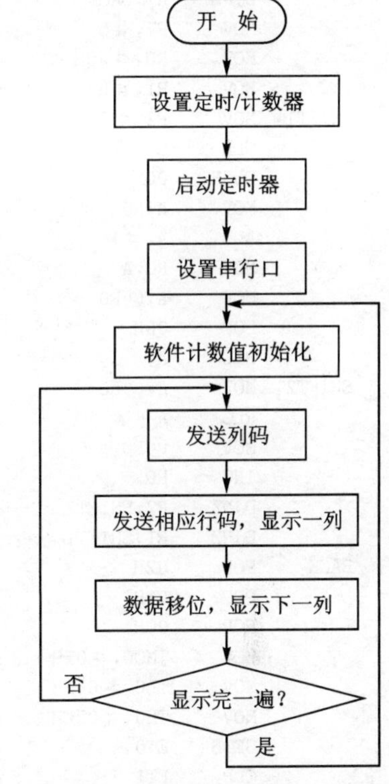

图 6-13　点阵式 LED 显示技术的程序流程图

```
        PUSH    00H
        PUSH    01H
        PUSH    02H
        DJNZ    R7,BACK         ;软件次数,次数不到返回
        MOV     R7,#5
        MOV     R0,#40H
        MOV     R1,#8
SHIFT1: MOV     R2,#2
        CLR     C
        PUSH    00H
        MOV     A,R0
        ADD     A,#1
        MOV     R0,A
        MOV     A,@R0
        POP     00H
        RLC     A
SHIFT2: MOV     A,@R0
        RLC     A
        MOV     @R0,A
        INC     R0
        DJNZ    R2,SHIFT2
        DJNZ    R1,SHIFT1
BACK:   POP     02H
        POP     01H
        POP     00H
        MOV     TMOD,#01H       ;定时器 0 工作方式 1
        MOV     TL0,#0FFH
        MOV     TH0,#03CH       ;0FFFFH - 3CAFH = 50000。50 ms
        SETB    ET0             ;禁止 T0 中断
        CLR     ET1             ;禁止 T1 中断
        SETB    EA
        SETB    TR0
        RETI
TAB:    DB      0FFH,0FFH       ;箭头符号
        DB      0DFH,0FFH
        DB      0BFH,0FFH
        DB      001H,0FFH
        DB      0BFH,0FFH
        DB      0DFH,0FFH
        DB      0FFH,0FFH
        END
```

C 语言程序如下：

```
#include <reg51.h>
#include <intrins.h>
#define uint unsigned int
#define uchar unsigned char
sbit ST_CP = P3^2;
sbit DS = P3^0;
sbit SH_CP = P3^1;
uchar duan;
uchar lie[] = {0x7f,0xbf,0xdf,0xef,0xf7,0xfb,0xfd,0xfe};
uchar code hang[8][8] = {{0x80,0x88,0x9C,0xAA,0x88,0x88,0x88,0x88},
                         {0x88,0x9C,0xAA,0x88,0x88,0x88,0x88,0x80},
                         {0x9C,0xAA,0x88,0x88,0x88,0x88,0x80,0x88},
                         {0xAA,0x88,0x88,0x88,0x80,0x80,0x88,0x9C},
```

```
                    {0x88,0x88,0x88,0x88,0x80,0x88,0x9C,0xAA},
                    {0x88,0x88,0x88,0x80,0x88,0x9C,0xAA,0x88},
                    {0x88,0x88,0x80,0x88,0x9C,0xAA,0x88,0x88},
                    {0x88,0x80,0x88,0x9C,0xAA,0x88,0x88,0x88}};  //LED 显示码
void delay(uint i)
{
  while(i--);
}
void In_595(uchar temp)      //发送数据给 595
{
    uchar i;
    SH_CP = 0;
    for(i = 0;i < 8;i++)
    {
        temp <<= 1;
        DS = CY;
        SH_CP = 1;
        _nop_();
        _nop_();
        SH_CP = 0;
    }
}
void OUT_595()               //595 输出数据
{
    ST_CP = 0;
    _nop_();
    _nop_();
    ST_CP = 1;
    _nop_();
    _nop_();
    ST_CP = 0;
}
void main ()
{
    uchar i;
    TMOD = 0x01;
    TH0 = (65535 - 20000)/256;TL0 = (65535 - 20000) % 256;
    EA = 1;TR0 = 1;ET0 = 1;
    while(1)
    {
        for (i = 0;i < 8;i++)
        {
            In_595(lie[i]);
            In_595(hang[duan + 1][i]);
            In_595(hang[duan][i]);
            OUT_595();
        }
    }
}
void timer0() interrupt 1
{
    uchar k;
    TH0 = (65535 - 20000)/256;TL0 = (65535 - 20000) % 256;
    k++;
    if(k == 50)
    {
        k = 0;duan++;
```

```
        if(duan == 8)
            duan = 0;
    }
}
```

3. 调试与仿真

① 打开 Keil μVision5，新建 Keil 项目，选择 AT89C51 单片机作为 CPU，新建汇编源文件或者 C 语言源文件，编写程序，并将其导入 Source Group 1 中。在 Options for Target 窗口中，选中 Output 选项卡中的 Create HEX File 选项和 Debug 选项卡中的 Use：Proteus VSM Simulator 选项。编译汇编源程序或 C 语言程序，改正程序中的错误。

② 在 Schematic Capture 中，选中 AT89C51 并单击，打开 Edit Component 对话框，设置单片机晶振频率为 12 MHz，并在 Program File 栏中选择先前用 Keil 生成的.HEX 文件。在 Schematic Capture 的菜单栏中选择 File→Save Design 命令，保存设计。在 Schematic Capture 的菜单栏中，打开 Debug 下拉菜单，选中 Use Remote Debug Monitor 选项，以支持与 Keil 的联合调试。

③ 在 Keil 的菜单栏中选择 Debug→Start/Stop Debug Session 命令，或者直接单击工具栏中的 Start/Stop Debug Session 图标 ，进入程序调试环境。按 F5 键，顺序运行程序。调出 Schematic Capture 界面，可以看到两个点阵 LED 轮流显示向上移动的箭头符号，如图 6－14 所示。

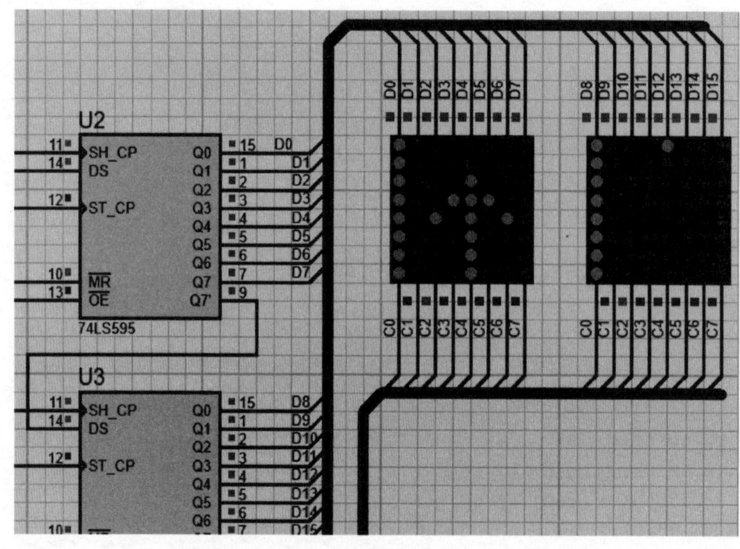

图 6－14　程序运行结果

第 7 章　MCS－51 与 A/D 转换器接口设计与应用

【例 53】 ADC0808 转换器基本应用

从 ADC0808 的通道 IN3 输入 0～5 V 范围内的模拟量，通过 ADC0808 转换成数字量在数码管上以十进制形成显示出来。ADC0808 的 VREF 接＋5 V 电压。

1. 硬件设计

ADC0808 是带有 8 位 A/D 转换器、8 路多路开关以及微处理机兼容的控制逻辑的 CMOS 组件。它是逐次逼近式 A/D 转换器，可以和单片机直接接口。

ADC0808 由一个 8 路模拟开关、一个地址锁存与译码器、一个 A/D 转换器和一个三态输出锁存器组成。多路开关可选通 8 个模拟通道，允许 8 路模拟量分时输入，共用 A/D 转换器进行转换。三态输出锁器用于锁存 A/D 转换完的数字量，当 OE 端为高电平时，才可以从三态输出锁存器取走转换完的数据。

ADC0808 的引脚结构如图 7－1 所示。

(1) IN0～IN7:8 条模拟量输入通道

ADC0808 对输入模拟量要求：信号单极性，电压范围是 0～5 V，若信号太小，必须进行放大；输入的模拟量在转换过程中应该保持不变，如若模拟量变化太快，则需在输入前增加采样保持电路。

(2) 地址输入和控制线:4 条

ALE 为地址锁存允许输入线，高电平有效。当 ALE 线为高电平时，地址锁存与译码器将 A、B、C 三条地址线的地址信号进行锁存，经译码后被选中的通道的模拟量进转换器进行转换。A、B 和 C 为地址输入线，用于选通 IN0～IN7 上的一路模拟量输入。通道选择表如表 7－1 所列。

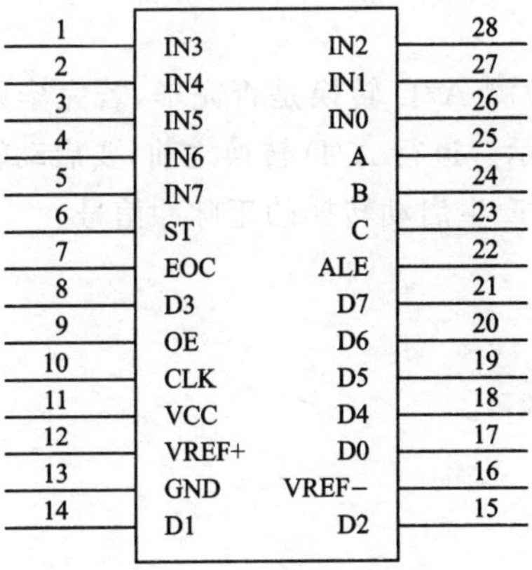

1	IN3	IN2	28
2	IN4	IN1	27
3	IN5	IN0	26
4	IN6	A	25
5	IN7	B	24
6	ST	C	23
7	EOC	ALE	22
8	D3	D7	21
9	OE	D6	20
10	CLK	D5	19
11	VCC	D4	18
12	VREF+	D0	17
13	GND	VREF−	16
14	D1	D2	15

图 7－1　ADC0808 结构

表 7－1　ADC0808 通道选择表

C	B	A	选择的通道
0	0	0	IN0
0	0	1	IN1
0	1	0	IN2
0	1	1	IN3
1	0	0	IN4
1	0	1	IN5
1	1	0	IN6
1	1	1	IN7

(3) 数字量输出及控制线:11 条

ST 为转换启动信号。当 ST 上跳沿时,所有内部寄存器清 0;下跳沿时,开始进行 A/D 转换;在转换期间,ST 应保持低电平。EOC 为转换结束信号。当 EOC 为高电平时,表明转换结束;否则,表明正在进行 A/D 转换。OE 为输出允许信号,用于控制三条输出锁存器向单片机输出转换得到的数据。OE＝1,输出转换得到的数据;OE＝0,输出数据线呈高阻状态。D7～D0 为数字量输出线。CLK 为时钟输入信号线。因 ADC0808 的内部没有时钟电路,所需时钟信号必须由外界提供,通常使用频率为 500 kHz,VREF(＋)和 VREF(－)为参考电压输入。

(4) ADC0808 应用说明

ADC0808 内部带有输出锁存器,可以与 AT89S51 单片机直接相连。初始化时,使 ST 和 OE 信号全为低电平。送要转换的哪一通道的地址到 A、B、C 端口上。在 ST 端给出一个至少有 100 ns 宽的正脉冲信号。是否转换完毕,可根据 EOC 信号来判断。当 EOC 变为高电平时,这时给 OE 为高电平,转换的数据输出给单片机。

打开 Schematic Capture 编辑环境,按表 7－2 所列的元件清单添加元件。

表 7－2　元件清单

元件名称	所属类	所属子类
AT89C51	Microprocessor ICs	8051 Family
CAP	Capacitors	Generic
CAP－ELEC	Capacitors	Generic
CRYSTAL	Miscellaneous	—
RES	Resistors	Generic
7SEG－MPX4－CC－BLUE	Optoelectronics	7－Segment Displays
ADC0808	Data Converters	A/D Converters
PULLUP	Modelling Primitives	Digital [Miscellaneous]
POP－HG	Resistors	Variable

元件全部添加后,在 Schematic Capture 的编辑区域中按图 7－2 所示的原理图连接硬件电路(晶振和复位电路略)。

2. 程序设计

进行 A/D 转换时,采用查询 EOC 的标志信号来检测 A/D 转换是否完毕,若完毕则把数据通过 P0 端口读入,经过数据处理之后在数码管上显示。进行 A/D 转换之前,要启动转换的方法:ABC＝110 选择第三通道;ST＝0,ST＝1,ST＝0 产生启动转换的正脉冲信号。

程序流程如图 7－3 所示。

汇编源程序如下:

```
LED_0     EQU     30H             ;存放 3 个数码管的段码
LED_1     EQU     31H
LED_2     EQU     32H
ADC       EQU     35H             ;存放转换后的数据
ST        BIT     P3.2
OE        BIT     P3.0
```

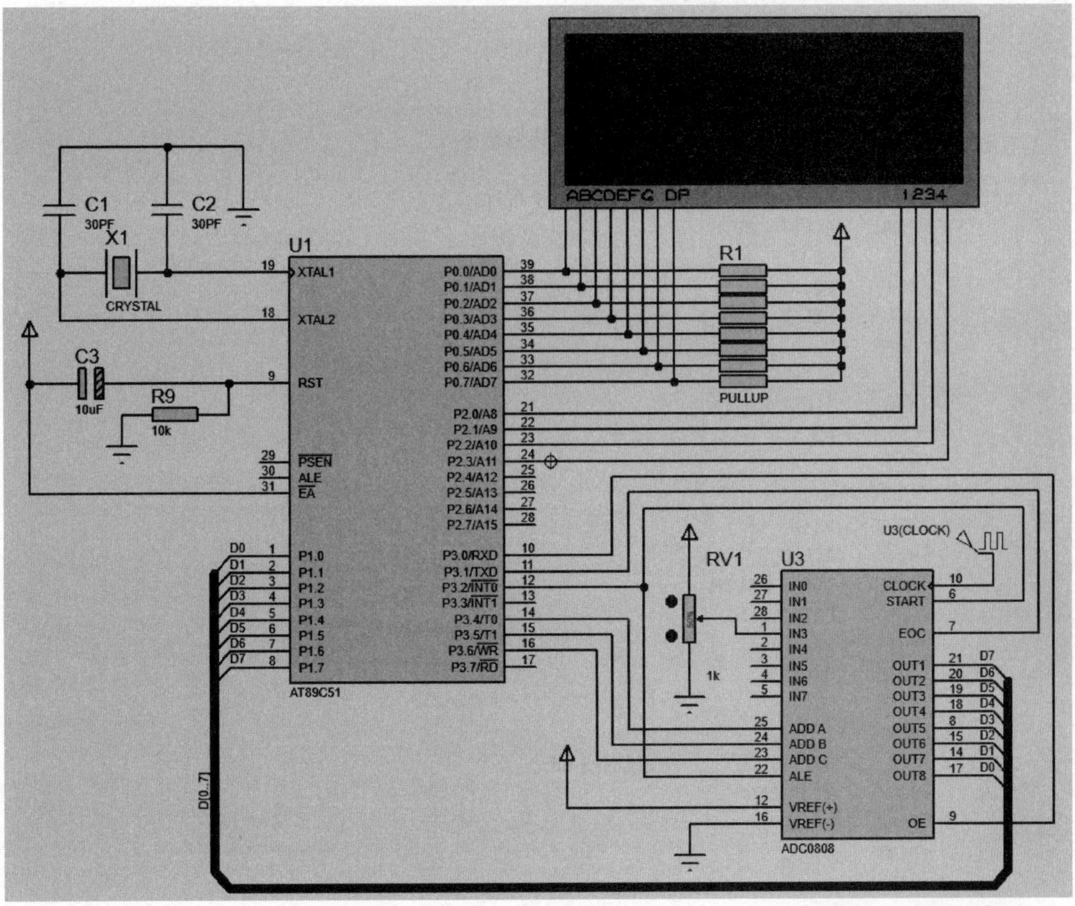

图 7－2　电路原理图

```
EOC     BIT     P3.1
        ORG     00H
START:  MOV     LED_0,#00H
        MOV     LED_1,#00H
        MOV     LED_2,#00H
        MOV     DPTR,#TABLE        ;送段码表首地址
        SETB    P3.4
        SETB    P3.5
        CLR     P3.6               ;选择 ADC0808 的通道 3
WAIT:   CLR     ST
        SETB    ST
        CLR     ST                 ;启动转换
        JNB     EOC,$              ;等待转换结束
        SETB    OE                 ;允许输出
        MOV     ADC,P1             ;暂存转换结果
        CLR     OE                 ;关闭输出
        MOV     A,ADC              ;将 A/D 转换结果转换成 BCD 码
        MOV     B,#100
        DIV     AB
        MOV     LED_2,A
        MOV     A,B
```

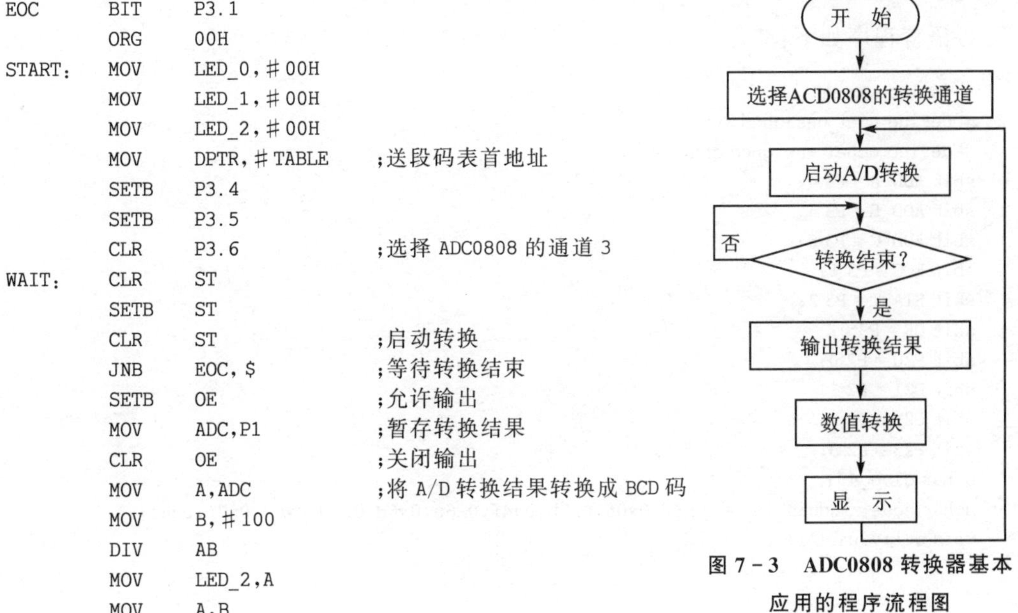

图 7－3　ADC0808 转换器基本应用的程序流程图

```
        MOV     B,#10
        DIV     AB
        MOV     LED_1,A
        MOV     LED_0,B
        LCALL   DISP                ;显示 A/D 转换结果
        SJMP    WAIT
DISP:   MOV     A,LED_0             ;数码显示子程序
        MOVC    A,@A+DPTR
        CLR     P2.3
        MOV     P0,A
        LCALL   DELAY
        SETB    P2.3
        MOV     A,LED_1
        MOVC    A,@A+DPTR
        CLR     P2.2
        MOV     P0,A
        LCALL   DELAY
        SETB    P2.2
        MOV     A,LED_2
        MOVC    A,@A+DPTR
        CLR     P2.1
        MOV     P0,A
        LCALL   DELAY
        SETB    P2.1
        RET
DELAY:  MOV     R6,#10              ;延时 5 ms
D1:     MOV     R7,#250
        DJNZ    R7,$
        DJNZ    R6,D1
        RET
TABLE:  DB      3FH,06H,5BH,4FH,66H
        DB      6DH,7DH,07H,7FH,6FH
        END
```

C 语言程序如下：

```
#include <reg51.h>
#define uint unsigned int
#define uchar unsigned char
sbit ADD_A = P3^4;
sbit ADD_B = P3^5;
sbit ADD_C = P3^6;
sbit EOC = P3^1;
sbit START = P3^2;
sbit OE = P3^0;
sbit P20 = P2^0;
sbit P21 = P2^1;
sbit P22 = P2^2;
sbit P23 = P2^3;
uchar disp[4];
uchar code smgduan[10] = {0x3f,0x06,0x5b,0x4f,0x66,0x6d,0x7d,0x07,0x7f,0x6f};
void delay(uint i)
{
    while(i--);
}
```

```
void datapros()                                         //数据处理函数
{
    uint temp;
    temp = P1;                                          //读取电位器数值
    disp[0] = smgduan[temp/1000];                       //千位
    disp[1] = smgduan[temp % 1000/100];                 //百位
    disp[2] = smgduan[temp % 1000 % 100/10];            //十位
    disp[3] = smgduan[temp % 1000 % 100 % 10];          //个位
}
void display()                                          //显示函数
{
    uchar i;
    for(i = 0;i < 4;i++)
    {
        switch(i)                                       //位选,选择点亮的数码管,
        {
            case(0):
                P20 = 0;P21 = 1;P22 = 1;P23 = 1; break;  //显示第0位
            case(1):
                P20 = 1;P21 = 0;P22 = 1;P23 = 1; break;  //显示第1位
            case(2):
                P20 = 1;P21 = 1;P22 = 0;P23 = 1; break;  //显示第2位
            case(3):
                P20 = 1;P21 = 1;P22 = 1;P23 = 0; break;  //显示第3位
        }

        P0 = disp[i];
        delay(100);
        P0 = 0x00;
    }
}
void main ()
{
    while(1)
    {
        ADD_A = 1;
        ADD_B = 1;
        ADD_C = 0;
        OE = 0;
        START = 0;                                      //起始信号
        START = 1;
        START = 0;
        while(!EOC);                                    //等待转换结束信号
        OE = 1;                                         //允许输出数字数据
        datapros();
        display();
    }
}
```

3. 调试与仿真

① 打开Keil μVision5,新建Keil项目,选择AT89C51单片机作为CPU,新建汇编源文件或者C语言源文件,编写程序,并将其导入Source Group 1中。在Options for Target窗口

中,选中 Output 选项卡中的 Create HEX File 选项和 Debug 选项卡中的 Use:Proteus VSM Simulator 选项。编译汇编源程序或 C 语言程序,改正程序中的错误。

② 在 Schematic Capture 中,选中 AT89C51 并单击,打开 Edit Component 对话框,设置单片机晶振频率为 12 MHz,并在 Program File 栏中,选择先前用 Keil 生成的. HEX 文件。在 Schematic Capture 的菜单栏中选择 File→Save Design 命令,保存设计。在 Schematic Capture 的菜单栏中,打开 Debug 下拉菜单,选择 Use Remote Debug Monitor 命令,以支持与 Keil 的联合调试。

③ 在 Keil 的菜单栏中选择 Debug→Start/Stop Debug Session 命令,或者直接单击工具栏中的 Start/Stop Debug Session 图标,进入程序调试环境。按 F5 键,顺序运行程序。调出 Schematic Capture 界面,调节电位器 RV1,可以看到数码管显示的 A/D 转换结果的变化,如图 7-4 所示。

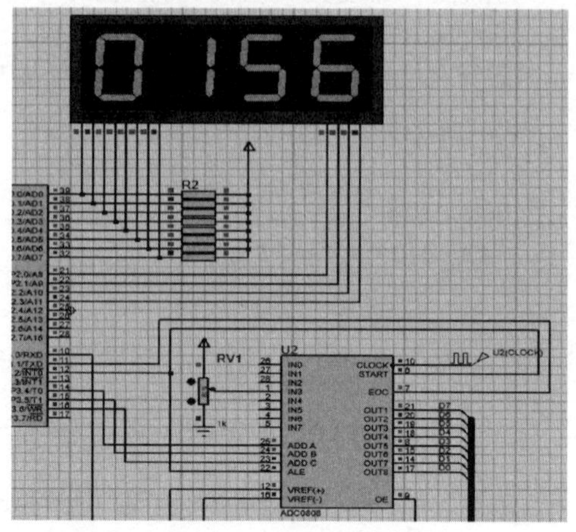

图 7-4 程序运行结果

【例 54】 数字电压表

利用单片机 AT89C51 与 ADC0808 设计一个数字电压表,能够测量 0~5 V 范围内的直流电压值,四位数码显示,要求使用的元器件数目最少。

1. 硬件设计

打开 Schematic Capture 编辑环境,按表 7-3 所列的元件清单添加元件。

表 7-3 元件清单

元件名称	所属类	所属子类
AT89C51	Microprocessor ICs	8051 Family
CAP	Capacitors	Generic
CAP-ELEC	Capacitors	Generic
CRYSTAL	Miscellaneous	—
RES	Resistors	Generic
7SEG-MPX4-CC-BLUE	Optoelectronics	7-Segment Displays
ADC0808	Data Converters	A/D Converters
PULLUP	Modelling Primitives	Digital [Miscellaneous]
POP-HG	Resistors	Variable

元件全部添加后,在 Schematic Capture 的编辑区域中按图 7-5 所示电路原理图连接硬件电路(晶振和复位电路略)。

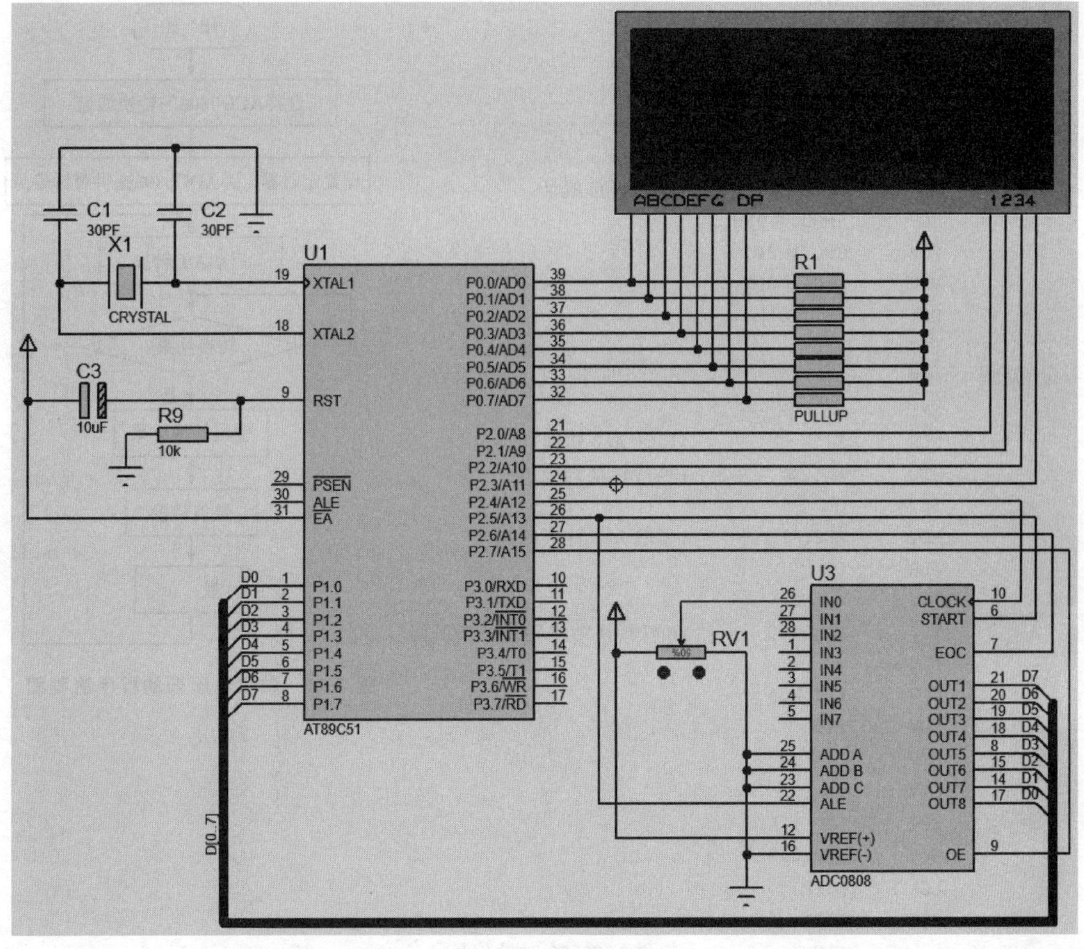

图 7-5 电路原理图

2. 程序设计

由于 ADC0808 在进行 A/D 转换时需要有 CLK 信号，而此时的 ADC0808 的 CLK 是接在 AT89C51 单片机的 P2.4 端口上，也就是要求从 P2.4 输出 CLK 信号供 ADC0808 使用，因此 CLK 信号就要用软件来产生。

程序流程如图 7-6 所示。

汇编源程序如下：

```
LED_0   EQU     30H
LED_1   EQU     31H
LED_2   EQU     32H             ;存放段码
ADC     EQU     35H
CLOCK   BIT     P2.4            ;定义 ADC0808 时钟位
ST      BIT     P2.5
EOC     BIT     P2.6
OE      BIT     P2.7
        ORG     00H
```

```
        SJMP    START
        ORG     0BH
        LJMP    INT_T0
START:  MOV     LED_0,#00H
        MOV     LED_1,#00H
        MOV     LED_2,#00H
        MOV     DPTR,#TABLE      ;段码表首地址
        MOV     TMOD,#02H
        MOV     TH0,#245
        MOV     TL0,#00H
        MOV     IE,#82H
        SETB    TR0
WAIT:   CLR     ST
        SETB    ST
        CLR     ST               ;启动 A/D 转换
        JNB     EOC,$            ;等待转换结束
        SETB    OE
        MOV     ADC,P1           ;读取 A/D 转换结果
        CLR     OE
        MOV     A,ADC
        MOV     B,#100           ;A/D 转换结果转换成 BCD 码
        DIV     AB
        MOV     LED_2,A
        MOV     A,B
        MOV     B,#10
        DIV     AB
        MOV     LED_1,A
        MOV     LED_0,B
        LCALL   DISP
        SJMP    WAIT
INT_T0: CPL     CLOCK            ;提供 ADC0808 时钟信号
        RETI
DISP:   MOV     A,LED_0          ;显示子程序
        MOVC    A,@A+DPTR
        CLR     P2.3
        MOV     P0,A
        LCALL   DELAY
        SETB    P2.3
        MOV     A,LED_1
        MOVC    A,@A+DPTR
        CLR     P2.2
        MOV     P0,A
        LCALL   DELAY
        SETB    P2.2
        MOV     A,LED_2
        MOVC    A,@A+DPTR
        CLR     P2.1
        MOV     P0,A
        LCALL   DELAY
        SETB    P2.1
        RET
```

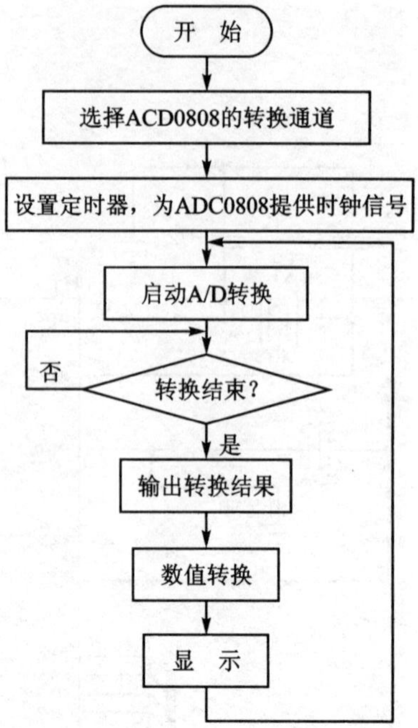

开 始
选择ACD0808的转换通道
设置定时器，为ADC0808提供时钟信号
启动A/D转换
转换结束?
否
是
输出转换结果
数值转换
显 示

图 7-6 数字电压表的程序流程图

```
DELAY:  MOV     R6,#10          ;延时 5 ms
D1:     MOV     R7,#250
        DJNZ    R7,$
        DJNZ    R6,D1
        RET
TABLE:  DB      3FH,06H,5BH,4FH,66H
        DB      6DH,7DH,07H,7FH,6FH
        END
```

C 语言程序如下：

```
#include <reg51.h>
#define uint unsigned int
#define uchar unsigned char
sbit CLOCK = P2^4;      //adc0808 时钟信号
sbit EOC = P2^6;        //adc0808 片选信号
sbit START = P2^5;      //起始信号引脚
sbit OE = P2^7;         //使能信号
sbit P20 = P2^0;        //P20～P24 数码管位选
sbit P21 = P2^1;
sbit P22 = P2^2;
sbit P23 = P2^3;
uchar disp[4];
uchar code smgduan[10] = {0x3f,0x06,0x5b,0x4f,0x66,0x6d,0x7d,0x07,0x7f,0x6f};
void delay(uint i)
{
    while(i--);
}
void datapros()                                         //数据处理函数
{
    long uint temp;
    temp = P1;                                          //读取电位器数值
    temp = temp * 500/255;                              //转换成 5 V 电压
    disp[0] = smgduan[temp/1000];                       //千位
    disp[1] = smgduan[temp % 1000/100]|0x80;            //百位
    disp[2] = smgduan[temp % 1000 % 100/10];            //十位
    disp[3] = smgduan[temp % 1000 % 100 % 10];          //个位
}
void display()                 /                        /显示函数
{
    uchar i;
    for(i = 0;i<4;i++)
    {
        switch(i)                                       //位选,选择点亮的数码管
        {
            case(0):
                P20 = 0;P21 = 1;P22 = 1;P23 = 1; break;   //显示第 0 位
            case(1):
                P20 = 1;P21 = 0;P22 = 1;P23 = 1; break;   //显示第 1 位
            case(2):
                P20 = 1;P21 = 1;P22 = 0;P23 = 1; break;   //显示第 2 位
            case(3):
```

```
                P20 = 1;P21 = 1;P22 = 1;P23 = 0; break;   //显示第 3 位
            }
            P0 = disp[i];
            delay(100);
            P0 = 0x00;
        }
    }
    void main ()
    {
        TMOD = 0x01;
        TH0 = (65535 - 100)/256;TL0 = (65535 - 100) % 256;
        EA = 1;TR0 = 1;ET0 = 1;
        while(1)
        {
            OE = 0;
            START = 0;
                START = 1;
                START = 0;
            while(!EOC);                                //等待转换结束信号
                OE = 1;                                 //允许输出数字数据
                datapros();
                display();
        }
    }
    void timer0() interrupt 1
    {
        TH0 = (65535 - 100)/256;TL0 = (65535 - 100) % 256;
            CLOCK = ~CLOCK;
    }
```

3. 调试与仿真

① 打开 Keil μVision5，新建 Keil 项目，选择 AT89C51 单片机作为 CPU，新建汇编源文件或者 C 语言源文件，编写程序，并将其导入 Source Group 1 中。在 Options for Target 窗口中，选中 Output 选项卡中的 Create HEX File 选项和 Debug 选项卡中的 Use：Proteus VSM Simulator 选项。编译汇编源程序或者 C 语言程序，改正程序中的错误。

② 在 Schematic Capture 中，选中 AT89C51 并单击，打开 Edit Component 对话框，设置单片机晶振频率为 12 MHz，并在 Program File 栏中选择先前用 Keil 生成的. HEX 文件。在 Schematic Capture 的菜单栏中选择 File→Save Design 命令，保存设计。在 Schematic Capture 的菜单栏中，打开 Debug 下拉菜单，选中 Use Remote Debug Monitor 选项，以支持与 Keil 的联合调试。

③ 在 Keil 的菜单栏中选择 Debug→Start/Stop Debug Session 命令，或者直接单击工具栏中的 Start/Stop Debug Session 图标，进入程序调试环境。按 F5 键，顺序运行程序。调出 Schematic Capture 界面，调节电位器 RV1，可以看到数码管显示的 A/D 转换结果的变化，如图 7－7 所示。

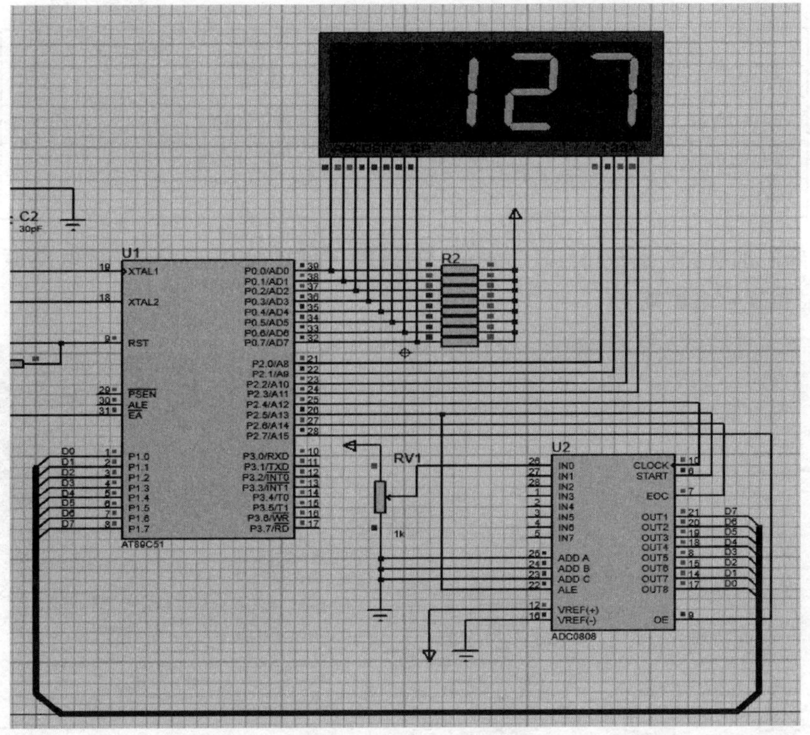

图7－7　程序运行结果

【例55】　温度检测

用可调电阻调节电压值作为模拟温度的输入量，当温度低于30 ℃时，发出长“嘀”报警声和光报警，当温度高于60 ℃时，发出短“嘀”报警声和光报警。测量的温度范围为0～99 ℃。

1．硬件设计

打开Schematic Capture编辑环境，按表7－4所列的元件清单添加元件。

表7－4　元件清单

元件名称	所属类	所属子类
AT89C51	Microprocessor ICs	8051 Family
CAP	Capacitors	Generic
CAP－ELEC	Capacitors	Generic
CRYSTAL	Miscellaneous	—
RES	Resistors	Generic
7SEG－MPX4－CC－BLUE	Optoelectronics	7－Segment Displays
ADC0808	Data Converters	A/D Converters
PULLUP	Modelling Primitives	Digital [Miscellaneous]
RES－VAR	Resistors	Variable

续表 7-4

元件名称	所属类	所属子类
SOUNDER	Speakers & Sounders	—
LED-RED	Optoelectronics	LEDs
LED-BLUE	Optoelectronics	LEDs
POT-HG	Resistors	—

元件全部添加后，在 Schematic Capture 的编辑区域中按图 7-8 所示电路原理图连接硬件电路（晶振和复位电路略）。

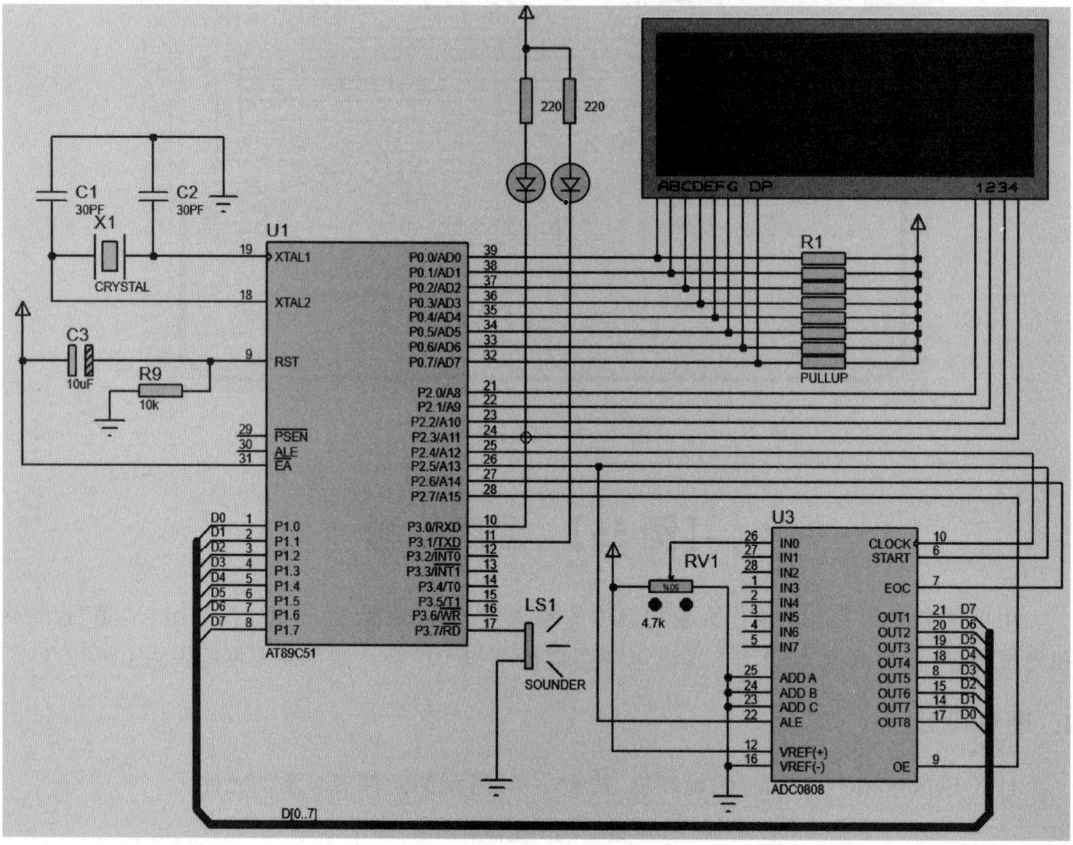

图 7-8　电路原理图

2. 程序设计

对于 5 V 的参考电压，ADC0808 输出值的范围为 0～255，将其映射为 0 与 99 之间的温度值，30 ℃对应的输出值为 77，50 ℃对应的输出值为 153。对 A/D 转换的结果进行测量，如果超出这个范围则报警。

程序流程如图 7-9 所示。

汇编源程序如下：

```
LED_0     EQU     30H
LED_1     EQU     31H
```

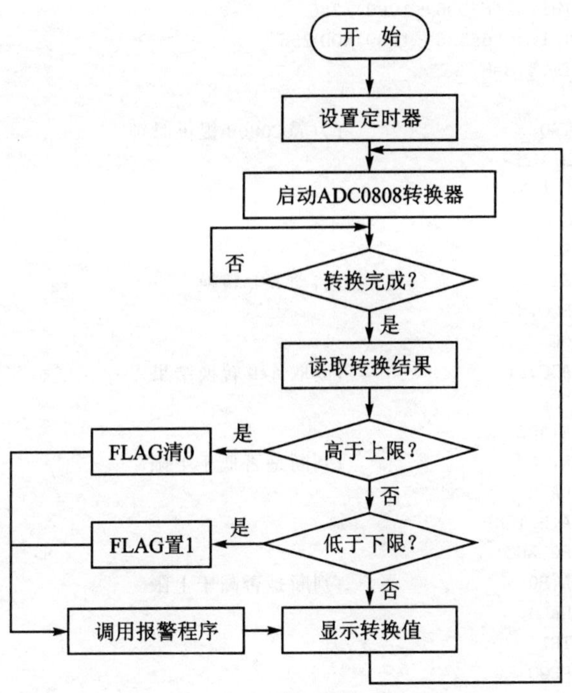

图 7－9　温度检测的程序流程图

```
LED_2    EQU    32H
ADC      EQU    35H
TCNTA    EQU    36H
TCNTB    EQU    37H
H_TEMP   EQU    38H                    ;温度上限
L_TEMP   EQU    39H                    ;温度下限
FLAG     BIT    00H
H_ALM    BIT    P3.0
L_ALM    BIT    P3.1
SOUND    BIT    P3.7
CLOCK    BIT    P2.4
ST       BIT    P2.5
EOC      BIT    P2.6
OE       BIT    P2.7
         ORG    00H
         SJMP   START
         ORG    0BH
         LJMP   INT_T0
         ORG    1BH
         LJMP   INT_T1
START:   MOV    LED_0,#00H
         MOV    LED_1,#00H
         MOV    LED_2,#00H
         MOV    DPTR,#TABLE
         MOV    H_TEMP,#153
         MOV    L_TEMP,#77
         MOV    TMOD,#12H
         MOV    TH0,#245
         MOV    TL0,#0
```

```
        MOV     TH1,#(65536-1000)/256
        MOV     TL1,#(65536-1000)MOD 256
        MOV     IE,#8aH
        CLR     C
        SETB    TR0                 ;为 ADC0808 提供时钟
WAIT:   SETB    H_ALM
        SETB    L_ALM
        CLR     ST
        SETB    ST
        CLR     ST                  ;启动 A/D 转换
        JNB     EOC,$
        SETB    OE
        MOV     ADC,P1              ;读取 A/D 转换结果
        CLR     OE
        MOV     A,ADC
        SUBB    A,#77               ;判断是否低于下限
        JC      LALM
        MOV     A,H_TEMP
        MOV     R0,ADC
        SUBB    A,R0                ;判断是否高于上限
        JC      HALM
        CLR     TR1
        LJMP    PROC
LALM:   CLR     L_ALM               ;低温报警
        SETB    TR1
        CLR     FLAG
        LJMP    PROC
HALM:   CLR     H_ALM               ;高温报警
        SETB    TR1
        SETB    FLAG
        LJMP    PROC
PROC:   MOV     A,ADC               ;数值转换
        MOV     B,#100
        DIV     AB
        MOV     LED_2,A
        MOV     A,B
        MOV     B,#10
        DIV     AB
        MOV     LED_1,A
        MOV     LED_0,B
        LCALL   DISP
        SJMP    WAIT
INT_T0: CPL     CLOCK               ;提供 ADC0808 时钟
        RETI
INT_T1: MOV     TH1,#(65536-1000)/256
        MOV     TL1,#(65536-1000)MOD 256
        CPL     SOUND
        INC     TCNTA
        MOV     A,TCNTA
        JB      FLAG,I1             ;判断是高温报警还是低温报警
        CJNE    A,#30,RETUNE        ;低温报警声
        SJMP    I2
I1:     CJNE    A,#20,RETUNE        ;高温报警声
I2:     MOV     TCNTA,#0
```

```
        INC     TCNTB
        MOV     A,TCNTB
        CJNE    A,#25,RETUNE
        MOV     TCNTA,#0
        MOV     TCNTB,#0
        LCALL   DELAY2
RETUNE: RETI
DISP:   MOV     A,LED_0                 ;数码显示子程序
        MOVC    A,@A+DPTR
        CLR     P2.3
        MOV     P0,A
        LCALL   DELAY
        SETB    P2.3
        MOV     A,LED_1
        MOVC    A,@A+DPTR
        CLR     P2.2
        MOV     P0,A
        LCALL   DELAY
        SETB    P2.2
        MOV     A,LED_2
        MOVC    A,@A+DPTR
        CLR     P2.1
        MOV     P0,A
        LCALL   DELAY
        SETB    P2.1
        RET
DELAY:  MOV     R6,#10
D1:     MOV     R7,#250
        DJNZ    R7,$
        DJNZ    R6,D1
        RET
DELAY2: MOV     R5,#20
D2:     MOV     R6,#20
D3:     MOV     R7,#250
        DJNZ    R7,$
        DJNZ    R6,D3
        DJNZ    R5,D2
        RET
TABLE:  DB      3FH,06H,5BH,4FH,66H
        DB      6DH,7DH,07H,7FH,6FH
        END
```

C语言程序如下：

```
#include <reg51.h>
#define uint unsigned int
#define uchar unsigned char
sbit P20 = P2^0;
sbit P21 = P2^1;
sbit P22 = P2^2;
sbit P23 = P2^3;
sbit CLOCK = P2^4;
sbit START = P2^5;
sbit EOC = P2^6;
```

```
sbit OE = P2^7;
uchar disp[4];
uchar code smgduan[10] = {0x3f,0x06,0x5b,0x4f,0x66,0x6d,0x7d,0x07,0x7f,0x6f};
void delay(uint i)
{
    while(i--);
}
void datapros()                                          //数据处理函数
{
    long uint temp;
    temp = P1;
    temp = temp * 500/255;                               //读取电位器数值
    disp[0] = smgduan[temp/1000];                        //千位
    disp[1] = smgduan[temp % 1000/100]|0x80;             //百位
    disp[2] = smgduan[temp % 100/10];                    //十位
    disp[3] = smgduan[temp % 10];                        //个位
}
void display()                                           //显示函数
{
    uchar i;
    for(i = 0;i < 4;i++)
    {
        switch(i)                                        //位选,选择点亮的数码管
        {
            case(0):
                P20 = 0;P21 = 1;P22 = 1;P23 = 1; break;  //显示第 0 位
            case(1):
                P20 = 1;P21 = 0;P22 = 1;P23 = 1; break;  //显示第 1 位
            case(2):
                P20 = 1;P21 = 1;P22 = 0;P23 = 1; break;  //显示第 2 位
            case(3):
                P20 = 1;P21 = 1;P22 = 1;P23 = 0; break;  //显示第 3 位
        }
    P0 = disp[i];
        delay(100);
      P0 = 0x00;
    }
}
void timerStart()                                        //时钟脉冲初始化
{
    TMOD = 0x02;
    TH0 = 200;TL0 = 200;
    EA = 1;TR0 = 1;ET0 = 1;
}
void main ()
{
    timerStart();
    while(1)
    {
        START = 0;
        OE = 0;
        START = 1;
        START = 0;
```

```
        while(!EOC);                                    //等待转换结束信号
        OE = 1;                                         //允许输出数字数据
        datapros();
        display();
    }
}
void timer0() interrupt 1
{
    CLOCK = ~CLOCK;
}
```

3. 调试与仿真

① 打开 Keil μVision5，新建 Keil 项目，选择 AT89C51 单片机作为 CPU，新建汇编源文件或者 C 语言源文件，编写程序，并将其导入 Source Group 1 中。在 Options for Target 窗口中，选中 Output 选项卡中的 Create HEX File 选项和 Debug 选项卡中的 Use: Proteus VSM Simulator 选项。编译汇编源程序或者 C 语言程序，改正程序中的错误。

② 在 Schematic Capture 中，选中 AT89C51 并单击，打开 Edit Component 对话框，设置单片机晶振频率为 12 MHz，并在 Program File 栏中，选择先前用 Keil 生成的. HEX 文件。在 Schematic Capture 的菜单栏中选择 File→Save Design 命令，保存设计。在 Schematic Capture 的菜单栏中，打开 Debug 下拉菜单，选中 Use Remote Debug Monitor 选项，以支持与 Keil 的联合调试。

③ 在 Keil 的菜单栏中选择 Debug→Start/Stop Debug Session 命令，或者直接单击工具栏中的 Start/Stop Debug Session 图标，进入程序调试环境。按 F5 键，顺序运行程序。调出 Schematic Capture 界面，调节电位器 RV1，可以看到数码管显示的 A/D 转换结果的变化；如果转换结果高于或者低于程序中设定的上限和下限，则会发出相应的报警指示，如图 7－10 所示。

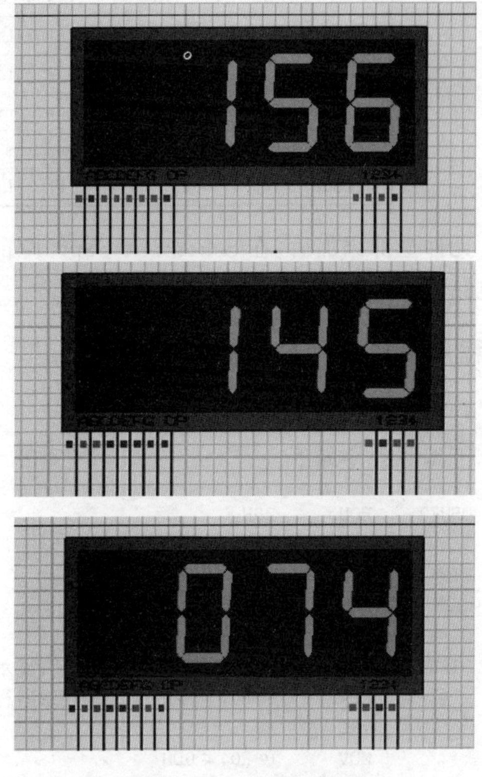

图 7－10　程序运行结果

【例 56】　ADC0808 A/D 转换设计

用 ADC0808 对模拟信号进行转换，转换结果送七段数码管显示，同时用发光二极管显示转换值的二进制码。五位数码管的前两位显示“AD”字样，后三位显示 A/D 转换结果，采用串行显示方法。

1. 硬件设计

打开 Schematic Capture 编辑环境，按表 7-5 所列的元件清单添加元件。

表 7-5　元件清单

元件名称	所属类	所属子类
AT89C51	Microprocessor ICs	8051 Family
CAP	Capacitors	Generic
CAP-POL	Capacitors	Generic
CRYSTAL	Miscellaneous	—
RES	Resistors	Generic
BUTTON	Switches & Relays	Switches
LED-YELLOW	Optoelectronics	LEDs
NOT	Simulator Primitives	Gates
7SEG-COM-CAT-GRN	Optoelectronics	7-Segment Displays
74LS373	TTL 74LS series	Flip-Flop & Latches
74LS164	TTL 74LS series	Registers
ADC 0808	Data Converters	A/D Converters
RES-VAR	Resistors	POT-HG
74LS02	TTL 74LS series	Gates & Inverters

元件全部添加后，在 Schematic Capture 的编辑区域中按图 7-11 所示电路原理图连接硬件电路。

2. 程序设计

程序流程如图 7-12 所示。

汇编源程序如下：

```
DBUF0     EQU     30H
TEMP      EQU     40H
DIN       BIT     0B0H
CLK       BIT     0B1H
          ORG     0000H
START:    MOV     R0,#DBUF0          ;显示缓冲器存放 0AH,0DH,—,0XH,0XH
          MOV     @R0,#0AH           ;串行静态显示“AD XX”XX 表示 0～F
          INC     R0
          MOV     @R0,#0DH
          INC     R0
          MOV     @R0,#10H
          INC     R0
          MOV     DPTR,#0FEF3H       ;A/D 地址
          MOV     A,#0               ;清 0
          MOVX    @DPTR,A            ;启动 A/D
          JNB     P3.3,$             ;等待转换结果
          MOVX    A,@DPTR            ;读入结果
          MOV     P1,A               ;转换结果送入发光二极管
          MOV     B,A                ;累加器内容存入 B 中
```

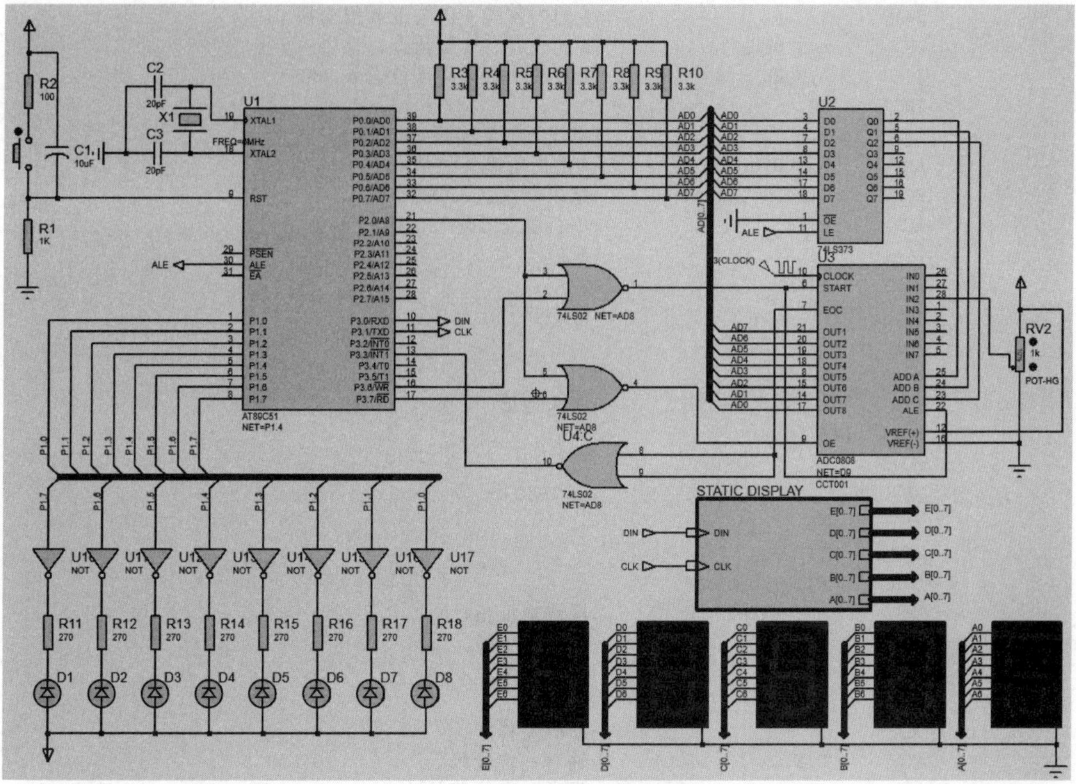

(a) 主电路

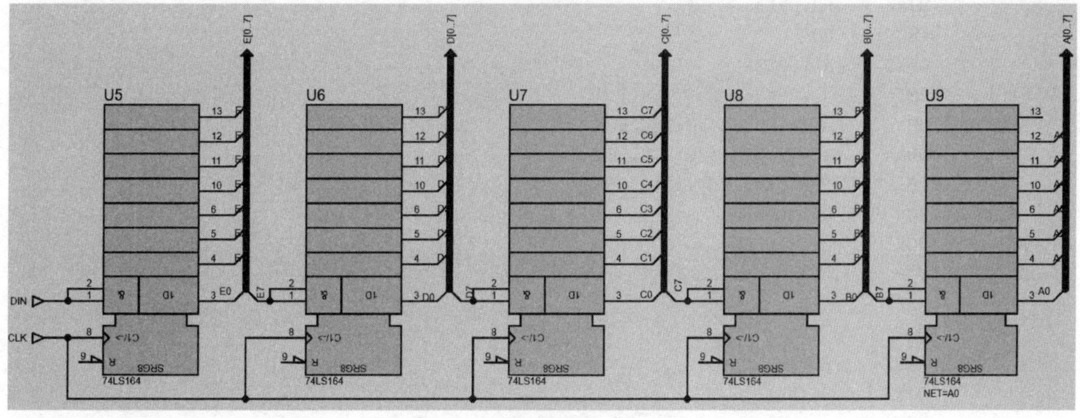

(b) STATIC DISPLAY子电路

图 7－11　电路原理图

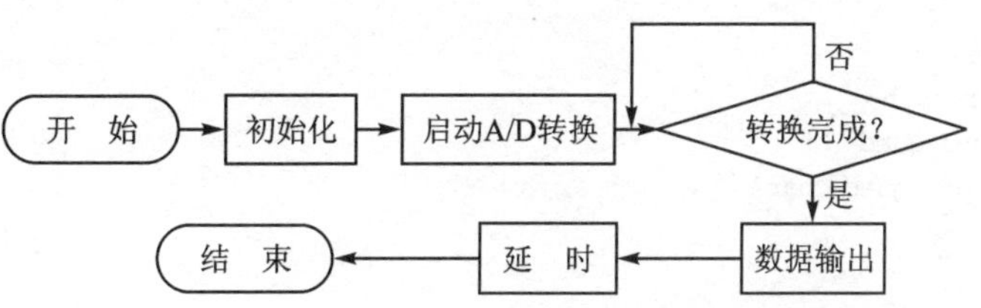

图 7－12　ADC0808 A/D 转换设计的程序流程图

```
        SWAP    A               ;A 的内容高 4 位与低 4 位交换
        ANL     A,#0FH          ;A 的内容高 4 位清 0
        XCHD    A,@R0           ;A/D 转换结果高 4 位送入 DBUF3
        INC     R0
        MOV     A,B             ;取出 A/D 转换后的结果
        ANL     A,#0FH          ;A 的内容高 4 位清 0
        XCHD    A,@R0           ;结果低位送入 DBF4 中
        ACALL   DISP1           ;串行静态显示“AD XX”
        ACALL   DELAY           ;延时
        AJMP    START
DISP1:  MOV     R0,#DBUF0       ;静态显示子程序
        MOV     R1,#TEMP+4
        MOV     R2,#5
DP10:   MOV     DPTR,#SEGTAB    ;表头地址
        MOV     A,@R0
        MOVC    A,@A+DPTR       ;取段码
        MOV     @R1,A           ;到 TEMP 中
        INC     R0
        DEC     R1
        DJNZ    R2,DP10
        MOV     R0,#TEMP        ;段码地址指针
        MOV     R1,#5           ;段码字节数
DP12:   MOV     R2,#8           ;移位次数
        MOV     A,@R0           ;取段码
DP13:   RLC     A               ;断码左移
        MOV     DIN,C           ;输出一位段码
        CLR     CLK             ;发送一个位移脉冲
        SETB    CLK
        DJNZ    R2,DP13
        INC     R0
        DJNZ    R1,DP12
        RET
SEGTAB: DB      3FH,6,5BH,4FH,66H,6DH
        DB      7DH,7,7FH,6FH,77H,7CH
        DB      58H,5EH,79H,71H,0,40H
DELAY:  MOV     R4,#0AFH
AA1:    MOV     R5,#0FFH
AA:     NOP
        NOP
        NOP
        DJNZ    R5,AA
        DJNZ    R4,AA1
        RET
        END
```

C 语言程序如下：

```
#include <reg51.h>
#include <intrins.h>
#define uint unsigned int
#define uchar unsigned char
sbit P20 = P2^0;
sbit DIN = P3^0;
sbit CLK = P3^1;
sbit START = P3^6;
```

```
sbit EOC = P3^3;
sbit OE = P3^7;
uchar disp[5];
uchar code smgduan[17] = {0x3f,0x06,0x5b,0x4f,0x66,0x6d,0x7d,0x07,0x7f,0x6f,
                    0x77,0x7c,0x39,0x5e,0x79,0x71};        //0～f 字符
void delay(uint i)
{
    while(i--);
}
void datapros()                                  //数据处理函数
{
    uint temp;
    temp = P0;
    disp[0] = 0x77;
    disp[1] = 0x5e;
    disp[2] = 0x00;
    disp[3] = smgduan[temp/16];                  //接收数据的第一位
    disp[4] = smgduan[temp % 16];                //接收数据的第二位
    P1 = temp;                                   //将接收到的数据点亮 LED
}
void sendbyte(uchar seg)                         //74LS164 发送字节函数
{
    uchar num,c;
    num = disp[seg];
    for(c = 0;c < 8;c++)
    {
        DIN = num&0x80;
        num = _crol_(num,1);
        CLK = 0;
        CLK = 1;                                 //上升沿发送
    }
}
void main ()
{
    uchar i;
    P20 = 0;
    while(1)
    {
        START = 1;
        OE = 1;
        START = 0;
        START = 1;
        while(EOC);                              //等待转换结束信号
        OE = 0;                                  //允许输出数字数据
        datapros();
        for(i = 0;i < 5;i++)
        {
            sendbyte(4 - i);
        }
        delay(50000);
        delay(50000);
    }
}
```

3. 调试与仿真

① 打开 Keil μVision5，新建 Keil 项目，选择 AT89C51 单片机作为 CPU，新建汇编源文件或者 C 语言源文件，编写程序，并将其导入 Source Group 1 中。在 Options for Target 窗口中，选中 Output 选项卡中的 Create HEX File 选项和 Debug 选项卡中的 Use：Proteus VSM Simulator 选项。编译汇编源程序或者 C 语言程序，改正程序中的错误。

② 在 Schematic Capture 中，选中 AT89C51 并单击，打开 Edit Component 对话框，设置单片机晶振频率为 12 MHz，并在 Program File 栏中选择先前用 Keil 生成的.HEX 文件。在 Schematic Capture 的菜单栏中选择 File→Save Design 命令，保存设计。在 Schematic Capture 的菜单栏中，打开 Debug 下拉菜单，选中 Use Remote Debug Monitor 选项，以支持与 Keil 的联合调试。

③ 在 Keil 的菜单栏中选择 Debug→Start/Stop Debug Session 命令，或者直接单击工具栏中的 Start/Stop Debug Session 图标，进入程序调试环境。按 F5 键，顺序运行程序。调出 Schematic Capture 界面，如图 7-13 所示。

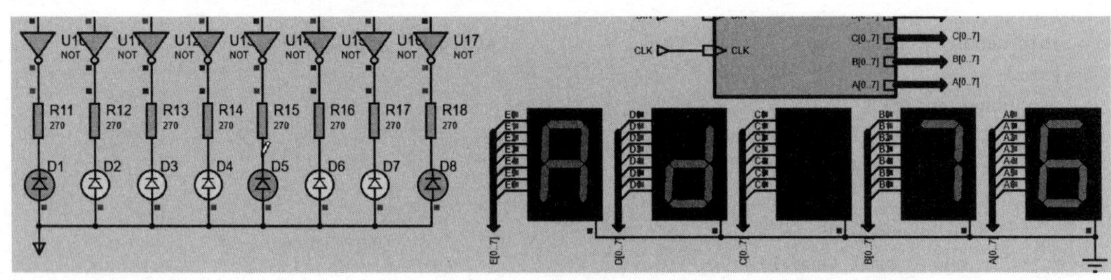

图 7-13 程序运行结果

第 8 章 MCS－51 综合应用设计

【例 57】 电子琴

设计要求：由 16 个按键组成 4×4 键盘矩阵，设计成 16 个音阶；按下键的同时，显示键号。

1. 硬件设计

打开 Schematic Capture 编辑环境，按表 8－1 所列的元件清单添加元件。

表 8－1 元件清单

元件名称	所属类	所属子类
AT89C51	Microprocessor ICs	8051 Family
CAP	Capacitors	Generic
CAP－ELEC	Capacitors	Generic
CRYSTAL	Miscellaneous	—
RES	Resistors	Generic
BUTTON	Switches & Relays	Switches
7SEG－COM－CAT－GRN	Optoelectronics	7－Segment Displays
SOUNDER	Speakers & Sounders	—

元件全部添加后，在 Schematic Capture 的编辑区域中按图 8－1 所示电路原理图连接硬件电路。

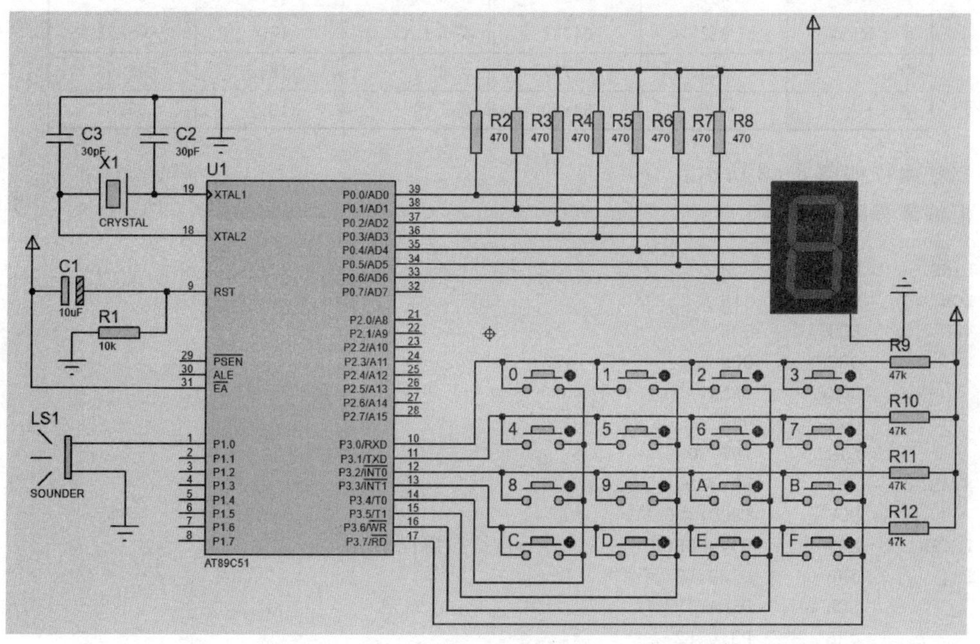

图 8－1 电路原理图

2. 程序设计

音乐的产生：一首音乐是许多不同的音阶组成的，而每个音阶对应着不同的频率，这样就可以利用不同频率音阶的组合，即可构成我们所想要的音乐了。对于单片机来说，产生不同的频率非常方便，可以利用单片机的定时/计数器 T0 来产生不同频率的信号，因此只要把一首歌曲的音阶与频率的对应关系弄正确即可。现在以单片机 12 MHz 晶振为例，列出高中低音符与单片机计数器 T0 相关的计数器值(见表 8－2)。

表 8－2 音符与计数器 T0 频率的对应关系

音　符	频率/Hz	简谱码(T 值)	音　符	频率/Hz	简谱码(T 值)
低 1　DO	262	63628	＃4 FA＃	740	64860
＃1　DO＃	277	63731	中 5 SO	784	64898
低 2　RE	294	63835	＃ 5 SO＃	831	64934
＃2 RE＃	311	63928	中 6 LA	880	64968
低 3 M	330	64021	＃ 6	932	64994
低 4 FA	349	64103	中 7 SI	988	65030
＃ 4 FA＃	370	64185	高 1 DO	1046	65058
低 5 SO	392	64260	＃ 1 DO＃	1109	65085
＃ 5 SO＃	415	64331	高 2 RE	1175	65110
低 6 LA	440	64400	＃ 2 RE＃	1245	65134
＃ 6	466	64463	高 3 M	1318	65157
低 7 SI	494	64524	高 4 FA	1397	65178
中 1 DO	523	64580	＃ 4 FA＃	1480	65198
＃ 1 DO＃	554	64633	高 5 SO	1568	65217
中 2 RE	587	64684	＃ 5 SO＃	1661	65235
＃ 2 RE＃	622	64732	高 6 LA	1760	65252
中 3 M	659	64777	＃ 6	1865	65268
中 4 FA	698	64820	高 7 SI	1967	65283

程序流程如图 8－2 所示。

汇编源程序如下：

```
LINE    EQU     30H
ROW     EQU     31H
VAL     EQU     32H
        ORG     00H
        SJMP    START
        ORG     0BH
        LJMP    INT_T0
START:  MOV     P0,#00H
        MOV     TMOD,#01H
LSCAN:  MOV     P3,#0F0H                ;按键扫描程序
L1:     JNB     P3.0,L2
        LCALL   DELAY
        JNB     P3.0,L2
        MOV     LINE,#00H
```

```
            LJMP    RSCAN
L2:         JNB     P3.1,L3
            LCALL   DELAY
            JNB     P3.1,L3
            MOV     LINE,#01H
            LJMP    RSCAN
L3:         JNB     P3.2,L4
            LCALL   DELAY
            JNB     P3.2,L4
            MOV     LINE,#02H
            LJMP    RSCAN
L4:         JNB     P3.3,L1
            LCALL   DELAY
            JNB     P3.3,L1
            MOV     LINE,#03H
RSCAN:      MOV     P3,#0FH
C1:         JNB     P3.4,C2
            MOV     ROW,#00H
            LJMP    CALCU
C2:         JNB     P3.5,C3
            MOV     ROW,#01H
            LJMP    CALCU
C3:         JNB     P3.6,C4
            MOV     ROW,#02H
            LJMP    CALCU
C4:         JNB     P3.7,C1
            MOV     ROW,#03H
CALCU:      MOV     A,LINE              ;计算键号
            MOV     B,#04H
            MUL     AB
            ADD     A,ROW
            MOV     VAL,A               ;根据键号查表得到定时器的定时常数
                                        ;从而发出不同频率的声音
            MOV     DPTR,#TABLE2
            MOV     B,#2
            MUL     AB
            MOV     R1,A
            MOVC    A,@A+DPTR
            MOV     TH0,A
            INC     R1
            MOV     A,R1
            MOVC    A,@A+DPTR
            MOV     TL0,A
            MOV     IE,#82H
            SETB    TR0
            MOV     A,VAL               ;显示键号
            MOV     DPTR,#TABLE1
            MOVC    A,@A+DPTR
            MOV     P0,A
W0:         MOV     A,P3                ;等待按键释放
            CJNE    A,#0FH,W1
            MOV     P0,#00H
            CLR     TR0
            LJMP    LSCAN
```

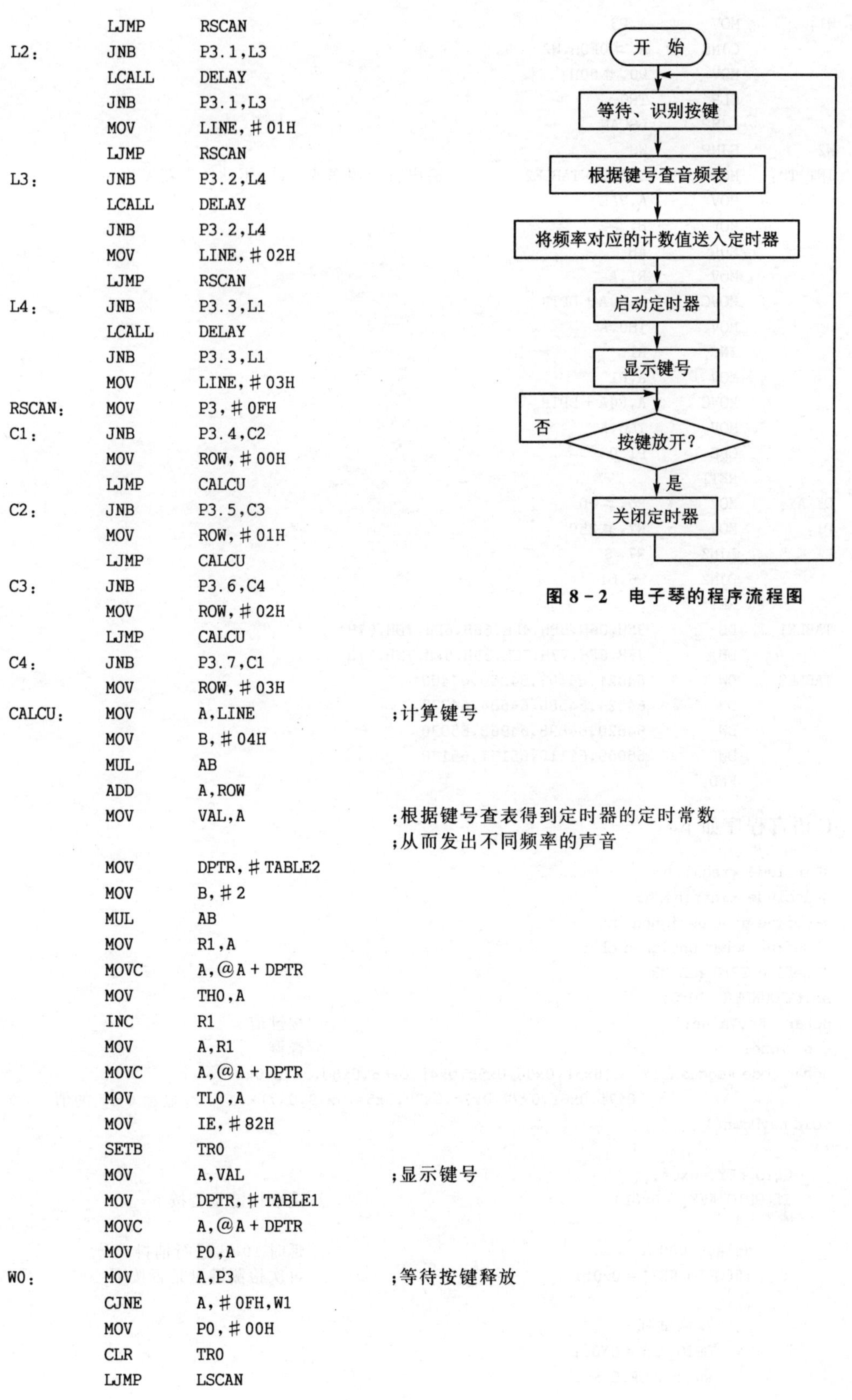

图 8－2　电子琴的程序流程图

```
W1:         MOV     A,P3
            CJNE    A,#0F0H,W2
            MOV     P0,#00H
            CLR     TR0
            LJMP    LSCAN
W2:         SJMP    W0
INT_T0:     MOV     DPTR,#TABLE2        ;输出特定频率的方波,驱动扬声器发声
            MOV     A,VAL
            MOV     B,#2
            MUL     AB
            MOV     R1,A
            MOVC    A,@A+DPTR
            MOV     TH0,A
            INC     R1
            MOV     A,R1
            MOVC    A,@A+DPTR
            MOV     TL0,A
            CPL     P1.0
            RETI
DELAY:      MOV     R6,#10
D1:         MOV     R7,#250
            DJNZ    R7,$
            DJNZ    R6,D1
            RET
TABLE1:     DB      3FH,06H,5BH,4FH,66H,6DH,7DH,07H
            DB      7FH,6FH,77H,7CH,39H,5EH,79H,71H
TABLE2:     DW      64021,64103,64260,64400
            DW      64524,64580,64684,64777
            DW      64820,64898,64968,65030
            DW      65058,65110,65157,65178
            END
```

C 语言程序如下：

```
#include <reg51.h>
#include <intrins.h>
#define uint unsigned int
#define uchar unsigned char
#define GPIO_KEY P3
sbit SOUNDER = P1^0;
uchar  KeyValue;                                        //按键值
uint Tone;                                              //音调
uchar code smgduan[17] = {0x3f,0x06,0x5b,0x4f,0x66,0x6d,0x7d,0x07,
                    0x7f,0x6f,0x77,0x7c,0x39,0x5e,0x79,0x71};    //显示 0~F 的值
void KeyDown()
{
    GPIO_KEY = 0x0f;
    if(GPIO_KEY! = 0x0f)                                //读取按键是否按下
    {
        delay(1000);                                    //延时 10 ms 进行消抖
        if(GPIO_KEY! = 0x0f)                            //再次检测键盘是否按下
        {
            //测试列
            GPIO_KEY = 0X0F;
            switch(GPIO_KEY)
```

```
        {
            case(0X1f):    KeyValue = 0;break;
            case(0X2f):    KeyValue = 1;break;
            case(0X4f):    KeyValue = 2;break;
            case(0X8f):    KeyValue = 3;break;
        }
        //测试行
        GPIO_KEY = 0XF0;
        switch(GPIO_KEY)
        {
            case(0Xf1):    KeyValue = KeyValue;break;
            case(0Xf2):    KeyValue = KeyValue + 4;break;
            case(0Xf4):    KeyValue = KeyValue + 8;break;
            case(0Xf8):    KeyValue = KeyValue + 12;break;
        }
        while(GPIO_KEY! = 0xf0)                  //检测按键松手检测
        {
            P0 = smgduan[KeyValue];
            TR0 = 1;
            switch(KeyValue)
            {
                case(0):Tone = 63628;break;          //低 1DO
                case(1):Tone = 63835;break;          //低 2RE
                case(2):Tone = 64021;break;          //低 3MI
                case(3):Tone = 64103;break;          //低 4FA
                case(4):Tone = 64260;break;          //低 5SO
                case(5):Tone = 64463;break;          //低 6LA
                case(6):Tone = 64524;break;          //低 7SI
                case(7):Tone = 64580;break;          //中 1DO
                case(8):Tone = 64684;break;          //中 2RE
                case(9):Tone = 64777;break;          //中 3MI
                case(10):Tone = 64820;break;         //中 4FA
                case(11):Tone = 64898;break;         //中 5SO
                case(12):Tone = 64968;break;         //中 6LA
                case(13):Tone = 65030;break;         //中 7SI
                case(14):Tone = 65058;break;         //高 1DO
                case(15):Tone = 65110;break;         //高 2RE
                case(16):Tone = 65157;break;         //高 3ME
            }
        }
    }
  }
}
void main()
{
    TMOD = 0x01;
    TH0 = (65536 - 100)/256;TL0 = (65536 - 100) % 256;
    EA = 1;ET0 = 1;
    P0 = 0x00;
    while(1)
    {
        KeyDown();
        TR0 = 0;
    }
```

```
}
void timer0() interrupt 1
{
    TH0 = Tone/256;TL0 = Tone % 256;
    SOUNDER = ~SOUNDER;
}
```

3. 调试与仿真

① 打开 Keil μVision5,新建 Keil 项目,选择 AT89C51 单片机作为 CPU,新建汇编源文件或者 C 语言源文件,编写程序,并将其导入 Source Group 1 中。在 Options for Target 窗口中,选中 Output 选项卡中的 Create HEX File 选项和 Debug 选项卡中的 Use:Proteus VSM Simulator 选项。编译汇编源程序或者 C 语言程序,改正程序中的错误。

② 在 Schematic Capture 中,选中 AT89C51 并单击,打开 Edit Component 对话框,设置单片机晶振频率为 12 MHz,并在 Program File 栏中选择先前用 Keil 生成的.HEX 文件。在 Schematic Capture 的菜单栏中选择 File→Save Design 命令,保存设计。在 Schematic Capture 的菜单栏中,打开 Debug 下拉菜单,选中 Use Remote Debug Monitor 选项,以支持与 Keil 的联合调试。

③ 在 Keil 的菜单栏中选择 Debug→Start/Stop Debug Session 命令,或者直接单击工具栏中的 Start/Stop Debug Session 图标,进入程序调试环境。按 F5 键,顺序运行程序。调出 Schematic Capture 界面,按下不同的按键,可听见不同的声音。用示波器观察 AT89C51 输出的波形,如图 8-3 所示。

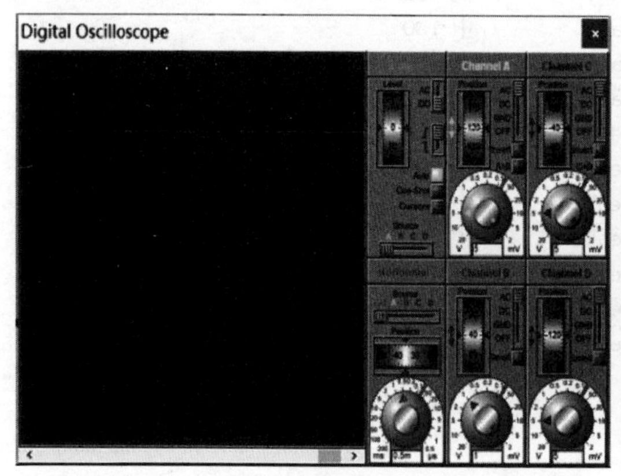

(a) “1”键按下时的输出波形

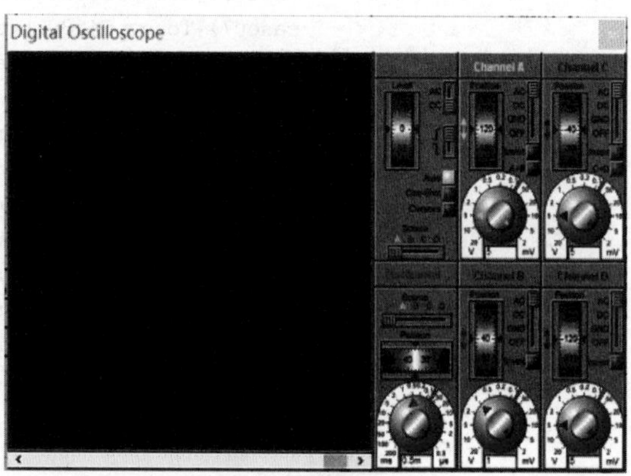

(b) “E”键按下时的输出波形

图 8-3 程序运行结果

【例 58】 模拟汽车转弯信号灯

本例模拟汽车在驾驶中的左转弯、右转弯、刹车、紧急开关、停靠等操作。在左转弯或右转弯时,通过转弯操作杆使左转弯或右转弯开关合上,从而使左头信号灯、仪表板的左转弯灯、左尾信号灯或右头信号灯、仪表板的右转弯信号灯、右尾信号灯闪烁;闭合紧急开关时以上 6 个信号灯全部闪烁；汽车刹车时，左右两个尾信号灯点亮；若正当转弯时刹车，则转弯时原闪烁的信号灯继续闪烁，同时另一个尾信号灯同时点亮，以上闪烁的信号灯以 1 Hz 频率慢速闪烁。任何在下表中未出现的组合，都将出现故障指示灯闪烁，闪烁频率为 10 Hz。

在各种模拟驾驶开关操作时，信号灯输出的信号如表 8－3 所列。

表 8－3　各种操作对应的信号灯输出

项　目	输出信号					
	左转弯灯	右转弯灯	左头灯	右头灯	左尾灯	右尾灯
左转弯(合上左转弯开关)	闪烁	灭	闪烁	灭	闪烁	灭
右转弯(合上右转弯开关)	灭	闪烁	灭	闪烁	灭	闪烁
合紧急开关	闪烁	闪烁	闪烁	闪烁	闪烁	闪烁
刹车(合刹车开关)	灭	灭	灭	灭	亮	亮
左转弯时刹车	闪烁	灭	闪烁	灭	闪烁	亮
右转弯时刹车	灭	闪烁	灭	闪烁	亮	闪烁
刹车时紧急开关	闪烁	闪烁	闪烁	闪烁	亮	亮
左转弯时刹车合紧急开关	闪烁	闪烁	闪烁	闪烁	闪烁	亮
右转弯时刹车合紧急开关	闪烁	闪烁	闪烁	闪烁	亮	闪烁
停靠(合停靠开关)	灭	灭	闪烁	闪烁	闪烁	闪烁

1. 硬件设计

打开 Schematic Capture 编辑环境，按表 8－4 所列的元件清单添加元件。

表 8－4　元件清单

元件名称	所属类	所属子类
AT89C51	Microprocessor ICs	8051 Family
CAP	Capacitors	Generic
CAP－POL	Capacitors	Generic
CRYSTAL	Miscellaneous	—
RES	Resistors	Generic
SWITCH	Switches & Relays	Switches
LED－YELLOW	Optoelectronics	LEDs
ULN2003A	Analog ICs	Miscellaneous

元件全部添加后，在 Schematic Capture 的编辑区域中按图 8－4 所示电路原理图连接硬件电路（晶振和复位电路略）。

2. 程序设计

采用分支结构编写程序，对于不同的开关状态，为其分配相应的入口，从而对不同的开关状态作出响应。

程序流程如图 8－5 所示。

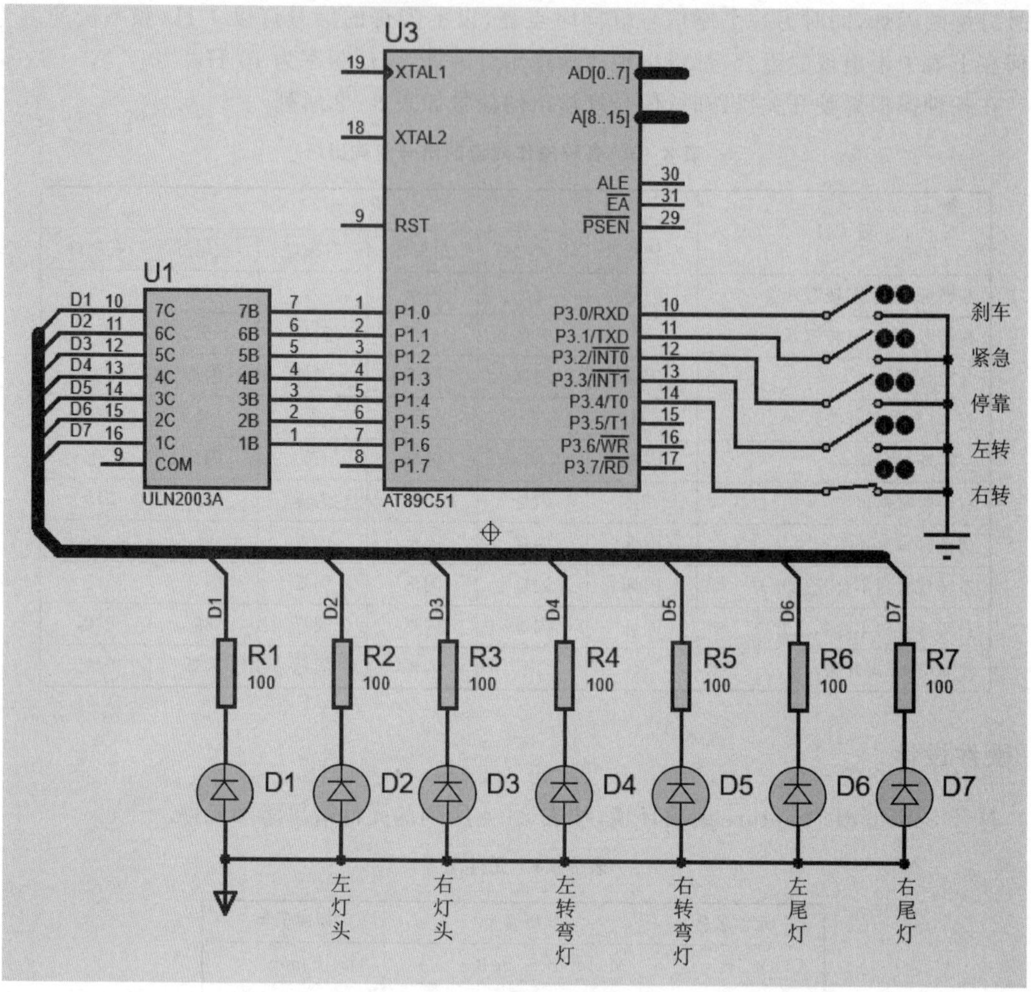

图 8-4　电路原理图

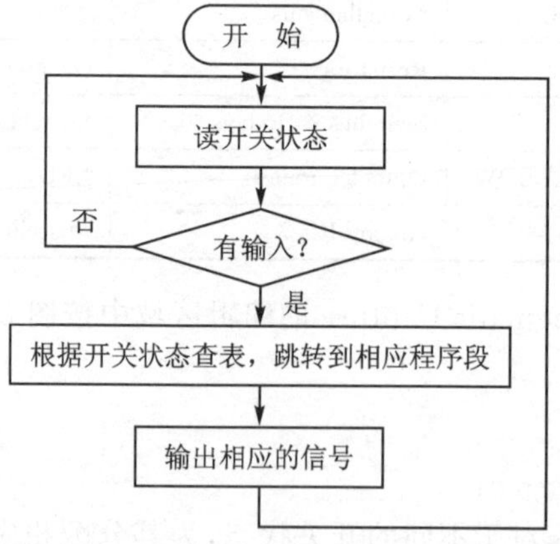

图 8-5　汽车转弯信号灯模拟设计的程序流程图

汇编源程序如下：

```
        ORG     0000H
        AJMP    START1
        ORG     0030H
SAME    EQU     4EH
START1: MOV     P1,#00H             ;无输入时,无输出
START:  MOV     A,P3                ;读 P3 口数据
        ANL     A,#1FH              ;取用 P3 口的低 5 位数据
        CJNE    A,#1FH,SHIY         ;对 P3 口低 5 位数据进行判断
        AJMP    START1
SHIY:   MOV     SAME,A
        LCALL   YS                  ;延时
        MOV     A,P3                ;读 P3 口的数据
        ANL     A,#1FH              ;取用 P3 口的低 5 位数据
        CJNE    A,#1FH,SHIY1        ;对 P3 口的低 5 位数据进行判断
        AJMP    START1              ;开关没有动作时无输出
SHIY1:  CJNE    A,SAME,START1
        CJNE    A,#17H,NEXT1        ;P3.3 = 0 时进入左转分支
        AJMP    LEFT
NEXT1:  CJNE    A,#0FH,NEXT2        ;P3.4 = 0 时进入右转分支
        AJMP    RIGHT
NEXT2:  CJNE    A,#1DH,NEXT3        ;P3.1 = 0 时进入紧急分支
        AJMP    EARGE
NEXT3:  CJNE    A,#1EH,NEXT4        ;P3.0 = 0 时进入刹车分支
        AJMP    BRAKE
NEXT4:  CJNE    A,#16H,NEXT5        ;P3.0 = P3.3 = 0 时进入左转刹车分支
        AJMP    LEBR
NEXT5:  CJNE    A,#0EH,NEXT6        ;P3.0 = P3.4 = 0 时进入右转刹车分支
        AJMP    RIBR
NEXT6:  CJNE    A,#1CH,NEXT7        ;P3.0 = P3.1 = 0 时进入紧急刹车分支
        AJMP    BRER
NEXT7:  CJNE    A,#14H,NEXT8        ;P3.0 = P3.1 = P3.3 = 0 时进入左转紧急刹车分支
        AJMP    LBE
NEXT8:  CJNE    A,#0CH,NEXT9        ;P3.0 = P3.1 = P3.4 = 0 时进入右转紧急刹车分支
        AJMP    RBE
NEXT9:  CJNE    A,#1BH,NEXT10       ;P3.2 = 0 时进入停靠分支
        AJMP    STOP
NEXT10: AJMP    ERROR               ;其他情况进入错误分支
LEFT:   MOV     P1,#2AH             ;左转分支
        LCALL   Y1s
        MOV     P1,#00H
        LCALL   Y1s
        AJMP    START
RIGHT:  MOV     P1,#54H             ;右转分支
        LCALL   Y1s
        MOV     P1,#00H
        LCALL   Y1s
        AJMP    START
EARGE:  MOV     P1,#7FH             ;紧急分支
        LCALL   Y1s
        MOV     P1,#00H
        LCALL   Y1s
        AJMP    START
```

```
BRAKE:   MOV    P1,#60H           ;刹车分支
         AJMP   START
LEBR:    MOV    P1,#6AH           ;左转刹车分支
         LCALL  Y1s
         MOV    P1,#40H
         LCALL  Y1s
         AJMP   START
RIBR:    MOV    P1,#6AH           ;右转刹车分支
         LCALL  Y1s
         MOV    P1,#40H
         LCALL  Y1s
         AJMP   START
BRER:    MOV    P1,#7EH           ;紧急刹车分支
         LCALL  Y1s
         MOV    P1,#60H
         LCALL  Y1s
         AJMP   START
LBE:     MOV    P1,#7EH           ;左转紧急刹车分支
         LCALL  Y1s
         MOV    P1,#40H
         LCALL  Y1s
         AJMP   START
RBE:     MOV    P1,#7EH           ;右转紧急刹车分支
         LCALL  Y1s
         MOV    P1,#20H
         LCALL  Y1s
         AJMP   START
STOP:    MOV    P1,#66H           ;停靠分支
         LCALL  Y100ms
         MOV    P1,#00H
         LCALL  Y100ms
         AJMP   START
ERROR:   MOV    P1,#80H           ;错误分支
         LCALL  Y1s
         MOV    P1,#00H
         LCALL  Y1s
         AJMP   START
YS:      MOV    R7,#20H           ;延时
YS0:     MOV    R6,#0FFH
YS1:     DJNZ   R6,YS1
         DJNZ   R7,YS0
         RET
Y1s:     MOV    R7,#04H           ;延时
Y1s1:    MOV    R6,#0FFH
Y1s2:    MOV    R5,#0FFH
         DJNZ   R5,$
         DJNZ   R6,Y1s2
         DJNZ   R7,Y1s1
         RET
Y100ms:  MOV    R7,#66H           ;延时
Y100ms1: MOV    R6,#0FFH
Y100ms2: DJNZ   R6, Y100ms2
         DJNZ   R7, Y100ms1
         RET
```

```
    END
```

C 语言程序如下：

```
#include <reg52.h>
#define uint unsigned int
#define uchar unsigned char
bit state;                                          //LED 亮灭状态
void main()
{
    TMOD = 0x01;
    TH0 = (65535 - 20000)/256;TL0 = (65535 - 20000) % 256;
    EA = 1;TR0 = 1;ET0 = 1;
    P1 = 0x00;
    while(1)
    {
        if(P3 == 0xfe)                              //刹车
        {
            P1 = 0x60;
        }
        else if(P3 == 0xfd)                         //紧急
        {
            if(state == 0)
                P1 = 0xff;
            if(state == 1)
                P1 = 0x00;
        }
        else if(P3 == 0xfb)                         //停靠
            {
                if(state == 0)
                    P1 = 0xe6;
                if(state == 1)
                    P1 = 0x00;
            }
            else if(P3 == 0xf7)                     //左转
                {
                    if(state == 0)
                        P1 = 0x2a;
                    if(state == 1)
                        P1 = 0x00;
                }
                else if(P3 == 0xef)                 //右转
                {
                    if(state == 0)
                        P1 = 0x54;
                    if(state == 1)
                        P1 = 0x00;
                }
            if(P3 == 0xff)                          //开关没有动作时为熄灭状态
            {
                P1 = 0x00;
            }
    }
}
void timer0 () interrupt 1
{
```

```
    uchar i;
    TH0 = (65535 - 20000)/256;TL0 = (65535 - 20000) % 256;
    i++ ;
    if(i == 25)                                    //计时 250 ms
    {
        i = 0;state = ~state;
    }
}
```

3. 调试与仿真

① 打开 Keil μVision5，新建 Keil 项目，选择 AT89C51 单片机作为 CPU，新建汇编源文件或者 C 语言源文件，编写程序，并将其导入 Source Group 1 中。在 Options for Target 窗口中，选中 Output 选项卡中的 Create HEX File 选项和 Debug 选项卡中的 Use：Proteus VSM Simulator 选项。编译汇编源程序或者 C 语言程序，改正程序中的错误。

② 在 Schematic Capture 中，选中 AT89C51 并单击，打开 Edit Component 对话框，设置单片机晶振频率为 12 MHz，并在 Program File 栏中选择先前用 Keil 生成的. HEX 文件。在 Schematic Capture 的菜单栏中选择 File→Save Design 命令，保存设计。在 Schematic Capture 的菜单栏中，打开 Debug 下拉菜单，选中 Use Remote Debug Monitor 选项，以支持与 Keil 的联合调试。

③ 在 Keil 的菜单栏中选择 Debug→Start/Stop Debug Session 命令，或者直接单击工具栏中的 Start/Stop Debug Session 图标，进入程序调试环境。按 F5 键，顺序运行程序。调出 Schematic Capture 界面，按下不同的开关，观察发光二极管的响应，如图 8-6 所示。

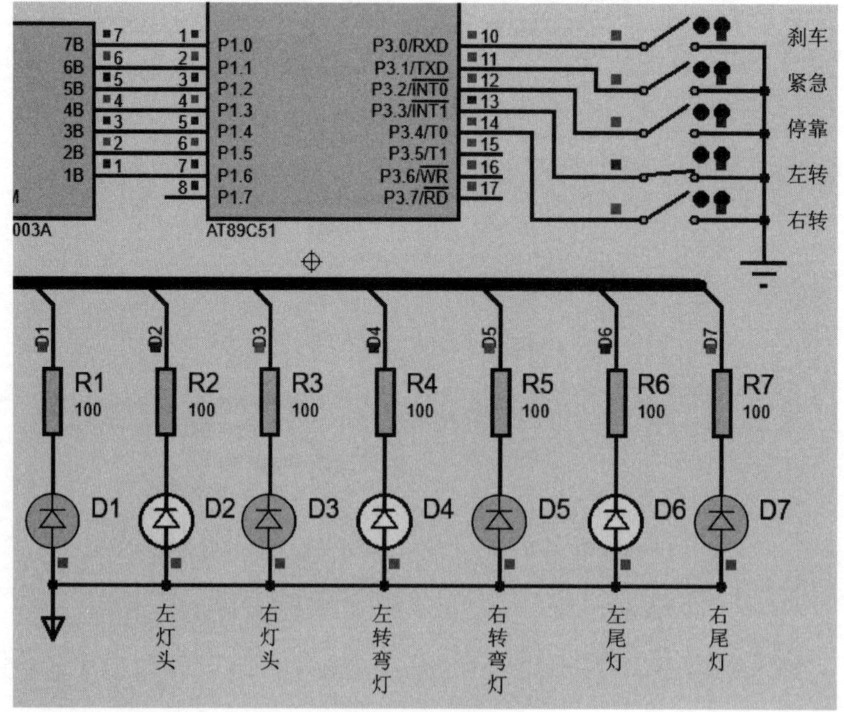

图 8-6 程序运行结果

【例 59】 模拟交通灯

AT89C51 单片机的并行口接发光二极管，模拟交通灯的变化规律。

设计要求：首先，东西路口红灯亮，南北路口绿灯亮，同时开始 25 s 倒计时，以七段数码管显示时间；然后计时到最后 5 s 时，南北路口的绿灯闪烁，计时到最后 2 s 时，南北路口黄灯亮；最后 30 s 结束后，南北路口红灯亮，东西路口绿灯亮，并重新 30 s 倒计时；之后，依次循环。

1. 硬件设计

打开 Schematic Capture 编辑环境，按表 8-5 所列的元件清单添加元件。

表 8-5　元件清单

元件名称	所属类	所属子类
AT89C51	Microprocessor ICs	8051 Family
CAP	Capacitors	Generic
CAP-ELEC	Capacitors	Generic
CRYSTAL	Miscellaneous	—
RES	Resistors	Generic
LED-YELLOW	Optoelectronics	LEDs
LED-RED	Optoelectronics	LEDs
LED—GREEN	Optoelectronics	LEDs
7405	TTL 74 series	Gates & Inverters
74LS164	TTL 74LS series	Registers
7SEG-COM-CAT-GRN	Optoelectronics	7-Segment Displays

元件全部添加后，在 Schematic Capture 的编辑区域中按图 8-7 所示电路原理图连接硬件电路(晶振和复位电路略)。

2. 程序设计

程序流程如图 8-8 所示。

汇编源程序如下：

```
SECOND1     EQU     30H              ;东西路口计时寄存器
SECOND2     EQU     31H              ;南北路口计时寄存器
DBUF        EQU     40H              ;显示码缓冲区 1
TEMP        EQU     44H              ;显示码缓冲区 2
LED_G1      BIT     P2.1             ;东西路口绿灯
LED_Y1      BIT     P2.2             ;东西路口黄灯
LED_R1      BIT     P2.3             ;东西路口红灯
LED_G2      BIT     P2.4             ;南北路口绿灯
LED_Y2      BIT     P2.5             ;南北路口黄灯
LED_R2      BIT     P2.6             ;南北路口红灯
            ORG     0000H
            LJMP    START
            ORG     0100H
```

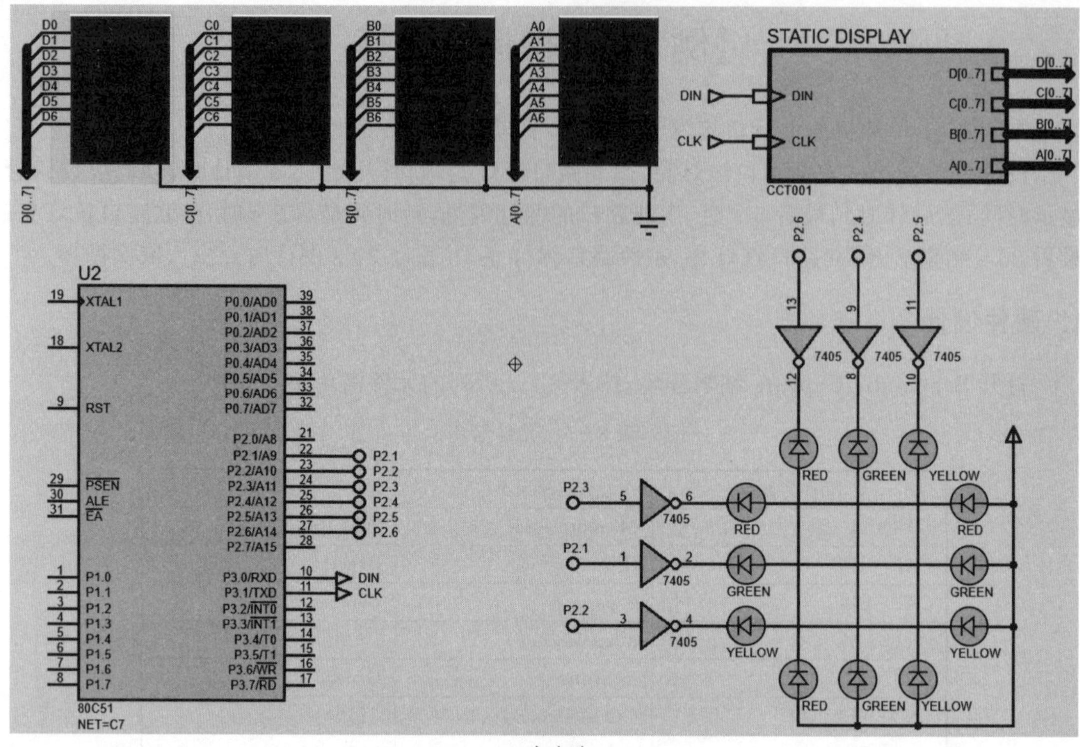

(a) 主电路

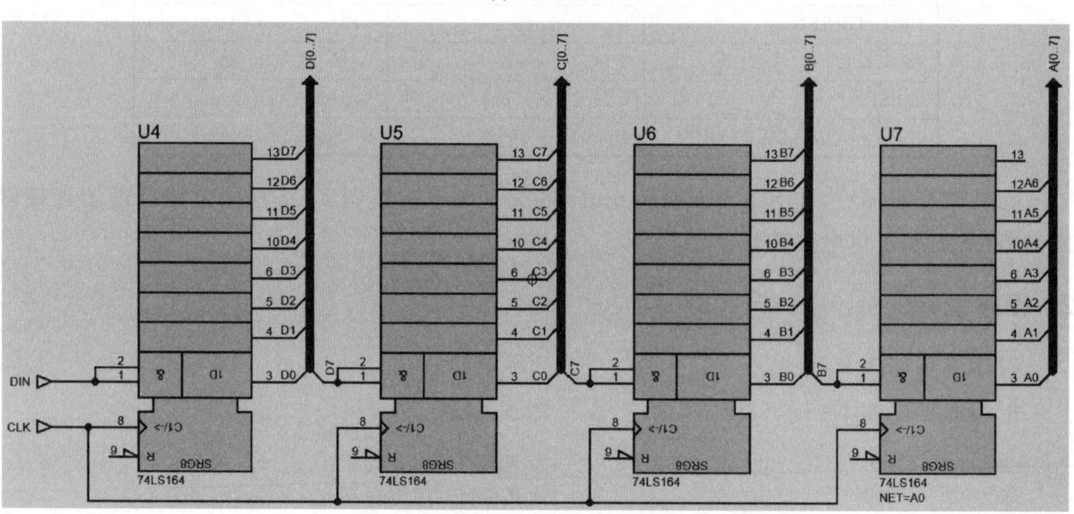

(b) STATIC DISPLAY子电路

图 8-7 电路原理图

```
START:    MOV     TMOD,#01H        ;置 T0 为工作方式 1
          MOV     TH0,#3CH         ;置 T0 定时初值 50 ms
          MOV     TL0,#0B0H
          CLR     TF0
          SETB    TR0              ;启动 T0
          CLR     A
          MOV     P1,A             ;关闭不相关的 LED
```

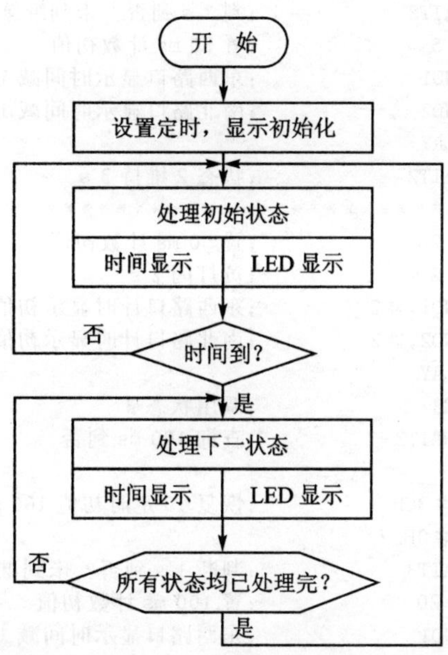

图8-8 模拟交通灯设计的程序流程图

```
;*************************************************
LOOP:       MOV     R2,#20          ;置1 s计数初值,50 ms*20=1 s
            MOV     R3,#20          ;红灯亮20 s
            MOV     SECOND1,#25     ;东西路口计时显示初值25 s
            MOV     SECOND2,#25     ;南北路口计时显示初值25 s
            LCALL   DISPLAY
            LCALL   STATE1          ;调用状态1
WAIT1:      JNB     TF0,WAIT1       ;查询50 ms到否
            CLR     TF0
            MOV     TH0,#3CH        ;恢复T0定时初值50 ms
            MOV     TL0,#0B0H
            DJNZ    R2,WAIT1        ;判断1 s到否?未到继续状态1
            MOV     R2,#20          ;置50 ms计数初值
            DEC     SECOND1         ;东西路口显示时间减1 s
            DEC     SECOND2         ;南北路口显示时间减1 s
            LCALL   DISPLAY
            DJNZ    R3,WAIT1        ;状态1维持20 s
;*******************************************
            MOV     R2,#5           ;置50 ms计数初值     5*4=20
            MOV     R3,#3           ;绿灯闪3 s
            MOV     R4,#4           ;闪烁间隔200 ms
            MOV     SECOND1,#5      ;东西路口计时显示初值5 s
            MOV     SECOND2,#5      ;南北路口计时显示初值5 s
            LCALL   DISPLAY
WAIT2:      LCALL   STATE2          ;调用状态2
            JNB     TF0,WAIT2       ;查询50 ms到否
            CLR     TF0
            MOV     TH0,#3CH        ;恢复T0定时初值50 ms
            MOV     TL0,#0B0H
            DJNZ    R4,WAIT2        ;判断200 ms到否?未到继续状态2
            CPL     LED_G1          ;东西绿灯闪
            MOV     R4,#4           ;闪烁间隔200 ms
```

```
        DJNZ    R2,WAIT2            ;判 1 s 到否？未到继续状态 2
        MOV     R2,#5               ;置 50 ms 计数初值
        DEC     SECOND1             ;东西路口显示时间减 1 s
        DEC     SECOND2             ;南北路口显示时间减 1 s
        LCALL   DISPLAY
        DJNZ    R3,WAIT2            ;状态 2 维持 3 s
;***********************************************
        MOV     R2,#20              ;置 50 ms 计数初值
        MOV     R3,#2               ;黄灯闪 2 s
        MOV     SECOND1,#2          ;东西路口计时显示初值 2 s
        MOV     SECOND2,#2          ;南北路口计时显示初值 2 s
        LCALL   DISPLAY
WAIT3:  LCALL   STATE3              ;调用状态 3
        JNB     TF0,WAIT3           ;查询 100 ms 到否
        CLR     TF0
        MOV     TH0,#3CH            ;恢复 T0 定时初值 100 ms
        MOV     TL0,#0B0H
        DJNZ    R2,WAIT3            ;判断 1 s 到否？未到继续状态 3
        MOV     R2,#20              ;置 100 ms 计数初值
        DEC     SECOND1             ;东西路口显示时间减 1 s
        DEC     SECOND2             ;南北路口显示时间减 1 s
        LCALL   DISPLAY
        DJNZ    R3,WAIT3            ;状态 3 维持 2 s
;***************************************************
        MOV     R2,#20              ;置 50 ms 计数初值
        MOV     R3,#20              ;红灯闪 20 s
        MOV     SECOND1,#25         ;东西路口计时显示初值 25 s
        MOV     SECOND2,#25         ;南北路口计时显示初值 25 s
        LCALL   DISPLAY
WAIT4:  LCALL   STATE4              ;调用状态 4
        JNB     TF0,WAIT4           ;查询 100 ms 到否
        CLR     TF0
        MOV     TH0,#3CH            ;恢复 T0 定时初值 100 ms
        MOV     TL0,#0B0H
        DJNZ    R2,WAIT4            ;判断 1 s 到否？未到继续状态 4
        MOV     R2,#20              ;置 100 ms 计数初值
        DEC     SECOND1             ;东西路口显示时间减 1 s
        DEC     SECOND2             ;南北路口显示时间减 1 s
        LCALL   DISPLAY
        DJNZ    R3,WAIT4            ;状态 4 维持 20 s
;***************************************************
        MOV     R2,#5               ;置 50 ms 计数初值
        MOV     R4,#4               ;红灯闪 20 ms
        MOV     R3,#3               ;绿灯闪 3 s
        MOV     SECOND1,#5          ;东西路口计时显示初值 5 s
        MOV     SECOND2,#5          ;南北路口计时显示初值 5 s
        LCALL   DISPLAY
WAIT5:  LCALL   STATE5              ;调用状态 5
        JNB     TF0,WAIT5           ;查询 100 ms 到否
        CLR     TF0
        MOV     TH0,#3CH            ;恢复 T0 定时初值 100 ms
        MOV     TL0,#0B0H
        DJNZ    R4,WAIT5            ;判断 200 ms 到否？未到继续状态 5
        CPL     LED_G2              ;南北绿灯闪
```

```
        MOV     R4,#4               ;闪烁 200 ms
        DJNZ    R2,WAIT5            ;判断 1 s 到否？未到继续状态 5
        MOV     R2,#5               ;置 100 ms 计数初值
        DEC     SECOND1             ;东西路口显示时间减 1 s
        DEC     SECOND2             ;南北路口显示时间减 1 s
        LCALL   DISPLAY
        DJNZ    R3,WAIT5            ;状态 5 维持 3 s
;**********************************************
        MOV     R2,#20              ;置 50 ms 计数初值
        MOV     R3,#2               ;红灯闪 2 s
        MOV     SECOND1,#2          ;东西路口计时显示初值 2 s
        MOV     SECOND2,#2          ;南北路口计时显示初值 2 s
        LCALL   DISPLAY
WAIT6:  LCALL   STATE6              ;调用状态 6
        JNB     TF0,WAIT6           ;查询 100 ms 到否
        CLR     TF0
        MOV     TH0,#3CH            ;恢复 T0 定时初值 100 ms
        MOV     TL0,#0B0H
        DJNZ    R2,WAIT6            ;判断 1 s 到否？未到继续状态 6
        MOV     R2,#20              ;置 100 ms 计数初值
        DEC     SECOND1             ;东西路口显示时间减 1 s
        DEC     SECOND2             ;南北路口显示时间减 1 s
        LCALL   DISPLAY
        DJNZ    R3,WAIT6            ;状态 6 维持 2 s
        LJMP    LOOP                ;大循环
;*****************************************************
STATE1:                             ;状态 1
        SETB    LED_G1              ;东西路口绿灯亮
        CLR     LED_Y1
        CLR     LED_R1
        CLR     LED_G2
        CLR     LED_Y2
        SETB    LED_R2              ;南北路口红灯亮
        RET
STATE2:                             ;状态 2
        CLR     LED_Y1
        CLR     LED_R1
        CLR     LED_G2
        CLR     LED_Y2
        SETB    LED_R2              ;南北路口红灯亮
        RET
STATE3:                             ;状态 3
        CLR     LED_G1
        CLR     LED_R1
        CLR     LED_G2
        CLR     LED_Y2
        SETB    LED_R2              ;南北路口红灯亮
        SETB    LED_Y1              ;东西路口绿灯亮
        RET
STATE4:                             ;状态 4
        CLR     LED_G1
        CLR     LED_Y1
        SETB    LED_R1              ;东西路口红灯亮
        SETB    LED_G2              ;南北路口绿灯亮
```

```
        CLR     LED_Y2
        CLR     LED_R2
        RET
STATE5:                         ;状态 5
        CLR     LED_G1
        CLR     LED_Y1
        SETB    LED_R1          ;东西路口红灯亮
        CLR     LED_Y2
        CLR     LED_R2
        RET
STATE6:                         ;状态 6
        CLR     LED_G1
        CLR     LED_Y1
        SETB    LED_R1          ;东西路口红灯亮
        CLR     LED_G2
        CLR     LED_R2
        SETB    LED_Y2          ;南北路口红灯亮
        RET
DISPLAY:                        ;数码显示
        MOV     A,SECOND1       ;东西路口计时寄存器
        MOV     B,#10           ;十六进制数拆成两个十进制数
        DIV     AB
        MOV     DBUF+3,A
        MOV     A,B
        MOV     DBUF+2,A
        MOV     A,SECOND2       ;南北路口计时寄存器
        MOV     B,#10           ;十六进制数拆成两个十进制数
        DIV     AB
        MOV     DBUF+1,A
        MOV     A,B
        MOV     DBUF,A
        MOV     R0,#DBUF
        MOV     R1,#TEMP
        MOV     R7,#4
DP10:   MOV     DPTR,#LEDMAP
        MOV     A,@R0
        MOVC    A,@A+DPTR
        MOV     @R1,A
        INC     R0
        INC     R1
        DJNZ    R7,DP10
        MOV     R0,#TEMP
        MOV     R1,#4
DP12:   MOV     R7,#8
        MOV     A,@R0
DP13:   RLC     A
        MOV     P3.0,C
        CLR     P3.1
        SETB    P3.1
        DJNZ    R7,DP13
        INC     R0
        DJNZ    R1,DP12
        RET
LEDMAP:
```

```
        DB      3FH,06H,5BH,4FH,66H,6DH      ;0,1,2,3,4,5
        DB      7DH,07H,7FH,6FH,77H,7CH      ;6,7,8,9,A,B
        DB      58H,5EH,7BH,71H,0,40H        ;C,D,E,F, ,-
        END
```

C语言程序如下：

```
#include <reg51.h>
#include <intrins.h>
#define uint unsigned int
#define uchar unsigned char
sbit DIN = P3^0;
sbit CLK = P3^1;
sbit NRed = P2^6;                                             //南北红灯
sbit NGreen = P2^4;                                           //南北绿灯
sbit NYellow = P2^5;
sbit WRed = P2^3;                                             //东西红灯
sbit WGreen = P2^1;
sbit WYellow = P2^2;
uint q,time = 25;
bit Tmode = 0,state = 0;
uchar disp[4];
uchar code smgduan[17] = {0x3f,0x06,0x5b,0x4f,0x66,0x6d,0x7d,0x07,
                                  0x7f,0x6f,};                //显示0～9的值
void delay(uint i)
{
  while(i--);
}
 void sendbyte(uchar seg)                                     //发送字节函数
{
        uchar num,c;
        num = disp[seg];
        for(c = 0;c < 8;c++)
        {
        DIN = num&0x80;
        num = _crol_(num,1);
        CLK = 0;
        CLK = 1;
        }
}
void display()
{
    uchar i;
        disp[2] = 0x00;
        disp[0] = smgduan[time/10];
        disp[1] = smgduan[time%10];;
    //   disp[3] = 0xff;
  for(i = 0;i < 3;i++)
    {
    sendbyte(2 - i);
    }
}
void main()
{
  TMOD = 0x01;
```

```
    TH0 = (65536 - 20000)/256;TL0 = (65536 - 20000) % 256;
    EA = 1;TR0 = 1;ET0 = 1;
    while(1)
    {
        if((time > 0)&&(Tmode == 0)&&(state == 0))
        {
            NGreen = 1;
            NRed = 0;
            NYellow = 0;
            WRed = 1;
            WGreen = 0;
            WYellow = 0;
        }
        if((time > 2)&&(time < = 5)&&(Tmode == 1)&&(state == 0))
        {
            NGreen = ~NGreen;delay(10000);
        }
        if((time < = 2)&&(Tmode == 1)&&(state == 0))
        {
            NGreen = 0;NYellow = 1;delay(10000);
        }
        if((time > 0)&&(Tmode == 0)&&(state == 1))
        {
            NGreen = 0;
            NRed = 1;
            NYellow = 0;
            WRed = 0;
            WGreen = 1;
            WYellow = 0;
        }
        if((time > 2)&&(time < = 5)&&(Tmode == 1)&&(state == 1))
        {
            WGreen = ~WGreen;delay(10000);
        }
        if((time < = 2)&&(Tmode == 1)&&(state == 1))
        {
            WGreen = 0;WYellow = 1;delay(10000);
        }
        display();
        delay(50000);
    }
}
void timer0() interrupt 1
{
    uchar time1 = 0;
    TH0 = (65536 - 20000)/256;TL0 = (65536 - 20000) % 256;   //定时 20 ms
  q++;
    if(q == 50)
    {
        q = 0;
        if(Tmode == 0)                                        //25 s
        {
            time--;
            if(time == 0)
            {time = 6;Tmode = 1;}
```

```
        }
        if(Tmode == 1)                    //5 s
        {
            time -- ;
            if(time == 0)
            {time = 25;Tmode = 0;state = ～state;}
        }
    }
}
```

3. 调试与仿真

① 打开 Keil μVision5，新建 Keil 项目，选择 AT89C51 单片机作为 CPU，新建汇编源文件或者 C 语言源文件，编写程序，并将其导入 Source Group 1 中。在 Options for Target 窗口中，选中 Output 选项卡中的 Create HEX File 选项和 Debug 选项卡中的 Use：Proteus VSM Simulator 选项。编译汇编源程序或者 C 语言程序，改正程序中的错误。

② 在 Schematic Capture 中，选中 AT89C51 并单击，打开 Edit Component 对话框，设置单片机晶振频率为 12 MHz，并在 Program File 栏中选择先前用 Keil 生成的. HEX 文件。在 Schematic Capture 的菜单栏中选择 File→Save Design 命令，保存设计。在 Schematic Capture 的菜单栏中，打开 Debug 下拉菜单，选中 Use Remote Debug Monitor 选项，以支持与 Keil 的联合调试。

③ 在 Keil 的菜单栏中选择 Debug→Start/Stop Debug Session 命令，或者直接单击工具栏中的 Start/Stop Debug Session 图标，进入程序调试环境。按 F5 键，顺序运行程序。调出 Schematic Capture 界面，观察 LED 及数码管的显示，如图 8 - 9 所示。

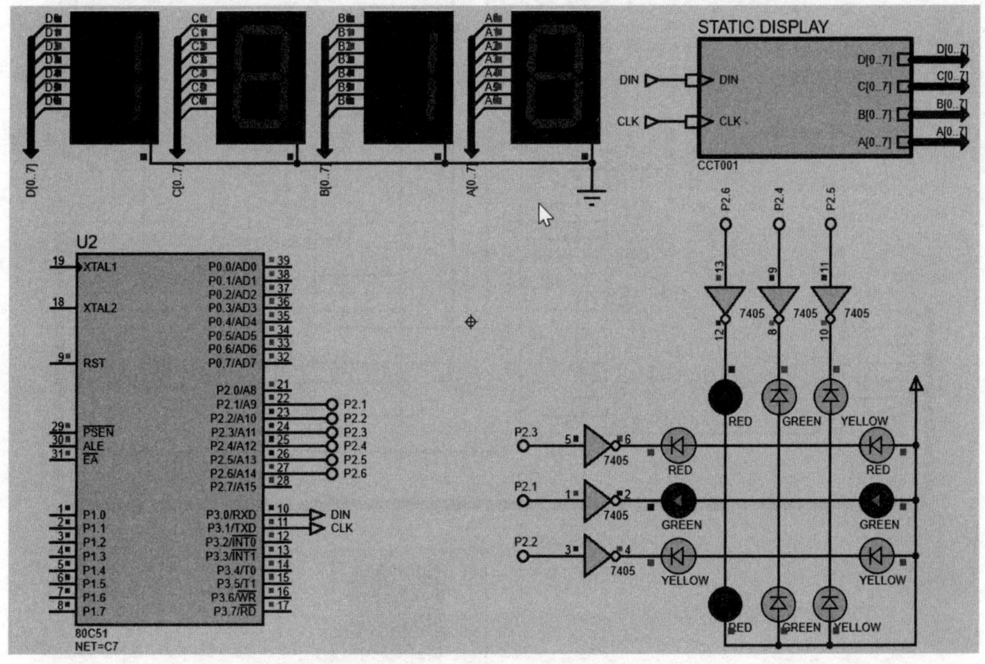

图 8 - 9　程序运行结果

【例 60】 PWM 输出控制

PWM 是常用的单片机模拟量输出方法,通过外接的转换电路,可以将脉冲的占空比变成电压。程序中通过调整占空比来调节输出模拟电压。占空比是指脉冲中高电平与低电平的宽度比。

1. 硬件设计

打开 Schematic Capture 编辑环境,按表 8-6 所列的元件清单添加元件。

表 8-6 元件清单

元件名称	所属类	所属子类
AT89C51	Microprocessor ICs	8051 Family
CAP	Capacitors	Generic
CAP-ELEC	Capacitors	Generic
CRYSTAL	Miscellaneous	—
RES	Resistors	Generic
POT-HG	Resistors	Variable
ADC0808	Data Converters	A/D Converters

元件全部添加后,在 Schematic Capture 的编辑区域中按图 8-10 所示电路原理图连接硬件电路(晶振和复位电路略)。

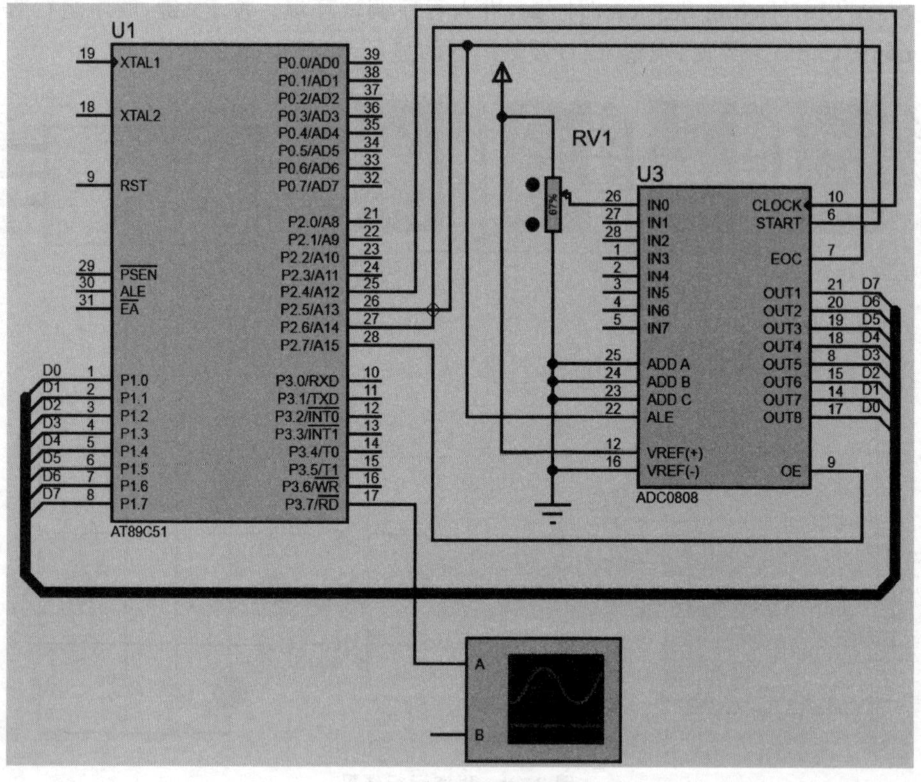

图 8-10 电路原理图

2. 程序设计

用电位器调节 AT89C51 的 PWM 输出占空比，将 A/D 转换后的数据作为延时常数。当电位器阻值发生变化时，ADC0808 输出的值也会发生变化，进而调节单片机输出的 PWM 占空比。

程序流程如图 8－11 所示。

汇编源程序如下：

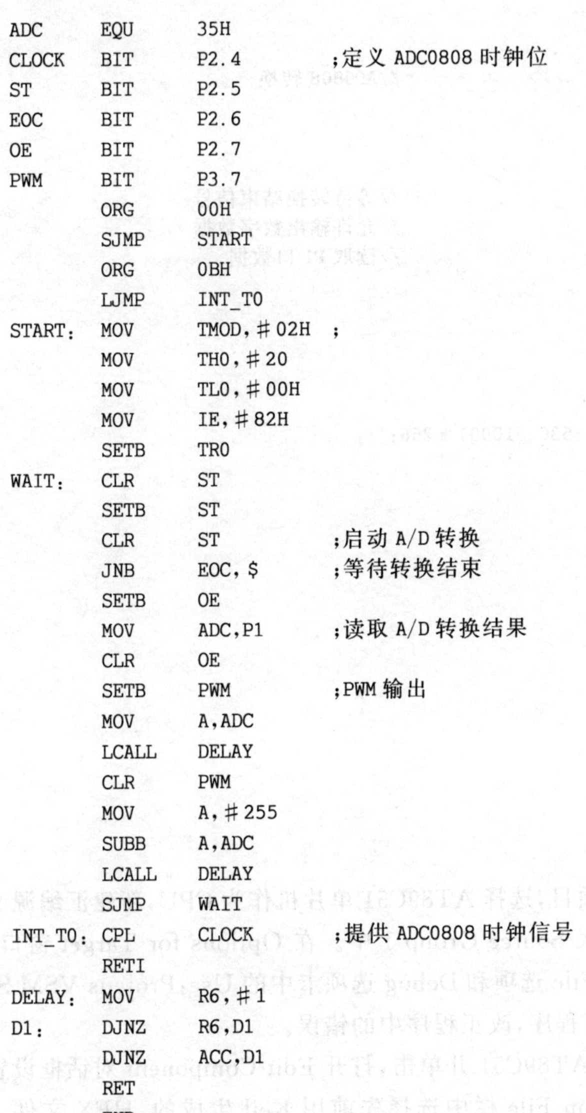

```
ADC      EQU     35H
CLOCK    BIT     P2.4          ;定义 ADC0808 时钟位
ST       BIT     P2.5
EOC      BIT     P2.6
OE       BIT     P2.7
PWM      BIT     P3.7
         ORG     00H
         SJMP    START
         ORG     0BH
         LJMP    INT_T0
START:   MOV     TMOD,#02H     ;
         MOV     TH0,#20
         MOV     TL0,#00H
         MOV     IE,#82H
         SETB    TR0
WAIT:    CLR     ST
         SETB    ST
         CLR     ST            ;启动 A/D 转换
         JNB     EOC,$         ;等待转换结束
         SETB    OE
         MOV     ADC,P1        ;读取 A/D 转换结果
         CLR     OE
         SETB    PWM           ;PWM 输出
         MOV     A,ADC
         LCALL   DELAY
         CLR     PWM
         MOV     A,#255
         SUBB    A,ADC
         LCALL   DELAY
         SJMP    WAIT
INT_T0:  CPL     CLOCK         ;提供 ADC0808 时钟信号
         RETI
DELAY:   MOV     R6,#1
D1:      DJNZ    R6,D1
         DJNZ    ACC,D1
         RET
         END
```

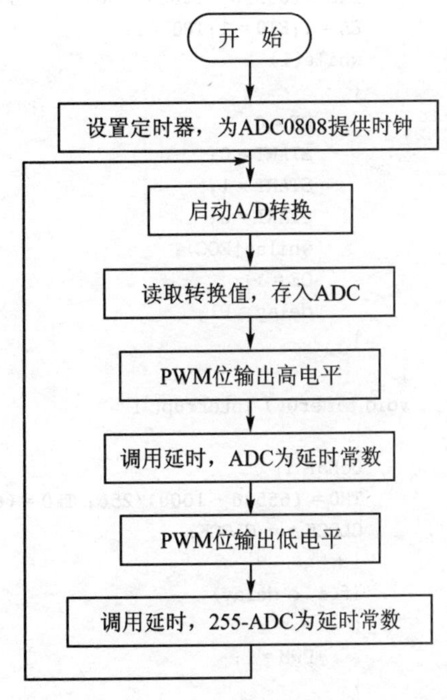

图 8－11 PWM 输出控制的程序流程图

C 语言程序如下：

```
#include <reg51.h>
#define uint unsigned int
#define uchar unsigned char
sbit CLOCK = P2^4;
```

```
sbit START = P2^5;
sbit EOC = P2^6;
sbit OE = P2^7;
sbit PWM = P3^7;
uchar delay;
void main()
{
    TMOD = 0x01;
    TH0 = (65536 - 1000)/256;     TL0 = (65536 - 1000) % 256;
    EA = 1;ET0 = 1;TR0 = 1;
    while(1)
    {
        OE = 0;                                      //AD0808 转换
        START = 0;
        START = 1;
        START = 0;
        while(!EOC);                                 //等待转换结束信号
        OE = 1;                                      //允许输出数字数据
        delay = P1;                                  //读取 P1 口数据
    }
}
void timer0() interrupt 1
{
    uchar i;
    TH0 = (65536 - 1000)/256; TL0 = (65536 - 1000) % 256;
    CLOCK = ~CLOCK;
    i++;
    if(i < delay)
    {
        PWM = 1;
    }
    if((i > delay)&&(i < 700))
    {
        PWM = 0;
    }
}
```

3. 调试与仿真

① 打开 Keil μVision5，新建 Keil 项目，选择 AT89C51 单片机作为 CPU，新建汇编源文件或 C 语言源文件，编写程序，并将其导入 Source Group 1 中。在 Options for Target 窗口中，选中 Output 选项卡中的 Create HEX File 选项和 Debug 选项卡中的 Use:Proteus VSM Simulator 选项。编译汇编源程序或 C 语言程序，改正程序中的错误。

② 在 Schematic Capture 中，选中 AT89C51 并单击，打开 Edit Component 对话框设置单片机晶振频率为 12 MHz，并在 Program File 栏中选择先前用 Keil 生成的.HEX 文件。在 Schematic Capture 的菜单栏中选择 File→Save Design 命令，保存设计。在 Schematic Capture 的菜单栏中，打开 Debug 下拉菜单，选中 Use Remote Debug Monitor 选项，以支持与 Keil 的联合调试。

③ 在 Keil 的菜单栏中选择 Debug→Start/Stop Debug Session 命令，或者直接单击工具栏中的 Start/Stop Debug Session 图标 @，进入程序调试环境。按 F5 键，顺序运行程序。调

出 Schematic Capture 界面，打开虚拟示波器窗口，并调节电位器，观察 AT89C51 的 PWM 输出，如图 8-12 所示。

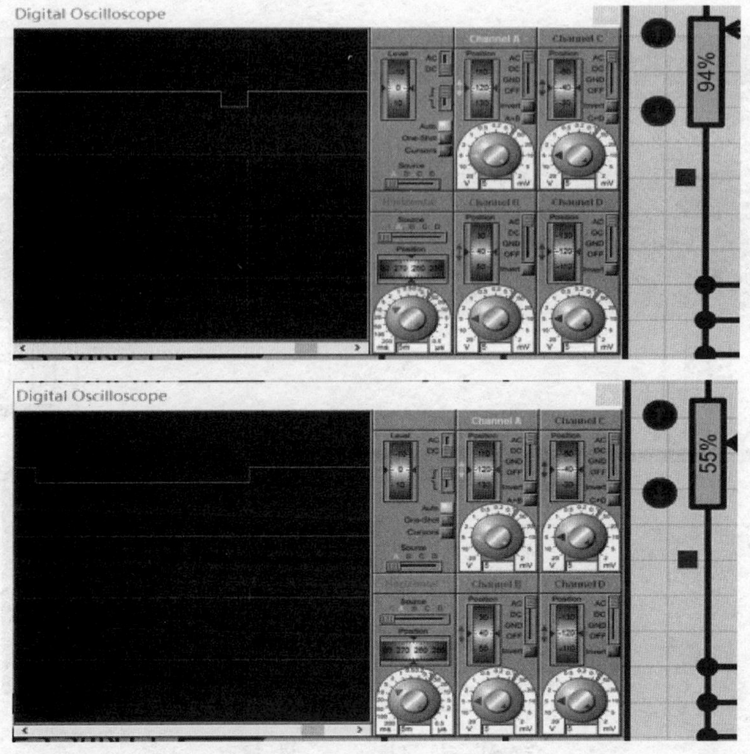

图 8-12 程序运行结果

【例 61】 数字钟设计(一)

本例利用 AT89C51 的定时器和 6 位七段数码管，设计一个电子时钟。显示格式为"XX XX XX"，由左向右分别是时、分、秒。

1. 硬件设计

打开 Schematic Capture 编辑环境，按表 8-7 所列的元件清单添加元件。

表 8-7 元件清单

元件名称	所属类	所属子类
AT89C51	Microprocessor ICs	8051 Family
CAP	Capacitors	Generic
CAP - ELEC	Capacitors	Generic
CRYSTAL	Miscellaneous	—
RES	Resistors	Generic
7SEG - MPX6 - CC - BLUE	Optoelectronics	7 - Segment Displays
74LS245	TTL 74LS series	Transceivers

元件全部添加后，在 Schematic Capture 的编辑区域中按图 8－13 所示的原理图连接硬件电路(晶振和复位电路略)。

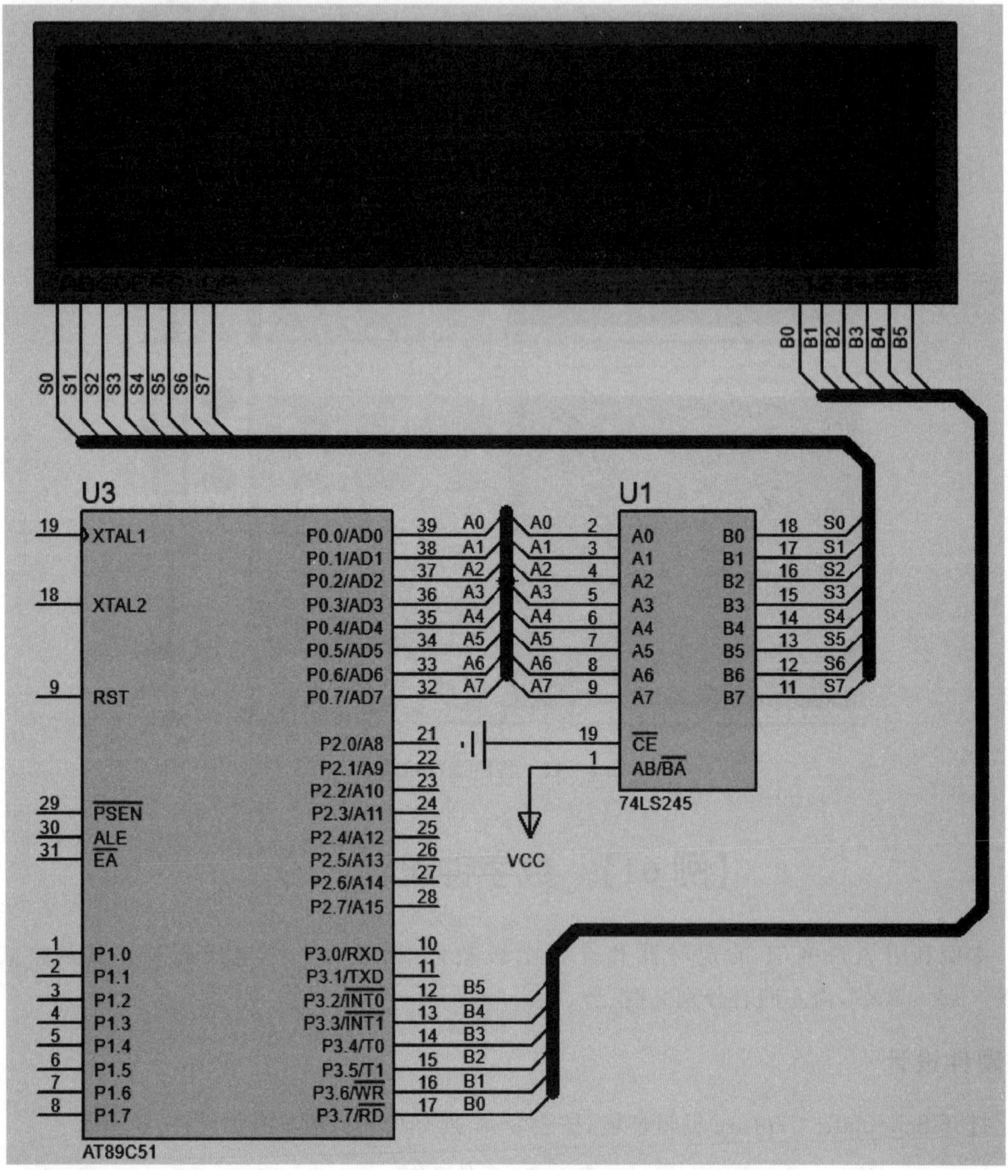

图 8－13　电路原理图

2. 程序设计

本例使用单片机内部计数器的定时功能，有关设置主要针对定时器/计数器工作方式寄存器 TMOD。具体内容为：工作方式选择位，设置为方式 2；计数/定时方式选择位，设置为定时器工作方式。定时器每 100 μs 中断一次，在中断服务程序中，对中断次数进行计数，100 μs 计数 10 000 次就是 1 s。然后再对秒计数得到分和小时值，并送入显示缓冲区。

单片机 P0 口输出字段码，P3 输出位码。

程序流程如图 8－14 所示。

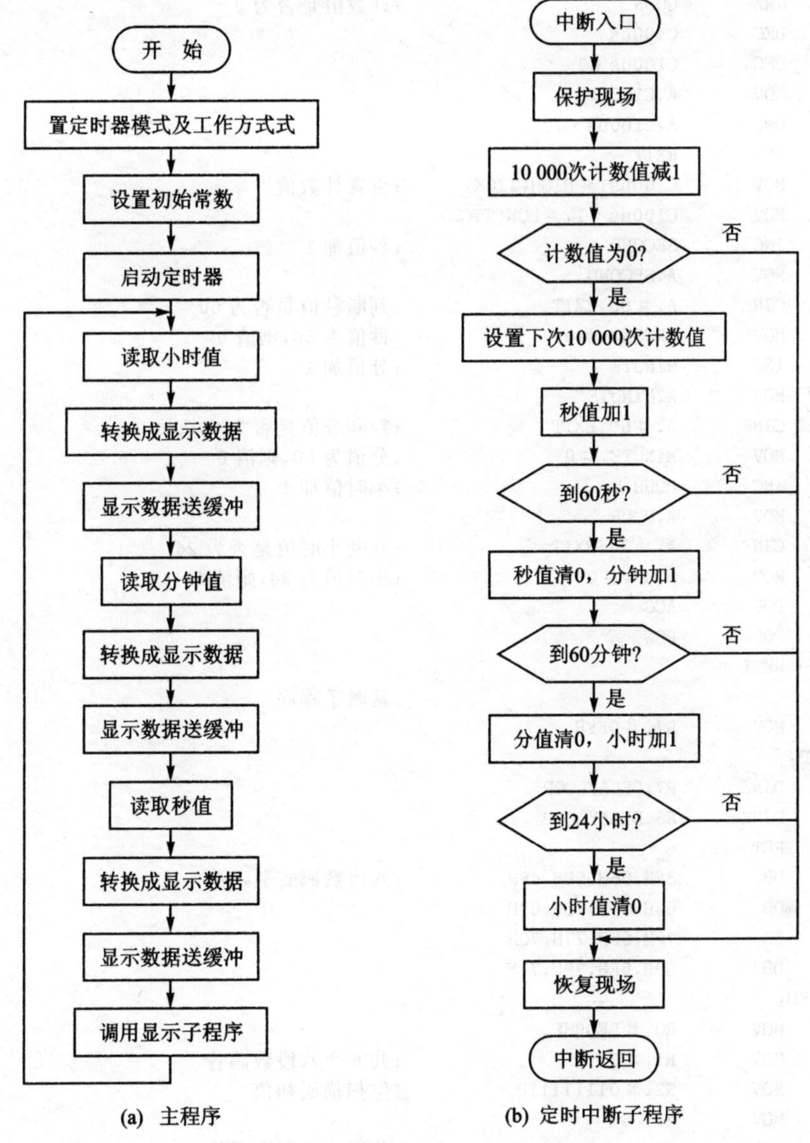

(a) 主程序　　(b) 定时中断子程序

图 8－14　数字钟设计(一)的程序流程图

汇编源程序如下：

```
LEDBUF    EQU     30H              ;显示码缓存区
HOUR      EQU     40H
MINUTE    EQU     41H
SECOND    EQU     42H
C100us    EQU     43H
TICK      EQU     10000            ;置中断次数
T100us    EQU     256－100         ;置定时器初始值
          LJMP    START            ;跳转至主程序
          ORG     000BH            ;定时器 0 中断入口
```

```
TOINT:      PUSH    PSW                         ;状态保护
            PUSH    ACC
            MOV     A,C100us + 1
            JNZ     GOON                        ;计数值是否为 0
            DEC     C100us
GOON:       DEC     C100us + 1
            MOV     A,C100us
            ORL     A,C100us + 1
            JNZ     EXIT
            MOV     C100us,#HIGH(TICK)          ;重置计数值
            MOV     C100us + 1,#LOW(TICK)
            INC     SECOND                      ;秒值加 1
            MOV     A,SECOND
            CJNE    A,#60,EXIT                  ;判断秒值是否为 60
            MOV     SECOND,#0                   ;秒值为 60,则清 0
            INC     MINUTE                      ;分值加 1
            MOV     A,MINUTE
            CJNE    A,#60,EXIT                  ;判断分值是否为 60
            MOV     MINUTE,#0                   ;分值为 60,则清 0
            INC     HOUR                        ;小时值加 1
            MOV     A,HOUR
            CJNE    A,#24,EXIT                  ;判断小时值是否为 24
            MOV     HOUR,#0                     ;小时值为 24,则清 0
EXIT:       POP     ACC
            POP     PSW
            RETI
DELAY:                                          ;延时子程序
            MOV     R7,#0FFH
DELAYLOOP:
            DJNZ    R7,DELAYLOOP
            DJNZ    R6,DELAYLOOP
            RET
LEDMAP:     DB      3FH,06H,5BH,4FH             ;八段数码管显示码
            DB      66H,6DH,7DH,07H
            DB      7FH,6FH,77H,7CH
            DB      39H,5EH,79H,71H
DISPLAYLED:
            MOV     R0,#LEDBUF
            MOV     R1,#6                       ;共 6 个八段数码管
            MOV     R2,#01111111B               ;位扫描码初值
LOOP:       MOV     A,#0
            MOV     P0,A                        ;关所有八段数码管
            MOV     A,@R0
            MOV     P0,A
            MOV     A,R2
            MOV     P3,A                        ;显示一位八段数码管
            MOV     R6,#01H
            CALL    DELAY
            MOV     A,R2                        ;显示下一位
            RR      A
            MOV     R2,A
            INC     R0
            DJNZ    R1,LOOP
            RET
```

```
TOLED:   MOV     DPTR,#LEDMAP          ;将字段码转换显示码
         MOVC    A,@A+DPTR
         RET
START:   MOV     TMOD,#02H             ;定时器工作方式 2
         MOV     TH0,#T100us           ;置定时器初始值
         MOV     TL0,#T100us
         MOV     IE,#10000010B         ;EA=1,IT0=1
         MOV     HOUR,#0               ;显示初始值
         MOV     MINUTE,#0
         MOV     SECOND,#0
         MOV     C100us,#HIGH(TICK)
         MOV     C100us+1,#LOW(TICK)
         SETB    TR0                   ;启动定时器 0
MLOOP:   MOV     A,HOUR                ;显示小时值十位
         MOV     B,#10
         DIV     AB
         CALL    TOLED
         MOV     LEDBUF,A              ;将十位值送显示码缓存区
         MOV     A,B                   ;显示小时值个位
         CALL    TOLED
         ORL     A,#80H                ;显示小数点
         MOV     LEDBUF+1,A            ;送显示码缓存区
         MOV     A,MINUTE              ;显示分钟值十位
         MOV     B,#10
         DIV     AB
         CALL    TOLED
         MOV     LEDBUF+2,A            ;将十位值送显示码缓存区
         MOV     A,B                   ;显示分钟个位值
         CALL    TOLED
         ORL     A,#80H                ;显示小数点
         MOV     LEDBUF+3,A            ;送显示码缓存区
         MOV     A,SECOND
         MOV     B,#10                 ;显示秒十位值
         DIV     AB
         CALL    TOLED
         MOV     LEDBUF+4,A            ;送显示码缓存区
         MOV     A,B
         CALL    TOLED
         MOV     LEDBUF+5,A
         CALL    DISPLAYLED            ;调用显示子程序
         LJMP    MLOOP
         END
```

C语言程序如下：

```
#include <reg51.h>
#define uint unsigned int
#define uchar unsigned char
uchar code semgduan[] = {0x3f,0x06,0x5b,0x4f,0x66,0x6d,
                         0x7d,0x07,0x7f,0x6f};      //数码管显示 0~9
uchar disp[6];
uchar fen = 0;
uchar miao = 0;
uchar shi = 0;
void delay(uint i)
```

```
{
    while(i--);
}
    void datadis()                                  //数据处理函数
{
    disp[0] = semgduan[shi/10];
    disp[1] = semgduan[shi % 10]|0x80;
    disp[2] = semgduan[fen/10];
    disp[3] = semgduan[fen % 10]|0x08;
    disp[4] = semgduan[miao/10];
    disp[5] = semgduan[miao % 10];
}
void display()                                      //数码管显示函数
{
    uchar i,bitcode = 0xfe;
    for(i = 0;i < 8;i++)
    {
        P0 = disp[7 - i];                           //发送段码
        P3 = bitcode;                               //发送位码
        delay(100);                                 //延时
        P3 = 0xff;                                  //关闭位选
        bitcode = bitcode << 1;                     //移动位码
        bitcode = bitcode|0x01;
    }
}
void main()
{
    TMOD = 0x01;                                    //定时器0,模式1
    TH0 = (65536 - 100)/256;TL0 = (65536 - 100) % 256;
    EA = 1;TR0 = 1;ET0 = 1;
    while(1)
    {
        display();
        datadis();
    }
}
void timer0() interrupt 1
{
    uint i;
    TH0 = (65536 - 100)/256;TL0 = (65536 - 100) % 256;
    i++;
    if(i == 10000)
    {
        i = 0;miao++;
    }
        if(miao == 60)
        {
            miao = 0;
            fen++;
        }
    if(fen == 60)
        {
            fen = 0;shi++;
        }
```

```
        if(shi == 24)
            {shi = 0;}
    }
```

3. 调试与仿真

① 打开 Keil μVision5，新建 Keil 项目，选择 AT89C51 单片机作为 CPU，新建汇编源文件或者 C 语言源文件，编写程序，并将其导入 Source Group 1 中。在 Options for Target 窗口中，选中 Output 选项卡中的 Create HEX File 选项和 Debug 选项卡中的 Use：Proteus VSM Simulator 选项。编译汇编源程序或者 C 语言程序，改正程序中的错误。

② 在 Schematic Capture 中，选中 AT89C51 并单击，打开 Edit Component 对话框设置单片机晶振频率为 12 MHz，并在 Program File 栏中，选择先前用 Keil 生成的. HEX 文件。在 Schematic Capture 的菜单栏中选择 File→Save Design 命令，保存设计。在 Schematic Capture 的菜单栏中，打开 Debug 下拉菜单，选中 Use Remote Debug Monitor 选项，以支持与 Keil 的联合调试。

③ 在 Keil 的菜单栏中选择 Debug→Start/Stop Debug Session 命令，或者直接单击工具栏中的 Start/Stop Debug Session 图标，进入程序调试环境。按 F5 键，顺序运行程序。调出 Schematic Capture 界面，观察程序运行结果，如图 8 - 15 所示。

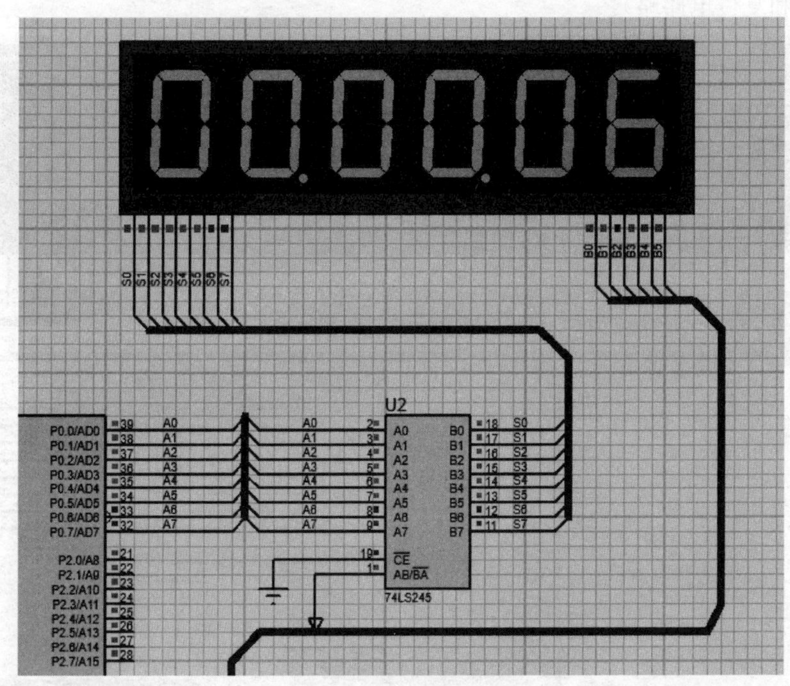

图 8 - 15 程序运行结果

【例 62】 数字钟设计(二)

设计要求：开机时，显示 00：00：00 的时间开始计时；P0. 0/AD0 控制"秒"的调整，每按 1

次加 1 s;P0.1/AD1 控制“分”的调整,每按 1 次加 1 分;P0.2/AD2 控制“时”的调整,每按 1 次加 1 个小时。计时满 23:59:29 时,返回 00:00:00 重新计时。

1. 硬件设计

打开 Schematic Capture 编辑环境,按表 8-8 所列的元件清单添加元件。

表 8-8 元件清单

元件名称	所属类	所属子类
AT89C51	Microprocessor ICs	8051 Family
CAP	Capacitors	Generic
CAP-ELEC	Capacitors	Generic
CRYSTAL	Miscellaneous	—
RES	Resistors	Generic
7SEG-MPX6-CC-BLUE	Optoelectronics	7-Segment Displays
74LS245	TTL 74LS series	Transceivers
BUTTON	Switches & Relays	Switches

元件全部添加后,在 Schematic Capture 的编辑区域中按图 8-16 所示电路原理图连接硬件电路(晶振和复位电路略)。

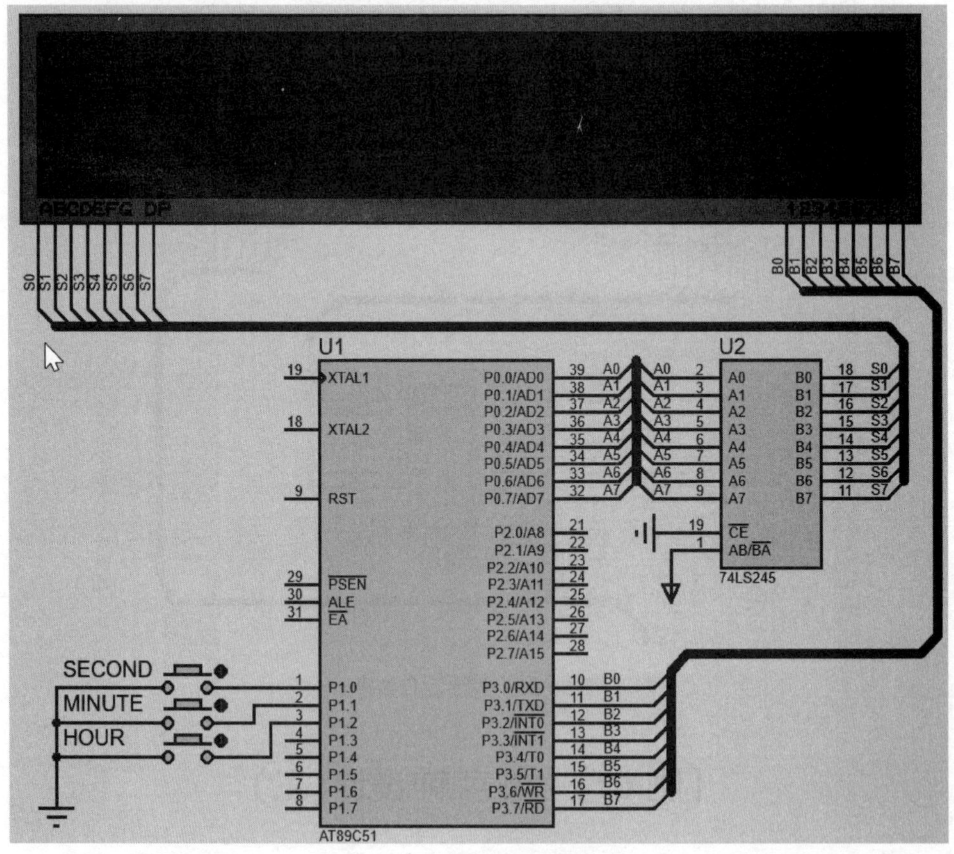

图 8-16 电路原理图

2. 程序设计

程序流程如图 8－17 所示。

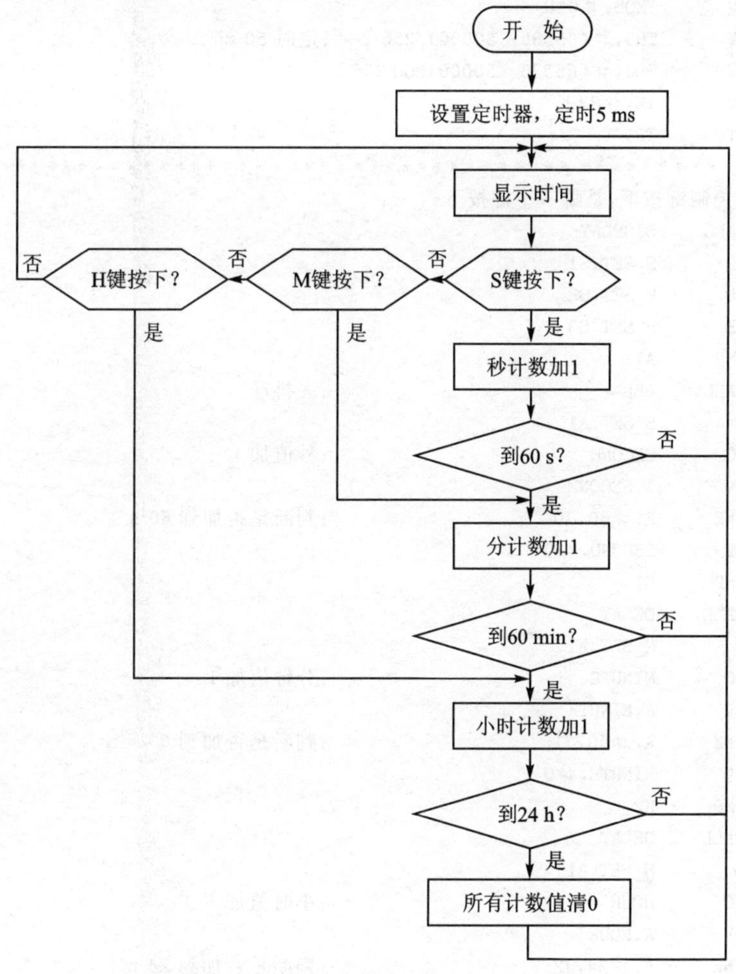

图 8－17　数字钟设计(二)的程序流程图

汇编源程序如下：

```
S_SET     BIT     P1.0                ;数字钟秒控制位
M_SET     BIT     P1.1                ;分钟控制位
H_SET     BIT     P1.2                ;小时控制位
SECOND    EQU     30H
MINUTE    EQU     31H
HOUR      EQU     32H
TCNT      EQU     34H
          ORG     00H
          SJMP    START
          ORG     0BH
          LJMP    INT_T0
START:    MOV     DPTR,#TABLE
```

```
        MOV     HOUR,#0                         ;初始化
        MOV     MINUTE,#0
        MOV     SECOND,#0
        MOV     TCNT,#0
        MOV     TMOD,#01H
        MOV     TH0,#(65536-50000)/256          ;定时 50 ms
        MOV     TL0,#(65536-50000)MOD 256
        MOV     IE,#82H
        SETB    TR0
;*******************************************************************
;判断是否有控制键按下,是哪一个键按下
A1:     LCALL   DISPLAY
        JNB     S_SET,S1
        JNB     M_SET,S2
        JNB     H_SET,S3
        LJMP    A1
S1:     LCALL   DELAY                           ;去抖动
        JB      S_SET,A1
        INC     SECOND                          ;秒值加 1
        MOV     A,SECOND
        CJNE    A,#60,J0                        ;判断是否加到 60 s
        MOV     SECOND,#0
        LJMP    K1
S2:     LCALL   DELAY
        JB      M_SET,A1
K1:     INC     MINUTE                          ;分钟值加 1
        MOV     A,MINUTE
        CJNE    A,#60,J1                        ;判断是否加到 60 min
        MOV     MINUTE,#0
        LJMP    K2
S3:     LCALL   DELAY
        JB      H_SET,A1
K2:     INC     HOUR                            ;小时值加 1
        MOV     A,HOUR
        CJNE    A,#24,J2                        ;判断是否加到 24 h
        MOV     HOUR,#0
        MOV     MINUTE,#0
        MOV     SECOND,#0
        LJMP    A1
;*******************************************************************
;等待按键抬起
J0:     JB      S_SET,A1
        LCALL   DISPLAY
        SJMP    J0
J1:     JB      M_SET,A1
        LCALL   DISPLAY
        SJMP    J1
J2:     JB      H_SET,A1
        LCALL   DISPLAY
        SJMP    J2
;************************************************************
```

```
;定时器中断服务程序,对秒、分钟和小时的计数
INT_T0:  MOV     TH0,#(65536-50000)/256
         MOV     TL0,#(65536-50000)MOD 256
         INC     TCNT
         MOV     A,TCNT
         CJNE    A,#20,RETUNE                  ;计时 1 s
         INC     SECOND
         MOV     TCNT,#0
         MOV     A,SECOND
         CJNE    A,#60,RETUNE
         INC     MINUTE
         MOV     SECOND,#0
         MOV     A,MINUTE
         CJNE    A,#60,RETUNE
         INC     HOUR
         MOV     MINUTE,#0
         MOV     A,HOUR
         CJNE    A,#24,RETUNE
         MOV     HOUR,#0
         MOV     MINUTE,#0
         MOV     SECOND,#0
         MOV     TCNT,#0
RETUNE:  RETI
;*******************************************
;显示控制子程序
DISPLAY: MOV     A,SECOND                      ;显示秒
         MOV     B,#10
         DIV     AB
         CLR     P3.6
         MOVC    A,@A+DPTR
         MOV     P0,A
         LCALL   DELAY
         SETB    P3.6
         MOV     A,B
         CLR     P3.7
         MOVC    A,@A+DPTR
         MOV     P0,A
         LCALL   DELAY
         SETB    P3.7
         CLR     P3.5
         MOV     P0,#40H                       ;显示分隔符
         LCALL   DELAY
         SETB    P3.5
         MOV     A,MINUTE                      ;显示分钟
         MOV     B,#10
         DIV     AB
         CLR     P3.3
         MOVC    A,@A+DPTR
         MOV     P0,A
         LCALL   DELAY
         SETB    P3.3
```

```
        MOV     A,B
        CLR     P3.4
        MOVC    A,@A+DPTR
        MOV     P0,A
        LCALL   DELAY
        SETB    P3.4
        CLR     P3.2
        MOV     P0,#40H                 ;显示分隔符
        LCALL   DELAY
        SETB    P3.2
        MOV     A,HOUR                  ;显示小时
        MOV     B,#10
        DIV     AB
        CLR     P3.0
        MOVC    A,@A+DPTR
        MOV     P0,A
        LCALL   DELAY
        SETB    P3.0
        MOV     A,B
        CLR     P3.1
        MOVC    A,@A+DPTR
        MOV     P0,A
        LCALL   DELAY
        SETB    P3.1
        RET
TABLE:  DB      3FH,06H,5BH,4FH,66H
        DB      6DH,7DH,07H,7FH,6FH
DELAY:  MOV     R6,#10
D1:     MOV     R7,#250
        DJNZ    R7,$
        DJNZ    R6,D1
        RET
        END
```

C 语言程序如下：

```
#include <reg51.h>
#define uint unsigned int
#define uchar unsigned char
uchar code semgduan[] = {0x3f,0x06,0x5b,0x4f,0x66,0x6d,0x7d,0x07,0x7f,0x6f}; //数码管显示 0～9
uchar disp[8];
sbit SECOND = P1^0;                          //秒位加
sbit MINUTE = P1^1;                          //分位加
sbit HOUR = P1^2;                            //时位加
uchar miao,fen,shi;
void delay(uint i)
{
    while(i--);
}
void datadis()                               //数据处理函数
{
    disp[0] = semgduan[shi/10];
```

```
        disp[1] = semgduan[shi % 10];
        disp[2] = 0x40;
        disp[3] = semgduan[fen/10];
        disp[4] = semgduan[fen % 10];
        disp[5] = 0x40;
        disp[6] = semgduan[miao/10];
        disp[7] = semgduan[miao % 10];
    }
    void keyscon()                                    //按键函数
    {
      if(SECOND == 0)
        {
            delay(100);
            if(SECOND == 0)
            {
                miao = miao + 1;
            }
            while(!SECOND);
        }
        if(MINUTE == 0)
        {
            delay(100);
            if(MINUTE == 0)
            {
                fen = fen + 1;
            }
            while(!MINUTE);
        }
        if(HOUR == 0)
        {
            delay(100);
            if(HOUR == 0)
            {
                shi = shi + 1;
            }
            while(!HOUR);
        }
    }
    void display()
    {
        uchar i,bitcode = 0xfe;
        for(i = 0;i < 8;i++)
        {
            P0 = disp[i];                             //发送段码
            P3 = bitcode;                             //发送位码
            delay(100);                               //延时
            P3 = 0xff;                                //关闭位选
            bitcode = bitcode << 1;                   //移动位码
            bitcode = bitcode|0x01;
        }
    }
```

```
void main()
{
    TMOD = 0x01;
    TH0 = (65536 - 1000)/256;TL0 = (65536 - 1000) % 256;
    EA = 1;TR0 = 1;ET0 = 1;
    while(1)
    {
        keyscon();
        display();
        datadis();
    }
}
void timer0() interrupt 1
{
    uint i;
    TH0 = (65536 - 1000)/256;TL0 = (65536 - 1000) % 256;
    i++;
    if(i == 1000)
    {
        i = 0;miao++;
    }
    if(miao == 60)
    {
        miao = 0;
        fen++;
    }
    if(fen == 60)
    {
        fen = 0;shi++;
    }
    if(shi == 24)
    {shi = 0;}
}
```

3. 调试与仿真

① 打开 Keil μVision5，新建 Keil 项目，选择 AT89C51 单片机作为 CPU，新建汇编源文件或者 C 语言源文件，编写程序，并将其导入 Source Group 1 中。在 Options for Target 窗口中，选中 Output 选项卡中的 Create HEX File 选项和 Debug 选项卡中的 Use：Proteus VSM Simulator 选项。编译汇编源程序或者 C 语言程序，改正程序中的错误。

② 在 Schematic Capture 中，选中 AT89C51 并单击，打开 Edit Component 对话框，设置单片机晶振频率为 12 MHz，并在 Program File 栏中，选择先前用 Keil 生成的. HEX 文件。在 Schematic Capture 的菜单栏中选择 File→Save Design 命令，保存设计。在 Schematic Capture 的菜单栏中，打开 Debug 下拉菜单，选中 Use Remote Debug Monitor 选项，以支持与 Keil 的联合调试。

③ 在 Keil 的菜单栏中选择 Debug→Start/Stop Debug Session 命令，或者直接单击工具栏中的 Start/Stop Debug Session 图标，进入程序调试环境。按 F5 键，顺序运行程序。调

出 Schematic Capture 界面，观察程序运行结果，如图 8－18 所示。

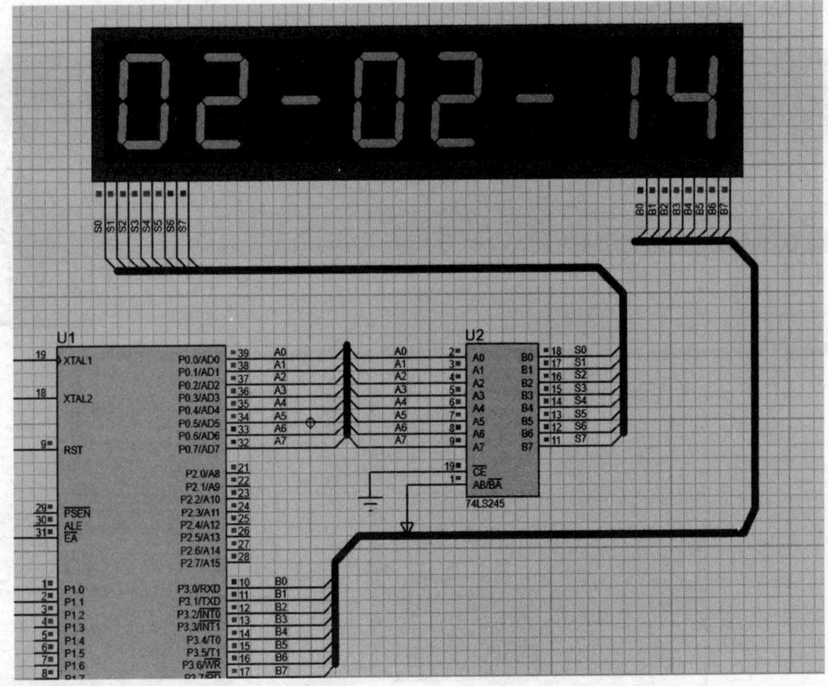

图 8－18　程序运行结果

【例 63】　模拟计算器数字输入显示

设计要求：开机时，显示“0”；第一次按下数字键时，显示“D1”；第二次按下时，显示“D1D2”；第三次按下时，显示“D1D2D3”，8 个数字全显示完，再次按下按键时，给出“嘀”提示音，并返回初始显示状态。

1. 硬件设计

打开 Schematic Capture 编辑环境，按表 8－9 所列的元件清单添加元件。

表 8－9　元件清单

元件名称	所属类	所属子类
AT89C51	Microprocessor ICs	8051 Family
CAP	Capacitors	Generic
CAP－ELEC	Capacitors	Generic
CRYSTAL	Miscellaneous	—
RES	Resistors	Generic
7SEG－MPX8－CC－BLUE	Optoelectronics	7－Segment Displays
74LS245	TTL 74LS series	Transceivers
BUTTON	Switches & Relays	Switches
SOUNDER	Speakers & Sounders	—

元件全部添加后，在 Schematic Capture 的编辑区域中按图 8－19 所示电路原理图连接硬件电路（晶振和复位电路略）。

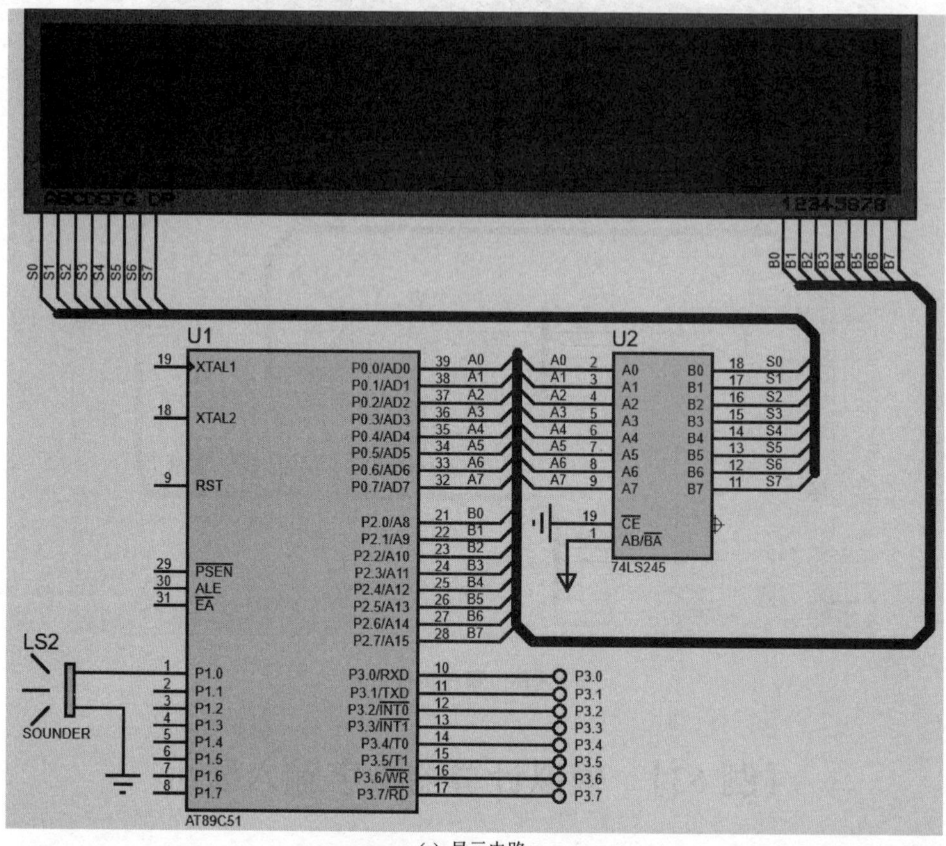

(a) 显示电路

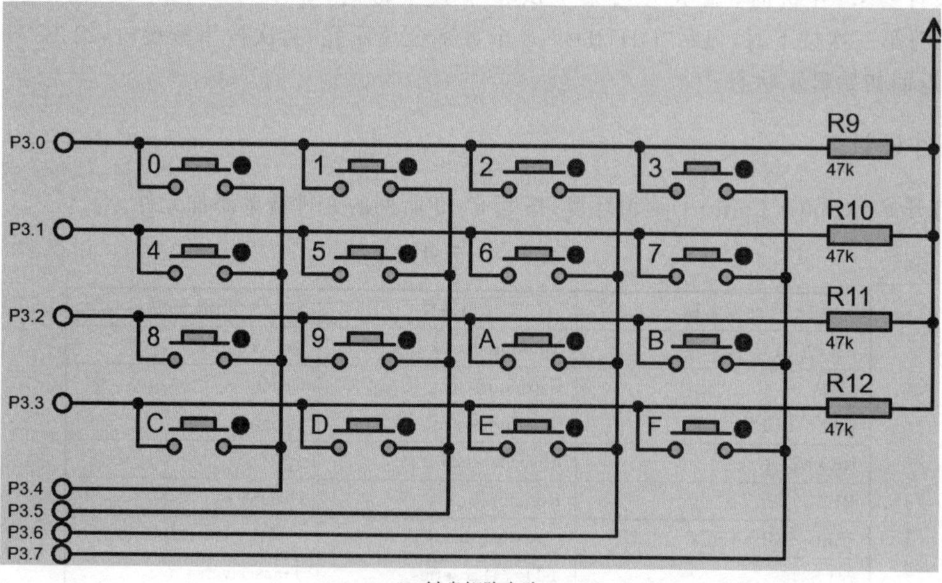

(b) 键盘矩阵电路

图 8－19　电路原理图

2. 程序设计

程序流程如图 8－20 所示。

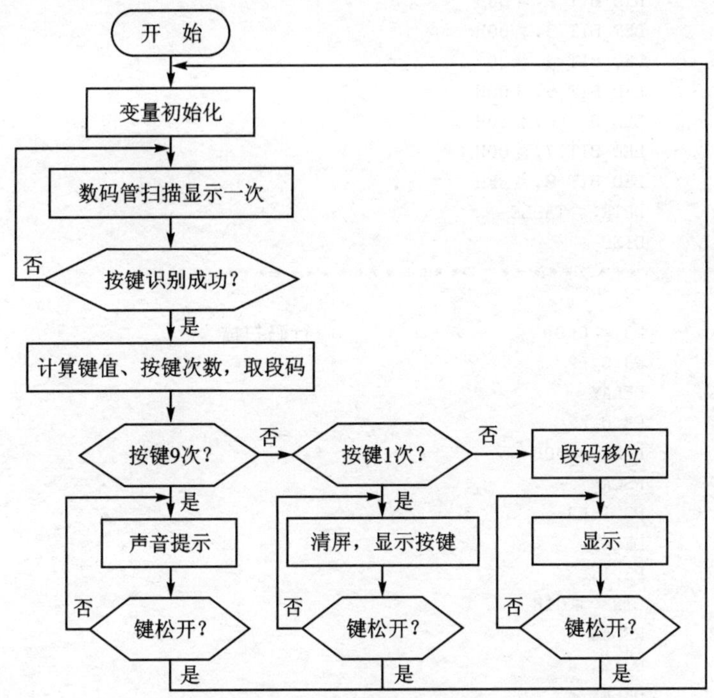

图 8－20　模拟计算器数字输入显示的程序流程图

汇编源程序如下：

```
;*******************************************
;以下 8 个存储单元分别存放 8 位数码管的段码
LED_BIT_1     EQU     30H
LED_BIT_2     EQU     31H
LED_BIT_3     EQU     32H
LED_BIT_4     EQU     33H
LED_BIT_5     EQU     34H
LED_BIT_6     EQU     35H
LED_BIT_7     EQU     36H
LED_BIT_8     EQU     37H
T_COUNT       EQU     38H
KEY_CNT       EQU     39H
LINE          EQU     3AH
ROW           EQU     3BH
VAL           EQU     3CH
;*******************************************
          ORG       00H
          SJMP      START
          ORG       0BH
          LJMP      INT_T0
START:    MOV       T_COUNT,#00H                 ;初始化
          MOV       KEY_CNT,#00H
```

```
        MOV     LINE,#00H
        MOV     ROW,#00H
        MOV     VAL,#00H
        MOV     LED_BIT_1,#00H
        MOV     LED_BIT_2,#00H
        MOV     LED_BIT_3,#00H
        MOV     LED_BIT_4,#00H
        MOV     LED_BIT_5,#00H
        MOV     LED_BIT_6,#00H
        MOV     LED_BIT_7,#00H
        MOV     LED_BIT_8,#3FH
        MOV     DPTR,#TABLE
A0:     LCALL   DISP
;**************************************
;按键扫描
LSCAN:  MOV     P3,#0F0H                      ;行码扫描
L1:     JNB     P3.0,L2
        LCALL   DELAY
        JNB     P3.0,L2
        MOV     LINE,#00H
        LJMP    RSCAN
L2:     JNB     P3.1,L3
        LCALL   DELAY
        JNB     P3.1,L3
        MOV     LINE,#01H
        LJMP    RSCAN
L3:     JNB     P3.2,L4
        LCALL   DELAY
        JNB     P3.2,L4
        MOV     LINE,#02H
        LJMP    RSCAN
L4:     JNB     P3.3,A0
        LCALL   DELAY
        JNB     P3.3,A0
        MOV     LINE,#03H
RSCAN:  MOV     P3,#0FH               ;列码扫描
C1:     JNB     P3.4,C2
        MOV     ROW,#00H
        LJMP    CALCU
C2:     JNB     P3.5,C3
        MOV     ROW,#01H
        LJMP    CALCU
C3:     JNB     P3.6,C4
        MOV     ROW,#02H
        LJMP    CALCU
C4:     JNB     P3.7,C1
        MOV     ROW,#03H
;**********************************************
CALCU:  INC     KEY_CNT                       ;统计按键次数
        MOV     A,KEY_CNT
        CJNE    A,#9,K1                       ;如果按键 9 次,则发声提示
        MOV     TMOD,#01H
        MOV     TH0,#(65536 - 700)/256
        MOV     TL0,#(65536 - 700)MOD 256
```

```
        MOV     IE,#82H
        SETB    TR0
W10:    MOV     A,P3                          ;等待按键抬起
        CJNE    A,#0FH,W11
        MOV     P0,#00H
        CLR     TR0
        LJMP    START
W11:    MOV     A,P3
        CJNE    A,#0F0H,W12
        MOV     P0,#00H
        CLR     TR0
        LJMP    START
W12:    SJMP    W10
;**************************************************
;第1次按键,清除已显示的0,显示按下的数字
K1:     CJNE    A,#1,K2
        MOV     A,LINE
        MOV     B,#04H
        MUL     AB
        ADD     A,ROW
        MOV     VAL,A
        MOVC    A,@A+DPTR
        MOV     LED_BIT_8,A
DISP1:  LCALL   DISP
W20:    MOV     A,P3                          ;等待按键抬起
        CJNE    A,#0FH,W21
        LJMP    A0
W21:    MOV     A,P3
        CJNE    A,#0F0H,W22
        LJMP    A0
W22:    SJMP    DISP1
;**************************************************
;第2~8次按键,移位显示按下的数字
K2:     MOV     A,LINE
        MOV     B,#04H
        MUL     AB
        ADD     A,ROW
        MOV     VAL,A
        MOVC    A,@A+DPTR
        LCALL   SHIFT                         ;调用段码移位
DISP2:  LCALL   DISP
W30:    MOV     A,P3                          ;等待按键抬起
        CJNE    A,#0FH,W31
        LJMP    A0
W31:    MOV     A,P3
        CJNE    A,#0F0H,W32
        LJMP    A0
W32:    SJMP    DISP2
;****************************************
;定时器0中断服务程序,驱动扬声器发声
INT_T0: MOV     TH0,#(65536-700)/256
        MOV     TL0,#(65536-700)MOD 256
        CPL     P1.0
        RETI
```

```
;****************************************
;段码移位子程序
SHIFT:  MOV     LED_BIT_1,LED_BIT_2
        MOV     LED_BIT_2,LED_BIT_3
        MOV     LED_BIT_3,LED_BIT_4
        MOV     LED_BIT_4,LED_BIT_5
        MOV     LED_BIT_5,LED_BIT_6
        MOV     LED_BIT_6,LED_BIT_7
        MOV     LED_BIT_7,LED_BIT_8
        MOV     LED_BIT_8,A
        RET
;****************************************
;显示控制子程序
DISP:   CLR     P2.7
        MOV     P0,LED_BIT_8
        LCALL   DELAY
        SETB    P2.7
        CLR     P2.6
        MOV     P0,LED_BIT_7
        LCALL   DELAY
        SETB    P2.6
        CLR     P2.5
        MOV     P0,LED_BIT_6
        LCALL   DELAY
        SETB    P2.5
        CLR     P2.4
        MOV     P0,LED_BIT_5
        LCALL   DELAY
        SETB    P2.4
        CLR     P2.3
        MOV     P0,LED_BIT_4
        LCALL   DELAY
        SETB    P2.3
        CLR     P2.2
        MOV     P0,LED_BIT_3
        LCALL   DELAY
        SETB    P2.2
        CLR     P2.1
        MOV     P0,LED_BIT_2
        LCALL   DELAY
        SETB    P2.1
        CLR     P2.0
        MOV     P0,LED_BIT_1
        LCALL   DELAY
        SETB    P2.0
        RET
DELAY:  MOV     R6,#10
D1:     MOV     R7,#250
        DJNZ    R7,$
        DJNZ    R6,D1
        RET
TABLE:  DB      3FH,06H,5BH,4FH,66H,6DH,7DH,07H
        DB      7FH,6FH,77H,7CH,39H,5EH,79H,71H
        END
```

C 语言程序如下：

```
#include <reg51.h>
#include <intrins.h>
#define uint unsigned int
#define uchar unsigned char
#define GPIO_KEY P3
sbit SOUNDER = P1^0;
uchar KeyValue,Keybit;
uchar code smgduan[17] = {0x3f,0x06,0x5b,0x4f,0x66,0x6d,0x7d,0x07,
                          0x7f,0x6f,0x77,0x7c,0x39,0x5e,0x79,0x71};  //显示 0～F 的值
void delay(uint i)
{
    while(i--);
}
void display()
{
    uchar i,bitcode = 0x7f;
    for(i = 0;i < Keybit;i++)
    {
        P0 = smgduan[KeyValue];                    //发送段码
        P2 = bitcode;                              //发送位码
        delay(100);                                //延时
        P2 = 0xff;                                 //关闭位选
        bitcode = bitcode >> 1;                    //移动位码
        bitcode = bitcode|0x80;
    }
}
void KeyDown()
{
    GPIO_KEY = 0x0f;
    if(GPIO_KEY! = 0x0f)                           //读取按键是否按下
    {
        delay(1000);                               //延时 10 ms 进行消抖
        if(GPIO_KEY! = 0x0f)                       //再次检测按键是否按下
        {
            //测试列
            GPIO_KEY = 0X0F;
            switch(GPIO_KEY)
            {
                case(0X1f):   KeyValue = 0;break;
                case(0X2f):   KeyValue = 1;break;
                case(0X4f):   KeyValue = 2;break;
                case(0X8f):   KeyValue = 3;break;
            }
            //测试行
            GPIO_KEY = 0XF0;
            switch(GPIO_KEY)
            {
                case(0Xf1):   KeyValue = KeyValue;break;
                case(0Xf2):   KeyValue = KeyValue + 4;break;
                case(0Xf4):   KeyValue = KeyValue + 8;break;
```

```
                    case(0Xf8):     KeyValue = KeyValue + 12;break;
                }
                while(GPIO_KEY! = 0xf0);                    //按键松手检测
                Keybit ++ ;
                if(Keybit == 9)
                {
                    Keybit = 1;
                    KeyValue = 0;
                    TR0 = 1;
                }
            }
        }
}
void main()
{
    TMOD = 0x01;
    TH0 = 64580/256;TL0 = 64580 % 256;
    EA = 1;ET0 = 1;
    while(1)
    {
        KeyDown();
        display();
    }
}
void timer0() interrupt 1
{ uchar  i ;
    TH0 = 64580/256;TL0 = 64580 % 256;
    SOUNDER = ~SOUNDER;
    i ++ ;
    if(i == 50)
    {i = 0;TR0 = 0;}
}
```

3. 调试与仿真

① 打开 Keil μVision5，新建 Keil 项目，选择 AT89C51 单片机作为 CPU，新建汇编源文件或者 C 语言源文件，编写程序，并将其导入 Source Group 1 中。在 Options for Target 窗口中，选中 Output 选项卡中的 Create HEX File 选项和 Debug 选项卡中的 Use：Proteus VSM Simulator 选项。编译汇编源程序或者 C 语言程序，改正程序中的错误。

② 在 Schematic Capture 中，选中 AT89C51 并单击，打开 Edit Component 对话框，设置单片机晶振频率为 12 MHz，并在 Program File 栏中选择先前用 Keil 生成的. HEX 文件。在 Schematic Capture 的菜单栏中选择 File→Save Design 命令，保存设计。在 Schematic Capture 的菜单栏中，打开 Debug 下拉菜单，选中 Use Remote Debug Monitor 选项，以支持与 Keil 的联合调试。

③ 在 Keil 的菜单栏中选择 Debug→Start/Stop Debug Session 命令，或者直接单击工具栏中的 Start/Stop Debug Session 图标，进入程序调试环境。按 F5 键，顺序运行程序。调出 Schematic Capture 界面，按动按键，观察数码管显示，如图 8－21 所示。

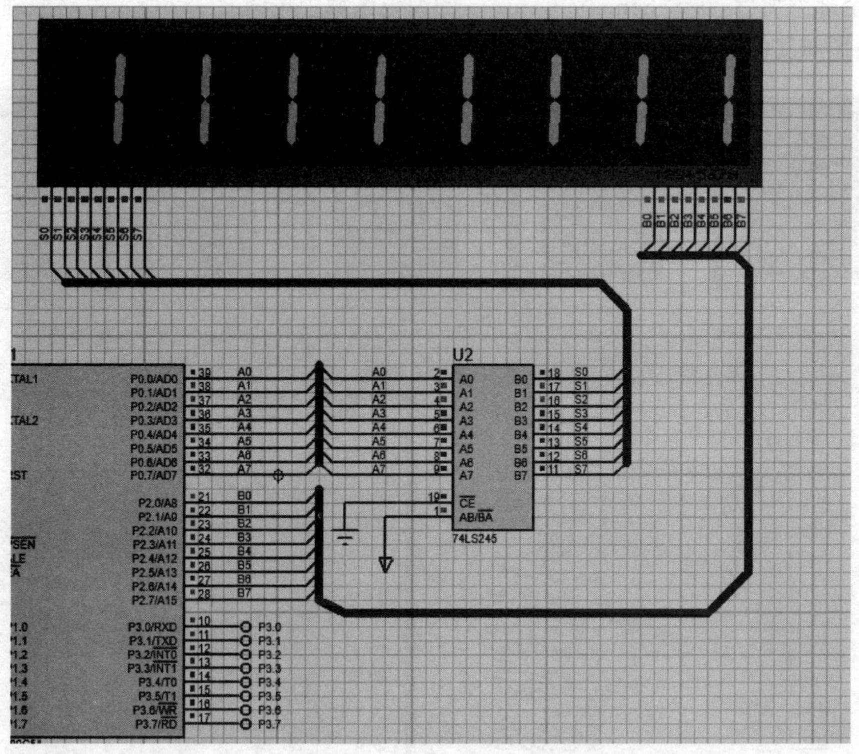

图 8 - 21 程序运行结果

【例 64】 简单计算器设计

本例采用 4×4 键盘，16 个键依次对应 0～9、“＋”“－”“×”“÷”“＝”和清 0 键。可以进行小于 255 的数的加减乘除运算，并可以连续运算。当键入值大于 255 时，将自动清 0，可以重新输入。

1. 硬件设计

打开 Schematic Capture 编辑环境，按表 8 - 10 所列的元件清单添加元件。

表 8 - 10 元件清单

元件名称	所属类	所属子类
AT89C51	Microprocessor ICs	8051 Family
CAP	Capacitors	Generic
CAP - ELEC	Capacitors	Generic
CRYSTAL	Miscellaneous	—
RES	Resistors	Generic
7SEG - COM - CAT - GRN	Optoelectronics	7 - Segment Displays
KEYPAD - SMALLCALC	Switches & Relays	Keypads
74LS164	TTL 74LS series	Registers

元件全部添加后，在 Schematic Capture 的编辑区域中按图 8－22 所示电路原理图连接硬件电路（晶振和复位电路略）。

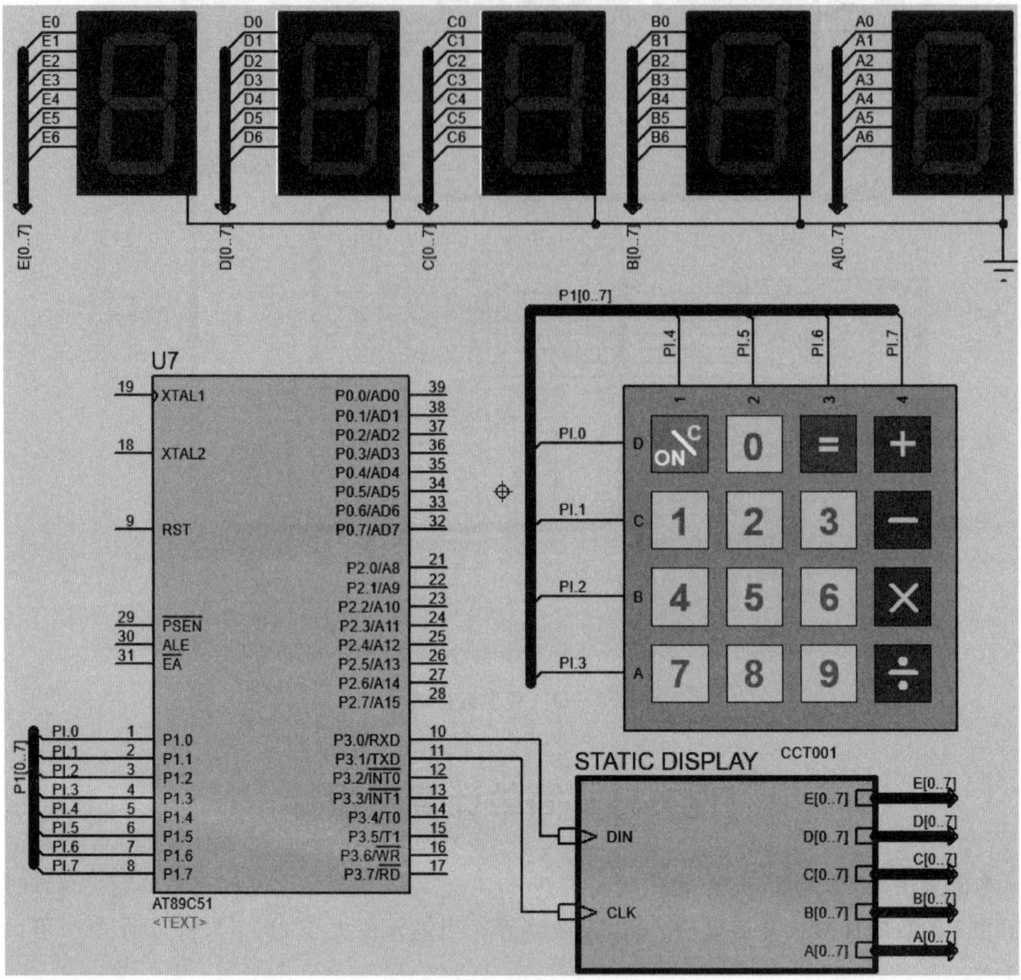

(a) 主电路

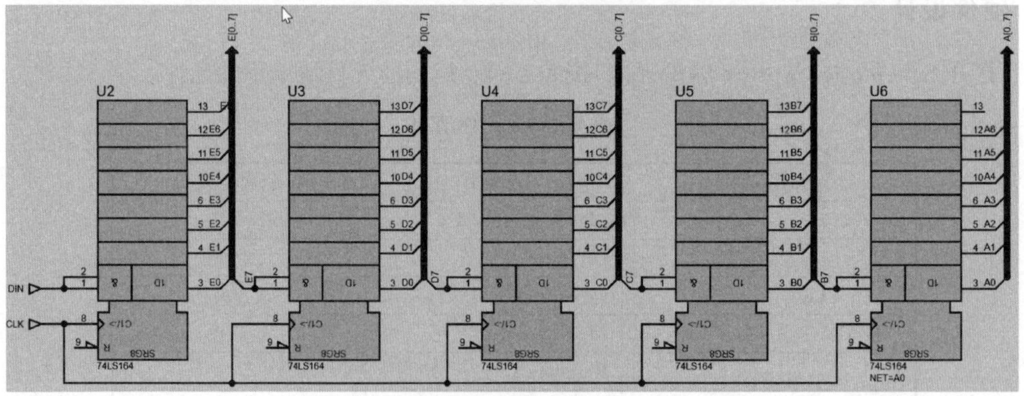

(b) STATIC DISPLAY子电路

图 8－22　电路原理图

2. 程序设计

程序流程如图 8－23 所示。

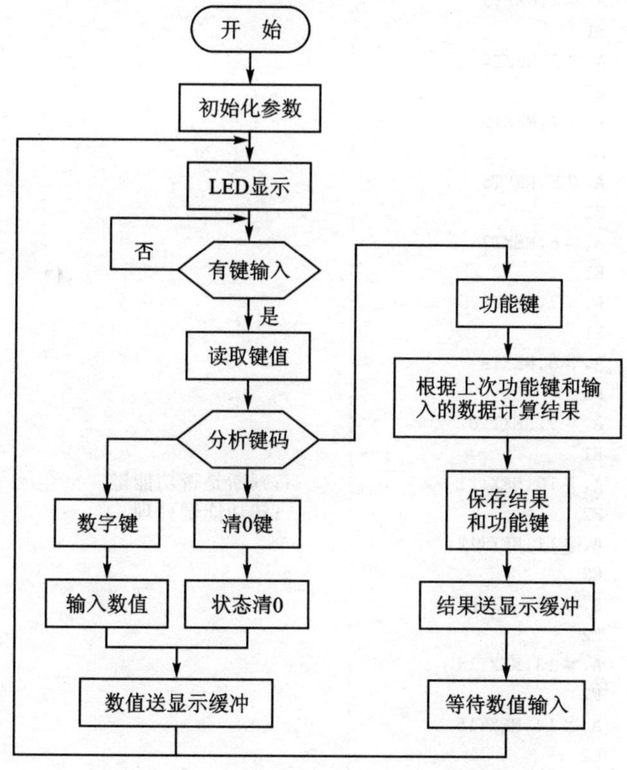

图 8－23　简单计算器设计的程序流程图

汇编源程序如下：

```
DBUF    EQU     30H
TEMP    EQU     40H
YJ      EQU     50H                 ;结果存放
YJ1     EQU     51H                 ;中间结果存放
GONG    EQU     52H                 ;功能键存放
DIN     BIT     0B0H                ;P3.0
CLK     BIT     0B1H                ;P3.1
        ORG     00H
START:  MOV     R3,#0               ;初始化显示为空
        MOV     GONG,#0
        MOV     30H,#10H
        MOV     31H,#10H
        MOV     32H,#10H
        MOV     33H,#10H
        MOV     34H,#10H
MLOOP:  CALL    DISP                ;PAN 调显示子程序
WAIT:   CALL    TESTKEY             ;判断有无按键
        JZ      WAIT
        CALL    GETKEY              ;读键
        INC     R3                  ;按键个数
```

```
         CJNE    A,#0,NEXT1              ;判断是否数字键
         LJMP    E1                      ;转数字键处理
NEXT1:   CJNE    A,#1,NEXT2
         LJMP    E1
NEXT2:   CJNE    A,#2,NEXT3
         LJMP    E1
NEXT3:   CJNE    A,#3,NEXT4
         LJMP    E1
NEXT4:   CJNE    A,#4,NEXT5
         LJMP    E1
NEXT5:   CJNE    A,#5,NEXT6
         LJMP    E1
NEXT6:   CJNE    A,#6,NEXT7
         LJMP    E1
NEXT7:   CJNE    A,#7,NEXT8
         LJMP    E1
NEXT8:   CJNE    A,#8,NEXT9
         LJMP    E1
NEXT9:   CJNE    A,#9,NEXT10
         LJMP    E1
NEXT10:  CJNE    A,#10,NEXT11            ;判断是否功能键
         LJMP    E2                      ;转功能键处理
NEXT11:  CJNE    A,#11,NEXT12
         LJMP    E2
NEXT12:  CJNE    A,#12, NEXT13
         LJMP    E2
NEXT13:  CJNE    A,#13,NEXT14
         LJMP    E2
NEXT14:  CJNE    A,#14,NEXT15
         LJMP    E2
NEXT15:  LJMP    E3                      ;判断是否清除键
E1:      CJNE    R3,#1,N1                ;判断第几次按键
         LJMP    E11                     ;为第一个数字
N1:      CJNE    R3,#2,N2
         LJMP    E12                     ;为第二个数字
N2:      CJNE    R3,#3,N3
         LJMP    E13                     ;为第三个数字
N3:      LJMP    E3                      ;第四个数字转溢出
E11:     MOV     R4,A                    ;输入值暂存 R4
         MOV     34H,A                   ;输入值送显示缓存
         MOV     33H,#10H
         MOV     32H,#10H
         LJMP    MLOOP                   ;等待再次输入
E12:     MOV     R7,A                    ;个位数暂存 R7
         MOV     B,#10
         MOV     A,R4
         MUL     AB                      ;十位数
         ADD     A,R7
         MOV     R4,A                    ;输入值存 R4
         MOV     32H,#10H                ;输入值送显示缓存
         MOV     33H,34H
         MOV     34H,R7
         LJMP    MLOOP
E13:     MOV     R7,A
```

```
        MOV     B,#10
        MOV     A,R4
        MUL     AB
        JB      OV,E3               ;输入溢出
        ADD     A,R7
        JB      CY,E3               ;输入溢出
        MOV     R4,A
        MOV     32H,33H             ;输入值送显示缓存
        MOV     33H,34H
        MOV     34H,R7
        LJMP    MLOOP
E3:     MOV     R3,#0               ;按键次数清0
        MOV     R4,#0               ;输入值清0
        MOV     YJ,#0               ;计算结果清0
        MOV     GONG,#0             ;功能键设为0
        MOV     30H,#10H            ;显示清空
        MOV     31H,#10H
        MOV     32H,#10H
        MOV     33H,#10H
        MOV     34H,#10H
        LJMP    MLOOP
E2:     MOV     34H,#10H
        MOV     33H,#10H
        MOV     32H,#10H
        MOV     R0,GONG             ;与上次功能键交换
        MOV     GONG,A
        MOV     A,R0
        CJNE    A,#10,N21           ;判断功能键
        LJMP    JIA                 ;"+"
N21:    CJNE    A,#11,N22
        LJMP    JIAN                ;"-"
N22:    CJNE    A,#12,N23
        LJMP    CHENG               ;"*"
N23:    CJNE    A,#13,N24
        LJMP    CHU                 ;"/"
N24:    CJNE    A,#0,N25
        LJMP    FIRST               ;首次按功能键
N25:    LJMP    DEN                 ;"="
N4:     LJMP    E3
FIRST:  MOV     YJ,R4               ;输入值送结果
        MOV     R3,#0               ;按键次数清0
        LJMP    DISP1               ;结果处理
JIA:    MOV     A,YJ                ;上次结果送累加器
        ADD     A,R4                ;上次结果加输入值
        JB      CY,N4               ;溢出
        MOV     YJ,A                ;存本次结果
        MOV     R3,#0               ;按键次数清0
        LJMP    DISP1
JIAN:   MOV     A,YJ
        SUBB    A,R4                ;上次结果减输入值
        JB      CY,N4               ;负数溢出
        MOV     YJ,A
        MOV     R3,#0
        LJMP    DISP1
```

```
CHENG:  MOV     A,YJ
        MOV     B,A
        MOV     A,R4
        MUL     AB                  ;上次结果乘输入值
        JB      OV,N4               ;溢出
        MOV     YJ,A
        LJMP    DISP1
CHU:    MOV     A,R4
        MOV     B,A
        MOV     A,YJ
        DIV     AB                  ;上次结果除输入值
        MOV     YJ,A
        MOV     R3,#0
        LJMP    DISP1
DEN:    MOV     R3,#0
        LJMP    DISP1
DISP1:  MOV     B,#10
        MOV     A,YJ                ;结果送累加器
        DIV     AB                  ;结果除 10
        MOV     YJ1,A               ;暂存“商”
        MOV     A,B                 ;取个位数
        MOV     34H,A               ;个位数送显示缓存
        MOV     A,YJ1
        JZ      DISP11              ;结果是否为一位数字
        MOV     B,#10
        MOV     A,YJ1
        DIV     AB
        MOV     YJ1,A
        MOV     A,B
        MOV     33H,A               ;十位送显示缓存
        MOV     A,YJ1
        JZ      DISP11              ;结果是否为两位数字
        MOV     32H,A               ;百位数送显示缓存
DISP11: LJMP    MLOOP
DISP:   MOV     R0,#DBUF            ;显示子程序
        MOV     R1,#TEMP+4
        MOV     R2,#5
DP10:   MOV     DPTR,#SEGTAB
        MOV     A,@R0
        MOVC    A,@A+DPTR
        MOV     @R1,A
        INC     R0
        DEC     R1
        DJNZ    R2,DP10
        MOV     R0,#TEMP
        MOV     R1,#5
DP12:   MOV     R2,#8
        MOV     A,@R0
DP13:   RLC     A
        MOV     DIN,C
        CLR     CLK
        SETB    CLK
        DJNZ    R2,DP13
        INC     R0
```

```
        DJNZ    R1,DP12
        RET
SEGTAB: DB      3FH,06H,5BH,4FH,66H,6DH     ;段码定义
        DB      7DH,07H,7FH,6FH,77H,7CH
        DB      39H,5EH,79H,71H,00H,40H
TESTKEY:
        MOV     P1,#0FH                     ;读入键状态
        MOV     A,P1
        CPL     A
        ANL     A,#0FH                      ;高4位不用
        RET
KEYTABLE:
        DB      0DEH,0EDH,0DDH,0BDH         ;键码定义
        DB      0EBH,0DBH,0BBH,0E7H
        DB      0D7H,0B7H,07EH,07DH
        DB      07BH,077H,0BEH,0EEH
GETKEY:                                     ;读键子程序
        MOV     R6,#10
        ACALL   DELAY
        MOV     P1,#0FH
        MOV     A,P1
        CJNE    A,0FH,K12
        LJMP    MLOOP
K12:    MOV     B,A
        MOV     P1,#0EFH
        MOV     A,P1
        CJNE    A,#0EFH,K13
        MOV     P1,#0DFH
        MOV     A,P1
        CJNE    A,#0DFH,K13
        MOV     P1,#0BFH
        MOV     A,P1
        CJNE    A,#0BFH,K13
        MOV     P1,#07FH
        MOV     A,P1
        CJNE    A,#07FH,K13
        LJMP    MLOOP
K13:    ANL     A,#0F0H
        ORL     A,B
        MOV     B,A
        MOV     R1,#16
        MOV     R2,#0
        MOV     DPTR,#KEYTABLE
K14:    MOV     A,R2
        MOVC    A,@A+DPTR
        CJNE    A,B,K16
        MOV     P1,#0FH
K15:    MOV     A,P1
        CJNE    A,#0FH,K15
        MOV     R6,#10
        ACALL   DELAY
        MOV     A,R2
        RET
K16:    INC     R2
```

```
        DJNZ     R1,K14
        AJMP     MLOOP
DELAY:  MOV      R7,#80                    ;延时子程序
DLOOP:  DJNZ     R7,DLOOP
        DJNZ     R6,DLOOP
        RET
        END
```

C 语言程序如下：

```
#include <reg51.h>
#include <intrins.h>
#define uint unsigned int
#define uchar unsigned char
sbit DIN = P3^0;
sbit CLK = P3^1;
uchar temp;                                    //存放按键的临时变量
uchar buf1[3],buf2[3];                         //用来存放运算的数据
uchar tab1[3];                                 //用来存放运算的数据
uchar disp[5];
bit B_Num,B_Sym;                               //键码为数字标志,键码为符号标志
uchar yunsuan;                                 //运算符号标志 + - * /
uchar code smgduan[17] = {0x3f,0x06,0x5b,0x4f,0x66,0x6d,0x7d,0x07,0x7f,0x6f,0x00};
                                               //显示 0~9 的值,0x00 熄灭
void delay(uint i)
{
    while(i--);
}
 void sendbyte(uchar seg)                      //74LS164 发送字节函数
{
        uchar num,c;
        num = disp[seg];
        for(c = 0;c < 8;c ++ )
        {
        DIN = num&0x80;
        num = _crol_(num,1);
        CLK = 0;
        CLK = 1;
        }
}
  void datapros()                              //数据处理函数
{
    disp[0] = smgduan[tab1[0]];
    disp[1] = smgduan[tab1[1]];
    disp[2] = smgduan[tab1[2]];
    disp[3] = 0x00;                            //数码管熄灭
    disp[4] = 0x00;                            //数码管熄灭
}
uchar keyscan()
{
    uchar skey;                                /* 按键值标记变量 */
/************************
    扫描键盘第 1 行
**************************/
    P1 = 0xfe;
```

```
    while((P1 & 0xf0) != 0xf0)                    /*有按键按下*/
    {
        delay(300);                               /*去抖动延时*/

        while((P1 & 0xf0) != 0xf0)                /*仍有键按下*/
        {
            switch(P1)                            /*识别按键并赋值*/
            {
                case 0xee: skey = 'C'; break;
                case 0xde: skey = 0;B_Num = 1;B_Sym = 0; break;
                case 0xbe: skey = '=';B_Sym = 1;B_Num = 0; break;
                case 0x7e: skey = '+';B_Sym = 1;B_Num = 0;yunsuan = 1; break;
            }

            while((P1 & 0xf0) != 0xf0);           /*等待按键松开*/
                temp = skey;
        }
    }
/************************
    扫描键盘第2行
************************/
    P1 = 0xfd;
    while((P1 & 0xf0) != 0xf0)
    {
        delay(3);
        while((P1 & 0xf0) != 0xf0)
        {
            switch(P1)
            {
                case 0xed: skey = 1;B_Num = 1;B_Sym = 0;  break;
                case 0xdd: skey = 2;B_Num = 1;B_Sym = 0;  break;
                case 0xbd: skey = 3;B_Num = 1;B_Sym = 0;  break;
                case 0x7d: skey = '-';B_Sym = 1;B_Num = 0;yunsuan = 2; break;
            }
            while((P1 & 0xf0) != 0xf0);
                temp = skey;
        }
    }

/************************
    扫描键盘第3行
************************/
    P1 = 0xfb;
    while((P1 & 0xf0) != 0xf0)
    {
        delay(3);
        while((P1 & 0xf0) != 0xf0)
        {
            switch(P1)
            {
                case 0xeb: skey = 4;B_Num = 1;B_Sym = 0;  break;
                case 0xdb: skey = 5;B_Num = 1;B_Sym = 0;  break;
                case 0xbb: skey = 6;B_Num = 1;B_Sym = 0;  break;
                case 0x7b: skey = '*';B_Sym = 1;B_Num = 0;yunsuan = 3; break;
```

```
            }
            while((P1 & 0xf0) ! = 0xf0);
            temp = skey;
        }
    }
/ * * * * * * * * * * * * * * * * * * * * * * * *
    扫描键盘第 4 行
* * * * * * * * * * * * * * * * * * * * * * * * */
    P1 = 0xf7;
    while((P1 & 0xf0) ! = 0xf0)
    {
        delay(3);
        while((P1 & 0xf0) ! = 0xf0)
        {
            switch(P1)
            {
                case 0xe7: skey  =  7;B_Num = 1;B_Sym = 0;break;
                case 0xd7: skey  =  8;B_Num = 1;B_Sym = 0;break;
                case 0xb7: skey  =  9;B_Num = 1;B_Sym = 0;break;
                case 0x77: skey  =  '/';B_Sym = 1;B_Num = 0;yunsuan = 4; break;
            }
            while((P1 & 0xf0) ! = 0xf0);
            temp = skey;
        }
    }
  return skey;
}
void main()
{
    uint result;
    uint wei1,wei2,Varible1,Varible2;
    bit state;                                           //变量状态
    while(1)
    {
      keyscan();
        if((B_Sym == 0)&&(B_Num == 1))                   //键码是数字且不是运算符号时
         {uchar i;
            B_Num = 0;
            if(state == 0)                               //输入第一个数
                {
                  if(wei1 == 3)wei1 = 0;
                buf1[wei1] = temp;                       //将键码存放到第一个数组
                if(wei1 == 0)                            //输入的数字是一个一位数字
                {
                 Varible1 = buf1[0];
                    tab1[0] = Varible1;                  //第一个数码管显示
                    tab1[1] = 10;                        //第二个数码管熄灭
                    tab1[2] = 10;                        //第三个数码管熄灭
                }
            if(wei1 == 1)                                //输入的数字是一个两位数字
            {
             Varible1 = buf1[0] * 10 + buf1[1];
                tab1[0] = Varible1 % 10;                 //个位
                tab1[1] = Varible1/10;                   //十位
```

```
            tab1[2] = 10;                          //第三位熄灭
        }
        if(wei1 == 2)
        {
        Varible1 = buf1[0] * 100 + buf1[1] * 10 + buf1[2];
            tab1[0] = Varible1 % 10;               //个位
            tab1[1] = Varible1 % 100/10;           //十位
          tab1[2] = Varible1/100;                  //十位
        }
        wei1 ++ ;
        datapros();                                //数据处理
        for(i = 0;i < 5;i ++ )                     //向 74LS164 发送数据
        {
          sendbyte(i);
        }
            }
          if(state == 1)                           //输入第二个数
            {
              if(wei2 == 3)wei2 = 0;
            buf2[wei2] = temp;
            if(wei2 == 0)
            {
             Varible2 = buf2[0];
                tab1[0] = Varible2;
                tab1[1] = 10;
                tab1[2] = 10;
            }
        if(wei2 == 1)
        {
         Varible2 = buf2[0] * 10 + buf2[1];
             tab1[0] = Varible2 % 10;              //个位
             tab1[1] = Varible2/10;                //十位
             tab1[2] = 10;
        }
         if(wei2 == 2)
            {
              Varible2 = buf2[0] * 100 + buf2[1] * 10 + buf2[2];
                tab1[0] = Varible2 % 10;           //个位
              tab1[1] = Varible2 % 100/10;         //十位
                tab1[2] = Varible2/100;            //十位
            }
            wei2 ++ ;
            datapros();
                for(i = 0;i < 5;i ++ )
                {
                    sendbyte(i);
                }
            }
}
if(temp == '+'||temp == '-'||temp == '*'||temp == '/')
{
    temp = '#';
  state = ~state;
}
```

```
if(temp == '=')                                  //结果
{
        uchar i;
       temp = '#';
    switch(yunsuan)                              //判断是哪种
    {
        case(1):result = Varible1 + Varible2;break;
         case(2):result = Varible1 - Varible2;break;
         case(3):result = Varible1 * Varible2;break;
         case(4):result = Varible1/Varible2;break;
    }
    yunsuan = 0;
    Varible1 = result;                           //将结果给变量 1,可以继续计算
    wei2 = 0;Varible2 = 0;state = 0;
    if(result < 10)
    {
    tab1[0] = result % 10;
    tab1[1] = 10;
    tab1[2] = 10;
    }
 if(result > 10&&result < 100)
    {
    tab1[0] = result % 10;
    tab1[1] = result % 100/10;
    tab1[2] = 10;
    }
    if(result > 100)
    {
    tab1[0] = result % 10;
    tab1[1] = result % 100/10;
    tab1[2] = result/100;
    }
     datapros();
        for(i = 0;i < 5;i ++ )
        {
          sendbyte(i);
        }
}
if(temp == 'C')                                  //数据清 0 运算符号
{
    uchar i;
    temp = '#';
    wei1 = 0;wei2 = 0;
    result = 0;
    Varible1 = 0;
    Varible2 = 0;
    tab1[0] = 10;
    tab1[1] = 10;
    tab1[2] = 10;
   datapros();
        for(i = 0;i < 5;i ++ )
        {
          sendbyte(i);
        }
```

```
            }
        }
    }
```

3. 调试与仿真

① 打开 Keil μVision5，新建 Keil 项目，选择 AT89C51 单片机作为 CPU，新建汇编源文件或者 C 语言源文件，编写程序，并将其导入 Source Group 1 中。在 Options for Target 窗口中，选中 Output 选项卡中的 Create HEX File 选项和 Debug 选项卡中的 Use：Proteus VSM Simulator 选项。编译汇编源程序或者 C 语言程序，改正程序中的错误。

② 在 Schematic Capture 中，选中 AT89C51 并单击，打开 Edit Component 对话框设置单片机晶振频率为 12 MHz，并在 Program File 栏中选择先前用 Keil 生成的.HEX 文件。在 Schematic Capture 的菜单栏中选择 File→Save Design 命令，保存设计。在 Schematic Capture 的菜单栏中，打开 Debug 下拉菜单，选中 Use Remote Debug Monitor 选项，以支持与 Keil 的联合调试。

③ 在 Keil 的菜单栏中选择 Debug→Start/Stop Debug Session 命令，或者直接单击工具栏中的 Start/Stop Debug Session 图标，进入程序调试环境。按 F5 键，顺序运行程序。调出 Schematic Capture 界面，如图 8-24 所示。

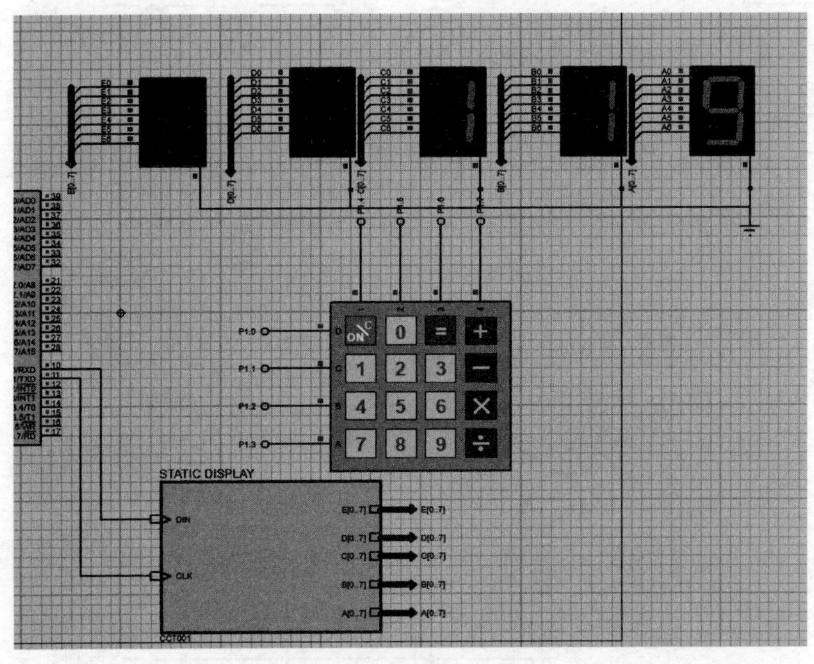

图 8-24　程序运行结果

【例 65】 电子密码锁设计(一)

设计要求：设计一种单片机控制的密码锁，具有按键有效指示、解码有效指示、控制开锁电平、控制报警、密码修改等功能。

1. 硬件设计

打开 Schematic Capture 编辑环境，按表 8-11 所列的元件清单添加元件。

表 8-11　元件清单

元件名称	所属类	所属子类
AT89C51. BUS	Microprocessor ICs	8051 Family
CAP	Capacitors	Generic
CAP-POL	Capacitors	Generic
CRYSTAL	Miscellaneous	—
RES	Resistors	Generic
LED-YELLOW	Optoelectronics	7-Segment Displays
BUTTON	Switches & Relays	Switches
BUZZER	Speakers & Sounders	—

元件全部添加后，在 Schematic Capture 的编辑区域中按图 8-25 所示电路原理图连接硬件电路。

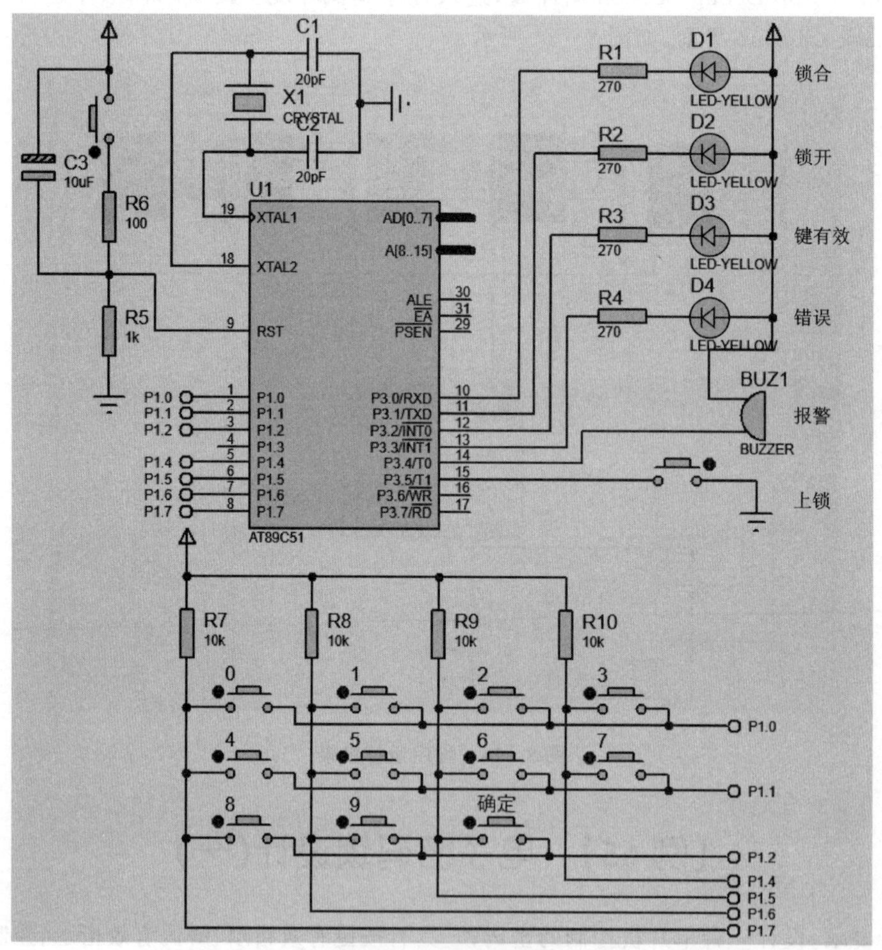

图 8-25　电路原理图

2. 程序设计

密码锁的控制程序由延时子程序、修改密码子程序、键盘读入子程序、校验密码子程序及主程序组成。

锁的初始状态为“锁合”指示灯亮。输入初始密码“0、1、2、3、4、5、6、7”,每输入一位,“按键有效”指示灯亮约 0.5 s,输完 8 位按确认键,锁打开,“锁开”指示灯亮;按“上锁”键,锁又重新上锁,“锁合”指示灯亮。

“锁开”状态下,可输入新密码,按确认键后更改密码,可重复修改密码。

如果输入密码错误,“错误”指示灯亮约半秒钟。可重新输入密码。

输入密码错误超过 3 次,蜂鸣器启动发出报警,同时“错误”指示灯常亮。

注意:密码必须是 8 位,如需改变密码位数,需修改寄存器 R4 的值。

程序流程如图 8-26 所示。

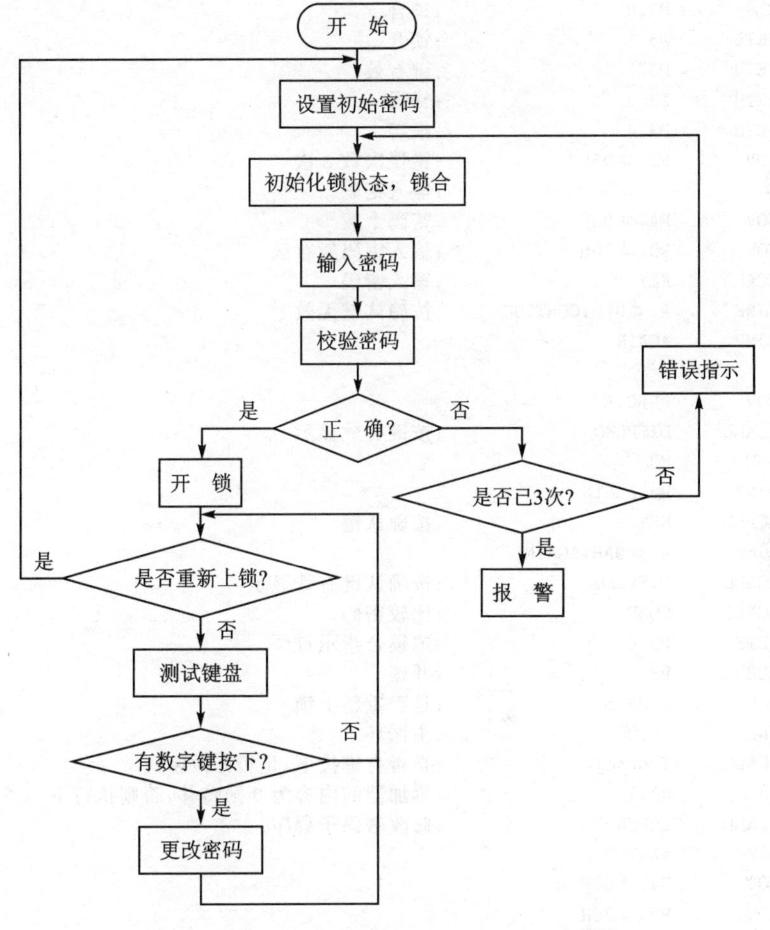

图 8-26 电子密码锁设计(一)的程序流程图

汇编源程序如下:

```
;R3——输入错误次数
;R4——密码个数
```

```
;R7——输入密码暂存
;R2——键值暂存
;R6——延时参数
          ORG       00H
          SJMP      START
          ORG       0BH
START:                                    ;设置初始密码
PASSWORD:
          MOV       R4,#08H               ;密码个数 8 个
          MOV       R0,#40H               ;密码暂存区
          MOV       A,#00H                ;初始密码 0,1,2,3,4,5,6,7
PASSNEXT:
          MOV       @R0,A
          INC       R0
          INC       A
          DJNZ      R4,PASSNEXT
MLOOP:
          CLR       P3.0                  ;锁合
          SETB      P3.1                  ;锁开
          SETB      P3.2                  ;键有效
          SETB      P3.3                  ;错误
          SETB      P3.4                  ;报警
          MOV       R3,#03H               ;错误次数 3 次
                                          ;输入密码
GETPW:    MOV       R4,#08H               ;密码个数
          MOV       R0,#30H               ;输入密码暂存区
AGAIN:    ACALL     KEY                   ;输入密码
          CJNE      A,#0AH,CONTIUE        ;按确认键无效
          SJMP      AGAIN
CONTIUE:
          MOV       @R0,A
          ACALL     DISPLED               ;按键有效显示
          INC       R0
          DJNZ      R4,AGAIN
AGAIN1:   ACALL     KEY                   ;按确认键
          CJNE      A,#0AH,AGAIN1
          ACALL     DISPLED               ;按确认键有效显示
          ACALL     COMP                  ;比较密码
          SETB      P3.0                  ;熄锁合指示灯
          CLR       P3.1                  ;开锁
WAIT:     MOV       C,P3.5                ;是否重新上锁
          JNC       MLOOP                 ;主循环
          ACALL     TestKey               ;是否有键按下,是否修改密码
          JZ        WAIT                  ;累加器的内容为 0 则转移,否则执行下一条指令
          ACALL     CHPSW                 ;修改密码子程序
          SJMP      WAIT
COMP:     MOV       R4,#08H
          MOV       R0,#30H
AGAI:     MOV       50H,@R0               ;取输入密码到 50H
          MOV       A,R0
          ADD       A,#010H               ;40H
          MOV       R0,A
          MOV       A,@R0                 ;取密码
          MOV       B,A
```

```
        MOV     A,R0
        SUBB    A,#010H             ;30H
        MOV     R0,A
        MOV     A,B
        CJNE    A,50H,ONCEMORE      ;比较
        INC     R0
        DJNZ    R4,AGAI
        RET                         ;正确返回
ONCEMORE:
        CLR     P3.3                ;输入错误
        MOV     R6,#0FFH
        ACALL   DELAY
        MOV     R6,#0FFH
        ACALL   DELAY
        SETB    P3.3
        DJNZ    R3,GETPW            ;3 次错误输入
        CLR     P3.4                ;声报警
        CLR     P3.3                ;光报警
W:      SJMP    W
CHPSW:  MOV     R4,#07H             ;修改密码子程序
        MOV     R0,#48H
        ACALL   KEY
        CJNE    A,#0AH,CONTIUE2     ;按确认键无效
        LJMP    WAIT                ;返回
CONTIUE2:
        MOV     @R0,A
        INC     R0
        ACALL   DISPLED             ;按键有效显示
ANOTHER:
        ACALL   KEY
        CJNE    A,#0AH,CONTIUE3     ;按确认键无效
        SJMP    ANOTHER
CONTIUE3:
        MOV     @R0,A
        INC     R0
        ACALL   DISPLED             ;按键有效显示
        DJNZ    R4,ANOTHER
AGAIN2: ACALL   KEY                 ;按确认键
        CJNE    A,#0AH,AGAIN2
        ACALL   DISPLED             ;按确认键有效显示
        MOV     R4,#08H
        MOV     R0,#40H
        MOV     R1,#48H
CHANGE:                             ;确认后修改密码
        MOV     A,@R1
        MOV     @R0,A
        INC     R0
        INC     R1
        DJNZ    R4,CHANGE
        RET
DISPLED:
        CLR     P3.2                ;按键有效显示
        MOV     R6,#80H
        ACALL   DELAY
```

```
        SETB    P3.2
        RET
TestKey:MOV     P1,＃0FH
        MOV     A,P1              ;读入键状态
        CPL     A                 ;累加器取
        ANL     A,＃0F0H
        RET
KEY:    MOV     P1,＃0F0H         ;取键值子程序,阵列式键盘
        MOV     A,P1
        CJNE    A,＃0F0H,K11
K10:    AJMP    KEY
K11:    MOV     R6,＃02H
        ACALL   DELAY
        MOV     P1,＃0F0H
        MOV     A,P1
        CJNE    A,0F0H,K12
        SJMP    K10
K12:    MOV     B,A
        MOV     P1,＃0FH
        MOV     A,P1
        CJNE    A,＃0FH,K122
K121:   AJMP    KEY
K122:   MOV     R6,＃02H
        ACALL   DELAY
        MOV     P1,＃0FH
        MOV     A,P1
        CJNE    A,0FH,K13
        AJMP    K10
K13:    ANL     A,B
        MOV     B,A
        MOV     R1,＃11
        MOV     R2,＃0
        MOV     DPTR,＃K1TAB
K14:    MOV     A,R2
        MOVC    A,@A+DPTR
        CJNE    A,B,K16
        MOV     P1,＃0FH
K15:    MOV     A,P1
        CJNE    A,＃0FH,K15
        MOV     R6,＃02H
        ACALL   DELAY
        MOV     A,R2
        RET
K16:    INC     R2
        DJNZ    R1,K14
        AJMP    K10
K1TAB:  DB      81H,41H,21H,11H   ;键码表
        DB      82H,42H,22H,12H
        DB      84H,44H,24H
DELAY:  MOV     R6,＃80H          ;延时子程序
AA1:    MOV     R5,＃0F8H
AA:     NOP
        NOP
        DJNZ    R5,AA
```

```
DJNZ      R6,AA1
RET
END
```

C语言程序如下：

```
#include <reg51.h>
#define uint unsigned int
#define uchar unsigned char
#define GPIO_KEY P1
sbit BUZ1 = P3^4;                                   //fengmingq
sbit Lock = P3^5;
sbit S_Lock = P3^0;                                 //锁合状态
sbit open = P3^1;                                   //锁开
sbit Effec = P3^2;                                  //有效
sbit error = P3^3;                                  //错误
uchar KeyValue;
uchar temp,temp1,keybit = 0,state = 0;
uchar  mima[] = {0,1,2,3,4,5,6,7};
uchar check[8];
uchar  etime;                                       //错误次数
void delay(uint i)
{
  while(i--);
}
void KeyDown()
{
    GPIO_KEY = 0x0f;
    if(GPIO_KEY! = 0x0f)                            //读取按键是否按下
    {
        delay(1000);                                //延时10 ms进行消抖
        if(GPIO_KEY! = 0x0f)                        //再次检测按键是否按下
        {
            //测试列
            GPIO_KEY = 0X0F;
            switch(GPIO_KEY)
            {
                case(0X1f):    KeyValue = 3;break;
                case(0X2f):    KeyValue = 2;break;
                case(0X4f):    KeyValue = 1;break;
                case(0X8f):    KeyValue = 0;break;
            }
            //测试行
            GPIO_KEY = 0XF0;
            switch(GPIO_KEY)
            {
                case(0Xf1):    KeyValue = KeyValue;break;
                case(0Xf2):    KeyValue = KeyValue + 4;break;
                case(0Xf4):    KeyValue = KeyValue + 8;break;
                //case(0Xf8):  KeyValue = KeyValue + 12;break;
            }
            while(GPIO_KEY! = 0xf0);                //按键松手检测
                if(etime < 3)
                    {
                     Effec = 0;
```

```
            delay(20000);
            Effec = 1;
              }
        if(KeyValue! = 10&&S_Lock == 0)              //锁合状态输入密码
        {
            check[keybit] = KeyValue;
            keybit ++ ; if(keybit == 8)keybit = 0;
        }
        if((KeyValue! = 10)&&(S_Lock == 1))          //锁开状态修改密码
        {
            mima[keybit] = KeyValue;
            keybit ++ ;if(keybit == 8)keybit = 0;
        }
        if(KeyValue == 10)                           //确认键
        {
            uchar i;
          for(i = 0;i < 8;i ++ )
            {
              temp = check[i] + temp;                //密码校验变量
                temp1 = mima[i] + temp1;             //密码
            }
            if(temp == temp1&&S_Lock == 0)           //密码校验成功
            {
                open = 0;temp = 0;temp1 = 0;S_Lock = 1;
            }
            else
            {
                if(open == 0&&S_Lock == 1)           //锁开状态求改密码确认
                {
                    open = 0; S_Lock = 1;open = 0;temp = 0;
                }
                if(open == 1&&open == 0)             //锁合状态的输入错误
                {
                    etime ++ ;
                error = 0;
                    delay(20000);
                    error = 1;
                }
                if(etime == 3)                       //密码错误次数
                {
                    error = 0;
                    BUZ1 = 0;
                }
            }
        }
      }
    }
}
void main()
{
    S_Lock = 0;
    while(1)
      {
        KeyDown();
```

```
        if(Lock == 0)
        {
          delay(1000);
            if(Lock == 0)
            {
                S_Lock = 0;
                open = 1;
                temp = 0;
                temp1 = 0;
            }
            while(!Lock);
        }
    }
}
```

3. 调试与仿真

① 打开 Keil μVision5，新建 Keil 项目，选择 AT89C51 单片机作为 CPU，新建汇编源文件或者 C 语言源文件，编写程序，并将其导入 Source Group 1 中。在 Options for Target 窗口中，选中 Output 选项卡中的 Create HEX File 选项和 Debug 选项卡中的 Use：Proteus VSM Simulator 选项。编译汇编源程序或者 C 语言程序，改正程序中的错误。

② 在 Schematic Capture 中，选中 AT89C51 并单击，打开 Edit Component 对话框，设置单片机晶振频率为 12 MHz，并在 Program File 栏中选择先前用 Keil 生成的.HEX 文件。在 Schematic Capture 的菜单栏中选择 File→Save Design 命令，保存设计。在 Schematic Capture 的菜单栏中，打开 Debug 下拉菜单，选中 Use Remote Debug Monitor 选项，以支持与 Keil 的联合调试。

③ 在 Keil 的菜单栏中选择 Debug→Start/Stop Debug Session 命令，或者直接单击工具栏中的 Start/Stop Debug Session 图标，进入程序调试环境。按 F5 键，顺序运行程序。调出 Schematic Capture 界面，验证程序功能，如图 8 - 27 所示。

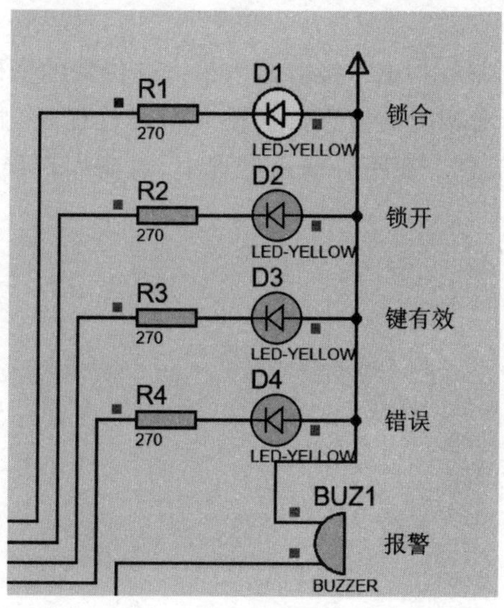

图 8 - 27 程序运行结果

【例 66】 电子密码锁设计(二)

用 4×3 键盘组成 0～9 数字键及确认键、删除键;用 8 位数码管组成显示电路提示信息,当输入密码时,只显示“—”,当密码位数输入完毕按下确认键时,对输入的密码与设定的密码进行比较,若密码正确,则锁开,此处用 LED 发光二极管亮 1 s 作为提示;若密码不正确,则禁止按键输入 3 s,同时发出“嘀、嘀”报警声。

1. 硬件设计

打开 Schematic Capture 编辑环境,按表 8-12 所列的元件清单添加元件。

表 8-12 元件清单

元件名称	所属类	所属子类
AT89C51	Microprocessor ICs	8051 Family
CAP	Capacitors	Generic
CAP-ELEC	Capacitors	Generic
CRYSTAL	Miscellaneous	—
RES	Resistors	Generic
7SEG-MPX8-CC-BLUE	Optoelectronics	7-Segment Displays
74LS245	TTL 74LS series	Transceivers
BUTTON	Switches & Relays	Switches
SOUNDER	Speakers & Sounders	—
LED-YELLOW	Optoelectronics	LEDs

元件全部添加后,在 Schematic Capture 的编辑区域中按图 8-28 所示电路原理图连接硬件电路(晶振和复位电路略)。

2. 程序设计

8 位数码显示,初始化时显示“PE”,接着输入最大 6 位数的密码,当密码输入完后,按下确认键,进行密码比较,然后给出相应的信息。在输入密码过程中,显示器只显示“—”。当数字输入超过 6 个时,给出报警信息。在密码输入过程中,若输入错误,则可以利用“DEL”键删除刚才输入的错误数字。

程序流程如图 8-29 所示。

汇编源程序如下:

```
;*************************************************************
;以下 8 个字节存放 8 位数码管的段码
LED_BIT_1     EQU          30H
LED_BIT_2     EQU          31H
LED_BIT_3     EQU          32H
LED_BIT_4     EQU          33H
LED_BIT_5     EQU          34H
LED_BIT_6     EQU          35H
LED_BIT_7     EQU          36H
```

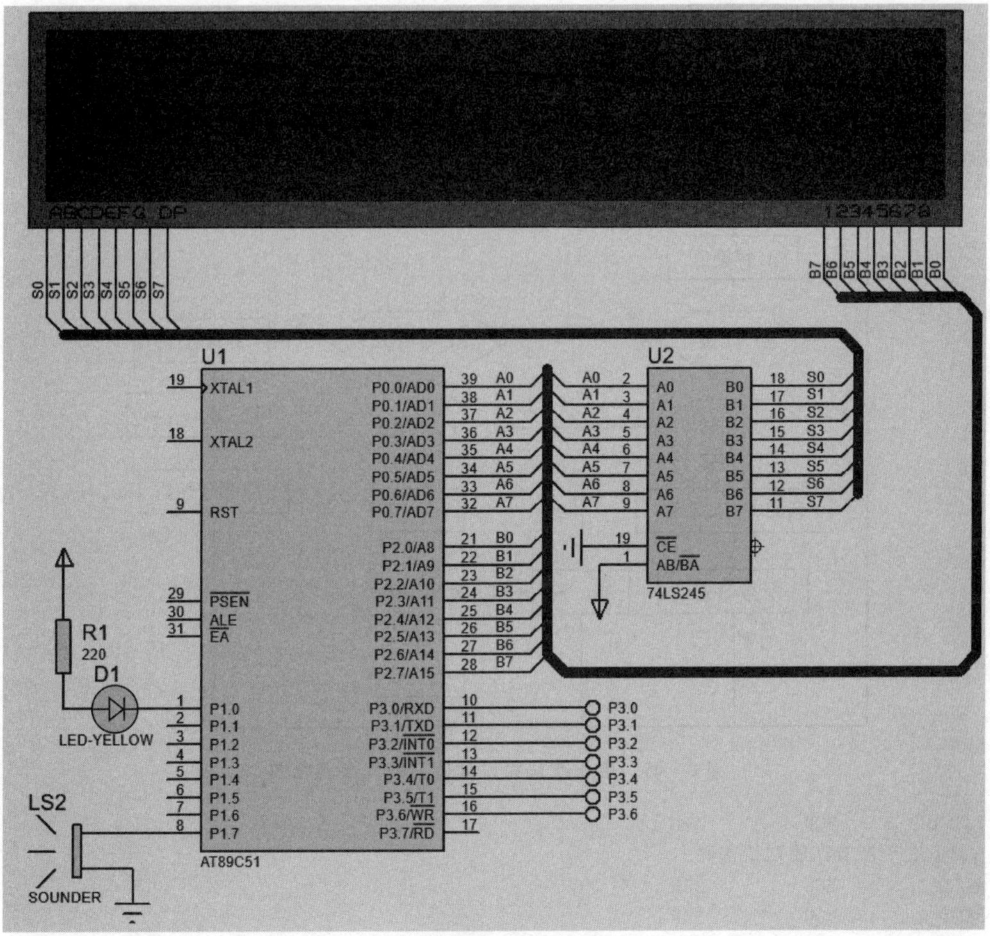

(a) 处理器及显示模块

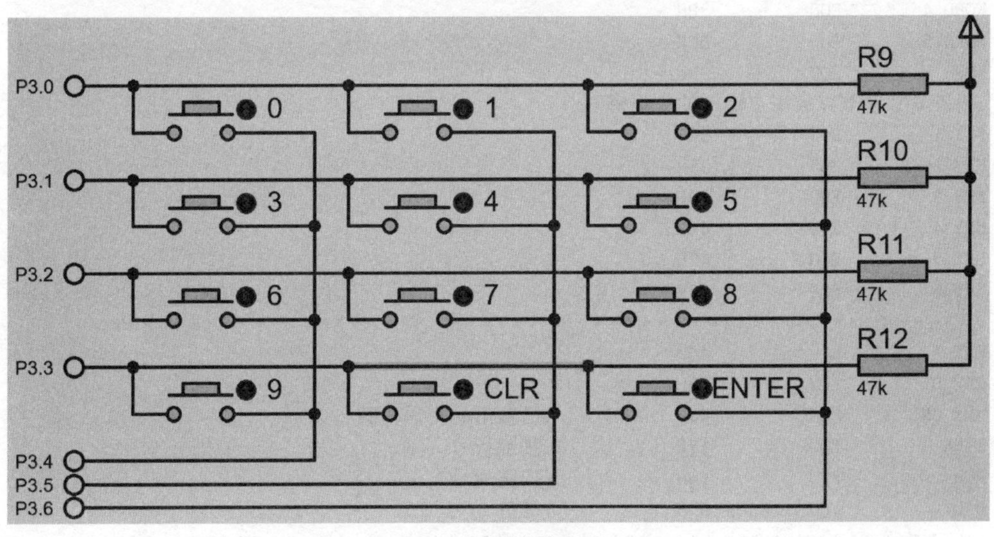

(b) 键盘矩阵模块

图 8－28　电路原理图

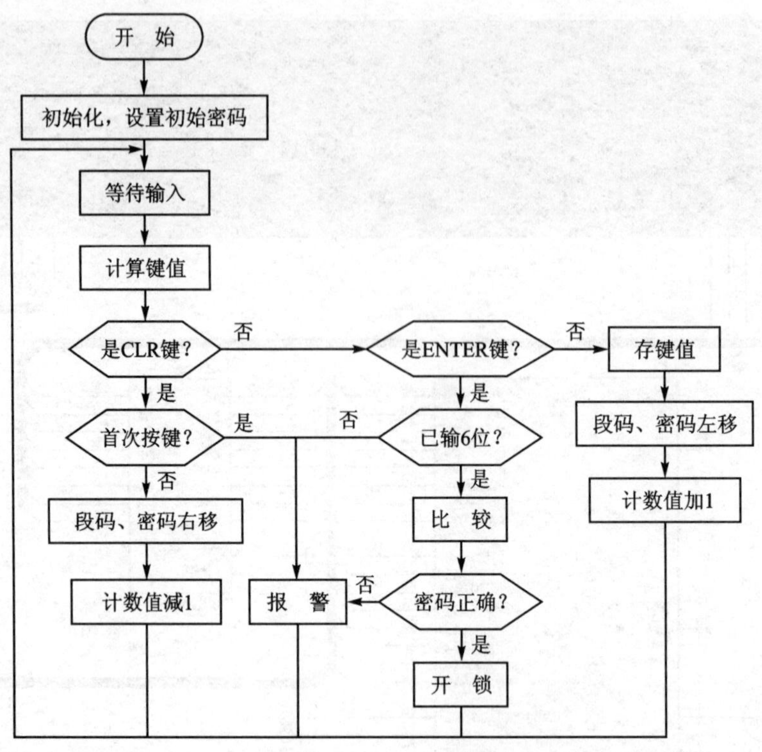

图 8-29 电子密码锁设计(二)的程序流程图

```
LED_BIT_8      EQU          37H
;以下 6 个字节存放初始密码
WORD_1         EQU          38H
WORD_2         EQU          39H
WORD_3         EQU          3AH
WORD_4         EQU          3BH
WORD_5         EQU          3CH
WORD_6         EQU          3DH
;以下 6 个字节存放用户输入的 6 位密码
KEY_1          EQU          3EH
KEY_2          EQU          3FH
KEY_3          EQU          40H
KEY_4          EQU          41H
KEY_5          EQU          42H
KEY_6          EQU          43H
;************************************************************
CNT_A          EQU          44H
CNT_B          EQU          45H
KEY_CNT        EQU          46H           ;已输出的密码位数
LINE           EQU          47H           ;按键行号
ROW            EQU          48H           ;按键列号
VAL            EQU          49H           ;键值
;************************************************************
;以下为初始化程序,包括数据存储空间初始化,设置初始密码
               ORG     00H
               SJMP    START
```

```
        ORG     0BH
        LJMP    INT_T0
START:  MOV     CNT_A,#00H              ;程序初始化
        MOV     CNT_B,#00H
        MOV     KEY_CNT,#00H
        MOV     LINE,#00H
        MOV     ROW,#00H
        MOV     VAL,#00H
        SETB    P1.0
        MOV     LED_BIT_1,#00H          ;段码存储区清 0
        MOV     LED_BIT_2,#00H
        MOV     LED_BIT_3,#00H
        MOV     LED_BIT_4,#00H
        MOV     LED_BIT_5,#00H
        MOV     LED_BIT_6,#00H
        MOV     LED_BIT_7,#79H
        MOV     LED_BIT_8,#73H
        MOV     KEY_1,#00H              ;输入密码存储区清 0
        MOV     KEY_2,#00H
        MOV     KEY_3,#00H
        MOV     KEY_4,#00H
        MOV     KEY_5,#00H
        MOV     KEY_6,#00H
        MOV     WORD_1,#6               ;设置初始密码为"123456"
        MOV     WORD_2,#5
        MOV     WORD_3,#4
        MOV     WORD_4,#3
        MOV     WORD_5,#2
        MOV     WORD_6,#1
        MOV     TMOD,#01H
        MOV     TH0,#(65536 - 700)/256
        MOV     TL0,#(65536 - 700)MOD 256
        MOV     IE,#82H
A0:     LCALL   DISP
;**************************************************************
;以下为键盘扫描程序,计算键值并存入 VAL
LSCAN:  MOV     P3,#0F0H                ;扫描行码
  L1:   JNB     P3.0,L2
        LCALL   DLY_S
        JNB     P3.0,L2
        MOV     LINE,#00H
        LJMP    RSCAN
  L2:   JNB     P3.1,L3
        LCALL   DLY_S
        JNB     P3.1,L3
        MOV     LINE,#01H
        LJMP    RSCAN
  L3:   JNB     P3.2,L4
        LCALL   DLY_S
        JNB     P3.2,L4
        MOV     LINE,#02H
        LJMP    RSCAN
```

```
    L4:   JNB     P3.3,A0
          LCALL   DLY_S
          JNB     P3.3,A0
          MOV     LINE,#03H
RSCAN:    MOV     P3,#0FH                 ;扫描列码
    C1:   JNB     P3.4,C2
          MOV     ROW,#00H
          LJMP    CALCU
    C2:   JNB     P3.5,C3
          MOV     ROW,#01H
          LJMP    CALCU
    C3:   JNB     P3.6,C1
          MOV     ROW,#02H
CALCU:    MOV     A,LINE                  ;计算键值
          MOV     B,#03H
          MUL     AB
          ADD     A,ROW
          MOV     VAL,A
;*****************************************************************
;以下为按键处理程序,对不同的按键作出响应
          CJNE    A,#0AH,J1               ;是否为"CLR"键
          MOV     R1,KEY_CNT
          CJNE    R1,#00H,J2
          LCALL   ALARM_1
          LJMP    START
J2:       LCALL   SHIFTR
          DEC     KEY_CNT
W00:      LCALL   DISP                    ;等待按键抬起
          MOV     A,P3
          CJNE    A,#0FH,W01
          LJMP    A0
W01:      MOV     A,P3
          CJNE    A,#0F0H,W02
          LJMP    A0
W02:      SJMP    W00
J1:       MOV     A,VAL
          CJNE    A,#0BH,J3               ;判断是否为 ENTER 键
          MOV     R1,KEY_CNT
          CJNE    R1,#06H,J4
          MOV     A,WORD_1                ;比较密码
          CJNE    A,3EH,J5
          MOV     A,WORD_2
          CJNE    A,3FH,J5
          MOV     A,WORD_3
          CJNE    A,40H,J5
          MOV     A,WORD_4
          CJNE    A,41H,J5
          MOV     A,WORD_5
          CJNE    A,42H,J5
          MOV     A,WORD_6
          CJNE    A,43H,J5
          CLR     P1.0
          LCALL   DLY_L
```

```
        LJMP    FINI
J5:     LCALL   ALARM_2
        LJMP    START
J4:     LCALL   ALARM_1
        LJMP    START
J3:     INC     KEY_CNT                 ;按下数字键
        MOV     A,KEY_CNT
        CJNE    A,#07H,K1
        LCALL   ALARM_1
W10:    LCALL   DISP                    ;等待按键抬起
        MOV     A,P3
        CJNE    A,#0FH,W11
        LJMP    START
W11:    MOV     A,P3
        CJNE    A,#0F0H,W12
        LJMP    START
W12:    SJMP    W10
        LJMP    START
        LJMP    START
K1:     LCALL   SHIFTL
W20:    LCALL   DISP                    ;等待按键抬起
        MOV     A,P3
        CJNE    A,#0FH,W21
        LJMP    A0
W21:    MOV     A,P3
        CJNE    A,#0F0H,W22
        LJMP    A0
W22:    SJMP    W20
        LJMP    A0
ALARM_1:SETB    TR0                     ;操作错误报警
        JB      TR0,$
        RET
ALARM_2:SETB    TR0                     ;密码错误报警
        JB      TR0,$
        LCALL   DLY_L
        RET
;*****************************************************
;定时器中断服务程序,用于声音报警
INT_T0: CPL     P1.7
        MOV     TH0,#(65536-700)/256
        MOV     TL0,#(65536-700)MOD 256
        INC     CNT_A
        MOV     R1,CNT_A
        CJNE    R1,#30,RETUNE
        MOV     CNT_A,#00H
        INC     CNT_B
        MOV     R1,CNT_B
        CJNE    R1,#20,RETUNE
        MOV     CNT_A,#00H
        MOV     CNT_B,#00H
        CLR     TR0
RETUNE: RETI
;*****************************************************
```

```
;段码,输入密码左移子程序
SHIFTL: MOV     LED_BIT_6,LED_BIT_5
        MOV     LED_BIT_5,LED_BIT_4
        MOV     LED_BIT_4,LED_BIT_3
        MOV     LED_BIT_3,LED_BIT_2
        MOV     LED_BIT_2,LED_BIT_1
        MOV     LED_BIT_1,#40H
        MOV     KEY_6,KEY_5
        MOV     KEY_5,KEY_4
        MOV     KEY_4,KEY_3
        MOV     KEY_3,KEY_2
        MOV     KEY_2,KEY_1
        MOV     KEY_1,VAL
        RET
;*******************************************************
;段码,输入密码右移子程序
SHIFTR: MOV     LED_BIT_1,LED_BIT_2
        MOV     LED_BIT_2,LED_BIT_3
        MOV     LED_BIT_3,LED_BIT_4
        MOV     LED_BIT_4,LED_BIT_5
        MOV     LED_BIT_5,LED_BIT_6
        MOV     LED_BIT_6,#00H
        MOV     KEY_1,KEY_2
        MOV     KEY_2,KEY_3
        MOV     KEY_3,KEY_4
        MOV     KEY_4,KEY_5
        MOV     KEY_5,KEY_6
        MOV     KEY_6,#00H
        RET
;*******************************************************
;以下为数码显示子程序
DISP:   CLR     P2.7
        MOV     P0,LED_BIT_8
        LCALL   DLY_S
        SETB    P2.7
        CLR     P2.6
        MOV     P0,LED_BIT_7
        LCALL   DLY_S
        SETB    P2.6
        CLR     P2.5
        MOV     P0,LED_BIT_6
        LCALL   DLY_S
        SETB    P2.5
        CLR     P2.4
        MOV     P0,LED_BIT_5
        LCALL   DLY_S
        SETB    P2.4
        CLR     P2.3
        MOV     P0,LED_BIT_4
        LCALL   DLY_S
        SETB    P2.3
        CLR     P2.2
        MOV     P0,LED_BIT_3
```

```
        LCALL   DLY_S
        SETB    P2.2
        CLR     P2.1
        MOV     P0,LED_BIT_2
        LCALL   DLY_S
        SETB    P2.1
        CLR     P2.0
        MOV     P0,LED_BIT_1
        LCALL   DLY_S
        SETB    P2.0
        RET
;*********************************************
DLY_S:  MOV     R6,#10
D1:     MOV     R7,#250
        DJNZ    R7,$
        DJNZ    R6,D1
        RET
DLY_L:  MOV     R5,#100
D2:     MOV     R6,#100
D3:     MOV     R7,#248
        DJNZ    R7,$
        DJNZ    R6,D3
        DJNZ    R5,D2
        RET
FINI:   NOP
        END
```

C 语言程序如下：

```
#include <reg51.h>
#include <intrins.h>
#define uint unsigned int
#define uchar unsigned char
#define GPIO_KEY P3
sbit SOUNDER = P1^7;                                         //扬声器
sbit led = P1^0;                                             //灯光显示
uchar KeyValue,Keybit = 0;
uchar time;                                                  //定时 3 s
uchar mima;                                                  //密码检验
uchar disp[] = {0x73,0x79,0x00,0x00,0x00,0x00,0x00,0x00};  //数码管显示
uchar password[] = {1,2,3,4,5,6};                            //初始密码
uchar check[6];                                              //输入密码的存放数组
void delay(uint i)
{
  while(i--);
}
void display()
{
    uchar i,bitcode = 0xfe;
    for(i = 0;i < 8;i++)
    {
        if(i == 6)
        P0 = disp[1];                                        //发送段码
```

```
        if(i == 7)
        P0 = disp[0];
        if(i < 6)
        P0 = disp[7 - i];
        P2 = bitcode;                                   //发送位码
        delay(100);                                     //延时
        P2 = 0xff;                                      //关闭位选
        bitcode = bitcode << 1;                         //移动位码
        bitcode = bitcode|0x01;
    }
}
void KeyDown()
{
    GPIO_KEY = 0x0f;
    if(GPIO_KEY! = 0x0f)                                //读取按键是否按下
    {
        delay(1000);                                    //延时 10 ms 进行消抖
        if(GPIO_KEY! = 0x0f)                            //再次检测键盘是否按下
        {
            //测试列
            GPIO_KEY = 0X0F;
            switch(GPIO_KEY)
            {
                case(0X1f):     KeyValue = 0;break;
                case(0X2f):     KeyValue = 1;break;
                case(0X4f):     KeyValue = 2;break;
            }
            //测试行
            GPIO_KEY = 0XF0;
            switch(GPIO_KEY)
            {
                case(0Xf1):     KeyValue = KeyValue;break;
                case(0Xf2):     KeyValue = KeyValue + 3;break;
                case(0Xf4):     KeyValue = KeyValue + 6;break;
                case(0Xf8):     KeyValue = KeyValue + 9;break;
            }
            while(GPIO_KEY! = 0xf0);                    //按键松手检测
        if(time == 0)
        {
            if(KeyValue! = 10&&KeyValue! = 11)
                    {
                        disp[7 - Keybit] = 0x40;
                        check[Keybit] = KeyValue;
                        Keybit ++ ;
                    if(Keybit == 6)Keybit = 0;
                    }
            if(KeyValue == 10)
            {
                if(Keybit == 0)Keybit = 6;
                Keybit = Keybit - 1;
                disp[7 - Keybit] = 0x00;
                check[Keybit] = 0;
            }
```

```
            if(KeyValue == 11)
            {
                uchar temp,k;
                for(k = 0;k < 6;k ++ )
                {
                    temp = check[k] + temp;
                }
                if(mima == temp)                    //密码检验是否正确
                    {
                    led = 0;
                    delay(50000);
                    led = 1;
                    temp = 0;
                    Keybit = 0;
                        for(k = 0;k < 6;k ++ )      //数码管显示清 0,校验密码清 0
                        {
                            check[k] = 0;
                            disp[k + 2] = 0x00;
                        }
                    }
                else
            {TR0 = 1;Keybit = 0;temp = 0;
                  for(k = 0;k < 6;k ++ )
                    {
                        check[k] = 0;
                        disp[k + 2] = 0x00;
                    }
                }
            }
        }
    }
  }
}
void main()
{
    uchar k;
    TMOD = 0x01;                                    //定时器 0,模式 1
    TH0 = 64580/256;TL0 = 64580 % 256;
    EA = 1;ET0 = 1;
            for(k = 0;k < 6;k ++ )
                    {
                        mima = password[k] + mima;
                    }
        while(1)
      {
        KeyDown();
          display();
      }
}
void timer0() interrupt 1
{   uint i ;
      TH0 = 64580/256;TL0 = 64580 % 256;
    i ++ ;
```

```
        if(i == 10)
        { i = 0;
          time ++ ;
            if(time == 6)                                    //3 s 禁止输入
            {
              time = 0;TR0 = 0;
            }
        }
        if(i < 500)
        {
              SOUNDER = ～SOUNDER;
        }
        if(i > 500)
              SOUNDER = 0;
    }
```

3. 调试与仿真

① 打开 Keil μVision5，新建 Keil 项目，选择 AT89C51 单片机作为 CPU，新建汇编源文件或者 C 语言源文件，编写程序，并将其导入 Source Group 1 中。在 Options for Target 窗口中，选中 Output 选项卡中的 Create HEX File 选项和 Debug 选项卡中的 Use：Proteus VSM Simulator 选项。编译汇编源程序或者 C 语言程序，改正程序中的错误。

② 在 Schematic Capture 中，选中 AT89C51 并单击，打开 Edit Component 对话框，设置单片机晶振频率为 12 MHz，并在 Program File 栏中选择先前用 Keil 生成的.HEX 文件。在 Schematic Capture 的菜单栏中选择 File→Save Design 命令，保存设计。在 Schematic Capture 的菜单栏中，打开 Debug 下拉菜单，选中 Use Remote Debug Monitor 选项，以支持与 Keil 的联合调试。

③ 在 Keil 的菜单栏中选择 Debug→Start/Stop Debug Session 命令，或者直接单击工具栏中的 Start/Stop Debug Session 图标，进入程序调试环境。按 F5 键，顺序运行程序。调出 Schematic Capture 界面，验证程序功能，如图 8－30 所示。

图 8－30　程序运行结果

【例67】 E^2PROM外部程序存储器应用

MCS-51型单片机芯片中，8031片内无ROM，必须扩展外ROM；8051片内虽有4 KB掩膜ROM，但写入程序时需由生产商一次性输入，使用起来很不方便；89C51芯片有4 KB E^2PROM，若片内ROM不够用，则需扩展片外ROM。

MCS-51型单片机ROM寻址范围为64 KB，其中4 KB在片内，60 KB在片外(8031芯片无内部ROM，全部在片外)。当单片机EA脚保持高电平时，先访问内ROM，但当程序计数器值超过4 KB时，将自动转向执行片外ROM中的程序。EA当保持低电平时，则只访问片外ROM，不管芯片内有无ROM。对8031芯片，片内无ROM，因此EA必须接地。

本例使用E^2PROM 27C512芯片进行片外ROM的扩展。27C512具有64 KB空间，因此它需要使用全部16根地址线(A0～A15)，片选端E接地。

PSEN是51单片机的专用外部程序存储器访问控制线，PSEN作为外ROM的输出允许的选通信号。

1. 硬件设计

打开Schematic Capture编辑环境，按表8-13所列的元件清单添加元件。

表8-13 元件清单

元件名称	所属类	所属子类
AT89C51	Microprocessor ICs	8051 Family
CAP	Capacitors	Generic
CAP-POL	Capacitors	Generic
CRYSTAL	Miscellaneous	—
RES	Resistors	Generic
BUTTON	Switches & Relays	Switches
LED-YELLOW	Optoelectronics	LEDs
27C512	Memory ICs	EPROM
74LS373	TTL 74LS series	Flip-Flops & Lathches
6264	Memory ICs	Static RAM

元件全部添加后，在Schematic Capture的编辑区域中按图8-31所示电路原理图连接硬件电路(晶振和复位电路略)。

2. 程序设计

编写程序，使发光二极管D1～D7从左到右循环点亮。

程序流程如图8-32所示。

汇编源程序如下：

```
ORG     00H
LOOP:   MOV     A,#0FEH
        MOV     R2,#8
```

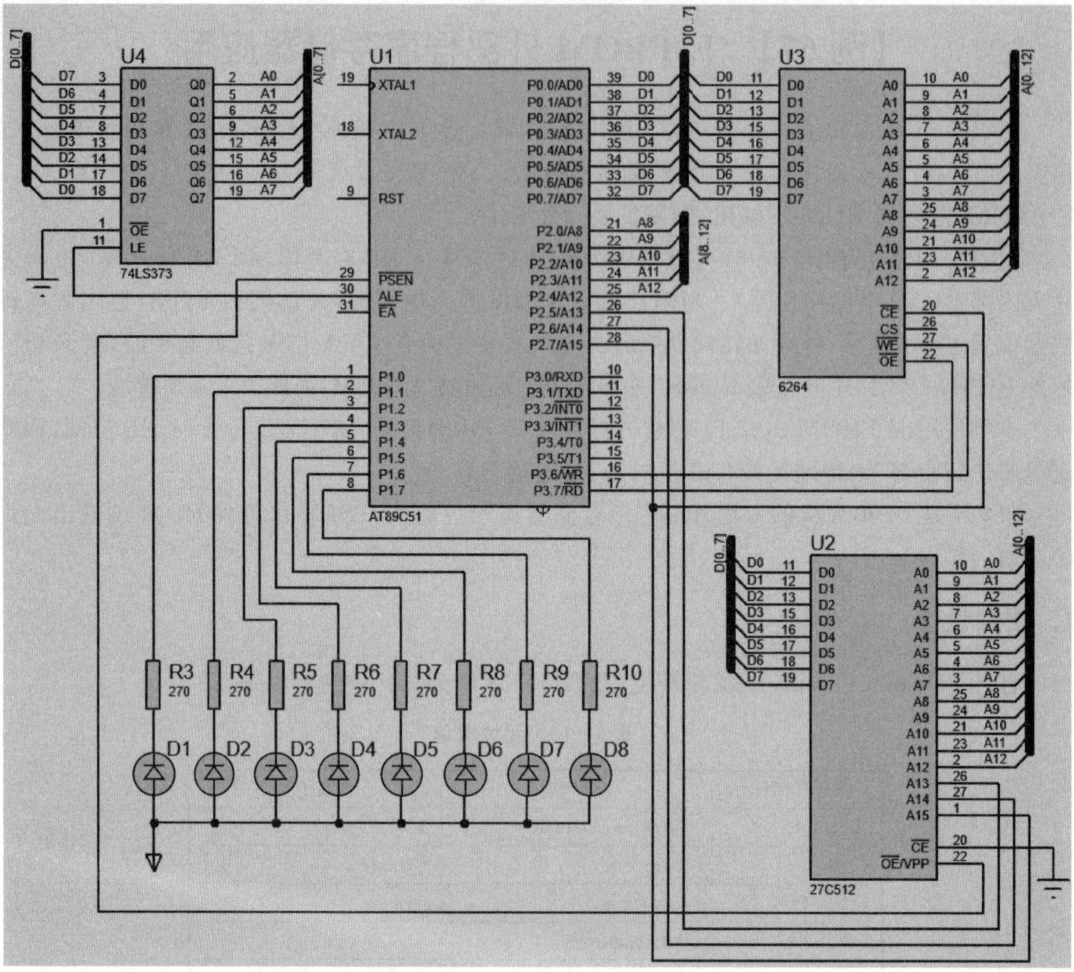

图 8－31　电路原理图

```
OUTPUT:   MOV      P1,A
          RL       A
          ACALL    DELAY
          DJNZ     R2,OUTPUT
          LJMP     LOOP
DELAY:    MOV      R6,#0
          MOV      R7,#0
DELAYLOOP:                          ;延时程序
          DJNZ     R6,DELAYLOOP
          DJNZ     R7,DELAYLOOP
          RET
          END
```

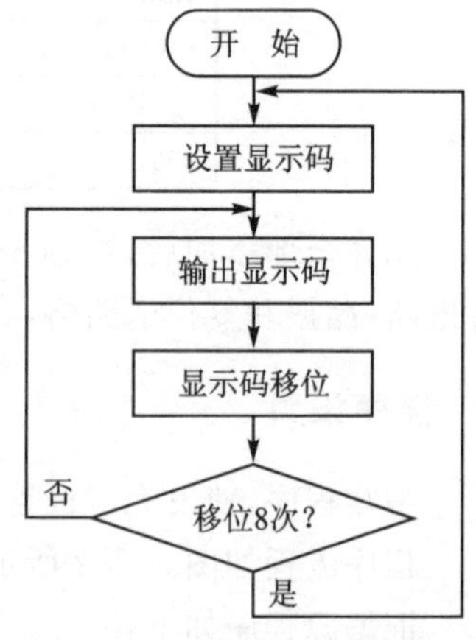

图 8－32　E^2PROM 外部程序存储器应用的程序流程图

C 语言程序如下：

```
#include <reg51.h>
#include "absacc.h"
#define uint unsigned int
#define uchar unsigned char
```

```
uchar xdata *point;                                //定义存储器地址指针
uchar  led[] = {0xfe,0xfd,0xfb,0xf7,0xef,0xdf,0xbf,0x7f};
sbit _CE = P2^7;
sbit _WE = P3^6;
sbit _OE = P3^7;
void delay(uint i)
{
  while(i--);
}
void WriteByte6264()
{
    uchar k;
    _CE = 0;
    _OE = 1;                                       //写标志
    _WE = 0;
    for(k = 0;k < 8;k++)
    {
        *(point + k) = led[k];
    }
}
void ReadByte()
{
    uchar k;
    _OE = 0;
    _WE = 1;                                       //读标志
    for(k = 0;k < 8;k++)
    {
        P1 = *(point + k);
        delay(50000);
    }
}
void main()
{
    point = 0x1fff;                                //6264 首地址
    WriteByte6264();
    while(1)
    {
        ReadByte();
    }
}
```

3. 调试与仿真

① 打开 Keil μVision5，新建 Keil 项目，选择 AT89C51 单片机作为 CPU，新建汇编源文件或者 C 语言源文件，编写程序，并将其导入 Source Group 1 中。在 Options for Target 窗口中，选中 Output 选项卡中的 Create HEX File 选项和 Debug 选项卡中的 Use：Proteus VSM Simulator 选项。编译汇编源程序或者 C 语言程序，改正程序中的错误。

② 在 Schematic Capture 中，选中 AT89C51 并单击，打开 Edit Component 对话框，设置单片机晶振频率为 12 MHz；选中 27C512 并单击，打开 Edit Component 对话框，在 Image File 栏中选择先前用 Keil 生成的.HEX 文件。在 Schematic Capture 的菜单栏中选择 File→Save

Design 命令,保存设计。在 Schematic Capture 的菜单栏中,打开 Debug 下拉菜单,选中 Use Remote Debug Monitor 选项,以支持与 Keil 的联合调试。

③ 在 Keil 的菜单栏中选择 Debug→Start/Stop Debug Session 命令,或者直接单击工具栏中的 Start/Stop Debug Session 图标,进入程序调试环境。按 F5 键,顺序运行程序。调出 Schematic Capture 界面,观察程序执行结果,如图 8-33 所示。

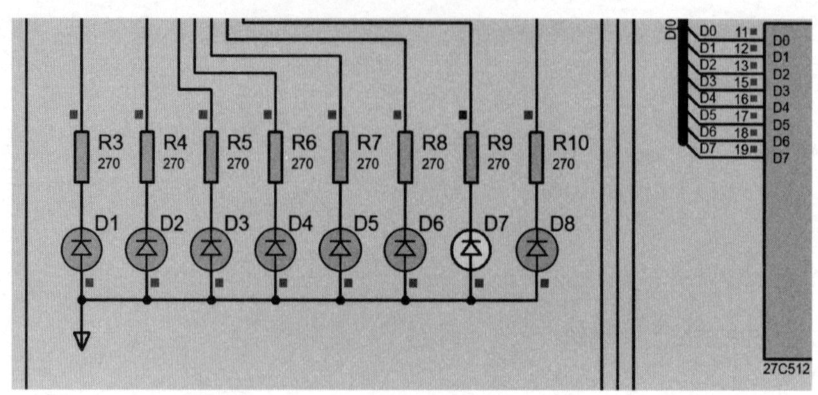

图 8-33　程序运行结果

【例 68】 I²C 总线实验

I²C 总线是一种用于 IC 器件之间连接的二线制总线。它通过 SDA(串行数据线)及 SCL(串行时钟线)两根线在连到总线上的器件之间传送信息,并根据地址识别每个器件,例如单片机、存储器、LCD 驱动器和键盘接口。

1. 硬件设计

打开 Schematic Capture 编辑环境,按表 8-14 所列的元件清单添加元件。

表 8-14　元件清单

元件名称	所属类	所属子类
AT89C51. BUS	Microprocessor ICs	8051 Family
CAP	Capacitors	Generic
CAP-ELEC	Capacitors	Generic
CRYSTAL	Miscellaneous	—
RES	Resistors	Generic
24C01C	Memory ICs	I2C Memories

单击编辑区域左侧工具栏中的 Virtual Instrument 按钮,选择虚拟仪器,在器件列表中选择“I2C Debugger”,添加 I²C 总线调试器。

元件全部添加后,在 Schematic Capture 的编辑区域中按图 8-34 所示电路原理图连接硬件电路。

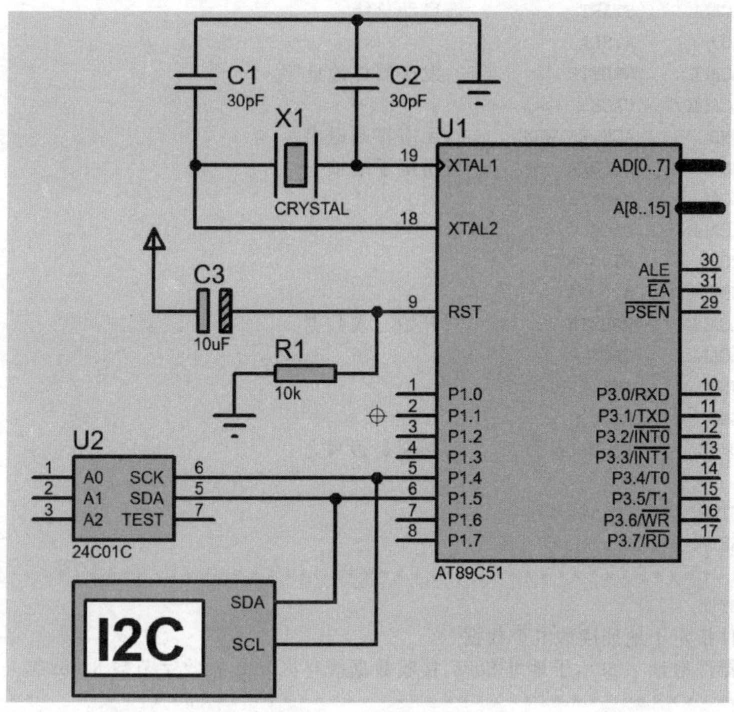

图8－34　电路原理图

2. 程序设计

编写程序，先对24C01C执行写操作，将AT89C51内部数据存储器中30H～3FH中的数据写入24C01C中从30H开始的16个连续存储单元中，再执行读操作，读取24C01C中30H～3FH中的数据，并将数据存储到AT89C51内部数据存储器中从40H开始的16个连续存储单元中。

程序流程(略)。

汇编源程序如下：

```
ACK        BIT        10H             ;应答标志位
SLA        DATA       50H             ;器件地址字
SUBA       DATA       51H             ;器件子地址
NUMBYTE    DATA       52H             ;读/写字节数
SDA        BIT        P1.5
SCL        BIT        P1.4            ;I2C总线定义
MTD        EQU        30H             ;发送数据缓存区首地址(30H～3FH)
MRD        EQU        40H             ;接收数据缓存区首地址(40H～4FH)
           AJMP       MAIN
           ORG        80H
;*******************************************************
;名称:IWRNBYTE
;描述:向器件指定子地址写N个数据
;入口参数:器件地址字SLA,子地址SUBA,发送数据缓冲区MTD,发送字节数NUMBYTE
;*******************************************************
IWRNBYTE:  MOV        R3,NUMBYTE
```

```
        LCALL   START           ;启动总线
        MOV     A,SLA
        LCALL   WRBYTE          ;发送器件地址字
        LCALL   CACK
        JNB     ACK,RETWRN      ;无应答则退出
        MOV     A,SUBA          ;指定子地址
        LCALL   WRBYTE
        LCALL   CACK
        MOV     R1,#MTD
WRDA:   MOV     A,@R1
        LCALL   WRBYTE          ;开始写入数据
        LCALL   CACK
        JNB     ACK,IWRNBYTE
        INC     R1
        DJNZ    R3,WRDA         ;判断是否写完
RETWRN:
LCALL   STOP
        RET
;**********************************************************
;名称:IRDNBYTE
;描述:从器件指定子地址读取 N 个数据
;入口参数:器件地址字 SLA,子地址 SUBA,接收数据缓存区 MRD,接收字节数 NUMBYTE
;**********************************************************
IRDNBYTE:
        MOV     R3,NUMBYTE
        LCALL   START
        MOV     A,SLA
        LCALL   WRBYTE          ;发送器件地址字
        LCALL   CACK
        JNB     ACK,RETRDN
        MOV     A,SUBA          ;指定子地址
        LCALL   WRBYTE
        LCALL   CACK
        LCALL   START           ;重新启动总线
        MOV     A,SLA
        INC     A               ;准备进行读操作
        LCALL   WRBYTE
        LCALL   CACK
        JNB     ACK,IRDNBYTE
        MOV     R1,#MRD
RON1:   LCALL   RDBYTE          ;读操作开始
        MOV     @R1,A
        DJNZ    R3,SACK
        LCALL   MNACK           ;最后一字节发非应答位
RETRDN: LCALL   STOP
        RET
SACK:   LCALL   MACK
        INC     R1
        SJMP    RON1
;**********************************************************
;名称:STRRT
;描述:启动 I²C 总线子程序—发送 I²C 总线起始条件
```

```
;*************************************************************
START:   SETB    SDA             ;发送起始条件数据信号
         NOP                     ;起始条件建立时间大于 4.7 μs
         SETB    SCL             ;发送起始条件的时钟信号
         NOP
         NOP
         NOP
         NOP
         NOP                     ;起始条件锁定时间大于 4.7 μs
         CLR     SDA             ;发送起始信号
         NOP
         NOP
         NOP
         NOP                     ;起始条件锁定时间大于 4.7 μs
         CLR     SCL             ;钳住 I²C 总线,准备发送或接收数据
         NOP
         RET
;*************************************************************
;名称:STOP
;描述:停止 I²C 总线子程序—发送 I²C 总线停止条件
;*************************************************************
STOP:    CLR     SDA             ;发送停止条件的数据信号
         NOP
         NOP
         SETB    SCL             ;发送停止条件的时钟信号
         NOP
         NOP
         NOP
         NOP
         NOP                     ;起始条件建立时间大于 4.7 μs
         SETB    SDA             ;发送 I²C 总线停止信号
         NOP
         NOP
         NOP
         NOP
         NOP                     ;延迟时间大于 4.7 μs
         RET
;*************************************************************
;名称:MACK
;描述:发送应答信号子程序
;*************************************************************
MACK:    CLR     SDA             ;将 SDA 置 0
         NOP
         NOP
         SETB    SCL
         NOP
         NOP
         NOP
         NOP
         NOP                     ;保持数据时间,大于 4.7 μs
         CLR     SCL
         NOP
```

```
            NOP
            RET
;*****************************************************
;名称:MNACK
;描述:发送非应答信号子程序
;*****************************************************
MNACK:      SETB      SDA             ;将 SDA 置 1
            NOP
            NOP
            SETB      SCL
            NOP
            NOP
            NOP
            NOP
            NOP
            CLR       SCL             ;保持数据时间,大于 4.7 μs
            NOP
            NOP
            RET
;*****************************************************
;名称:CACK
;描述:检查应答位子程序,返回值:ACK = 1 时表示有应答
;*****************************************************
CACK:       SETB      SDA
            NOP
            NOP
            SETB      SCL
            CLR       ACK
            NOP
            NOP
            MOV       C,SDA
            JC        CEND
            SETB      ACK             ;判断应答位
CEND:       NOP
            CLR       SCL
            NOP
            RET
;*****************************************************
;名称:WRBYTE
;描述:发送字节子程序,字节数据放入 ACC
;*****************************************************
WRBYTE:     MOV       R0,#08H
WLP:        RLC       A               ;取数据位
            JC        WRI
            SJMP      WRO             ;判断数据位
WLP1:       DJNZ      R0,WLP
            NOP
            RET
WRI:        SETB      SDA             ;发送 1
            NOP
            SETB      SCL
            NOP
```

```
            NOP
            NOP
            NOP
            NOP
            CLR      SCL
            SJMP     WLP1
WRO:        CLR      SDA              ;发送 0
            NOP
            SETB     SCL
            NOP
            NOP
            NOP
            NOP
            NOP
            CLR      SCL
            SJMP     WLP1
;*************************************************************
;名称:RDBYTE
;描述:读取字节子程序,读出的数据存放在 ACC
;*************************************************************
RDBYTE:     MOV      R0,#08H
RLP:        SETB     SDA
            NOP
            SETB     SCL              ;时钟线为高,接收数据位
            NOP
            NOP
            MOV      C,SDA            ;读取数据位
            MOV      A,R2
            CLR      SCL              ;将 SCL 拉低,时间大于 4.7 μs
            RLC      A                ;进行数据位的处理
            MOV      R2,A
            NOP
            NOP
            NOP
            DJNZ     R0,RLP           ;还不够 8 位,继续读入
            RET
MAIN:       MOV      R4,#0F0H         ;延时,等待其他芯片复位完成
            DJNZ     R4,$
;发送数据缓存区初始化,将 16 个连续字节分别赋值为 00H~0FH
            MOV      A,#0
            MOV      R0,#30H
S1:         MOV      @R0,A
            INC      R0
            INC      A
            CJNE     R0,#40H,S1
;向 24C01C 中写数据,数据存放在 24C01C 中从 30H 开始的 16 个字节中
            MOV      SLA,#0A0H        ;24C01C 地址字,写操作
            MOV      SUBA,#30H        ;目标地址
            MOV      NUMBYTE,#16      ;字节数
            LCALL    IWRNBYTE         ;写数据
DELAY:      MOV      R5,#20
D1:         MOV      R6,#248
```

```
D2:     MOV     R7,#248
        DJNZ    R7,$
        DJNZ    R6,D2
        DJNZ    R5,D1
;从 24C01C 中读数据,数据送 AT89C51 中从 40H 开始的 16 个字节中
        MOV     SLA,#0A0H       ;24C01C 地址字,伪写入操作
        MOV     SUBA,#30H       ;目标地址
        MOV     NUMBYTE,#16     ;字节数
        LCALL   IRDNBYTE        ;写数据
```

C 语言程序如下：

```
#include <reg51.h>
#include <intrins.h>
#define uint unsigned int
#define uchar unsigned char
sbit    SDA = P1^5;
sbit    SCL = P1^4;
uchar code datacode[17] = {0x00,0x01,0x02,0x03,0x04,0x05,0x06,0x07,
                           0x08,0x09,0x0a,0x0b,0x0c,0x0d,0x0e,0x0f};     //数据
/*******************************************************
 *  函数名：Delay10us()
 *  函数功能：延时 10 μs
 ******************************************************
void Delay10us()
{
    unsigned char a,b;
    for(b = 1;b > 0;b--)
        for(a = 2;a > 0;a--);
}
/*******************************************************
 *  函数名：I2cStart()
 *  函数功能：起始信号:在 SCL 时钟信号在高电平期间 SDA 信号产生一个下降沿
 *  备注：起始之后 SDA 和 SCL 都为 0
 *******************************************************/
void I2cStart()
{
    SDA = 1;
    Delay10us();
    SCL = 1;
    Delay10us();            //建立时间是 SDA 保持时间大于 4.7 μs
    SDA = 0;
    Delay10us();            //保持时间大于 4 μs
    SCL = 0;
    Delay10us();
}
/*******************************************************
 *  函数名：I2cStop()
 *  函数功能：终止信号:在 SCL 时钟信号高电平期间 SDA 信号产生一个上升沿
 *  备注：结束之后保持 SDA 和 SCL 都为 1;表示总线空闲
 *******************************************************/
void I2cStop()
{
    SDA = 0;
```

```
    Delay10us();
    SCL = 1;
    Delay10us();              //建立时间大于 4.7 μs
    SDA = 1;
    Delay10us();
}
/*******************************************************************************
* 函数名：I2cSendByte(unsigned char dat)
* 函数功能：通过 I2C 发送一个字节。在 SCL 时钟信号高电平期间，保持发送信号 SDA 保持稳定
* 输入：num
* 输出：0 或 1。发送成功返回 1，发送失败返回 0
* 备注：发送完一个字节 SCL = 0,SDA = 1
*******************************************************************************/
unsigned char I2cSendByte(unsigned char dat)
{
    unsigned char a = 0,b = 0; //最大 255，一个机器周期为 1 μs，最大延时 255 μs
    for(a = 0;a < 8;a++)      //要发送 8 位，从最高位开始
    {
        SDA = dat >> 7;       //起始信号之后 SCL = 0，故可以直接改变 SDA 信号
        dat = dat << 1;
        Delay10us();
        SCL = 1;
        Delay10us();          //建立时间大于 4.7 μs
        SCL = 0;
        Delay10us();          //时间大于 4 μs
    }
    SDA = 1;
    Delay10us();
    SCL = 1;
    while(SDA)                //等待应答，也就是等待从设备把 SDA 拉低
    {
        b++;
        if(b > 200)           //如果超过 2 000 μs 没有应答则发送失败，或者为非应答，表示接收结束
        {
            SCL = 0;
            Delay10us();
            return 0;
        }
    }
    SCL = 0;
    Delay10us();
    return 1;
}
/*******************************************************************************
* 函数名：I2cReadByte()
* 函数功能：使用 I2C 读取一个字节
* 输入：无
* 输出：dat
* 备注：接收完一个字节 SCL = 0,SDA = 1.
*******************************************************************************
unsigned char I2cReadByte()
{
    unsigned char a = 0,dat = 0;
    SDA = 1;                  //起始和发送一个字节之后 SCL 都是 0
```

```
    Delay10us();
    for(a = 0;a < 8;a++)     //接收 8 个字节
    {
        SCL = 1;
        Delay10us();
        dat <<= 1;
        dat |= SDA;
        Delay10us();
        SCL = 0;
        Delay10us();
    }
    return dat;
}
/*********************************************************************
 * 函数名：void At24c02Write(unsigned char addr,unsigned char dat)
 * 函数功能：往 24c02 的一个地址写入一个数据
 * 输入：无
 * 输出：无
*********************************************************************
void At24c02Write(unsigned char addr,unsigned char dat)
{
    I2cStart();
    I2cSendByte(0xa0);          //发送写器件地址
    I2cSendByte(addr);          //发送要写入内存地址
    I2cSendByte(dat);           //发送数据
    I2cStop();
}
/*********************************************************************
 * 函数名：unsigned char At24c02Read(unsigned char addr)
 * 函数功能：读取 24c02 的一个地址的一个数据
 * 输入：无
 * 输出：无
*********************************************************************
unsigned char At24c02Read(unsigned char addr)
{
    unsigned char num;
    I2cStart();
    I2cSendByte(0xa0);          //发送写器件地址
    I2cSendByte(addr);          //发送要读取的地址
    I2cStart();
    I2cSendByte(0xa1);          //发送读器件地址
    num = I2cReadByte();        //读取数据
    I2cStop();
    return num;
}
void main()
{
    uchar i,temp;
        for(i = 0;i < 15;i++)
        {
            At24c02Write(0x30 + i,datacode[i]);
        }
        for(i = 0;i < 15;i++)
        {
```

```
            temp = At24c02Read(0x30 + i);
        }
        while(1);
    }
```

3. 调试与仿真

① 打开 Keil μVision5，新建 Keil 项目，选择 AT89C51 单片机作为 CPU，新建汇编源文件或者 C 语言源文件，编写程序，并将其导入 Source Group 1 中。在 Options for Target 窗口中，选中 Output 选项卡中的 Create HEX File 选项和 Debug 选项卡中的 Use: Proteus VSM Simulator 选项。编译汇编源程序或者 C 语言程序，改正程序中的错误。

② 在 Schematic Capture 中，选中 AT89C51 并单击，打开 Edit Component 对话框，设置单片机晶振频率为 12 MHz，并在 Program File 栏中选择先前用 Keil 生成的.HEX 文件。在 Schematic Capture 的菜单栏中选择 File→Save Design 命令，保存设计。在 Schematic Capture 的菜单栏中，打开 Debug 下拉菜单，选中 Use Remote Debug Monitor 选项，以支持与 Keil 的联合调试。

③ 在 Keil 的菜单栏中选择 Debug→Start/Stop Debug Session 命令，或者直接单击工具栏中的 Start/Stop Debug Session 图标，进入程序调试环境。按 F5 键，顺序运行程序。调出 Schematic Capture 界面，打开 I²C Memory Internal Memory 和 8051 CPU Internal (IDATA) Memory 两个观测窗口，观察程序执行结果，如图 8-35 所示。

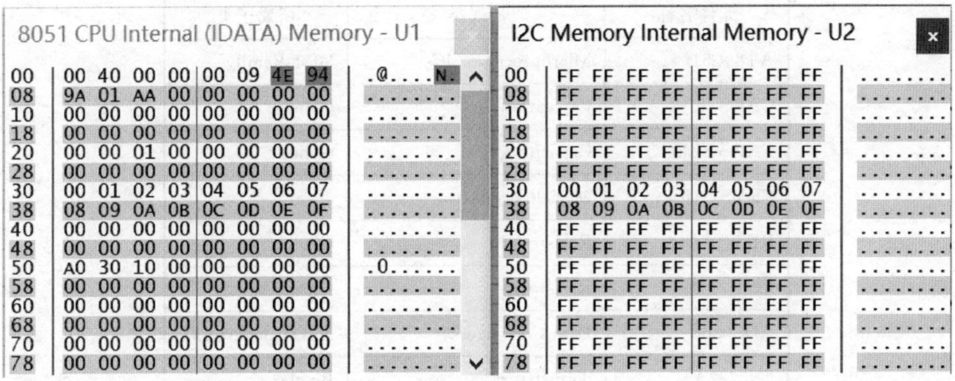

8051 CPU Internal (IDATA) Memory - U1

Addr									ASCII
00	00	40	00	00	00	09	4E	94	.@....N.
08	9A	01	AA	00	00	00	00	00	....
10	00	00	00	00	00	00	00	00	....
18	00	00	00	00	00	00	00	00	....
20	00	00	01	00	00	00	00	00	....
28	00	00	00	00	00	00	00	00	....
30	00	01	02	03	04	05	06	07	....
38	08	09	0A	0B	0C	0D	0E	0F	....
40	00	00	00	00	00	00	00	00	....
48	00	00	00	00	00	00	00	00	....
50	A0	30	10	00	00	00	00	00	.0......
58	00	00	00	00	00	00	00	00	....
60	00	00	00	00	00	00	00	00	....
68	00	00	00	00	00	00	00	00	....
70	00	00	00	00	00	00	00	00	....
78	00	00	00	00	00	00	00	00	....

I2C Memory Internal Memory - U2

Addr									ASCII
00	FF	FF	FF	FF	FF	FF	FF	FF	....
08	FF	FF	FF	FF	FF	FF	FF	FF	....
10	FF	FF	FF	FF	FF	FF	FF	FF	....
18	FF	FF	FF	FF	FF	FF	FF	FF	....
20	FF	FF	FF	FF	FF	FF	FF	FF	....
28	FF	FF	FF	FF	FF	FF	FF	FF	....
30	00	01	02	03	04	05	06	07	....
38	08	09	0A	0B	0C	0D	0E	0F	....
40	FF	FF	FF	FF	FF	FF	FF	FF	....
48	FF	FF	FF	FF	FF	FF	FF	FF	....
50	FF	FF	FF	FF	FF	FF	FF	FF	....
58	FF	FF	FF	FF	FF	FF	FF	FF	....
60	FF	FF	FF	FF	FF	FF	FF	FF	....
68	FF	FF	FF	FF	FF	FF	FF	FF	....
70	FF	FF	FF	FF	FF	FF	FF	FF	....
78	FF	FF	FF	FF	FF	FF	FF	FF	....

图 8-35 程序运行结果

④ I²C 总线调试器中的信息如图 8-36 所示，其中第 1 行的数据是 AT89C51 向 24C01C 写入的数据，接下来两行数据是 AT89C51 从 24C01C 中读出的数据。

【例 69】 直流电机驱动

PWM 是单片机上常用的模拟量输出方法，通过外接的转换电路，可以将占空比不同的脉冲转变成不同的电压，驱动直流电机转动从而得到不同的转速。程序中通过调整输出脉冲的占空比来调节输出模拟电压。

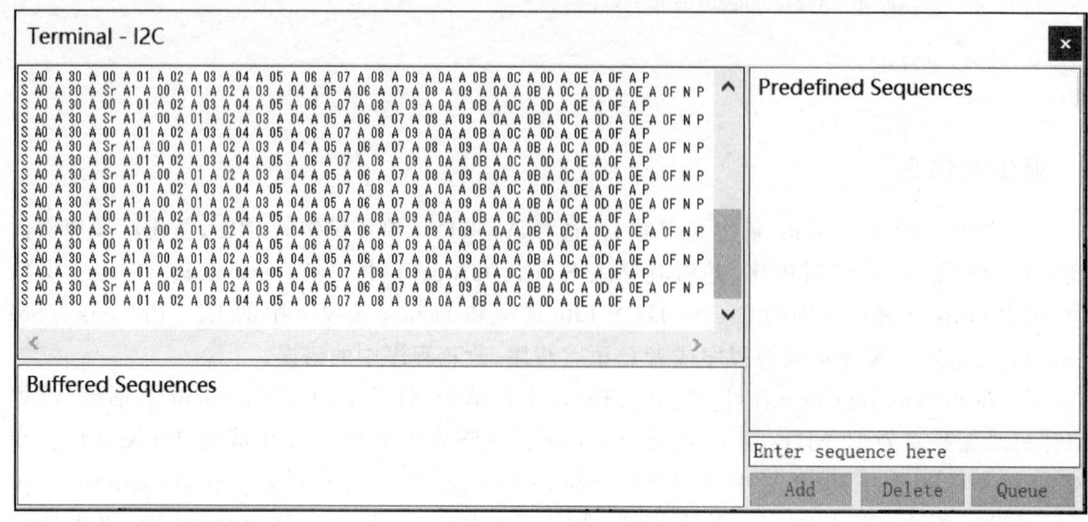

图 8-36　I²C 总线调试信息

1. 硬件设计

打开 Schematic Capture 编辑环境，按表 8-15 所列的元件清单添加元件。

表 8-15　元件清单

元件名称	所属类	所属子类
AT89C51	Microprocessor ICs	8051 Family
CAP	Capacitors	Generic
CAP-ELEC	Capacitors	Generic
CRYSTAL	Miscellaneous	—
RES	Resistors	Generic
POT-HG	Resistors	Variable
ADC0808	Data Converters	A/D Converters
2N2222A	Transistors	Bipolar
MOTOR	Electromechanical	—
OP07	Operational Amplifiers	Single

元件全部添加后，在 Schematic Capture 的编辑区域中按图 8-37 所示电路原理图连接硬件电路（晶振和复位电路略）。

2. 程序设计

用电位器调节 AT89C51 的 PWM 输出占空比，将 A/D 转换后的数据作为延时常数。当电位器阻值发生变化时，ADC0808 输出的值也会发生变化，进而调节单片机输出的 PWM 占空比，控制直流电机的转速。

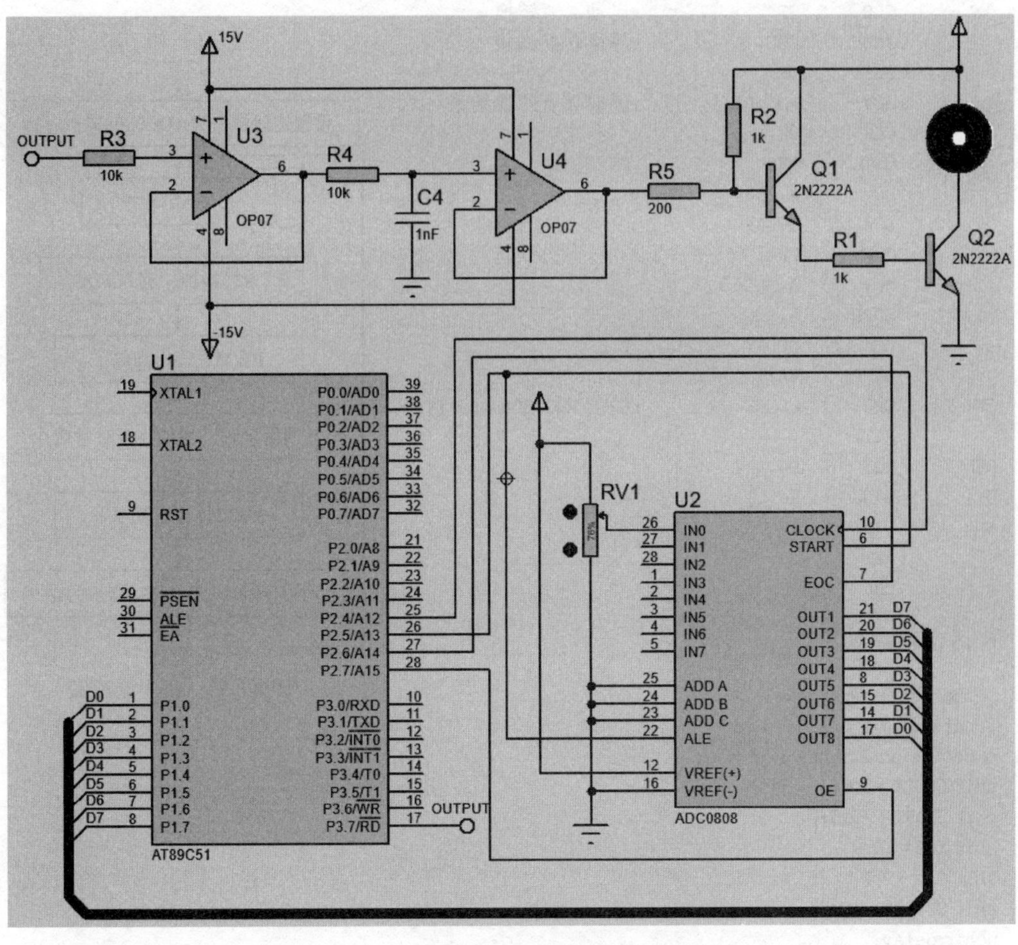

图 8-37　电路原理图

程序流程如图 8-38 所示。

汇编源程序如下：

```
ADC     EQU     35H
CLOCK   BIT     P2.4            ;定义 ADC0808 时钟位
ST      BIT     P2.5
EOC     BIT     P2.6
OE      BIT     P2.7
PWM     BIT     P3.7
        ORG     00H
        SJMP    START
        ORG     0BH
        LJMP    INT_T0
START:  MOV     TMOD,#02H
        MOV     TH0,#20
        MOV     TL0,#00H
        MOV     IE,#82H
        SETB    TR0
WAIT:   CLR     ST
        SETB    ST
```

```
        CLR     ST          ;启动 A/D 转换
        JNB     EOC,$       ;等待转换结束
        SETB    OE
        MOV     ADC,P1      ;读取 A/D 转换结果
        CLR     OE
        SETB    PWM         ;PWM 输出
        MOV     A,ADC
        LCALL   DELAY
        CLR     PWM
        MOV     A,#255
        SUBB    A,ADC
        LCALL   DELAY
        SJMP    WAIT
INT_T0: CPL     CLOCK       ;提供 ADC0808 时钟信号
        RETI
DELAY:  MOV     R6,#1
D1:     DJNZ    R6,D1
        DJNZ    ACC,D1
        RET
        END
```

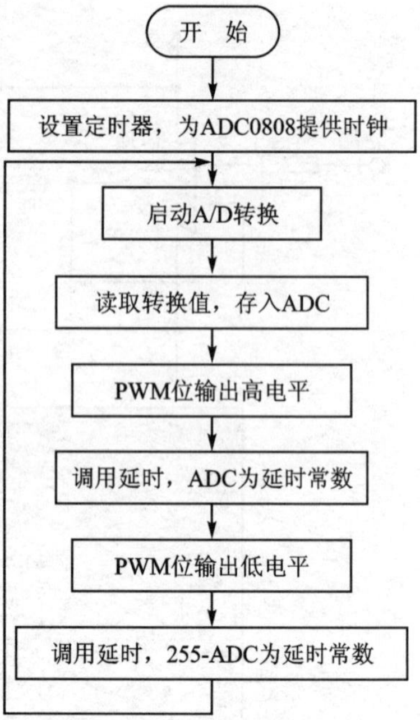

图 8-38 程序流程图

C 语言程序如下：

```
#include <reg51.h>
#define uint unsigned int
#define uchar unsigned char
sbit CLOCK = P2^4;
sbit START = P2^5;
sbit EOC = P2^6;
sbit OE = P2^7;
sbit OUTPUT = P3^7;
uchar delay;
void main()
{
    TMOD = 0x01;
    TH0 = (65536 - 1000)/256;   TL0 = (65536 - 1000) % 256;
    EA = 1;ET0 = 1;TR0 = 1;
    while(1)
    {
        OE = 0;                         //AD0808 转换
        START = 0;
        START = 1;
        START = 0;
        while(!EOC);                    //等待转换结束信号
        OE = 1;                         //允许输出数字数据
        delay = P1;                     //读取 P1 口数据
    }
}
void timer0() interrupt 1
{
uchar i;
    TH0 = (65536 - 1000)/256;   TL0 = (65536 - 1000) % 256;
      CLOCK = ~CLOCK;
    i++;
```

```
if(i < delay)
    {
        OUTPUT = 1;
    }
  if((i > delay)&&(i < 700))
  {
    OUTPUT = 0;
}
}
```

3. 调试与仿真

① 打开 Keil μVision5，新建 Keil 项目，选择 AT89C51 单片机作为 CPU，新建汇编源文件或者 C 语言源文件，编写程序，并将其导入 Source Group 1 中。在 Options for Target 窗口中，选中 Output 选项卡中的 Create HEX File 选项和 Debug 选项卡中的 Use：Proteus VSM Simulator 选项。编译汇编源程序或者 C 语言程序，改正程序中的错误。

② 在 Schematic Capture 中，选中 AT89C51 并单击，打开 Edit Component 对话框，设置单片机晶振频率为 12 MHz，并在 Program File 栏中选择先前用 Keil 生成的. HEX 文件。在 Schematic Capture 的菜单栏中选择 File→Save Design 命令，保存设计。在 Schematic Capture 的菜单栏中，打开 Debug 下拉菜单，选中 Use Remote Debug Monitor 选项，以支持与 Keil 的联合调试。

③ 在 Keil 的菜单栏中选择 Debug→Start/Stop Debug Session 命令，或者直接单击工具栏中的 Start/Stop Debug Session 图标，进入程序调试环境。按 F5 键，顺序运行程序。调出 Schematic Capture 界面，调节电位器，观察直流电机转速的变化，如图 8-39 所示。

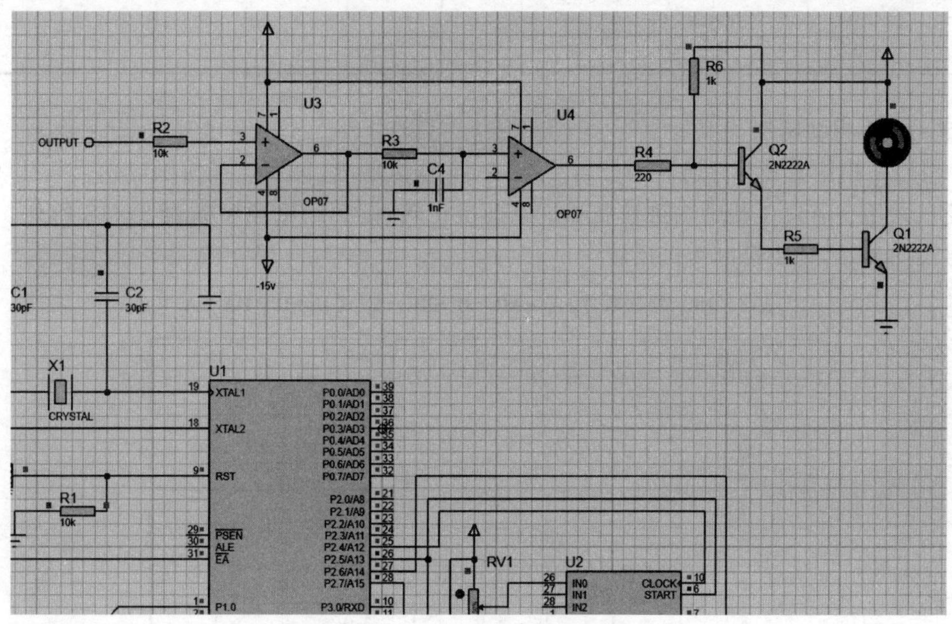

图 8-39 程序运行结果

【例70】 步进电机驱动

步进电动机有三线式、五线式、六线式三种，但其控制方式均相同，步进电机的“相”就是说明步进电机有几个线圈(也称为绕组)。“线”就是说明步进电机有几个接线口。“极性”分为单极性和双极性。如果步进电机的线圈是可以双向导电的，那么这个步进电机就是双极性的；相反，如果步进电机的线圈是只允许单向导电的，那么这个步进电机就是单极性的。

步进电机的励磁方式可分为全部励磁及半步励磁，其中全部励磁又有1相励磁及2相励磁之分，而半步励磁又称1～2相励磁。

(1) 相励磁法

在每一瞬间只有1个线圈导通。消耗电力小，精确度良好，但转矩小，振动较大，每送一励磁信号可走18°。若欲以1相励磁法控制步进电动机正转，则其励磁顺序如表8-16所列。若励磁信号反向传送，则步进电动机反转。

(2) 相励磁法

在每一瞬间会有2个线圈同时导通。因其转矩大，振动小，故为目前使用最多的励磁方式，每发送一次励磁信号可走18°。若以2相励磁法控制步进电动机正转，则其励磁顺序如表8-17所列。若励磁信号反向传送，则步进电动机反转。

表8-16 励磁顺序 A→B→C→D→A

STEP	A	B	C	D
1	1	0	0	0
2	0	1	0	0
3	0	0	1	0
4	0	0	0	1

表8-17 励磁顺序：AB→BC→CD→DA→AB

STEP	A	B	C	D
1	1	1	0	0
2	0	1	1	0
3	0	0	1	1
4	1	0	0	1

(3) 1～2相励磁法

1相与2相轮流交替导通。因分辨率提高，且运转平滑，每发送一次励磁信号可走9°，故亦广泛被采用。若以1相励磁法控制步进电动机正转，则其励磁顺序如表8-18所列。若励磁信号反向传送，则步进电动机反转。

表8-18 励磁顺序：A→AB→B→BC→C→CD→D→DA→A

STEP	A	B	C	D
1	1	0	0	0
2	1	1	0	0
3	0	1	0	0
4	0	1	1	0
6	0	0	1	1
7	0	0	0	1
8	1	0	0	1

电动机的负载转矩与速度成反比，速度愈快负载转矩愈小，当速度快至其极限时，步进电动机即不再运转。因此在每走一步后，程序必须延时一段时间。

步距角:步进电机的定子绕组每改变一次通电状态,转子转过的角度称步距角。

① 转子齿数越多,步距角 θ 越小。

② 定子相数越多,步距角 θ 越小。

③ 通电的节拍越多,步距角 θ 越小。

$$\theta=\frac{360^{\circ}}{m\times z\times c}$$

式中:m——定子相数;

Z——转子相数;

C——通电方式;

$C=1$,单相轮流通电,双相轮流通电;

$C=2$,单双相轮流通电方式。

1. 硬件设计

本设计使用六线步进电机,中间两相接电源端,构成六线四相八拍电机,要求按下正转按钮则步进电机实现正转,按下反转按钮则实现反转。

打开 Schematic Capture 编辑环境,按表 8-19 所列的元件清单添加元件。

表 8-19 元件清单

元件名称	所属类	所属子类
AT89C51	Microprocessor ICs	8051 Family
CAP	Capacitors	Generic
CAP-POL	Capacitors	Generic
CRYSTAL	Miscellaneous	—
RES	Resistors	Generic
BUTTON	Switches & Relays	Switches
MOTOR-STEPPER	Electromechanical	—
ULN2003A	Analog ICs	Miscellaneous

元件全部添加后,在 Schematic Capture 的编辑区域中按图 8-40 所示电路原理图连接硬件电路。

2. 程序设计

程序流程(略)。

汇编源程序如下:

```
ORG     00H
START:  MOV     DPTR,#TAB1
        MOV     R0,#03
        MOV     R4,#0
        MOV     P1,#3
WAIT:   MOV     P1,R0               ;初始角度,0°
        MOV     P0,#0FFH
        JNB     P0.0,POS            ;判断键盘状态
        JNB     P0.1,NEG
```

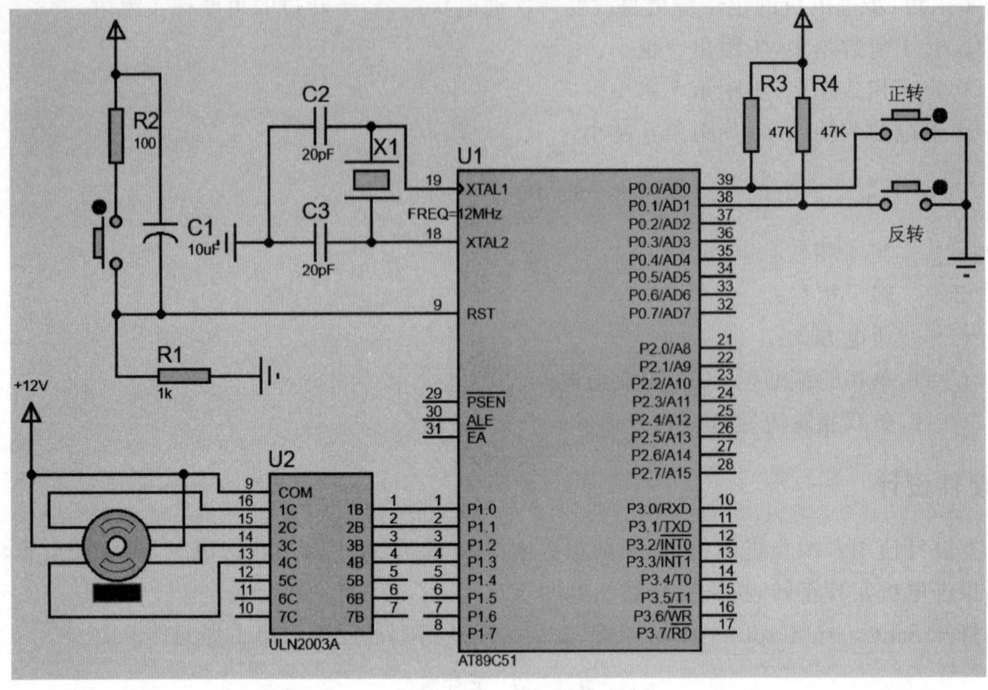

图 8－40　电路原理图

```
         SJMP     WAIT
JUST:    JB       P0.1,NEG           ;首次按键处理
POS:     MOV      A,R4               ;正转 9°
         MOVC     A,@A + DPTR
         MOV      P1,A
         ACALL    DELAY
         INC      R4
         AJMP     KEY
NEG:     MOV      R4,#6              ;反转 9°
         MOV      A,R4
         MOVC     A,@A + DPTR
         MOV      P1,A
         ACALL    DELAY
         AJMP     KEY
KEY:     MOV      P0,#03H            ;读键盘情况
         MOV      A,P1
         JB       P0.0,FZ1
         CJNE     R4,#8,LOOPZ        ;是结束标志
         MOV      R4,#0
LOOPZ:   MOV      A,R4
         MOVC     A,@A + DPTR
         MOV      P1,A               ;输出控制脉冲
         ACALL    DELAY              ;程序延时
         INC      R4                 ;地址加 1
         AJMP     KEY
FZ1:     JB       P0.1,KEY
         CJNE     R4,#255,LOOPF      ;是结束标志
         MOV      R4,#7
LOOPF:   DEC      R4
         MOV      A,R4
```

```
        MOVC    A,@A+DPTR
        MOV     P1,A            ;输出控制脉冲
        ACALL   DELAY           ;程序延时
        AJMP    KEY
DELAY:  MOV     R6,#5
DD1:    MOV     R5,#080H
DD2:    MOV     R7,#0
DD3:    DJNZ    R7,DD3
        DJNZ    R5,DD2
        DJNZ    R6,DD1
        RET
TAB1:   DB      02H,06H,04H,0CH
        DB      08H,09H,01H,03H ;正转模型
        END
```

C 语言程序如下：

```
#include <reg51.h>
#define uint unsigned int
#define uchar unsigned char
sbit zheng = P0^0;                              //正转
sbit fu = P0^1;                                 //反转
void delay()
{
    uchar  i,j;
    for(i = 0;i < 75;i++)
    for(j = 0;j < 255;j++);
}
main()
{
      uint k;
      while(1)
         {
            if(zheng == 0)
            {
               if(zheng == 0)
               {
         k++;if(k == 8)k = 0;
                  switch(k)
                  {
                     case(0):delay();P1 = 0x01;break;
                     case(1):delay();P1 = 0x03;break;
                     case(2):delay();P1 = 0x02;break;
                     case(3):delay();P1 = 0x06;break;
                     case(4):delay();P1 = 0x04;break;
                     case(5):delay();P1 = 0x0c;break;
                     case(6):delay();P1 = 0x08;break;
                     case(7):delay();P1 = 0x09;break;
                  }
               }
               while(!zheng);
            }
            if(fu == 0)
            {
               if(fu == 0)
               {
                 k++;if(k == 8)k = 0;
                  switch(7 - k)
```

```
                {
                    case(0):delay();P1 = 0x01;break;
                    case(1):delay();P1 = 0x03;break;
                    case(2):delay();P1 = 0x02;break;
                    case(3):delay();P1 = 0x06;break;
                    case(4):delay();P1 = 0x04;break;
                    case(5):delay();P1 = 0x0c;break;
                    case(6):delay();P1 = 0x08;break;
                    case(7):delay();P1 = 0x09;break;
                }
            }
            while(!fu);
        }
    }
}
```

3. 调试与仿真

① 打开 Keil μVision5，新建 Keil 项目，选择 AT89C51 单片机作为 CPU，新建汇编源文件或者 C 语言源文件，编写程序，并将其导入 Source Group 1 中。在 Options for Target 窗口中，选中 Output 选项卡中的 Create HEX File 选项和 Debug 选项卡中的 Use：Proteus VSM Simulator 选项。编译汇编源程序或者 C 语言程序，改正程序中的错误。

② 在 Schematic Capture 中，选中 AT89C51 并单击，打开 Edit Component 对话框，设置单片机晶振频率为 12 MHz，并在 Program File 栏中选择先前用 Keil 生成的.HEX 文件。在 Schematic Capture 的菜单栏中选择 File→Save Design 命令，保存设计。在 Schematic Capture 的菜单栏中，打开 Debug 下拉菜单，选中 Enable Remote Debug Monitor 选项，以支持与 Keil 的联合调试。

③ 在 Keil 的菜单栏中选择 Debug→Start/Stop Debug Session 命令，或者直接单击工具栏中的 Start/Stop Debug Session 图标 ，进入程序调试环境。按 F5 键，顺序运行程序。调出 Schematic Capture 界面，按下“正转”和“反转”按钮，观察步进电机的状态，如图 8－41 所示。

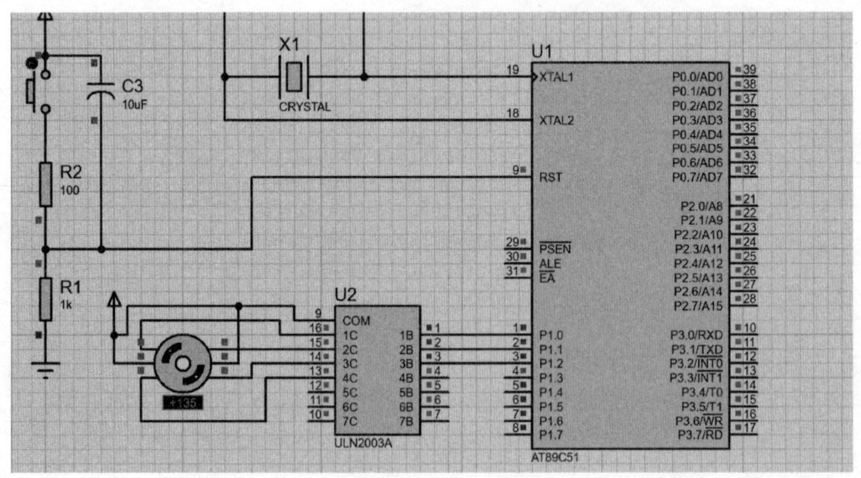

图 8－41　程序运行结果

第 9 章 【综合案例 71】 液化气泄漏检测电路

1. 设计任务

设计一个能够检测环境中的液化气浓度,并具有显示、报警功能的电路。

2. 基本要求

① LM016L 显示当前环境中液化气浓度以及报警浓度;
② 通过按键设置合适的报警浓度;
③ 当检测到环境中的液化气浓度大于设置的报警浓度时,蜂鸣器报警。

3. 电路设计的总体思路

液化气检测报警电路能够检测环境中的液化气浓度,并具有报警功能。此电路基本组成部分包括电源电路、传感器电路、A/D 转换电路、单片机控制电路、液晶显示电路、按键电路、报警电路。

传感器电路由气体传感器将液化气信号转化为模拟的电信号。A/D 转换电路 ADC0832 将液化气检测电路送出的模拟信号转换成数字信号后送入单片机,并对处理后的数据进行分析,看是否大于或等于某个预设值(也就是报警限),如果大于则启动报警电路发出报警声音,反之则为正常状态。按键电路设置报警限值,液晶显示电路显示当前检测的液化气浓度以及报警浓度值。

4. 系统组成

液化气检测电路整个系统主要包括 7 部分:
第 1 部分:电源电路,直流稳压源为整个电路提供 5 V 的稳定电压;
第 2 部分:传感器电路,采集液化气模拟信号;
第 3 部分:A/D 转换电路,将液化气模拟信号转换成单片机可识别的数字信号;
第 4 部分:单片机控制电路,处理送入的数字信号;
第 5 部分:液晶显示电路,显示传感器检测到的液化气浓度和报警浓度;
第 6 部分:按键电路,用来设置报警浓度;
第 7 部分:报警电路,当检测浓度大于设定的报警浓度时报警。
整个系统方案的模块框图如图 9-1 所示。

5. 电路各组成部分模块详解

(1) AT89C51 单片机模块

AT89C51 单片机是一款低功耗、低电压、高性能的 CMOS 8 位单片机,片内含 8 KB 可改编程序 Flash 存储器,256×8 字节内部 RAM,32 个外部双向 I/O 口,可方便地应用在各控制领域。

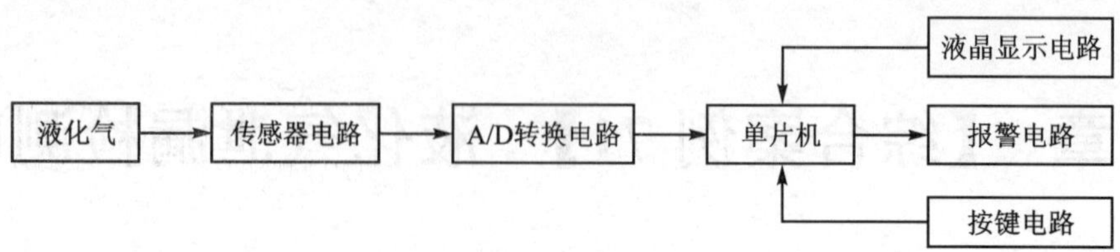

图 9-1　模块框图

本设计的单片机模块包含 12 MHz 时钟电路、上电复位电路以及具有对数码管限流作用的 RP1。单片机模块电路如图 9-2 所示。

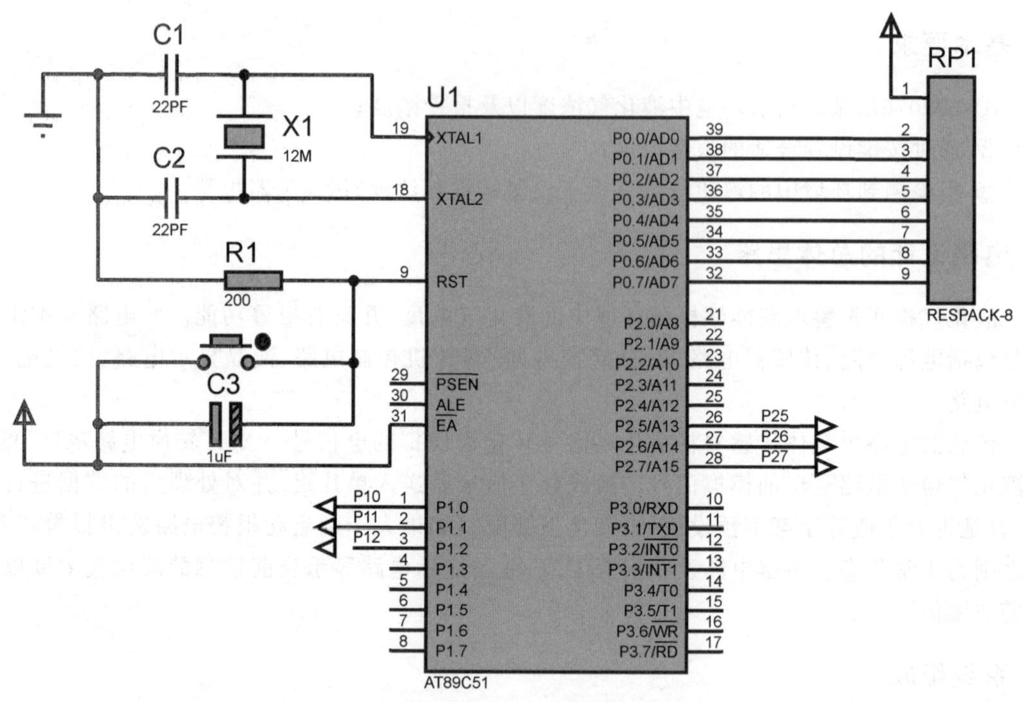

图 9-2　单片机模块电路

(2) 传感器模块

本设计采用的液化气传感器模块主要由 MQ-2 型气体传感器构成。

MQ-2 型烟雾传感器属于二氧化锡半导体气敏材料，属于表面离子式 N 型半导体。当处于 200～300℃ 温度时，二氧化锡吸附空气中的氧，形成氧的负离子吸附，使半导体中的电子密度减小，从而使其电阻值增加。当与烟雾接触时，如果晶粒间界处的势垒受到该烟雾的调制而变化，就会引起表面电导率的变化。利用这一点就可以获得这种烟雾存在的信息，烟雾浓度越大，电导率越大，输出电阻越低。

① MQ-2 型传感器对天然气、液化石油气等烟雾有很高的灵敏度，尤其对烷类烟雾更为敏感，因此具有良好的抗干扰性，可准确排除刺激性、非可燃性烟雾的干扰信息。

② MQ-2 型传感器具有良好的重复性和长期的稳定性。初始稳定，响应时间短，长时间工作性能好。

③ 其检测可燃气体与烟雾的范围为 100～10 000 ppm。注意：ppm 为体积浓度，1 ppm=1 $cm^3/1\ m^3$。

④ 电路设计电压范围宽,24 V 以下均可;加热电压(5±0.2)V。注意:加热电压必须在此范围内,否则容易使内部的信号线熔断。

工作电压:直流 5 V,模拟量输出 0~5 V 电压,浓度越高电压越高。

MQ-2 型烟雾传感器的技术参数如表 9-1 所列。

表 9-1 MQ-2 型烟雾传感器的技术参数

产品型号			MQ-2
产品类型			半导体气敏元件
标准封装			胶木(黑胶木)
检测气体			可燃气体、烟雾
检测浓度			300~10 000 ppm(可燃气体)
标准电路条件	回路电压	Vc	≤24 V DC
	加热电压	Vh	(5.0±0.2)V ACorDC
	负载电阻	RL	可调
标准测试条件下气敏元件特性	加热电阻	Rh	(31±3)Ω(室温)
	加热功耗	Ph	≤900 mW
	敏感体表面电阻	Rs	2~20 kΩ(2 000 ppm C3H8)
	灵敏度	S	Rs(空气中)/Rs(1 000 ppm 异丁烷)≥5
	浓度斜率	α	≤0.6(R3000 ppm/R1000 ppm C3H8)
标准测试条件	温度、湿度		(20±2)℃;65%±5%RH
	标准测试电路		Vc:(5.0±0.1)V Vh:(5.0±0.1)V
	预热时间		不少于 48 小时

MQ-2 型烟雾传感器适用于家庭或工厂的气体泄漏监测装置,可用作液化气、丁烷、丙烷、甲烷、酒精、氢气等的监测装置,在本设计中负责采集液化气模拟信号。由 MQ-2 型烟雾传感器工作原理知,浓度越高,其输出电压越高,故在后面的电路仿真中用电位器来代替。

液化气传感器模块实物如图 9-3 所示。

本设计中传感器模块电路如图 9-4 所示。

图 9-3 液化气传感器的模块实物

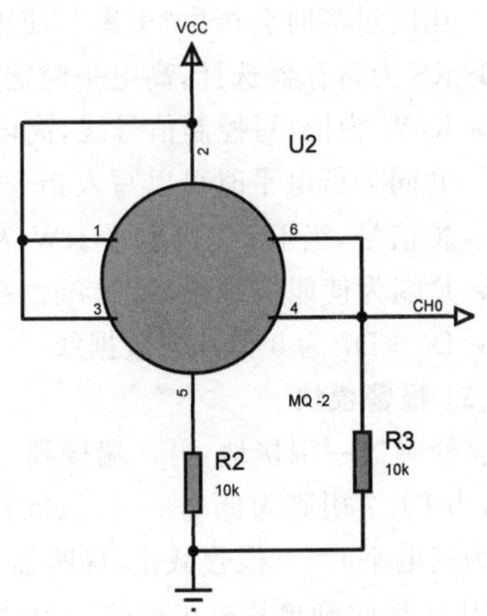

图 9-4 传感器模块电路

(3) ADC0832 模数转换模块

ADC0832 是 8 位分辨率、8 位串行 A/D 转换器,其最高分辨可达 256 级,可以适应一般的模拟量转换要求,输入模拟信号电压范围为 0~5 V,通过三线接口与单片机连接。在本设计中负责将液化气模拟信号转换成单片机可识别的数字信号,模块电路如图 9-5 所示。

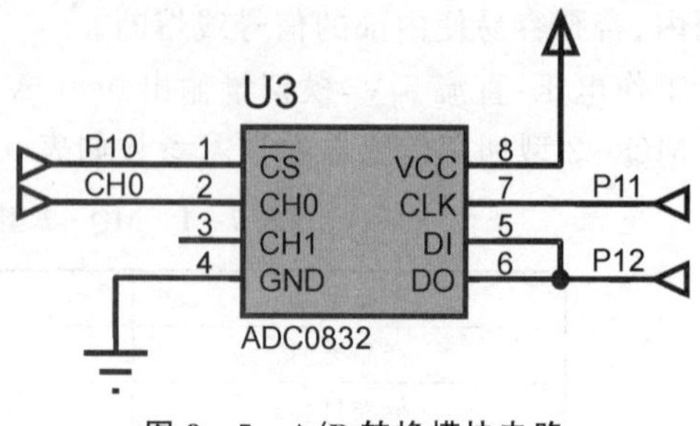

图 9-5 A/D 转换模块电路

(4) LM016L 液晶显示模块

LM016L 可以显示 2 行 16 个字符,具有 8 位数据总线 D0~D7 以及 RS、R/W、E 三个控制端口,工作电压为 5 V,并且带有字符对比度调节和背光设置。LM016L 模块实物如图 9-6 所示。

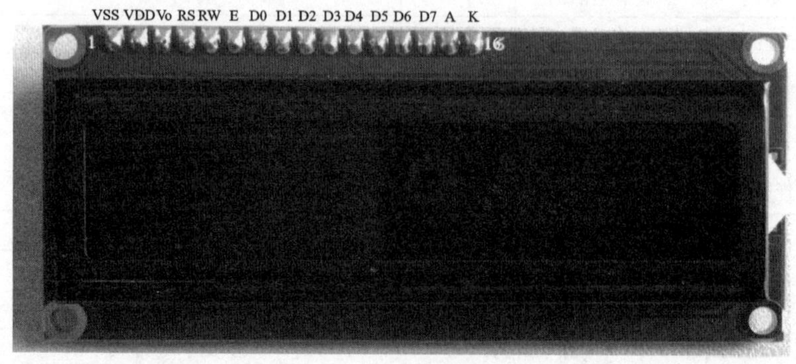

图 9-6 LM016L 模块实物

LCD1602 液晶显示模块电路如图 9-7 所示,引脚介绍如下:

- VSS 为电源地,接 GND。
- VDD 接 5 V 正电源。
- VL 为液晶显示器对比度调整端,接正电源时对比度最弱,接地电源时对比度最高,对比度过高时会产生“鬼影”,使用时可以通过一个 10 kΩ 的电位器调整对比度。
- RS 为寄存器选择,高电平时选择数据寄存器,低电平时选择指令寄存器。
- R/W 为读/写控制信号线,高电平时进行读操作,低电平时进行写操作。当 RS 和 RW 共同为低电平时可以写入指令或者显示地址,当 RS 为低电平 RW 为高电平时可以读忙信号,当 RS 为高电平 RW 为低电平时可以写入数据。
- E 端为使能信号端,当 E 端由高电平跳变成低电平时,液晶模块执行命令。
- D0~D7 为 8 位双向数据线。

(5) 报警模块

将蜂鸣器一端接地,另一端接到三极管的集电极,三极管的基极由单片机的 P1.7 引脚来控制,当 P1.7 引脚为低电平时,三极管导通,这样蜂鸣器的电流形成回路,发出声音。当 P1.7 引脚为高电平时,三极管截止,蜂鸣器不发出声音。其模块电路如图 9-8 所示。

P1.7 接收到单片机传输的一个脉冲信号,对报警器模块进行仿真。给 P1.7 一个脉冲信号(脉冲参数如图 9-9 所示),对报警模块进行仿真,仿真图及其警报器两端的脉冲信号图分别如图 9－10、图 9－11 所示。

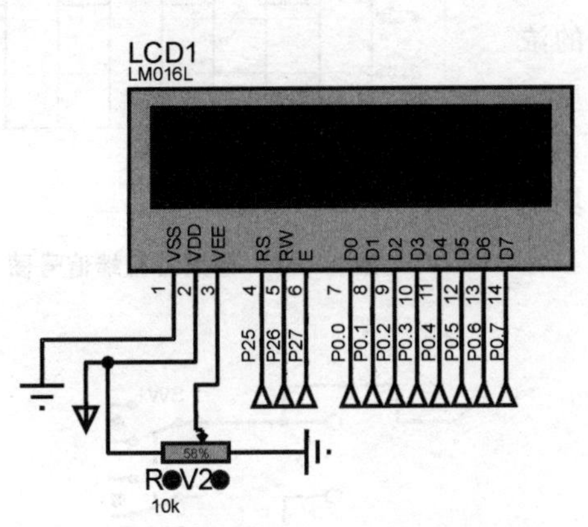

图 9－7 LCD1602 液晶显示模块电路图

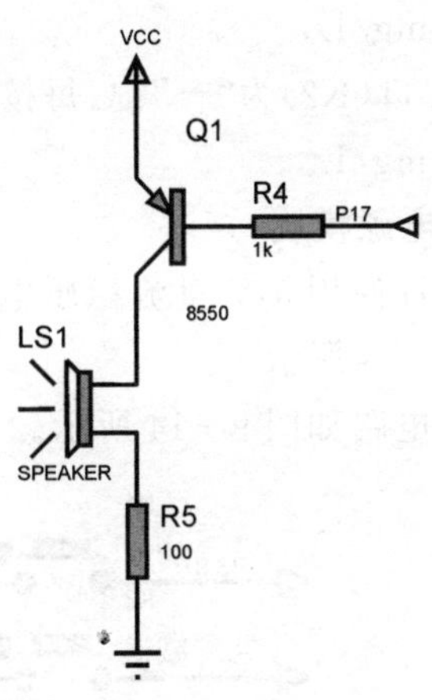

图 9－8 报警模块电路图

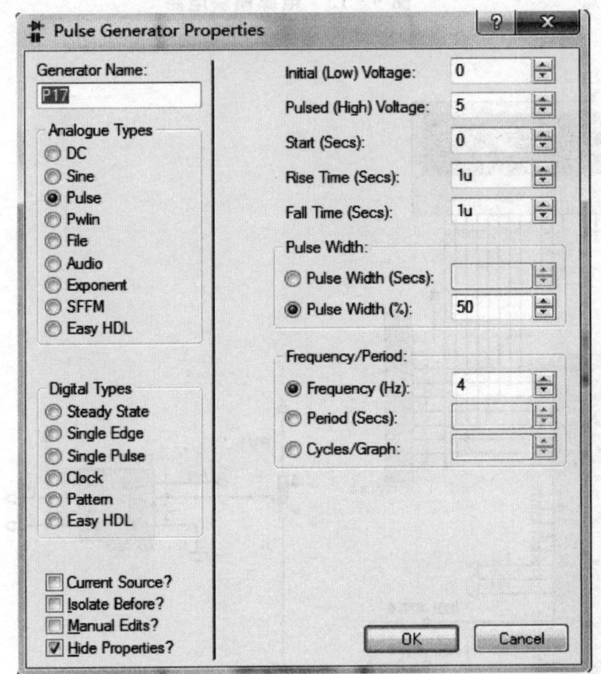

图 9－9 脉冲信号参数

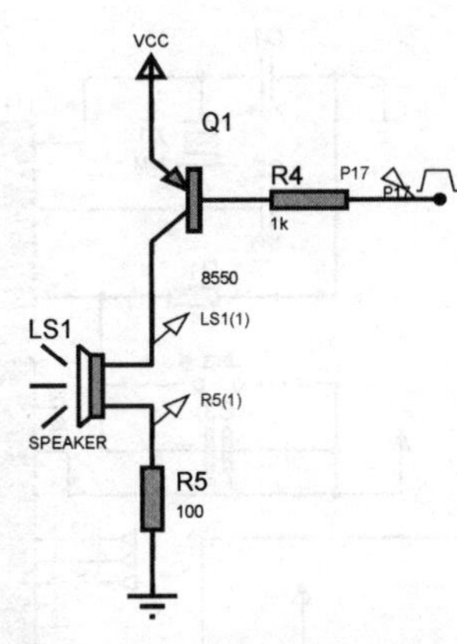

图 9－10 警报器模块仿真图

报警器响起，警报器两端幅值高的为 LS(1)信号端，幅值低的为 R5(1)信号端，如图 9－11 所示。

(6) 按键模块

按键的开关状态通过一定的电路转换为高、低电平状态。按键闭合过程在相应的 I/O 端口形成一个负脉冲。本设计采用的是独立式按键，直接用 I/O 口线构成单个按键电路，每个按键占用一条 I/O 口线，每个按键的工作状态不会产生互相影响。通过调节按键来设置报警浓度的变化，本系统共两个按键，即功能“＋”键、功能“－”键。按键模块连接如图 9－12 所示。

P3.0 口(K1)为“＋“键，每按一下则对应的浓度值加 1 mg/L。

P3.1 口(K2)为“－”键，每按一下则对应的浓度值减 1 mg/L。

(7) 电源模块

本设计使用 5 V 直流稳压电源。电源模块电路如图 9－13 所示。

整体电路如图 9－14 所示。

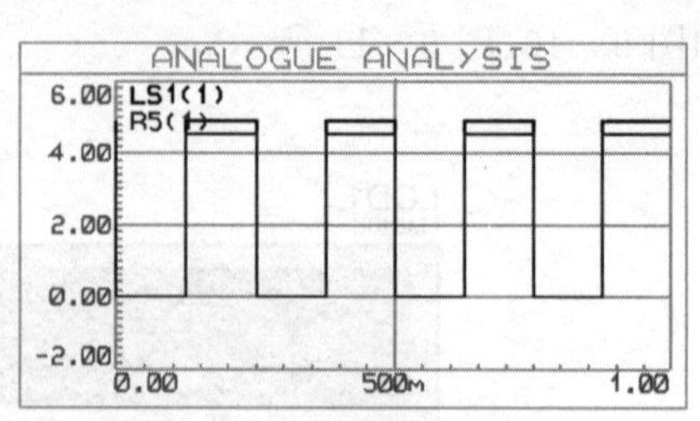

图 9－11　警报器两端信号图

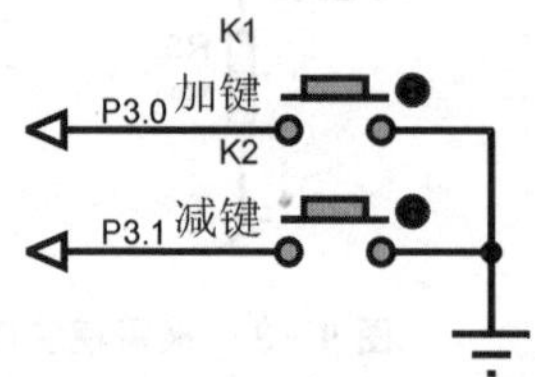

图 9－12　按键模块连接示意

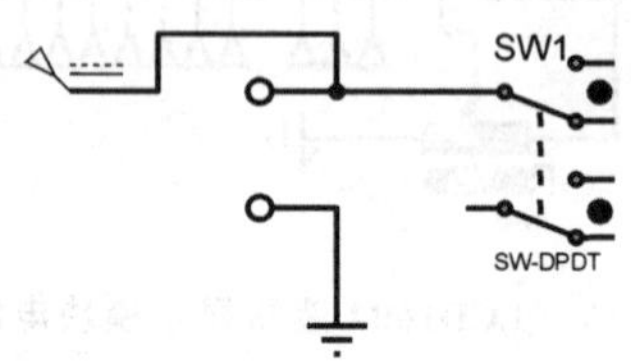

图 9－13　电源模块电路

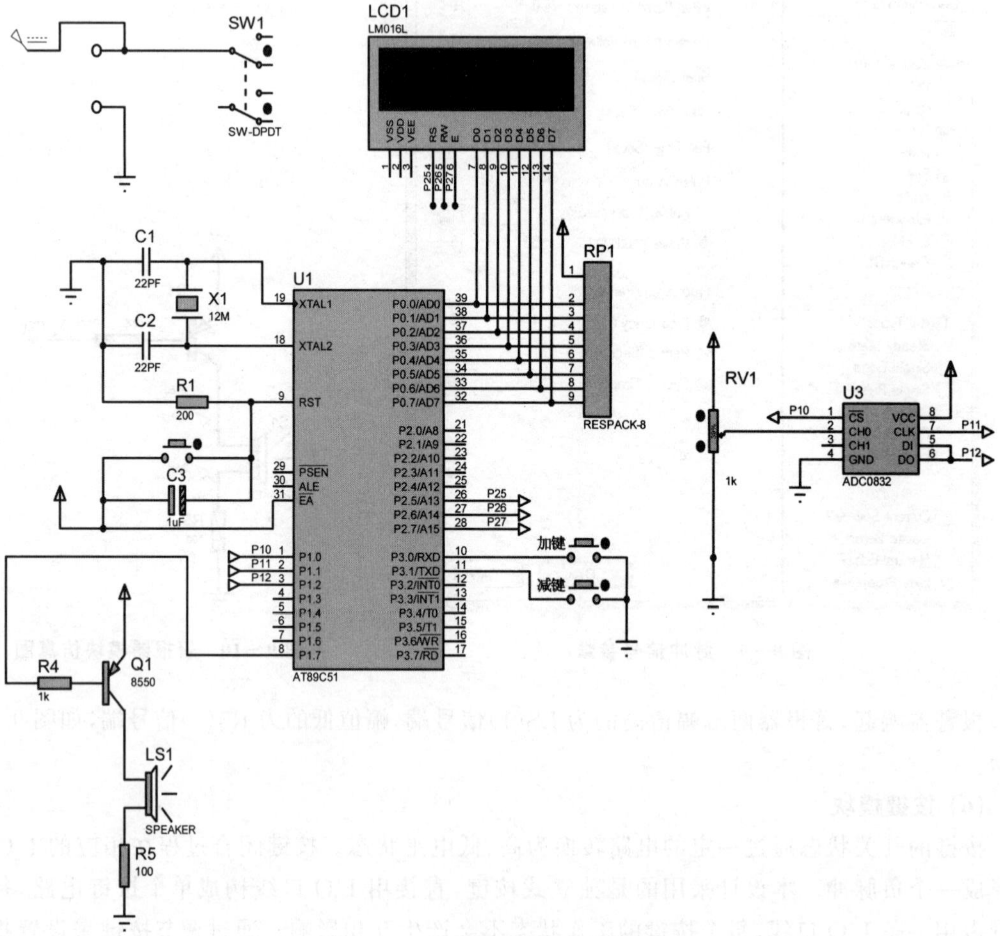

图 9－14　液化气泄露检测电路原理

液化气检测报警电路的软件设计中，软件解决的主要问题是检测传感器的液化气浓度信号，然后对信号进行 A/D 转换、数字滤波、线性化处理、段式液晶浓度显示、按键功能设置以及报警器声光警报。程序设计流程如图 9 - 15 所示。

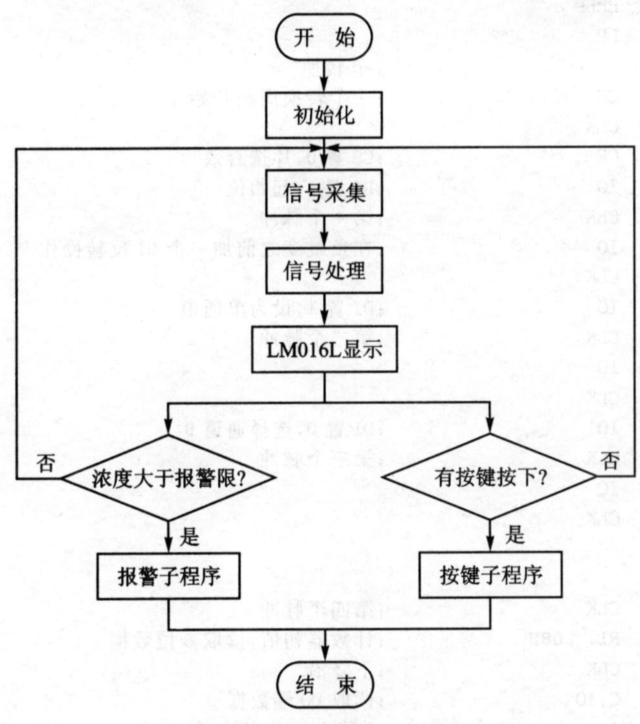

图 9 - 15 程序设计流程图

汇编源程序如下：

```
RS      BIT     P2.0            ;定义 RS
RW      BIT     P2.1            ;定义 RW
E       BIT     P2.2            ;定义 E
CE      EQU     P1.0            ;定义 adc0832 使能引脚
CLK     EQU     P1.1            ;adc0832 时钟引脚
IO      EQU     P1.2            ;adc0832 输出引脚
KEY1    BIT     P3.0H           ;按键加
KEY2    BIT     P3.1H           ;按键减

NUM1    EQU     30H             ;存储 0832 转换的数字值个位
NUM2    EQU     31H             ;存储 0832 转换的数字值十位
NUM3    EQU     32H             ;存储 0832 转换的数字值百位
DATA1   EQU     33H
DATA2   EQU     34H
        ORG     0000H
        LJMP    MAIN
        ORG     0030H
MAIN:
        CLR     P1.7
        LCALL   LCDINIT         ;LCD1602 初始化
        MOV     DATA2,#80
        LCALL   DIS
```

```
LP:
        LCALL   ADC
        LCALL   DIS1
        LCALL   KEY
        LCALL   BEEP
        LJMP    LP
ADC:                                ;ad 转换
        SETB    CE                  ;一个转换周期开始
        CLR     CLK
        CLR     CE                  ;CS 置 0,片选有效
        SETB    IO                  ;DI 置 1,起始位
        SETB    CLK                 ;第一个脉冲
        CLR     IO                  ;在负跳变之前加一个 DI 反转操作
        CLR     CLK
        SETB    IO                  ;DI 置 1,设为单通道
        SETB    CLK                 ;第二个脉冲
        CLR     IO
        CLR     CLK
        CLR     IO                  ;DI 置 0,选择通道 0
        SETB    CLK                 ;第三个脉冲
        SETB    IO
        CLR     CLK
        NOP
        NOP
        SETB    CLK                 ;第四个脉冲
        MOV     R1,#08H             ;计数器初值,读取 8 位数据
AD_READ:CLR     CLK                 ;下降沿
        MOV     C,IO                ;读取 DO 端数据
        RLC     A                   ;C 移入 A,高位在前
        SETB    CLK                 ;下一个脉冲
        DJNZ    R1,AD_READ          ;没读完继续
        SETB    CE                  ;处理接收到 adc 的数值
        MOV     DATA1,A
        MOV     B,#10
        DIV     AB
        MOV     NUM3,B
        MOV     B,#10
        DIV     AB
        MOV     NUM2,B
        MOV     NUM1,A
        RET
;*************** LCD 液晶初始化 ****************
LCDINIT:
        LCALL   DELAY5MS            ;延时 15 ms
        LCALL   DELAY5MS
        LCALL   DELAY5MS
        MOV     A,#38H              ;显示模式设置(8 位数据线,16*2 5*7 点阵)
        LCALL   WRTC
        LCALL   DELAY5MS            ;延时 5 ms
        MOV     A,#38H
        LCALL   WRTC
        LCALL   DELAY5MS            ;延时 5 ms
        MOV     A,#38H
        LCALL   WRTC
```

```
        LCALL   DELAY5MS            ;延时 5 ms
        MOV     A,#38H
        LCALL   BUSY
        LCALL   WRTC
        MOV     A,#08H
        LCALL   BUSY
        LCALL   WRTC
        MOV     A,#01H              ;清屏
        LCALL   BUSY
        LCALL   WRTC
        MOV     A,#06H              ;显示光标移动设置
        LCALL   BUSY
        LCALL   WRTC
        MOV     A,#0CH              ;示开关控制,显示开,无光标,不闪烁
        LCALL   BUSY
        LCALL   WRTC
        MOV     A,#40H              ;写 CGRAM 地址
        LCALL   BUSY
        LCALL   WRTC
        RET
BEEP:                               ;蜂鸣器报警
        CLR     CY
        MOV     A,DATA2
        SUBB    A,DATA1
        JNB     CY,B0
        SETB    P1.7
        RET
B0:
        CLR     P1.7
        RET
KEY:                                ;按键
        JB      KEY1,K0             ;浓度阈值加
        JNB     KEY1,$
        INC     DATA2
K0:
        JB      KEY2,K1             ;浓度阈值减
        JNB     KEY2,$
        DEC     DATA2
K1:
        RET
;****************写命令子程序 *****************
WRTC:
        CLR     RS
        CLR     RW
        CLR     E
        MOV     P0,A
        LCALL   DELAY5MS            ;延时 5 ms
        SETB    E
        LCALL   DELAY5MS            ;延时 5 ms
        CLR     E
        RET
;*****************写数据子程序 ***************
WRTD:   MOV     R1,#00H
AGAIN:  MOV     A,R1
```

```
        MOVC    A,@A+DPTR
        SETB    RS              ;读数据引脚有效
        CLR     RW
        CLR     E
        MOV     P0,A
        LCALL   DELAY5MS        ;延时 5 ms
        SETB    E
        LCALL   DELAY5MS
        CLR     E
        INC     R1
        MOV     A,R1
        MOV     B,R2            ;数据写完没有
        CJNE    A,B,AGAIN
        RET
DIS:                            ;LCD 显示程序
        MOV     A,#81H          ;第一行第一位字符
        LCALL   BUSY
        LCALL   WRTC
        MOV     A,#10
        LCALL   DIS0
        MOV     A,#82H          ;第一行第二位字符
        LCALL   BUSY
        LCALL   WRTC
        MOV     A,#11
        LCALL   DIS0
        MOV     A,#83H          ;第一行第三位字符
        LCALL   BUSY
        LCALL   WRTC
        MOV     A,#12
        LCALL   DIS0
        MOV     A,#84H          ;第一行第四位字符
        LCALL   BUSY
        LCALL   WRTC
        MOV     A,#13
        LCALL   DIS0
        MOV     A,#86H          ;第一行第五位字符
        LCALL   BUSY
        LCALL   WRTC
        MOV     A,#14
        LCALL   DIS0
        MOV     A,#87H          ;第一行第六位字符
        LCALL   BUSY
        LCALL   WRTC
        MOV     A,#15
        LCALL   DIS0
        MOV     A,#0C1H         ;第二行显示设定报警阈值信息
        LCALL   BUSY
        LCALL   WRTC
        MOV     A,#16
        LCALL   DIS0
        MOV     A,#0C2H         ;第二行第二位字符显示
        LCALL   BUSY
        LCALL   WRTC
        MOV     A,#17
```

```
LCALL    DIS0
MOV      A,#0C3H              ;第二行第三位字符显示
LCALL    BUSY
LCALL    WRTC
MOV      A,#18
LCALL    DIS0
MOV      A,#0C4H              ;第二行第四位字符显示
LCALL    BUSY
LCALL    WRTC
MOV      A,#19
LCALL    DIS0
MOV      A,#0C5H              ;第二行第五位字符显示
LCALL    BUSY
LCALL    WRTC
MOV      A,#20
LCALL    DIS0
MOV      A,#0C6H              ;第二行第六位字符显示
LCALL    BUSY
LCALL    WRTC
MOV      A,#21
LCALL    DIS0
MOV      A,#0C7H              ;第二行第七位字符显示
LCALL    BUSY
LCALL    WRTC
MOV      A,#22
LCALL    DIS0
MOV      A,#88H               ;两行的":"符号显示
LCALL    BUSY
LCALL    WRTC
MOV      A,#23
LCALL    DIS0
MOV      A,#0C8H
LCALL    BUSY
LCALL    WRTC
MOV      A,#23
LCALL    DIS0
MOV      A,#8CH
LCALL    BUSY
LCALL    WRTC
MOV      A,#24
LCALL    DIS0
MOV      A,#0CCH
LCALL    BUSY
LCALL    WRTC
MOV      A,#24
LCALL    DIS0
MOV      A,#8DH
LCALL    BUSY
LCALL    WRTC
MOV      A,#25
LCALL    DIS0
MOV      A,#0CDH
LCALL    BUSY
LCALL    WRTC
```

```
        MOV     A,#25
        LCALL   DIS0
        MOV     A,#8EH
        LCALL   BUSY
        LCALL   WRTC
        MOV     A,#26
        LCALL   DIS0
        MOV     A,#0CEH
        LCALL   BUSY
        LCALL   WRTC
        MOV     A,#26
        LCALL   DIS0
        MOV     A,#8FH
        LCALL   BUSY
        LCALL   WRTC
        MOV     A,#27
        LCALL   DIS0
        MOV     A,#0CFH
        LCALL   BUSY
        LCALL   WRTC
        MOV     A,#27
        LCALL   DIS0
        RET
DIS1:
        MOV     A,#89H              ;设置 LCD 显示数值位置
        LCALL   BUSY                ;LCD 测忙
        LCALL   WRTC                ;写命令
        MOV     A,NUM1              ;写入当前检测到的浓度值百位
        LCALL   DIS0                ;显示当前的烟雾浓度值百位
        MOV     A,#8AH
        LCALL   BUSY
        LCALL   WRTC
        MOV A,  NUM2                ;写入当前检测到的浓度值十位
        LCALL   DIS0                ;显示当前的烟雾浓度值百位
        MOV     A,#8BH
        LCALL   BUSY
        LCALL   WRTC
        MOV     A,NUM3              ;写入当前检测到的浓度值个位
        LCALL   DIS0                ;显示当前的烟雾浓度值百位
        MOV     A,DATA2             ;设定值
        MOV     B,#10
        DIV     AB                  ;DATA2 求余,取十位
        MOV     R0,A
        MOV     R1,B
        MOV     A,#0CAH
        LCALL   BUSY
        LCALL   WRTC
        MOV     A,R0
        LCALL   DIS0
        MOV     A,#0CBH
        LCALL   BUSY
        LCALL   WRTC
        MOV     A,R1
        LCALL   DIS0
```

```
        RET
DIS0:
        MOV     DPTR,#TAB           ;查表
        MOVC    A,@A+DPTR
        SETB    RS                  ;写允许
        CLR     RW
        CLR     E
        MOV     P0,A                ;送入 1CD 液晶显示
        LCALL   DELAY5MS            ;延时 5 ms
        SETB    E
        LCALL   DELAY5MS            ;延时 5 ms
        CLR     E
        RET
;****************** 判忙子程序 ******************
BUSY:
        PUSH    ACC
        CLR     RS
        SETB    RW
TT0:    SETB
        MOV     A,P0
        CLR     E
        ANL     A,#80H
        JNZ     TT0
        POP     ACC
        RET
CLEAR:
            MOV A,#01H              ;清屏
        LCALL   BUSY
        LCALL   WRTC
                RET
DELAY5MS:                           ;误差 0 μs
        MOV     R6,#13H
DL0:
        MOV     R5,#82H
        DJNZ    R5,$
        DJNZ    R6,DL0
        RET
DELAY10MS:
        LCALL   DELAY5MS
        LCALL   DELAY5MS
        RET
TAB:                                ;数字 0~9 和字符信息
        DB 30H, 31H, 32H, 33H, 34H, 35H, 36H, 37H, 38H, 39H,4EH,6FH,6EH,67H,44H,75H,42H,61H,
        6FH,4AH,69H,6EH,67H,3AH,6DH,67H,2FH,4CH
        END
```

C 语言程序如下：

```
#include <reg52.h>                  //调用单片机头文件
#define uchar unsigned char         //无符号字符型,宏定义,变量范围 0~255
#define uint  unsigned int          //无符号整型,宏定义,变量范围 0~65 535
#include <intrins.h>
#include "eeprom52.h"
sbit CS = P1^0;                     //将 CS 位定义为 P1.2 引脚
sbit CLK = P1^1;                    //将 CLK 位定义为 P1.0 引脚
```

```
sbit DIO = P1^2;                    //将 DIO 位定义为 P1.1 引脚
sbit K1 = P3^0;
sbit K2 = P3^1;
sbit beep  =  P1^7;                 //蜂鸣器 I/O 口定义
long dengji,s_dengji  =  50;        //等级
bit flag ;
#include "lcd1602.h"
/**********************1 ms 延时函数 ****************************/
void delay_1ms(uint q)
{
    uint i,j;
    for(i = 0;i < q;i++)
        for(j = 0;j < 120;j++);
}
/****************** 把数据保存到单片机内部 E2PROM 中 ******************/
void write_eeprom()
{
    SectorErase(0x2000);
//  byte_write(0x2000, s_dengji);
    byte_write(0x2001, s_dengji);
    byte_write(0x2060, a_a);
}
/****************** 把数据从单片机内部 E2PROM 中读出来 ****************/
void read_eeprom()
{
//  s_dengji = byte_read(0x2000);
    s_dengji = byte_read(0x2001);
    a_a = byte_read(0x2060);
}
/************** 开机自检 E2PROM 初始化 *****************/
void init_eeprom()
{
    read_eeprom();                  //先读
    if(a_a != 2)                    //访问 E2PROM
    {
        s_dengji  =  80;
        a_a  =  2;
        write_eeprom();
    }
}
/*****************************************************
函数功能:将模拟信号转换成数字信号
*****************************************************/
unsigned char  A_D()
{
  unsigned char i,dat;
   CS = 1;                          //一个转换周期开始
   CLK = 0;                         //为第一个脉冲做准备
   CS = 0;                          //CS 置 0,片选有效
   DIO = 1;                         //DIO 置 1,规定的起始信号
   CLK = 1;                         //第一个脉冲
   CLK = 0;                         //第一个脉冲的下降沿,此前 DIO 必须是高电平
   CLK = 1;                         //第二个脉冲,第 2、3 个脉冲下沉之前,DI 必须跟别输入两位数
                                    //据用于选择通道,这里选通道 CH0
```

```
    CLK = 0;                        //第二个脉冲下降沿
    CLK = 0;                        //第三个脉冲下降沿
    DIO = 1;                        //第三个脉冲下沉之后,输入端 DIO 失去作用,应置 1
    CLK = 1;                        //第四个脉冲
    for(i = 0;i < 8;i ++ )          //高位在前
     {
       CLK = 1;                     //第四个脉冲
       CLK = 0;
       dat << = 1;                  //将下面存储的低位数据向右移
         dat| = (unsigned char)DIO; //将输出数据 DIO 通过或运算存储在 dat 最低位
     }
   return dat;                      //将读出的数据返回
  }
/************** 定时器 0 初始化程序 ****************/
void time_init()
{
    EA = 1;                         //开总中断
    TMOD = 0X01;                    //定时器 0、定时器 1 工作方式 1
    ET0 = 1;                        //开定时器 0 中断
    TR0 = 1;                        //允许定时器 0 定时
}
void key()                          //独立按键程序
{
      if(!K1)
          {
                delay_1ms(20);
                if(!K1)
                {
                while(!K1)
                ;
                   s_dengji ++ ;                 //浓度设置数加 1
               if(s_dengji > 999)
                 s_dengji = 999;

                      write_sfm2(2,9,s_dengji);    //显示等级
            write_eeprom();                        //保存数据
                }
          }
            if(!K2)
          {
                delay_1ms(20);
                if(!K2)
                {
                while(!K2)
                ;
                   s_dengji - = 1;               //浓度设置数减 1
               if(s_dengji < =1)
                 s_dengji = 1;

                      write_sfm2(2,9,s_dengji);    //显示等级
            write_eeprom();                        //保存数据
                }
          }
}
/***************** 报警函数 ****************/
```

```
void baojing()
{
    static uchar value;
    if(dengji > = s_dengji )        //报警
    {
        value ++ ;
        if(value > = 2)
        {
            value = 0;
            beep = ~beep;           //蜂鸣器报警
        }
    }else
    {
        if(dengji < s_dengji)       //取消报警
        {
            value = 0;
            beep = 1;
        }
    }
}
/*************** 主函数 ****************/
void main()
{
    beep = 0;                       //开机叫一声
    delay_1ms(150);
    P0 = P1 = P2 = P3 = 0xff;       //单片机 I/O 口初始化为 1
    init_eeprom();                  //读 E²PROM 数据
    time_init();                    //初始化定时器
    show();                         //开机显示欢迎
    delay_1ms(1500);
    init_1602();
    while(1)
    {
        key();                      //独立按键程序
        if(flag == 1)
        {
            flag = 0;
            dengji = A_D();
            dengji = dengji * 450 / 255.0;
          dengji = dengji - 160;        //首先减去零点漂移,一般是 1 V
      dengji = dengji * 2;              //将 mV 转变成 mg/L,系数需要校准
                                        //电压每升高 0.1 V,实际被测气体的浓度增加 20 ppm
                        //1 ppm = 1 mg/kg = 1 mg/L = 1 × 10^-6 常用来表示气体浓度,或者溶液浓度
            write_sfm2(1,9,dengji);     //显示浓度
            baojing();
        }
    }
}
/************** 定时器 0 中断服务程序 ****************/
void time0_int() interrupt 1
{
    static uchar value;
    TH0 = 0x3c;
    TL0 = 0xb0;                     // 50 ms
```

```
    value ++;
    if(value % 4 == 0)
    {
        flag = 1;                    //200 ms 刷新一次主循环
    }
}
```

将程序下载到单片机中进行仿真，由于传感器的工作原理用电位器来代替，调节电位器，就可改变所测得的浓度值，启动仿真时，液晶显示界面出现“Hello：welcome”（见图 9－16），而后显示出当前所测得的浓度值和报警值，如图 9－17 所示。此时所测得的浓度值未达到报警浓度，报警器两端的信号电压差，如图 9－18 所示。

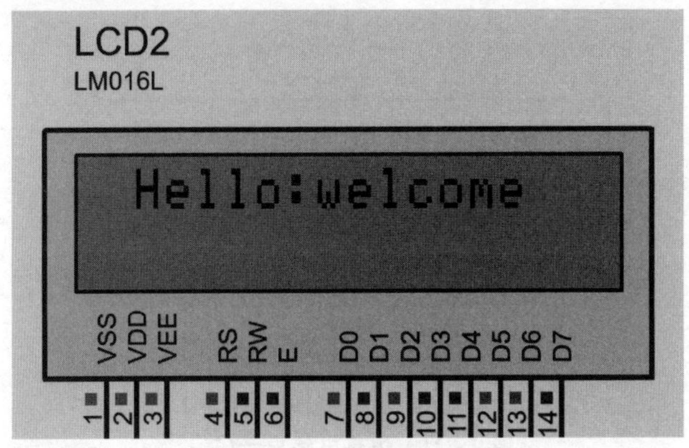

图 9－16 初始界面显示

图 9－18 所示信号是开始仿真时初始界面所产生的信号，不是蜂鸣器报警信号。高幅值的为 LS1(1)的信号，低幅值的为 LS1(2)的信号。

图 9－17 仿真电路显示(一)

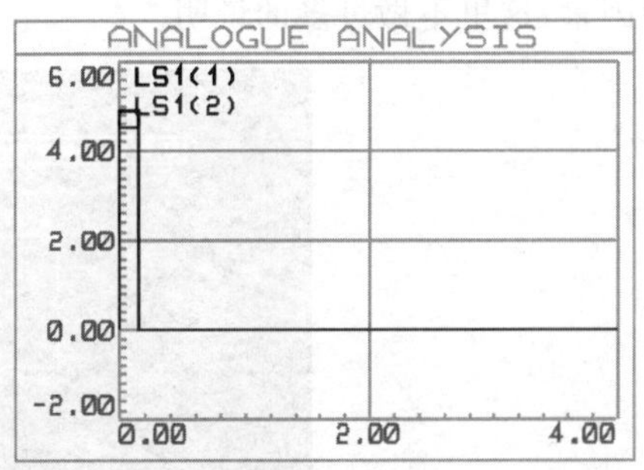

图 9－18 报警器信号

调节滑动变阻器，当调节的浓度超过所设定的报警浓度时，报警器响起，仿真电路如图 9－19 所示。此时报警器两端信号图如图 9－20 所示。

当发生报警时，可以调节按键模块，增大报警浓度值，使当前浓度再次小于报警浓度，此时报警器不再响起，两端信号恢复如图 9－18 所示，仿真电路如图 9－21 所示。

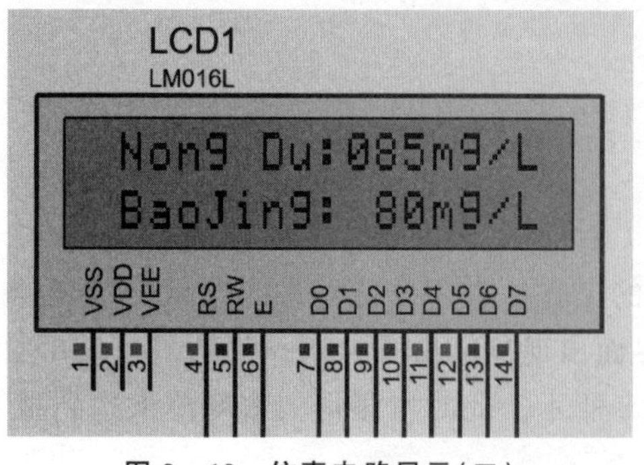

图 9－19　仿真电路显示(二)

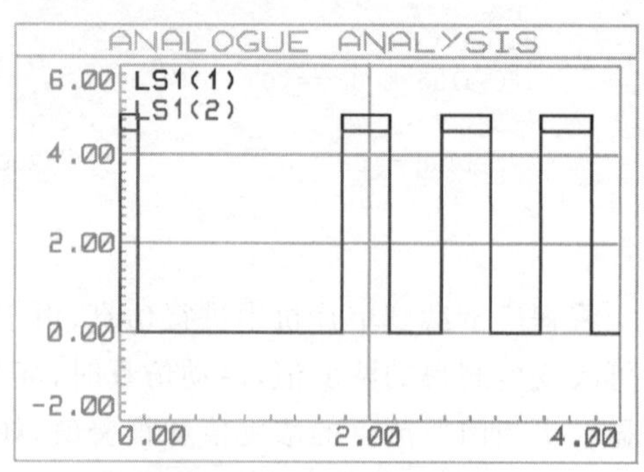

图 9－20　报警器两端信号

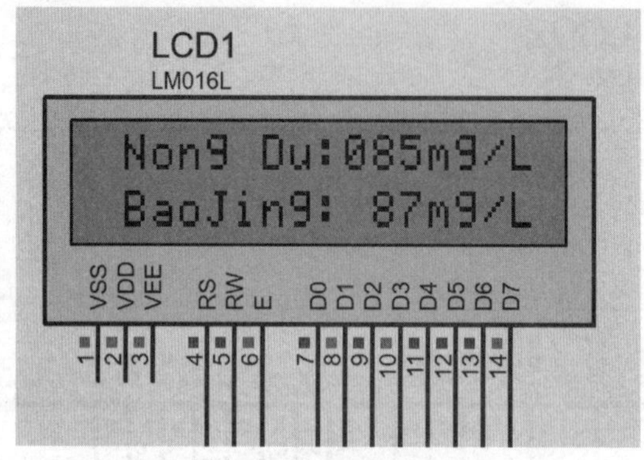

图 9－21　仿真电路显示(三)

6. 电路板布线图(PCB 版图)

电路板布线图是通过原理图的设计，在 Protues 界面单击 PCB Layout 按钮，将原理图中各个元器件进行分布，然后进行布线处理，如图 9－22 所示。在电路板布线过程中需要考虑外部连接的布局、内部电子元件的优化布局、金属连线和通孔的优化布局、电磁保护、热耗散等各种因素，这里不做过多的说明。

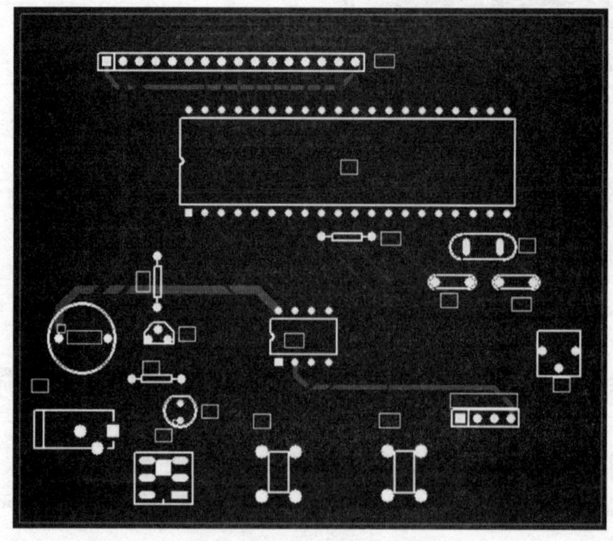

图 9－22　电路板布线图

7. 实物照片

按照原理图的布局，在实际板子上进行各个元器件的焊接，焊接完成后实物如图 9－23 所示。

图 9－23 液化气检测报警装置实物

8. 实物测试图片

液化气检测报警装置测试照实物如图 9－24 所示。

图 9－24 液化气检测报警装置测试照实物

通过对实物的测试，此电路能够完成液化气泄漏检测报警并且能够显示当前检测到的液化气浓度值，符合设计要求。

重点提示

请思考：

(1) 蜂鸣器的驱动三极管为什么选用 PNP 型的，而不是 PNP 型的？

答：因为单片机刚一上电的时候所有的 I/O 口会有一个短暂的高电平。如果选用 PNP 型的，那么即使程序上将 I/O 口拉低，蜂鸣器也会响一小下或吸合一下。为了避免这种情况发生，选用 PNP 型的。我们要控制蜂鸣器工作单片机的 I/O 口为低电平，不可能刚一通电就让蜂鸣器响，避免了不必要的麻烦。

(2) 传感器的工作原理是什么？

答：MQ－2 型传感器属于二氧化锡半导体气敏材料，属于表面离子式 N 型半导体。处于 200～300 ℃时，二氧化锡吸附空气中的氧，形成氧的负离子吸附，使半导体中的电子密度减少，从而使其电阻值增加。当与液化气接触时，如果晶粒间界处的势垒受到液化气的调制而变化，就会引起表面导电率的变化。利用这一点就可以获得这种气体存在的信息，气体的浓度越大，导电率越大，输出电阻越低，输出的模拟信号就越大。

(3) ADC0832 与单片机的连接方式是什么？

答：ADC0832 与单片机的连接方式是 SPI 串行接口方式。SPI 是 Motorola 公司推出的一种同步串行外设接口，允许 MCU 与各个厂家生产工具的标准外围设备直接接口，以串行方式交换信息。SPI 使用 4 条线与主机(MCU)连接：串行时钟 SCK、主机输入/从机输出数据线 SO、主机输出/从机输入数据线 SI、低电平有效的从机选择线 CS。SPI 串行扩展系统的主器件单片机，可以带 SPI 接口，也可以不带 SPI 接口，但从器件必须具有 SPI 接口。

注意事项：为保证传感器准确、稳定地工作，检测前要对传感器预热大约 3 分钟。

第 10 章 【综合案例 72】 数控稳压电源设计

1. 设计任务

设计一种基于单片机的数控稳压电源，原理是通过单片机控制 D/A 转换，再经过模拟电路电压调整实现后面的稳压模块的输出。

具体要求：

① 系统输出电压在 8～12 V 范围内步进可调，步进值为 0.1 V；

② 初始化显示电压为常用电压 10 V；

③ 电压调整采用独立式按键调整，按一次增加键，电压增加 0.1 V，按一次减小键，电压减小 0.1 V。

2. 设计方案

(1) 电路的总体设计思路

整个电路采用整流滤波初步稳压电路为后面的处理电路提供稳定电压，采用核心控制器件单片机 AT89C51 控制输出一定的数字量，通过 D/A 转换电路将数字量转换为模拟电压，后续为电压调整电路，包括反相放大电路和反相求和运算电路，将模拟电压调整到单片机控制的数码管显示的电压值。最后为输出稳压电路，设计一个输出可调的稳压电路，使其输出跟随调整后的电压变化，达到稳压电源的设计要求。

(2) 系统组成

数控稳压电源电路包括 7 部分：

第一部分：整流滤波初步稳压电路，为后续各模块电路供电。

第二部分：单片机控制电路，控制数码管显示电压以及通过按键电路调整输出的数字量以及输出电压的显示。

第三部分：数码显示电路，显示和最终输出端的模拟电压相等的电压值。

第四部分：D/A 转换电路，将单片机输出的数字量转换为模拟量，便于后续电压调整电路调整电压。

第五部分：反相放大电路，将模拟电压放大 2 倍。

第六部分：反相求和运算电路，进一步调整电压值，使输出模拟电压为数码管显示的值。

第七部分：输出稳压电路，使电路的输出随着调整后的电压变化，并且达到了输出稳压的效果。

整个系统方案的模块框图如图 10－1 所示。

3. 电路各组成模块部分详解

(1) 整流滤波初步稳压电源电路

整流滤波稳压电源电路如图 10－2、图 10－3 所示。整流滤波初步稳压电路由带中心抽头

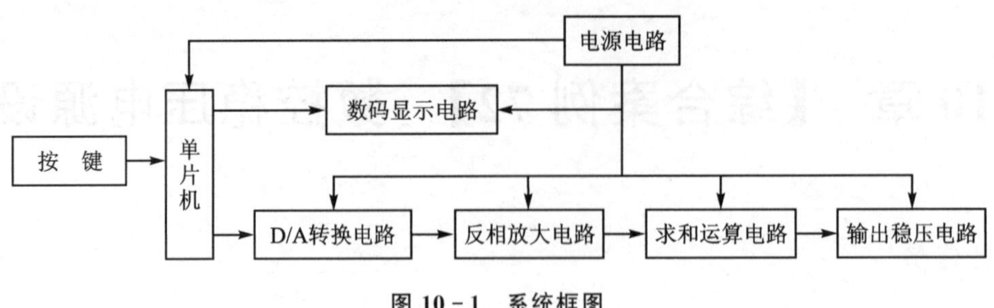

图 10-1 系统框图

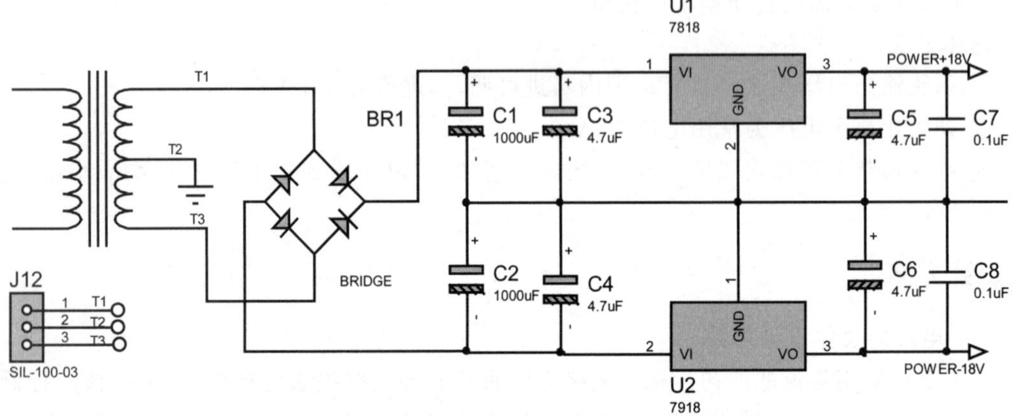

图 10-2 整流滤波稳压电源电路 a

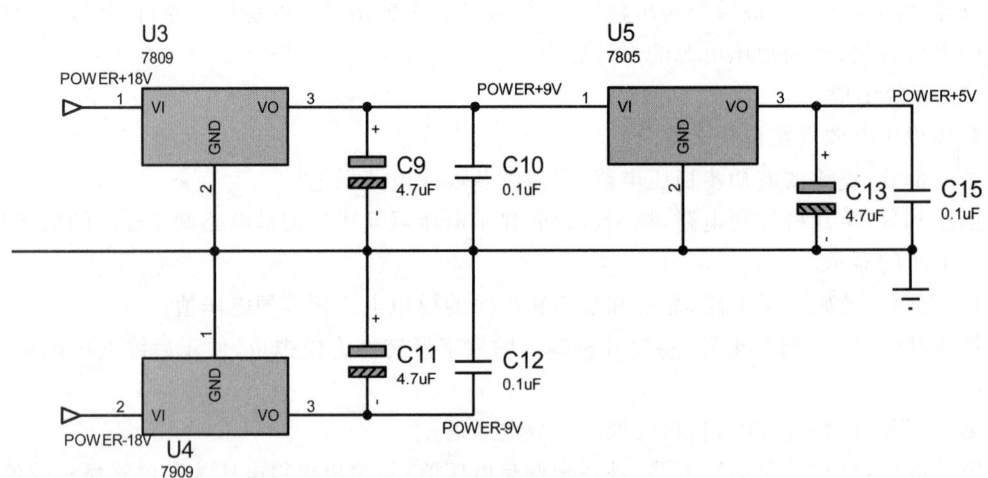

图 10-3 整流滤波稳压电源电路 b

的变压器、桥式整流电路、电容滤波电路、三端稳压器 7818、7918、7809、7909、7805 以及滤波电容组成。变压器进行降压,利用两个半桥轮流导通,形成信号的正半周和负半周。电路在三端稳压器的输入端接入电解电容 1 000 μF,用于电源滤波,其后并入电解电容 4.7 μF 用于进一步滤波。在三端稳压器输出端接入电解电容 4.7 μF 用于减小电压纹波,而并入陶瓷电容 0.1 μF 用于改善负载的瞬态响应并抑制高频干扰。经过滤波后三端稳压器 7818 输出端为+18 V 的电压,7918 输出端为－18 V 的电压,7809 输出端为＋9 V 电压,7909 输出端为－9 V 电压,7805 输出端为＋5 V 电压,分别为后续电压控制部分和电压调整部分提供稳定供电电压。

直流稳压电源的组成包括电源变压器、整流、滤波和稳压 4 部分。交流电源变换成直流稳压电源框图如图 10－4 所示。采用 V1 为 220 V 正弦交流电源,频率为 50 Hz,经过变压器降压,输出 30 V 的交流电压,经变压器降压的电路如图 10－5 所示。

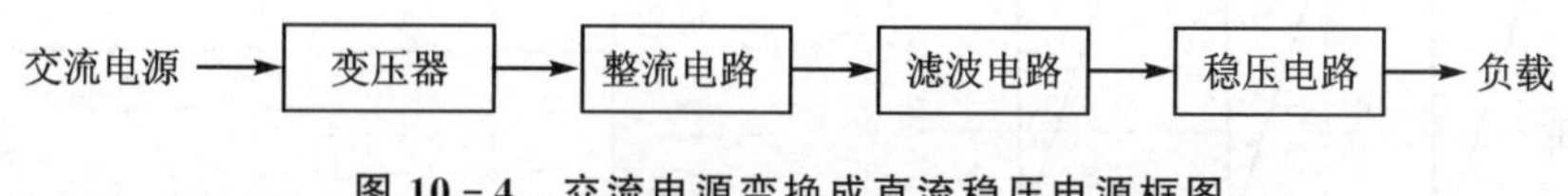

图 10－4 交流电源变换成直流稳压电源框图

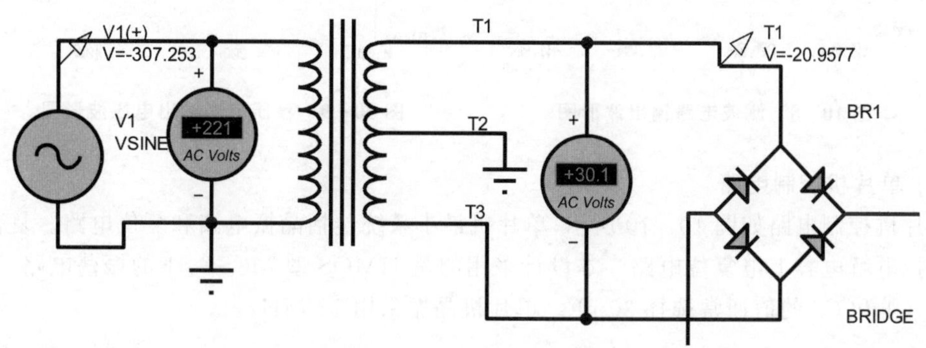

图 10－5 变压器降压电路

变压器将 220 V 交流电变换为整流所需的合适的交流电压 30 V,变压器原边、副边电压波形如图 10－6 所示。整流电路利用二极管的单向导电性将交流电压变成单向的脉动电压,整流电路输出电压波形如图 10－7 所示。滤波电路利用电容等储能元件,减少整流输出电压中的脉动成分,滤波电路输出波形如图 10－8 所示。最终,稳压电路通过三端稳压器 7818、7918、7809、7909、7805 分别输出直流电压＋18 V、－18 V、＋9 V、－9 V 和＋5 V,实现输出电压的稳定,如图 10－9 所示。

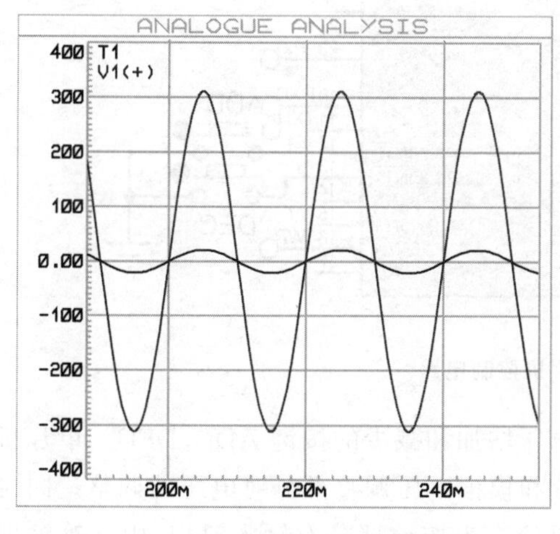

图 10－6 变压器原边、副边电压波形图

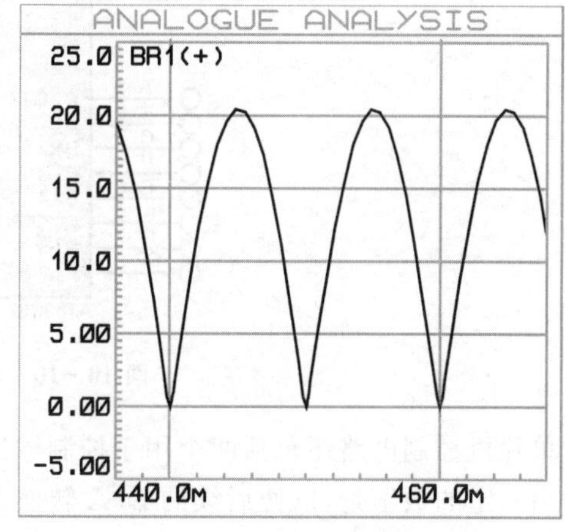

图 10－7 整流电路输出波形图

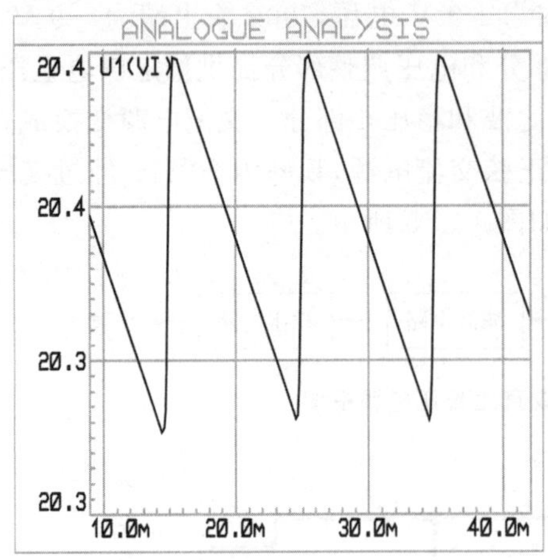

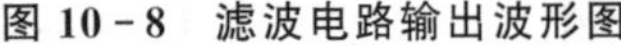
图 10-8　滤波电路输出波形图

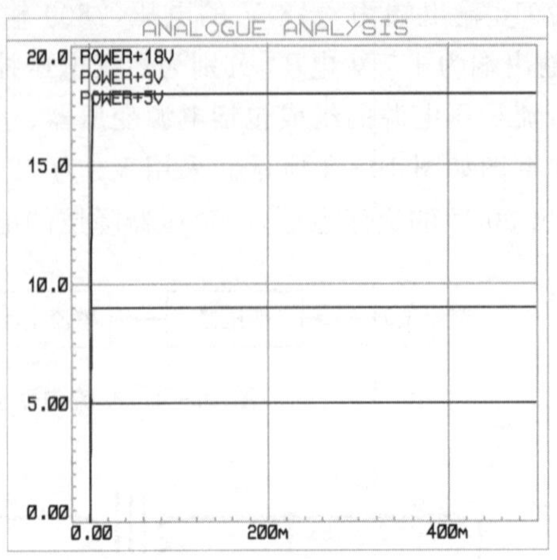

图 10-9　稳压电路输出电压波形图

(2) 单片机控制电路

单片机控制电路如图 10-10 所示，单片机最小系统包括晶振电路和复位电路。复位电路采用上拉电解电容上电复位电路。本设计采用的是 HMOS 型 MCS-51 的振荡电路，当外接晶振时，C1 和 C2 的值通常选择 30 pF。单片机晶振采用 12 MHz。

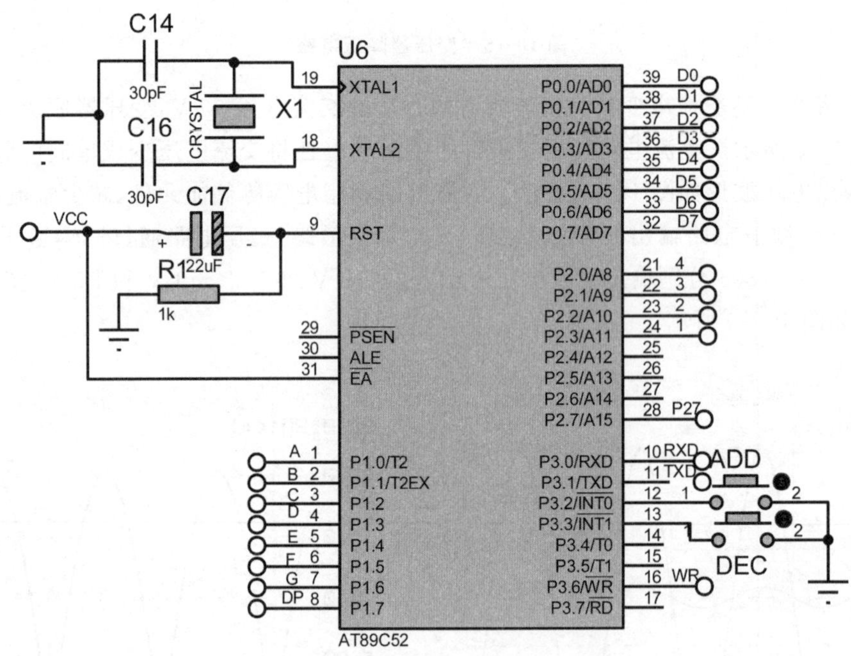

图 10-10　单片机控制电路

单片机控制电路还包括两个用于控制输出电压增加和减少的按键 ADD，DEC。单片机控制输出一定的数字量，以便后续的 D/A 转换部分和模拟电压调整部分对电压的调整。同时控制数码管显示与经过电压调整后大小相等的电压值。当按键部分有输入时，片内计算输出增加或减小的数字量，并且控制数码管显示的电压值增加 0.1 V，或者减小 0.1 V。

(3) 数码显示电路

数码显示电路如图 10-11 所示，数码显示电路由 4 位一体的共阴数码管和 8 个 10 kΩ 的上拉电阻组成。数码管的段选信号由单片机的 P1 口驱动，位选信号由单片机的 P2.1、P2.2、P2.3、P2.4 口驱动。上拉电阻使单片机的 P1 口输出稳定的高电平，并且给 P1 口一个灌电流，保证 LED 数码管正常点亮。本设计中数码管显示的是电压设定值。

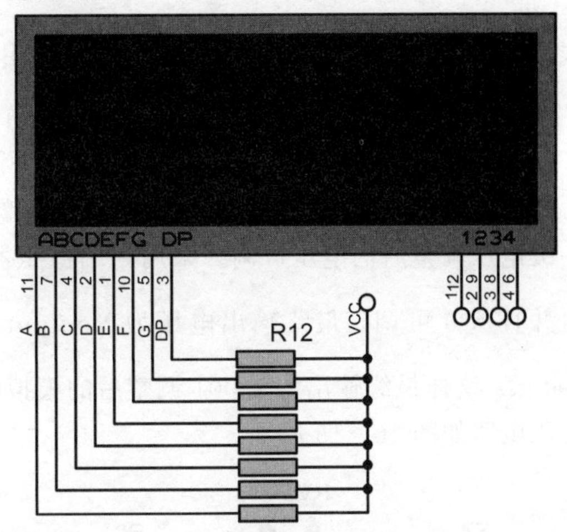

图 10-11 数码管显示电路

(4) D/A 转换电路

DAC 模块是整个系统的纽带，将控制部分的数字量转化成电压调整部分的模拟量。这部分电路由 D/A 转换芯片 DAC0832 和运算放大器 LM324 组成。DAC0832 主要由 8 位输入寄存器、8 位 DAC 寄存器、8 位 D/A 转换器以及输入控制电路 4 部分组成。8 位 D/A 转换器输出与数字量成正比的模拟电流。本设计中 $\overline{WR}$ 和 $\overline{XFER}$ 同时为有效低电平，8 位 DAC 寄存器端为高电平“1”，此时 DAC 寄存器的输出端 Q 跟随输入端 D 也就是输入寄存器 Q 端的电平变化。该 D/A 转换电路采用的是 DAC0832 单极性输出方式，运算放大器 LM324 使得 DAC0832 输出的模拟电流量转化为电压量。输出 VOUT1＝－B＊VREF/256，其中 B 的值为 DI0～DI7 组成的 8 位二进制数，取值范围为 0～255，VREF 由电源电路提供 9 V 的 DAC0832 的参考电压。D/A 转换电路图如图 10-12 所示。

(5) 反相放大电路

反相放大电路由运算放大器 TL084 和相应电阻组成。由于前一级 D/A 转换电路的模拟电压较小，我们这一级电路选择放大倍数为 2，将前一级模拟电压初步放大。反相放大电路如图 10-13 所示。

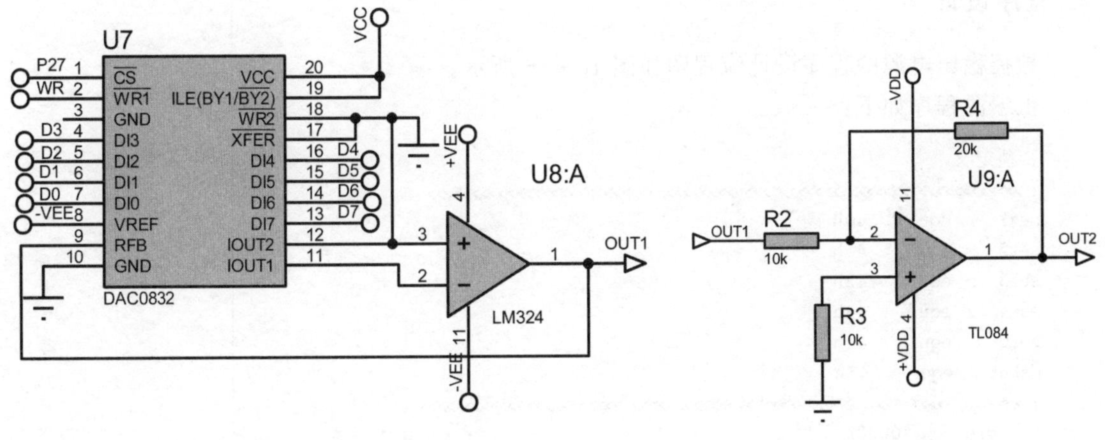

图 10-12 D/A 转换电路　　图 10-13 反相放大电路

(6) 反相求和运算电路

该部分电路由运算放大器 TL084 和相应的电阻组成。由于前一级放大电路将模拟量放大后会比设定值稍微大点，所以我们采用反相求和为 $\mathrm{VOUT}=-(\mathrm{VOUT2}+\mathrm{V}')\dfrac{\mathrm{RV1}}{\mathrm{R5}}$，其中 V′为 R6 左端电压。反相求和运算电路如图 10－14 所示。

(7) 输出稳压电路

本电路用于使未经稳压的电源电路输出稳定可调的电压。我们期望输出稳定电压跟随前一级电压调整后的电压可调。采用三端稳压器 7805 和运算放大器 NE5532 使得输出电压稳定并且从 0 可调。最终输出电压为 $\mathrm{Voutput}=\left(1+\dfrac{\mathrm{R10}}{\mathrm{R11}}\right)\mathrm{Vout}$，其中 R10 选 100 Ω，R11 选 100 kΩ，这样最终输出为 1.001 调整后的模拟电压，能很好地跟随未经稳压的电压输出。输出稳压电路如图 10－15 所示。

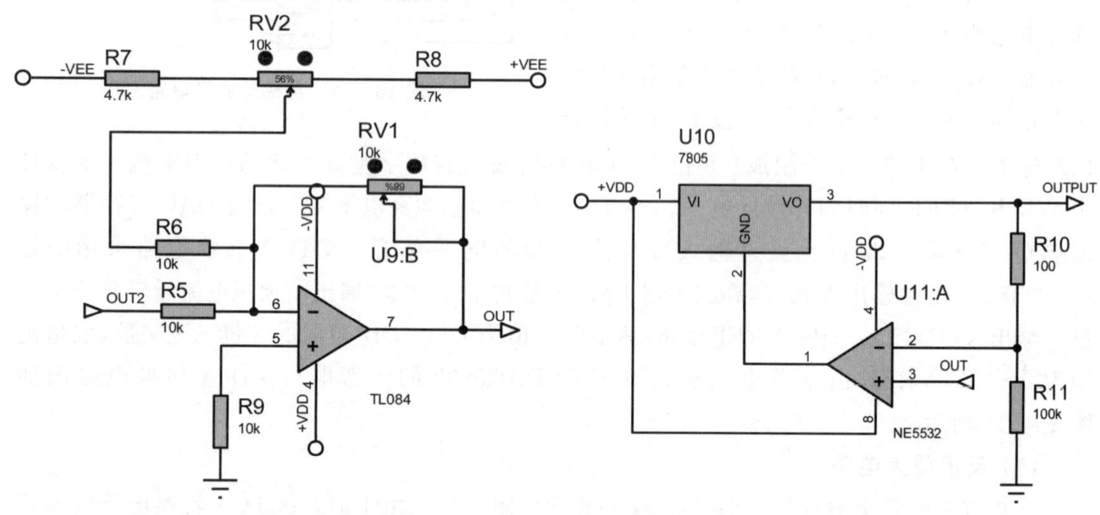

图 10－14 反相求和运算电路

图 10－15 输出稳压电路

4. 程序设计

数控稳压电源的程序设计流程图如图 10－16 所示。

汇编源程序如下：

```
;预定义
;>>>>>>>>>>>>>>>>>>>>>>>>>>>>>>>>>>>>>>>>>>>>>>>>>>>>>>>>>>>>>>>>>>>>>>>>
set1     equ     40h
set2     equ     41h
set3     equ     42h
set4     equ     43h
set0     equ     44h
dabuf    equ     45h
;>>>>>>>>>>>>>>>>>>>>>>>>>>>>>>>>>>>>>>>>>>>>>>>>>>>>>>>>>>>>>>>>>>>>>>>>
    org      0000h
    ljmp     start
    org      0003h
```

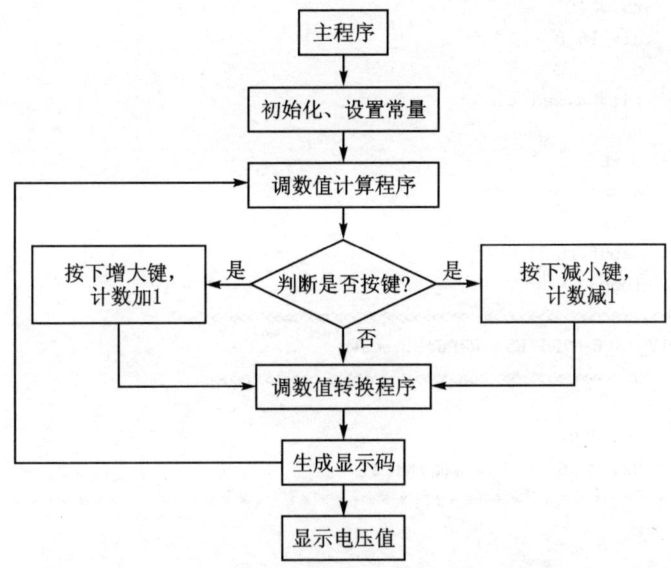

图 10－16 数控稳压电源的程序设计流程图

```
    ljmp    ext0
    org     0013h
    ljmp    ext1
    org     0100h
;>>>>>>>>>>>>>>>>>>>>>>>>>>>>>>>>>>>>>>>>>>>>>>>>>>>>>>>>>>>>>
; 主程序
;>>>>>>>>>>>>>>>>>>>>>>>>>>>>>>>>>>>>>>>>>>>>>>>>>>>>>>>>>>>>>
start:
    mov     set1,#1
    mov     set2,#0
    mov     set3,#0
    mov     set4,#0
    mov     set0,#0
    mov     dabuf,#0
    setb    ea
    setb    ex0
    setb    ex1
    setb    it0
    setb    it1
;*************************************************************
        acall   change
        ajmp    next
loop:   acall   disup
        mov     dptr,#7fffh
        mov     a,dabuf
        movx    @dptr,a
        ;ajmp   $
next:   mov     a,set0
        mov     b,#17
        mul     ab
        mov     r6,a
        mov     r7,b
```

```
        mov     r5,#10
        acall   div_16_8
        clr     c
        cjne    r4,#4,sad
sad:    jc      ss
        mov     a,r6
        add     a,#1
        mov     r6,a
ss:     mov     dabuf,r6
        sjmp    loop
;>>>>>>>>>>>>>>>>>>>>>>>>>>>>>>>>>>>>>>>>>>>>>>>>>>>>>>>>>>>>>>>>>>
;除法子程序 DIV_16_8 R7R6/R5 = R7R6......R4
;>>>>>>>>>>>>>>>>>>>>>>>>>>>>>>>>>>>>>>>>>>>>>>>>>>>>>>>>>>>>>>>>>>
DIV_16_8:
        MOV     R4, #0
        MOV     R2, #16         ;循环计数
;*************************************************************
        CLR     C
DIV_LOOP:
        CALL    SL_R7_R6
        CALL    SL_R4
        MOV     F0, C
;*************************************************************
        CLR     C
        MOV     A, R4
        SUBB    A, R5
        JNC     DIV_2
        JNB     F0, CPL_C       ;不够减就不保存差
        CPL     C
DIV_2:
        MOV     R4, A
CPL_C:
        CPL     C
        DJNZ    R2, DIV_LOOP
;*************************************************************
SL_R7_R6:
        MOV     A, R6
        RLC     A
        MOV     R6, A
        MOV     A, R7
        RLC     A
        MOV     R7, A
        RET
;*************************************************************
SL_R4:
        MOV     A, R4
        RLC     A
        MOV     R4, A
        RET
;>>>>>>>>>>>>>>>>>>>>>>>>>>>>>>>>>>>>>>>>>>>>>>>>>>>>>>>>>>>>>>>>>>
; change
;>>>>>>>>>>>>>>>>>>>>>>>>>>>>>>>>>>>>>>>>>>>>>>>>>>>>>>>>>>>>>>>>>>
change:
```

```
        mov     r0,#set1
        mov     a,@r0
        mov     b,#100
        mul     ab
        mov     set0,a
        inc     r0
        mov     a,@r0
        mov     b,#10
        mul     ab
        add     a,set0
        mov     set0,a
        inc     r0
        mov     a,@r0
        add     a,set0
        mov     set0,a
        ret
;>>>>>>>>>>>>>>>>>>>>>>>>>>>>>>>>>>>>>>>>>>>>>>>>>>>>>>>>>>>>>>>>>>>>>
;ext0
;>>>>>>>>>>>>>>>>>>>>>>>>>>>>>>>>>>>>>>>>>>>>>>>>>>>>>>>>>>>>>>>>>>>>>
ext0:   push    acc
        mov     a,set3
        cjne    a,#0,normal
        mov     a,set2
        cjne    a,#5,normal
        mov     a,set1
        cjne    a,#1,normal
        ajmp    exit1
normal:
        mov     a,set3
        cjne    a,#9,ex
        mov     set3,#0
        mov     a,set2
        cjne    a,#9,ex2
        mov     set2,#0
        inc     set1
        ajmp    exit1

ex:     inc     set3
        ajmp    exit1
ex2:    inc     set2
exit1:  acall   change
        pop     acc
        reti
;>>>>>>>>>>>>>>>>>>>>>>>>>>>>>>>>>>>>>>>>>>>>>>>>>>>>>>>>>>>>>>>>>>>>>
;ext1
;>>>>>>>>>>>>>>>>>>>>>>>>>>>>>>>>>>>>>>>>>>>>>>>>>>>>>>>>>>>>>>>>>>>>>
ext1:   push    acc
        mov     a,set3
        cjne    a,#0,ex3
        mov     set3,#9
        mov     a,set2
        cjne    a,#0,ex4
```

```
        mov     set2,#9
        mov     a,set1
        cjne    a,#0,ex5
        mov     set1,#0
        mov     set2,#0
        mov     set3,#0
        ajmp    exit2
ex3:    dec     set3
        ajmp    exit2
ex4:    dec     set2
        ajmp    exit2
ex5:     dec    set1
exit2: acall    change
        pop     acc
        reti
;>>>>>>>>>>>>>>>>>>>>>>>>>>>>>>>>>>>>>>>>>>>>>>>>>>>>>>>>>>>>>>>>>>>
;显示子程序:disup
;>>>>>>>>>>>>>>>>>>>>>>>>>>>>>>>>>>>>>>>>>>>>>>>>>>>>>>>>>>>>>>>>>>>
disup: mov      r0,#set1
    mov         r2,#11110111b
    mov         a,r2
lp: mov         p2,a
    mov         a,@r0
    mov         dptr,#tab
    movc        a,@a+dptr
    cjne        r2,#0fbh,addp
    add         a,#80h
addp: mov       p1,a
;****************************************************************
    mov         r7,#02h
dl1: mov        r6,#040h
dl2:    djnz    r6,dl2
    djnz        r7,dl1
;****************************************************************
        inc     r0
        mov     a,r2
        jnb     acc.1,exit
        rr      a
        mov     r2,a
        ajmp    lp
exit:           ret
;****************************************************************
tab: db     3fh,06h,5bh,4fh,66h     ;0 1 2 3 4
     db     6dh,7dh,07h,7fh,6fh     ;5 6 7 8 9
;>>>>>>>>>>>>>>>>>>>>>>>>>>>>>>>>>>>>>>>>>>>>>>>>>>>>>>>>>>>>>>>>>>>
    End
```

C 语言程序如下:

```
#include <reg52.h>
#include <absacc.h>                              //定义绝对地址访问
#define u8 unsigned char
#define u16 unsigned int
```

```
sbit ADD = P3^2;                                    //加
sbit SUB = P3^3;                                    //减
sbit DAC_WR = P3^6;
sbit CS = P2^7;                                     //片选端
u8 Volt_Set;                                        //设定电压输出值
u8 Volt_Out;                                        //实际电压输出值
u8 code smgduan[10] = {0x3f,0x06,0x5b,0x4f,0x66,0x6d,0x7d,0x07,0x7f,0x6f};  //段码显示
u8 code seg_wei[] = {0x7e,0x7d,0x7b,0x77,0x7f};    //数码管位选
u8 disp[4];
void delay(u16 i)
{
   while(i--);
}
void Keyscan()
{
   if(ADD == 0)
     {
        delay(100);
         if(ADD == 0)
         {
           Volt_Set = Volt_Set + 1 ;
             Volt_Out = Volt_Out + 2;
         }
         while(!ADD);
     }

   if(SUB == 0)
     {
        delay(100);
         if(SUB == 0)
         {
            Volt_Val = Volt_Val - 1;
                   Volt_Out = Volt_Out - 2;
         }
         while(!SUB);
     }
}
void datapros()                                     //数据处理函数
{
     disp[0] = smgduan[Volt_Val/100];               //十位
     disp[1] = smgduan[Volt_Val % 100/10]|0x80;     //个位
     disp[2] = smgduan[Volt_Val % 10];              //小数位
     disp[3] = 0x00;
}
void  Display()
{
     u8 i;
     for(i = 0;i < 4;i++)
     {
          switch(i)                                 //位选,选择点亮的数码管
          {
               case(0):P2 = seg_wei[0];break;       //显示第 0 位
               case(1):P2 = seg_wei[1];break;       //显示第 1 位
               case(2):P2 = seg_wei[2];break;       //显示第 2 位
               case(3):P2 = seg_wei[3];break;       //显示第 3 位
```

```
        }
    P1 = disp[3 - i];
        delay(500);
    //  P1 = 0x00;
    }
}
void main()
{
      P3 = 0xff;
        CS = 0;
      DAC_WR = 0;
    Volt_Val = 100;
        Volt_Out = 100;
    while(1)
        {
          Keyscan();
            datapros();
            Display();
            P0 = Volt_Out;
        }
}
```

5. 电路整体原理图

数控稳压电源的电路整体原理图如图 10－17 所示。

6. 系统仿真

在电路的输出端口 OUTPUT 处放置电压探针测量电压，按下按键 ADD 和 DEC 可以增大或减小电路的设定值，选取部分仿真结果如图 10－18～图 10－20 所示。

电路仿真结果分析：我们用电压探针测得几组电源电路实际输出值，与设定值对比得出电路输出的误差。部分实际测量值如表 10－1 所列。通过数据测试可以得出，本设计中当电源输出 9.6～10.8 V 时，比较精确。如果将电源电路的输出限定在 0.5 V 范围内，那么此电源电路的量程设定为 7.6～12.8 V 较为合适，误差较小。

表 10－1　电路测试数据

设定值/V	实测值/V	误差/V	设定值/V	实测值/V	误差/V
7.5	8.019 65	0.519 65	10.0	10.031 1	0.031 1
7.6	8.068 51	0.468 51	10.1	10.126 7	0.026 7
8	8.403 66	0. 40 366	10.2	10.222 7	0.022 7
9	9.218 5	0.218 5	10.8	10.700 4	0.099 6
9.5	9.647 55	0.147 55	10.9	10.749	0.151
9.6	9.695 94	0.095 94	11	10.845	0.155
9.7	9.791 9	0.091 9	12.2	11.845 3	0. 3 547
9.8	9.887 77	0.087 77	12.8	12.325 2	0.474 8
9.9	9.934 62	0.034 62	12.9	12.373 5	0.526 5

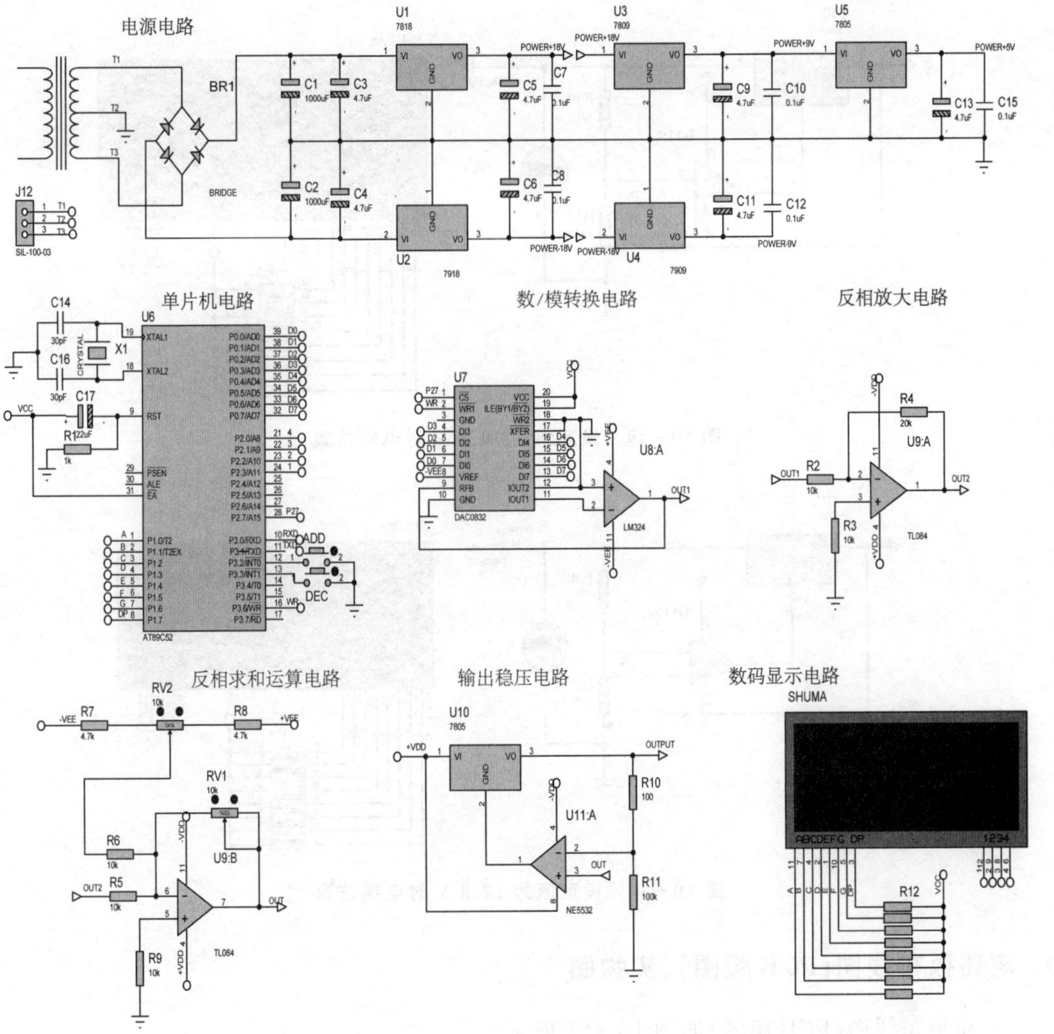

电源电路

单片机电路

数/模转换电路

反相放大电路

反相求和运算电路

输出稳压电路

数码显示电路

图 10 - 17 电路整体原理图

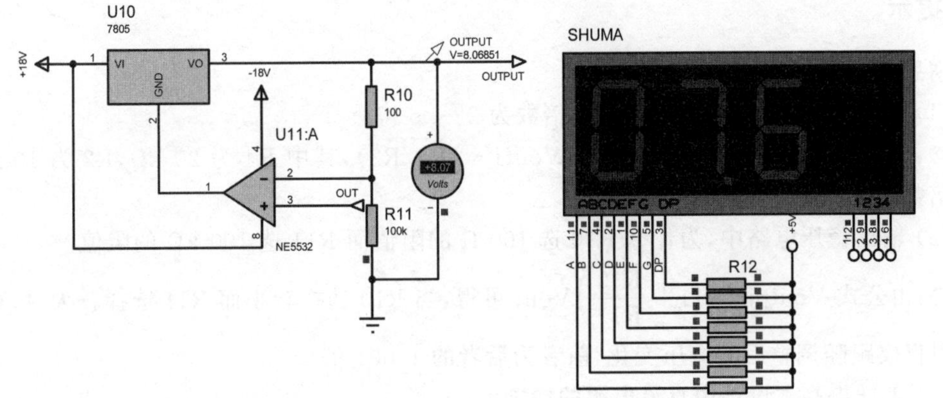

图 10 - 18 设定值为 7.6 V 时电路仿真

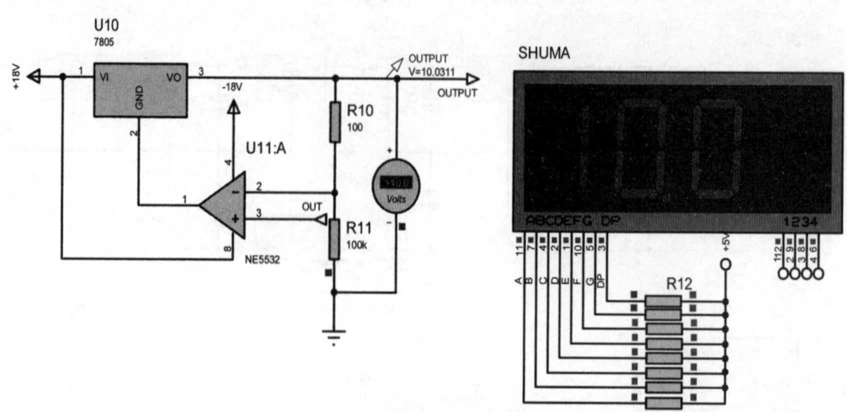

图 10-19　设定值为 10.0 V 时电路仿真

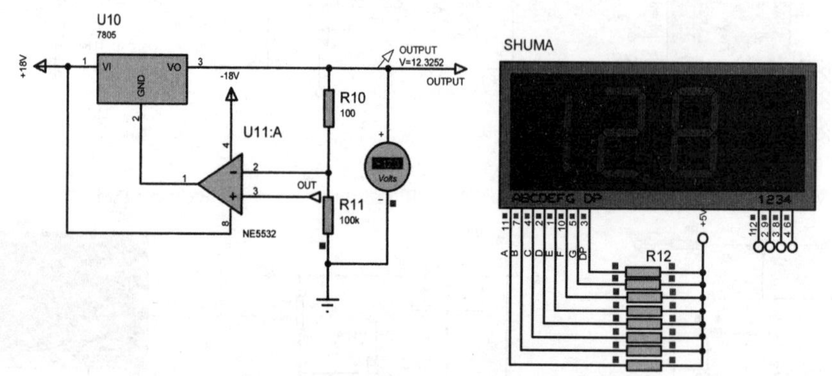

图 10-20　设定值为 12.8 V 时电路仿真

7. 电路板布线图(PCB 版图)、实物图

电路板布线图(PCB 版图)如图 10-21 所示。

数控稳压电源实物如图 10-22 所示。

重点提示

请思考:

(1) 反相放大电路中,为什么放大倍数为 2?

答:反相放大电路输出 Vout2=-Vout1 * (R4/R2),其中 R4 为 20 kΩ,R2 为 10 kΩ,故放大倍数为 2。

(2) 输出稳压电路中,为什么 R10 选 100 Ω 的阻值而 R11 选 100 kΩ 的阻值?

答:由公式 $Voutput=\left(1+\frac{R10}{R11}\right)Vout$ 可得,当 R10 选择较小而 R11 选择较大时,稳压输出可以仅仅跟随调整后的电压变化,前者为后者的 1.001 倍。

(3) 怎样提高本设计中直流电源的精度?

答:本设计采用了 8 位的 D/A,若采用 12 位或 16 位的 D/A 转换器进行相应的闭环调整,直流电源的精度会进一步提高。

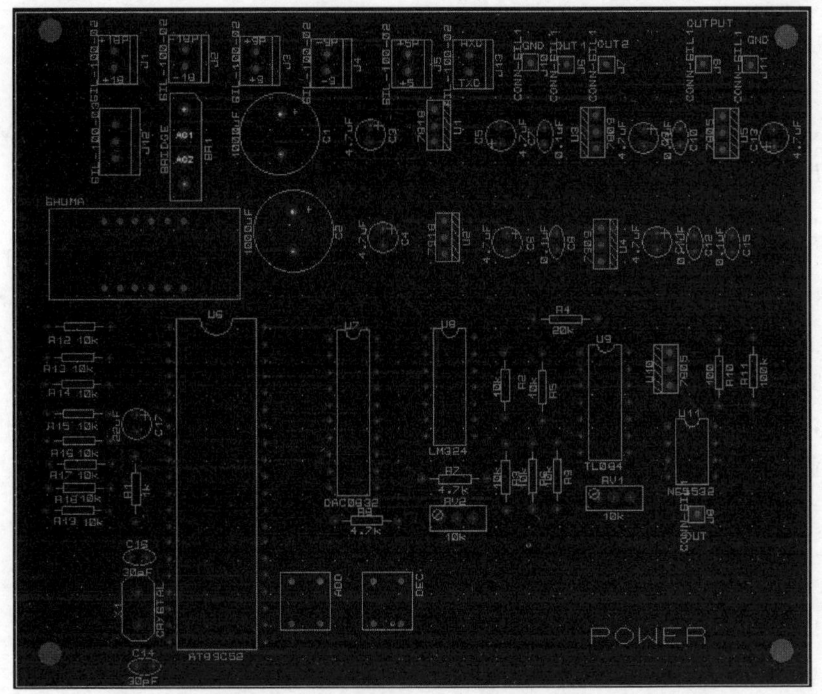

图 10 - 21 数控稳压电源 PCB 版图

图 10 - 22 数控稳压电源实物

注意事项：

(1) 将电路焊接好后，需要先调节电位器 RV2，使其接入电路部分阻值最小，再调节 RV1，使输出电压和初始化电压设定值 10 V 相等。

(2) 由于本电路器件较多，可以选择分模块焊接，例如焊接好电源电路，测试工作正常后再进行下一步焊接。

参考文献

[1] 姜志海,赵艳雷,陈松.单片机的C语言程序设计与应用:基于Proteus仿真[M].北京:电子工业出版社,2011.

[2] 周润景,蔡雨恬.PROTEUS入门实用教程[M].2版.北京:机械工业出版社,2011.

[3] 方春华.单片机C语言编程的常见问题与分析[J].电脑知识与技术,2019,15(30):237-238.

[4] 周润景,刘晓霞.基于PROTEUS的电路设计、仿真与制版[M].北京:电子工业出版社,2013.

[5] 周润景,袁伟亭,景晓松.基于Proteus在MCS-51&ARM7系统中的应用百例[M].北京:电子工业出版社,2006.